国家科学技术学术著作出版基金资助出版

行星滚柱丝杠传动
——啮合原理

刘　更　马尚君　付晓军　著

科学出版社
北　京

内 容 简 介

行星滚柱丝杠是一种可将旋转运动和直线运动相互转化的机械传动机构，本书主要介绍其传动原理相关内容。全书共 8 章，首先详细介绍五种常用的行星滚柱丝杠传动工作原理、典型行星滚柱丝杠传动运动原理和参数匹配设计方法。其次建立无误差/含误差行星滚柱丝杠传动的啮合模型和运动学模型，讨论结构参数与误差对其啮合状态与运动学特性的影响。最后给出基于拉格朗日方程和牛顿第二定律的行星滚柱丝杠传动的动力学模型，并对不同使用工况下该传动机构的动力学特性进行仿真分析。附录中介绍有关章节用到的基础理论知识。

本书可作为高等院校机械及相关专业师生的参考书和教材，也可作为相关行业工程技术人员的参考书。

图书在版编目（CIP）数据

行星滚柱丝杠传动：啮合原理 / 刘更，马尚君，付晓军著. —北京：科学出版社，2019.2
ISBN 978-7-03-060008-0

Ⅰ. ①行⋯ Ⅱ. ①刘⋯ ②马⋯ ③付⋯ Ⅲ. ①丝杠传动-研究 Ⅳ. ①TH139

中国版本图书馆 CIP 数据核字（2018）第 294313 号

责任编辑：杨 丹 / 责任校对：郭瑞芝
责任印制：吴兆东 / 封面设计：陈 敬

科 学 出 版 社 出版
北京东黄城根北街 16 号
邮政编码：100717
http://www.sciencep.com

北京中石油彩色印刷有限责任公司印刷
科学出版社发行　各地新华书店经销
*

2019 年 2 月第 一 版　开本：720×1000 1/16
2026 年 1 月第七次印刷　印张：15 1/4
字数：307 000
定价：120.00 元
（如有印装质量问题，我社负责调换）

前　言

行星滚柱丝杠是一种可将旋转运动和直线运动相互转化的机械传动机构。它通过多个滚柱与丝杠和螺母之间的多点螺旋曲面啮合来传递运动及动力，与现有常用的滚珠丝杠传动相比，具有承载力高、刚性大、寿命长、动态性能良好和安装及维护方便等优点，是智能装备和装备自动化的关键功能部件，在航空、航天、船舶、石化、电力、食品包装、医疗器械等领域中具有广阔的应用前景。

自 1942 年瑞典人 Carl Bruno Strandgren 发明行星滚柱丝杠以来，对其基础理论的研究进展一直比较缓慢。近年来，随着制造技术的进步和应用需求领域的不断增加，行星滚柱丝杠传动受到国内外高校和科研生产企业极大的重视，得到了一系列系统深入的研究，已在国内外机电装备中初步凸显了其大推力、高精度和高功率密度的优势。同时，相关研究成果不断增加，已成为国内外机电传动和伺服控制领域学者关注的焦点之一。

本书作者长期从事机械传动方面的研究。初次接触行星滚柱丝杠传动，作者就被其多点、多副、多体的传动特点所吸引，随后带领课题组围绕行星滚柱丝杠传动机构展开研究。对行星滚柱丝杠参数匹配设计、啮合原理、运动原理等相关理论和方法进行了系统深入的研究，完成了从理论推导到参数优化匹配设计的关键步骤，并将其应用于样机研制等有关工程问题中。虽然行星滚柱丝杠传动已经得到广泛重视，初步显示了其广阔的应用前景，但是目前国内外尚没有关于行星滚柱丝杠传动原理的书籍公开出版。基于此，本书作者总结自己的研究成果和国内外相关研究文献，全面系统介绍行星滚柱丝杠传动原理的基本内容，为读者学习掌握相关知识以及进行产品设计提供参考。

全书共 8 章，详细介绍五种常用的行星滚柱丝杠传动工作原理、典型行星滚柱丝杠传动运动原理、参数匹配设计、无误差/含误差行星滚柱丝杠传动的啮合模型、运动学模型以及基于拉格朗日方程和牛顿第二定律的动力学模型等。本书对行星滚柱丝杠传动啮合原理和运动原理相关内容的介绍图文并茂、通俗易懂、系统详尽，注重理论、方法与工程应用的结合，这不仅有利于读者学习相关基础理论知识，也有利于相关企业掌握行星滚柱丝杠传动复杂的参数匹配设计知识。本书系统整理了作者的研究成果，并且广泛参考了国内外相关代表性论著，在此向各位作者表示感谢。

美国得克萨斯大学阿灵顿分校副校长、西北工业大学客座教授 Teik C.Lim，浙江大学谭建荣院士，西安电子科技大学段宝岩院士，以及重庆大学秦大同教授等对作者研究工作给予的极大支持和帮助，使作者受益匪浅。在本书初稿完成后，各位专家提出了许多宝贵意见，在此表示深深的谢意。

本书研究工作先后得到了国家高技术研究发展计划(863计划)、国家自然科学基金和研究院所课题等项目的支持。陕西省机电传动与控制工程实验室教师佟瑞庭、周勇、吴立言以及研究生张文杰、乔冠、雷鑫、党金良、董永、李亚杰等为本书做出了贡献，在此一并表示衷心感谢。

受专业与水平所限，本书在取材和论述中难免有不足之处，敬请广大读者提出宝贵意见。

作 者

2018年6月

目　　录

前言
符号表
第1章　绪论 ··· 1
  1.1　行星滚柱丝杠传动简介 ··· 1
    1.1.1　行星滚柱丝杠传动的工作原理 ·· 1
    1.1.2　行星滚柱丝杠传动的结构形式和分类 ···································· 1
  1.2　行星滚柱丝杠传动的应用 ··· 5
    1.2.1　行星滚柱丝杠传动的应用领域 ·· 5
    1.2.2　基于行星滚柱丝杠的 EMA 应用 ··· 6
  1.3　行星滚柱丝杠传动啮合原理与运动特性研究现状 ························ 10
    1.3.1　行星滚柱丝杠传动参数设计研究现状 ·································· 10
    1.3.2　行星滚柱丝杠传动啮合特性研究发展历程 ··························· 11
    1.3.3　行星滚柱丝杠运动学和动力学研究现状 ······························ 13
  1.4　本书主要内容 ··· 15
  参考文献 ··· 16
第2章　行星滚柱丝杠运动原理 ·· 19
  2.1　标准式行星滚柱丝杠运动原理 ··· 19
    2.1.1　角速度关系 ·· 19
    2.1.2　螺纹旋向定义 ·· 20
    2.1.3　螺母螺纹旋向和头数关系 ·· 21
    2.1.4　丝杠螺纹旋向和头数关系 ·· 22
    2.1.5　滚柱的圆周分布 ··· 24
  2.2　反向式行星滚柱丝杠运动原理 ··· 24
    2.2.1　角速度关系 ·· 24
    2.2.2　丝杠螺纹旋向和头数关系 ·· 25
    2.2.3　螺母螺纹旋向和头数关系 ·· 26
  2.3　差动式行星滚柱丝杠运动原理 ··· 28
    2.3.1　角速度关系 ·· 28

2.3.2　滚柱个数与头数关系 ·· 29
　　2.3.3　导程关系 ·· 30
2.4　考虑节圆偏移的行星滚柱丝杠运动学分析 ··· 31
　　2.4.1　节圆偏移产生机理 ··· 31
　　2.4.2　考虑节圆偏移的运动学方程 ··· 32
　　2.4.3　滑动角计算 ·· 34
　　2.4.4　滚柱轴向位移计算 ··· 35
　　2.4.5　滚柱偏移对导程的影响 ·· 36
　　2.4.6　滑动速度计算 ·· 37
　　2.4.7　无量纲化 ··· 38
　　2.4.8　算例 ··· 39
参考文献 ··· 41

第3章　行星滚柱丝杠参数匹配设计 ·· 42
3.1　标准式行星滚柱丝杠参数匹配设计条件 ··· 43
　　3.1.1　滚柱与螺母相互滚动条件 ·· 43
　　3.1.2　滚柱与螺母无相对轴向位移条件 ··· 44
　　3.1.3　螺纹副与齿轮副同心条件 ·· 45
　　3.1.4　滚柱空间布置条件 ·· 45
　　3.1.5　滚柱与丝杠螺旋线不干涉条件 ·· 46
　　3.1.6　螺纹头数与滚柱个数关系 ·· 47
　　3.1.7　滚柱齿与螺纹正确啮合条件 ··· 48
　　3.1.8　滚柱装配条件 ·· 48
3.2　滚柱参数匹配设计 ··· 49
　　3.2.1　滚柱参数匹配设计基本思路 ··· 49
　　3.2.2　由螺纹参数推导齿轮参数及其流程 ·· 50
　　3.2.3　由齿轮参数推导螺纹参数及其流程 ·· 53
　　3.2.4　虚拟建模和装配方法 ·· 56
　　3.2.5　滚柱螺纹旋向设计 ·· 61
　　3.2.6　常见参数匹配组合 ·· 63
3.3　反向式行星滚柱丝杠参数匹配设计方法 ··· 64
　　3.3.1　反向式行星滚柱丝杠参数匹配条件 ·· 64
　　3.3.2　反向式行星滚柱丝杠与标准式行星滚柱丝杠参数匹配的区别 ········· 65
　　3.3.3　反向式行星滚柱丝杠参数匹配设计举例 ·································· 65
参考文献 ··· 66

第4章 行星滚柱丝杠的啮合特性 ········· 68
4.1 螺旋曲面方程 ········· 69
4.2 基于螺旋曲面的解析啮合模型 ········· 74
4.2.1 螺旋曲面的相切接触条件 ········· 74
4.2.2 丝杠和滚柱之间的接触位置与轴向间隙 ········· 76
4.2.3 螺母和滚柱之间的接触位置与轴向间隙 ········· 78
4.3 其他行星滚柱丝杠啮合模型 ········· 80
4.3.1 基于螺旋曲面离散的数值啮合模型 ········· 80
4.3.2 基于螺旋曲线的解析啮合模型 ········· 82
4.4 不同啮合模型的结果对比与螺旋曲面的轴向间隙分布 ········· 83
4.4.1 不同行星滚柱丝杠啮合模型的计算结果对比 ········· 83
4.4.2 啮合螺旋曲面的轴向间隙分布 ········· 85
4.5 结构参数对标准式行星滚柱丝杠啮合特性的影响 ········· 86
4.5.1 螺距影响 ········· 86
4.5.2 牙侧角影响 ········· 88
4.5.3 滚柱轮廓半径影响 ········· 90
参考文献 ········· 91

第5章 考虑误差的行星滚柱丝杠啮合特性 ········· 93
5.1 行星滚柱丝杠误差的描述 ········· 93
5.1.1 牙型误差和螺纹的分头误差 ········· 93
5.1.2 丝杠、滚柱和螺母偏斜 ········· 95
5.2 考虑误差的标准式行星滚柱丝杠啮合模型 ········· 97
5.2.1 改进的相切接触条件 ········· 97
5.2.2 螺纹牙编号规则 ········· 98
5.2.3 丝杠和滚柱的啮合方程 ········· 100
5.2.4 螺母和滚柱的啮合方程 ········· 102
5.3 标准式行星滚柱丝杠啮合特性与间隙向量方向的关系 ········· 105
5.4 标准式行星滚柱丝杠啮合特性与误差关系 ········· 107
5.4.1 牙型误差 ········· 107
5.4.2 螺纹分头误差 ········· 110
5.4.3 滚柱和螺母的偏斜 ········· 114
参考文献 ········· 117

第6章 考虑误差的行星滚柱丝杠传动运动学 ········· 118
6.1 偏心误差与位置误差 ········· 118

6.1.1 偏心误差 ………………………………………………… 118
6.1.2 位置误差 ………………………………………………… 120
6.2 间隙与刚体接触约束条件 …………………………………………… 121
6.2.1 螺纹牙之间的轴向间隙 ………………………………… 121
6.2.2 滚柱和保持架之间的径向间隙 ………………………… 124
6.2.3 滚柱和内齿圈之间的法向间隙 ………………………… 125
6.2.4 滚柱浮动区域 …………………………………………… 127
6.2.5 螺母附加刚体位移 ……………………………………… 128
6.3 考虑误差的标准式行星滚柱丝杠运动学模型 …………………… 129
6.3.1 含误差的齿轮副传动比 ………………………………… 129
6.3.2 含误差的螺母轴向移动速度 …………………………… 130
6.4 实例计算 ……………………………………………………………… 133
6.5 结构和装配参数及其误差对滚柱浮动区域的影响 ……………… 136
6.5.1 滚柱卡滞状态的判断方法 ……………………………… 136
6.5.2 滚柱个数、滚柱与保持架的名义径向间隙 …………… 137
6.5.3 螺母安装角以及丝杠和保持架的初始旋转角度 ……… 138
6.5.4 螺母和保持架销孔的位置误差 ………………………… 140
6.5.5 丝杠、螺母、保持架和滚柱的偏心误差 ……………… 140
6.6 结构和装配参数及其误差对轴向间隙和传动误差的影响 ……… 142
6.6.1 滚柱个数 ………………………………………………… 142
6.6.2 螺纹分头误差 …………………………………………… 143
6.6.3 螺母安装角以及丝杠和保持架的初始旋转角度 ……… 144
6.6.4 螺母、丝杠和保持架的偏心误差 ……………………… 147
6.6.5 滚柱浮动轨迹 …………………………………………… 150
参考文献 …………………………………………………………………… 152

第7章 基于拉格朗日方法的行星滚柱丝杠刚体动力学 ……………… 153
7.1 标准式行星滚柱丝杠的刚体动力学模型 ………………………… 153
7.1.1 标准式行星滚柱丝杠的系统动能 ……………………… 153
7.1.2 标准式行星滚柱丝杠的广义力 ………………………… 155
7.1.3 标准式行星滚柱丝杠的拉格朗日方程 ………………… 161
7.2 反向式行星滚柱丝杠的刚体动力学模型 ………………………… 163
7.2.1 反向式行星滚柱丝杠的系统动能 ……………………… 163
7.2.2 反向式行星滚柱丝杠的广义力 ………………………… 165
7.2.3 反向式行星滚柱丝杠的拉格朗日方程 ………………… 171

7.3 标准式行星滚柱丝杠动态特性的参数敏感性分析 173
　　7.3.1 丝杠和滚柱的摩擦系数 173
　　7.3.2 丝杠转速 175
　　7.3.3 螺母负载 177
7.4 反向式行星滚柱丝杠动态特性的参数敏感性分析 179
　　7.4.1 螺母和滚柱的摩擦系数 179
　　7.4.2 螺母转速 181
　　7.4.3 丝杠负载 182
参考文献 184

第8章 基于牛顿第二定律的行星滚柱丝杠刚体动力学 185
8.1 坐标系的建立 185
8.2 受力分析 188
　　8.2.1 螺纹牙之间的接触力 188
　　8.2.2 保持架、内齿圈和滚柱之间的受力 189
　　8.2.3 丝杠与滚柱之间的摩擦力 190
　　8.2.4 螺母与滚柱之间的摩擦力 191
8.3 标准式行星滚柱丝杠的动力学模型 193
　　8.3.1 丝杠动力学方程 193
　　8.3.2 滚柱动力学方程 194
　　8.3.3 螺母动力学方程 196
　　8.3.4 保持架动力学方程 197
8.4 不同动力学模型的计算结果对比 198
8.5 摩擦系数、螺母负载和结构参数的影响 199
　　8.5.1 接触螺纹间摩擦系数 199
　　8.5.2 保持架和滚柱间摩擦系数 200
　　8.5.3 螺母负载 202
　　8.5.4 滚柱个数 203
　　8.5.5 螺距和牙侧角 203
参考文献 206

附录 A 速度瞬心求解方法 208
参考文献 209

附录 B 210
　　附录 B1 坐标的齐次变换 210
　　附录 B2 曲面的参数化表示 212

附录 B3　曲面相切接触条件 …………………………… 213
　　参考文献 …………………………………………………… 214
附录 C …………………………………………………………… 215
　　附录 C1　拉格朗日方程 …………………………………… 215
　　附录 C2　牛顿第二定律 …………………………………… 216
　　参考文献 …………………………………………………… 217
附录 D　平面库埃特流动理论 ………………………………… 218
　　参考文献 …………………………………………………… 219
附录 E　三维弹性体滚动接触理论 …………………………… 220
　　参考文献 …………………………………………………… 222

符 号 表

a_i	牙顶高
a_{RN}	滚柱与螺母中心距
a_{RS}	滚柱与丝杠中心距
a_{En}、b_{En}	接触区域 Λ_{En} 的长半轴与短半轴
b_i	牙底高
b	滚柱齿轮齿宽
c_i	半牙厚
c^*	齿轮顶隙系数
d_i	中径
d_{Sa}	丝杠螺纹大经
d_{Ra}	滚柱螺纹大径
d_{Rg}	滚柱齿轮节圆直径
d_{Rga}	滚柱齿轮齿顶圆直径
d_{Rgf}	滚柱齿轮齿根圆直径
d_{lm}^{pq}	曲面 $\varPi_l$ 和 $\varPi_m$ 之间的间隙向量
e_S	丝杠偏心误差的幅值
e_q、e_{qg}	滚柱#q 螺纹和直齿相对于销轴偏心误差的幅值
e_{qr}、ϕ_{qr}	滚柱#q 旋转轴与其销轴的距离和相位角
e_N、e_{Ng}、e_P	螺母、内齿圈和保持架偏心误差的幅值
$\mathbf{e}_{lm}^{pq}$	单位矢量，表示曲面 $\varPi_m$ 移动的方向
F_{Nz}	作用在螺母上的轴向载荷
F_{qs}^k、F_{qn}^k	接触力 $\mathbf{F}_{qs}^{qc,k}$ 和 $\mathbf{F}_{qn}^{qc,k}$ 的幅值
F_{qs}^{all}、F_{qn}^{all}	丝杠和滚柱#q 以及螺母和滚柱#q 之间接触力的总和
F_{qn}、F_{qs}	滚柱螺纹所受螺母和丝杠的接触力
F_{qnx}、F_{qsx}	滚柱螺纹所受螺母和丝杠的径向力
F_{qny}、F_{qsy}	滚柱螺纹所受螺母和丝杠的切向力

F_{qnz}、F_{qsz}	滚柱螺纹所受螺母和丝杠的轴向力
F_{qgy}^{ℓ}	接触力 $F_{qg}^{qc,\ell}$ 的横向分量
F_{qpx}^{ℓ}、F_{qpy}^{ℓ}	$F_{qp}^{qc,\ell}$ 的径向分量和横向分量
$f_{qp}^{qc,\ell}$	作用在滚柱#q 的第 ℓ 个销轴上的摩擦力
$f_{Sq}^{P,k}$	滚柱#q 的第 k 个螺纹牙作用在丝杠上的摩擦力
$f_{Nq}^{P,k}$	接触点 o_{Nq}^{k} 处的摩擦力
$f_{qn}^{qc,k}$	作用在滚柱#q 的第 k 个螺母侧螺纹牙上的摩擦力
$f_{qs}^{qc,k}$	作用在滚柱#q 的第 k 个丝杠侧螺纹牙上的摩擦力
f_{Rsq}^{P}	坐标系 o_{Pq}-$x_{Pq}y_{Pq}z_{Pq}$ 中丝杠作用在滚柱#q 上的摩擦力
f_{Rnq}^{P}	坐标系 o_{Pq}-$x_{Pq}y_{Pq}z_{Pq}$ 中螺母作用在滚柱#q 上的摩擦力
$F_{qs}^{qc,k}$、$F_{qn}^{qc,k}$	作用在滚柱#q 的第 k 个螺纹牙上的在丝杠侧和螺母侧的接触力
$F_{qg}^{qc,\ell}$	作用在滚柱#q 的第 ℓ 个直齿上的接触力 ($\ell=1,2$)
$F_{qp}^{qc,\ell}$	作用在滚柱#q 的第 ℓ 个销轴上的接触力 ($\ell=1,2$)
$F_{Sq}^{P,k}$	滚柱#q 的第 k 个螺纹牙作用在丝杠上的接触力
F_{Np}^{ℓ}	螺母和保持架之间的接触力
$F_{Nqg}^{P,\ell}$	内齿圈和滚柱上第 ℓ 个直齿的接触力
$F_{Nq}^{P,k}$	接触点 o_{Nq}^{k} 处的接触力
F_{Rsq}^{P}	在坐标系 o_{Pq}-$x_{Pq}y_{Pq}z_{Pq}$ 中丝杠作用在滚柱#q 上的接触力
F_{Rnq}^{P}	在坐标系 o_{Pq}-$x_{Pq}y_{Pq}z_{Pq}$ 中螺母作用在滚柱#q 上的接触力
h_{N}	螺母初始位置
h_{p}^{ℓ} 和 r_{p}^{ℓ}	保持架#ℓ 的厚度与半径
h_{q}	接触点 o_{qp}^{1} 和 o_{qp}^{2} 之间的轴向距离
h_{g}	接触点 o_{qp}^{1} 和 o_{qg}^{1} 的轴向距离
h_{a}^{*}	滚柱齿顶高系数
H	螺纹牙高
H'	齿轮齿高
H_{i}	零件坐标系 o_{i}-$x_{i}y_{i}z_{i}$ 向整体坐标系 O-XYZ 转换的旋转矩阵
H_{xi}	绕 x_{i} 轴的旋转矩阵
H_{yi}	绕 y_{i} 轴的旋转矩阵
H_{zi}	绕 z_{i} 轴的旋转矩阵

符 号 表

H_{Pq}	坐标系 $o_{Pq}\text{-}x_{Pq}y_{Pq}z_{Pq}$ 向整体坐标系 $O\text{-}XYZ$ 转换的旋转矩阵
H_{qr}^{Pq}	坐标系 $o_{qr}\text{-}x_{qr}y_{qr}z_{qr}$ 向局部坐标系 $o_{Pq}\text{-}x_{Pq}y_{Pq}z_{Pq}$ 转换的旋转矩阵
H_{qc}^{Pq}	坐标系 $o_{qc}\text{-}x_{qc}y_{qc}z_{qc}$ 向局部坐标系 $o_{Pq}\text{-}x_{Pq}y_{Pq}z_{Pq}$ 转换的旋转矩阵
H_{Nq}^{Pq}	坐标系 $o_{Nq}\text{-}x_{Nq}y_{Nq}z_{Nq}$ 向局部坐标系 $o_{Pq}\text{-}x_{Pq}y_{Pq}z_{Pq}$ 转换的旋转矩阵
H_{En}^{Nq}	坐标系 $o_{En}\text{-}x_{En}y_{En}z_{En}$ 向坐标系 $o_{Nq}\text{-}x_{Nq}y_{Nq}z_{Nq}$ 转换的旋转矩阵
i	i=S, N, q, 分别代表丝杠、螺母和滚柱#q
i_{SR}	丝杠与滚柱啮合传动比
i_{NR}	螺母与滚柱啮合传动比
J_S	丝杠的转动惯量
J_N	螺母的转动惯量
J_q	滚柱#q 的转动惯量
J_P^{ℓ}	保持架#ℓ 的转动惯量
j	丝杠或螺母的螺纹编号，j=1, 2, $\cdots$, n_i
k	滚柱的螺纹牙编号
K	正整数
k_m	丝杠和滚柱节圆直径比
k_{Rs}、k_{Rn}	滚柱在丝杠侧和螺母侧的螺纹牙编号
k'_{Rn}、k'_{Rs}	滚柱#q^* 上与螺母和丝杠相接触螺纹牙的编号
k_N	螺母螺纹牙编号
$l_{AA'}$	滚柱和螺母啮合点 A 与点 A' 的相对轴向位移
$l_{BB'}$	滚柱和丝杠啮合点 B 与点 B' 的相对轴向位移
l_i	第 i 个滚柱的大段螺纹相对小段螺纹的位置
l_0	相邻滚柱在轴向的间距
L_i	丝杠、螺母或滚柱#q 的导程
l_i	行星滚柱丝杠副实际导程
l_{RN}	滚柱相对于螺母的轴向位移
L_{RN}^r	滚柱相对于螺母只自转时产生的轴向位移
L_{RN}^P	滚柱相对于螺母只公转时产生的轴向位移
L_{RS}^S	滚柱螺纹在丝杠螺纹中纯滑动产生的轴向位移
L_{RR}^S	滚柱螺纹自旋纯滑动产生的轴向位移
L_N^a	螺母的轴向位移

L_{RS}	滚柱相对于丝杠的轴向位移
L_{RS}^{r}	滚柱相对于丝杠只自转时产生的轴向位移
L_{RS}^{a}	丝杠转动时滚柱相对丝杠的轴向位移
L_{S}^{a}	丝杠的轴向位移
L_{S}^{S}	丝杠的总行程
L_{T}	归一化滚柱总轴向位移
L_{RS}^{T}	总行程中滚柱相对于丝杠的轴向位移
L_{RS}^{P}	滚柱相对于丝杠只公转时产生的轴向位移
L_{RN}^{a}	丝杠转动时滚柱相对螺母的轴向位移
L_{SN}	丝杠相对于螺母的轴向位移
$L_{S}^{\alpha_0}$	丝杠螺旋线相差 α_0 角时,其螺旋线轴向位移
$L_{R}^{\beta_0}$	滚柱螺旋线相差 β_0 角时,其螺旋线轴向位移
$L_{N}^{n_{roller}}$	螺母螺旋线相差 $360°/n_{roller}$ 时,其螺旋线轴向位移
m_q	滚柱#q 的质量
m_g	滚柱齿轮模数
m_N	螺母的质量
m_P^{ℓ}	保持架#ℓ 的质量
M_{Sz}	作用在丝杠上的力矩
M_{fpr}^{ℓ}	作用在保持架#ℓ 上的润滑油/脂的拖动力矩
$\mod(n_T/2)$	$n_T/2$ 的余数
$M_{fqn}^{qc,k}$	作用在滚柱#q 的第 k 个螺母侧螺纹牙上的摩擦力矩
$M_{Nfq}^{P,k}$	接触点 o_{Nq}^{k} 处的摩擦力矩
n_{roller}	滚柱的个数
n_i	头数
n_T	滚柱螺纹牙总数
$\mathbf{n}_i^i$	丝杠、滚柱或螺母螺旋曲面在对应零件坐标系 o_i-$x_iy_iz_i$ 中的外法线向量
$\mathbf{n}_{Sq}^{Pq}$	局部坐标系 o_{Pq}-$x_{Pq}y_{Pq}z_{Pq}$ 中,曲面 Π_{SB} 在接触点 o_{Sq} 处的外法线向量
$\mathbf{n}_{Rsq}^{pq}$	局部坐标系 o_{Pq}-$x_{Pq}y_{Pq}z_{Pq}$ 中,曲面 Π_{qU} 在接触点 o_{Sq} 处的外法线向量
$\mathbf{n}_{Sq}^{pq,k_s}$	局部坐标系 o_{Pq}-$x_{Pq}y_{Pq}z_{Pq}$ 中,第 k_s 个丝杠螺纹牙的螺旋曲面 Π_{SB} 在接触点 $o_{Sq}^{k_s}$ 处的法向量

符 号 表

$n_{Rsq}^{p_q, k_{Rs}}$	局部坐标系 $o_{Pq}\text{-}x_{Pq}y_{Pq}z_{Pq}$ 中,第 k_{Rs} 个滚柱螺纹牙的螺旋曲面 Π_{qU} 在接触点 $o_{Sq}^{k_{Rs}}$ 处的法线向量
n_{qg,z_G}	齿面 Π_{qg1} 和 Π_{Ng1} 或齿面 Π_{qg2} 和 Π_{Ng2} 啮合时,齿面在接触点 G_q 处的法线方向
$n_{Sq^*}^{k_{Rs}}$ 、 $n_{Rsq^*}^{k_{Rs}}$	螺旋曲面 Π_{SB} 和 Π_{q^*U} 在接触点 $o_{Sq^*}^{k_{Rs}}$ 处的单位法向量
$n_{Rnq^*}^{k_{Rn}}$	螺旋曲面 Π_{q^*B} 在接触点 $o_{Nq^*}^{k_{Rn}}$ 处的单位法向量
o_{Sq}	丝杠和滚柱#q 之间的接触点
o_{Nq}	螺母和滚柱#q 之间的接触点
o_{lm}	曲面 Π_l 和 Π_m 之间的接触点
o_{Sr} 、 o_S	丝杠旋转轴与螺纹节圆的中心
o_q 、 o_{qg} 、 o_{qp}	分别表示滚柱#q 的螺纹节圆、直齿和销轴的中心
$o_{i\tau}$	丝杠、螺母或滚柱#q 的偏斜旋转点
$o_{q\tau}$	滚柱#q 的旋转轴中心
o_R	滚柱自转轴中心
O	初始位置滚柱回转中心
O'	相邻滚柱回转中心
o_{Nout} 、 o_N	螺母外圆和螺纹分度圆的中心
o_{Ng} 、 o_P	内齿圈和保持架的中心
o_{Hq} 、 $o_{Hq,0}$	销孔#q 的实际中心点位置和其理想位置
o_{qg}^{ℓ}	内齿圈与滚柱上第 ℓ 个直齿的接触点
o_{qp}^{ℓ}	滚柱#q 和保持架#ℓ 之间的接触点 ($\ell=1,2$)
o_{qs}^{k} 、 o_{qn}^{k}	滚柱#q 上第 k 个螺纹牙在丝杠侧和螺母侧的接触点
$o_{Sq}^{k_{Rs}}$	第 k_{Rs} 个滚柱螺纹牙螺旋曲面 Π_{qB} 与所对应丝杠螺旋曲面 Π_{SU} 的接触点
$o_{Nq}^{k_{Rn}}$	第 k_{Rn} 个滚柱螺纹牙螺旋曲面 Π_{qU} 与所对应螺母螺旋曲面 Π_{SB} 的接触点
O_{Sq}	丝杠和滚柱接触点 o_{Sq} 在 $x_{Pq}y_{Pq}z_{Pq}$ 平面中的投影
O_{Nq}	螺母和滚柱接触点 o_{Nq} 在 $x_{Pq}y_{Pq}z_{Pq}$ 平面中的投影
$\overrightarrow{\|o_{q\tau}o_{qp}\|}$	点 $o_{q\tau}$ 和点 o_{qp} 之间的距离
$\overrightarrow{\|o_{Hq}o_{qp}\|}$	点 o_{Hq} 和点 o_{qp} 之间的距离
$\overrightarrow{o_{qg}G_q}$ 、 $\overrightarrow{o_{Ng}G_q}$	直齿和内齿圈几何中心至接触点 G_q 的向量
$o_{Pq}\text{-}x_{Pq}y_{Pq}z_{Pq}$	局部坐标系
$o_i\text{-}x_iy_iz_i$	零件坐标系

符号	含义
$o'_i\text{-}u_i v_i w_i$	截面坐标系
$o'_S\text{-}t_S n_S b_S$	丝杠接触螺旋曲线在接触点处的 Frenet 坐标系
$O\text{-}XYZ$	整体坐标系
P	丝杠、螺母或滚柱#q 的螺距
$\boldsymbol{p}_{Pq}$	局部坐标系 $o_{Pq}\text{-}x_{Pq}y_{Pq}z_{Pq}$ 的原点在整体坐标系 $O\text{-}XYZ$ 中的位置向量
$\boldsymbol{p}_i$	零件坐标系 $o_i\text{-}x_i y_i z_i$ 的原点 o_i 在整体坐标系 $O\text{-}XYZ$ 中的位置向量
$\boldsymbol{p}_{ir}$	零件的旋转点 o_{ir} 在坐标系 $O\text{-}XYZ$ 中的位置矢量
$\boldsymbol{p}_{Aqr}^{Hq}$	圆心 o_{Aqr} 在坐标系 $o_{Hq}\text{-}x_{Hq}y_{Hq}z_{Hq}$ 中的位置向量
$\boldsymbol{p}_{qn}^{En,k}$	接触区域 Ω_{Nq} 内的切向力
q	滚柱#q ($q=1, 2, \cdots, n_{\text{roller}}$)
q^*	同时与丝杠和螺母相接触的滚柱编号
r_i	名义半径
r_{Ng}、r_{qg}	内齿圈和滚柱直齿的分度圆半径
r_{Sg}	丝杠齿轮节圆半径
r_{Rg}	滚柱齿轮节圆半径
r_{Rga}	滚柱齿轮齿顶圆半径
r_{Tq}、o_{Tq}	圆弧 Γ_{qU} 在平面 $u_q w_q$ 中的半径与圆心
r_{Sq}、ϕ_{Sq}	丝杠的啮合半径与啮合偏角
r_{Rsq}、ϕ_{Rsq}	滚柱#q 在丝杠侧的啮合半径与啮合偏角
r_{Sa}	丝杠的牙顶圆半径
r_{Na}	螺母的牙顶圆半径
r_{qa}	滚柱的牙顶圆半径
$r_{q\text{pin}}$	滚柱#q 上销轴的半径
$r_{Sq}^{k_S}$	第 k_S 个丝杠螺纹牙与滚柱#q 对应的啮合半径
$r_{Rsq}^{k_{Rs}}$	第 k_{Rs} 个滚柱螺纹牙丝杠侧的啮合半径
$r_{Nq}^{k_N}$、$\phi_{Nq}^{k_N}$	第 k_N 个螺母螺纹牙的啮合半径与啮合偏角
$r_{Rnq}^{k_{Rn}}$、$\phi_{Rnq}^{k_{Rn}}$	第 k_{Rn} 个滚柱螺纹牙的啮合半径和啮合偏角
$\boldsymbol{r}_i^i(u_i, \theta_i)$	丝杠、螺母或滚柱螺旋曲面在对应零件坐标系 $o_i\text{-}x_i y_i z_i$ 中的方程
$\boldsymbol{r}_i^{Pq}$	丝杠、滚柱和螺母螺旋曲面在局部坐标系 $o_{Pq}\text{-}x_{Pq}y_{Pq}z_{Pq}$ 中的方程
$\boldsymbol{r}_i^i$	丝杠、螺母和滚柱螺旋曲面在各零件坐标系 $o_i\text{-}x_i y_i z_i$ 中的方程

符号	含义
$r_{Sq}^{P,k}$	局部坐标系 $o_{Pq}\text{-}x_{Pq}y_{Pq}z_{Pq}$ 中接触点 o_{Sq}^{k} 的位置向量
$r_{qp}^{qc,\ell}$	接触点 o_{qp}^{ℓ} 在坐标系 $o_{q}\text{-}x_{q}y_{q}z_{q}$ 中的位置向量
$r_{qg}^{qc,\ell}$	接触点 o_{qg}^{ℓ} 的位置向量
$r_{qs}^{qc,k}$	接触点 o_{qs}^{k} 的位置向量
$r_{qn}^{qc,k}$	接触点 o_{qn}^{k} 的位置向量
$r_{Nq}^{P,k}$	接触点 o_{Nq}^{k} 在坐标系 $o_{Pq}\text{-}x_{Pq}y_{Pq}z_{Pq}$ 中的位置向量
$r_{Nqg}^{P,\ell}$	内齿圈和滚柱#q 第 ℓ 个直齿之间的接触点在局部坐标系 $o_{Pq}\text{-}x_{Pq}y_{Pq}z_{Pq}$ 中的位置向量
$r_{PR}^{P,\ell}$	接触点 o_{qp}^{ℓ} 在局部坐标系 $o_{Pq}\text{-}x_{Pq}y_{Pq}z_{Pq}$ 中的位置向量
r_{error}^{Pq}、r_{0}^{Pq}	含误差与无误差时行星滚柱丝杠副接触点在坐标系 $o_{Pq}\text{-}x_{Pq}y_{Pq}z_{Pq}$ 中的位置向量
$[r_{\text{error}}^{Pq}]_{x}$、$[r_{\text{error}}^{Pq}]_{y}$	向量 r_{error}^{Pq} 在 x_{Pq} 和 y_{Pq} 方向的分量
$[r_{0}^{Pq}]_{x}$、$[r_{0}^{Pq}]_{y}$	向量 r_{0}^{Pq} 在 x_{Pq} 和 y_{Pq} 方向的分量
S	丝杠
N	螺母
T_{i}	零件坐标系 $o_{i}\text{-}x_{i}y_{i}z_{i}$ 向整体坐标系 $O\text{-}XYZ$ 的坐标变换矩阵
T_{Pq}	局部坐标系 $o_{Pq}\text{-}x_{Pq}y_{Pq}z_{Pq}$ 向整体坐标系 $O\text{-}XYZ$ 的坐标变换矩阵
T_{i}'	截面坐标系 $o_{i}'\text{-}u_{i}v_{i}w_{i}$ 向零件坐标系 $o_{i}\text{-}x_{i}y_{i}z_{i}$ 的坐标变换矩阵
(u_{Tq},w_{Tq})	圆心 o_{PR} 的在平面 $u_{q}w_{q}$ 中的坐标
u_{i}、θ_{i}	丝杠、螺母或滚柱#q 螺旋曲面的曲面坐标
(u_{Sq},θ_{Sq})	螺旋曲面 Π_{qU} 在接触点 o_{Sq} 处的曲面坐标
(u_{Rsq},θ_{Rsq})	螺旋曲面 Π_{SB} 在接触点 o_{Sq} 处的曲面坐标
$u'\times\theta'$	Blinov 等啮合模型的层面划分
$x'\times\theta'$	赵英等啮合模型的层面划分
$(u_{Sq}^{k_{s}},\theta_{Sq}^{k_{s}})$	螺旋曲面 Π_{SB} 在接触点 $o_{Sq}^{k_{s}}$ 处的曲面坐标
$(u_{Rsq}^{k_{ss}},\theta_{Rsq}^{k_{ss}})$	螺旋曲面 Π_{qU} 在接触点 $o_{Sq}^{k_{ss}}$ 处的曲面坐标
$(u_{Nq}^{k_{N}},\theta_{Nq}^{k_{N}})$	螺母螺旋曲面在接触点 $o_{Nq}^{k_{N}}$ 处的曲面坐标
$(u_{Rnq}^{k_{R}},\theta_{Rnq}^{k_{R}})$	滚柱螺旋曲面在接触点 $o_{Nq}^{k_{R}}$ 处的曲面坐标
v_{q*z}	滚柱#q^{*} 的轴向移动速度
v_{Nz}	螺母的轴向移动速度
v_{O}	滚柱中心的绝对速度

v_B	丝杠和滚柱接触位置圆周方向切点速度
v_A	螺母和滚柱接触位置圆周方向切点速度
v_{RS}^P	滚柱与丝杠在啮合点的周向滑动速度
v_{RS}^a	滚柱相对丝杠的轴向滑动速度
v_{RN}^a	滚柱相对螺母的轴向滑动速度
V_{RS}^P	归一化的滚柱与丝杠在啮合点的周向滑动速度
V_{RS}^a	归一化的滚柱相对丝杠的轴向滑动速度
V_{RN}^a	归一化的滚柱相对螺母的轴向滑动速度
$v_{NR}^{rolling}$	螺母和滚柱#q 的滚动速度
$v_{q^*r}^P$	滚柱相对于坐标系 $o_p\text{-}x_p y_p z_p$ 的浮动速度
v_{Rsq^*}	滚柱#q^*在接触点 $o_{Sq^*}^{k_{s_n}}$ 处的速度
v_{Rnq^*}	滚柱#q^*在接触点 $o_{Nq^*}^{k_{s_n}}$ 处的速度
v_{Sq^*}	丝杠在接触点 $o_{Sq^*}^{k_{s_n}}$ 处的速度
v_{Sq}^P、v_{qs}^P	丝杠和滚柱#q 在接触点处的速度
v_{Nq}^P、v_{Rnq}^P	螺母和滚柱#q 在接触点处的速度
$[v_{Nq}^P]_{x_{Nq}}$、$[v_{Nq}^P]_{y_{Nq}}$	v_{Nq}^P 沿着 x_{Nq} 和 y_{Nq} 轴的分量
$[v_{qn}^P]_{x_{Nq}}$、$[v_{qn}^P]_{y_{Nq}}$	v_{qn}^P 沿着 x_{Nq} 和 y_{Nq} 轴的分量
$\|v_{SR}^P\|$	丝杠和滚柱在接触点处的滑动速度幅值
x_{min}	滚柱齿轮变位系数
$\ddot{z}_q$	滚柱#q 的轴向加速度
z_S	丝杠端部齿轮的齿数
z_R	滚柱端部齿轮的齿数
z_N	内齿圈齿轮的齿数
$z_{R\,min}$	滚柱齿不产生根切的最小齿数
α	齿轮副的压力角
α_0	相邻滚柱螺纹相位角
β_i	牙侧角
δ_{lm}	曲面 Π_l 和 Π_m 沿着 e_{lm}^{Pq} 方向的间隙
δ_{SB-qU}	螺旋曲面 Π_{SB} 和 Π_{qU} 之间的轴向间隙
δ_{SU-qB}	螺旋曲面 Π_{SU} 和 Π_{qB} 之间的轴向间隙

符号	说明
$\delta_{\text{NB}-q\text{U}}$	螺旋曲面 $\varPi_{\text{NB}}$ 和 $\varPi_{q\text{U}}$ 之间的轴向间隙
$\delta_{\text{NU}-q\text{B}}$	螺旋曲面 $\varPi_{\text{NU}}$ 和 $\varPi_{q\text{B}}$ 之间的轴向间隙
$\delta_{\text{S}q}$	螺旋曲面 $\varPi_{\text{SB}}$ 和 $\varPi_{q\text{U}}$ 以及 $\varPi_{\text{SU}}$ 和 $\varPi_{q\text{B}}$ 轴向间隙的总和
δ_{PG}	保持架与内齿圈之间的径向间隙
$\delta_{\text{SN}q}$	匹配螺旋曲面 $\varPi_{\text{SB}}$-$\varPi_{q\text{U}}$ 和 $\varPi_{\text{NU}}$-$\varPi_{q\text{B}}$ 的间隙之和
$\delta_{q\text{G}}$	滚柱#q 的直齿与内齿圈之间的法向间隙
δ_{qr}	滚柱#q 与保持架的径向间隙
$\delta_{\text{SU}-q\text{B}}^{k_{\text{Rs}}}$、$\delta_{\text{SB}-q\text{U}}^{k_{\text{Rs}}}$	第 k_{Rs} 个滚柱螺纹牙的螺旋曲面 $\varPi_{q\text{B}}$ 和 $\varPi_{q\text{U}}$ 与对应丝杠螺旋曲面之间的轴向间隙
$\delta_{\text{NU}-q\text{B}}^{k_{\text{Rn}}}$、$\delta_{\text{NB}-q\text{U}}^{k_{\text{Rn}}}$	第 k_{Rn} 个滚柱螺纹牙的螺旋曲面 $\varPi_{q\text{B}}$ 和 $\varPi_{q\text{U}}$ 与对应螺母螺旋曲面之间的轴向间隙
$(\varepsilon_{\text{M}x},\varepsilon_{\text{M}y})$	螺母位置误差
$\varepsilon_{\text{H}qx}$、$\varepsilon_{\text{H}qy}$	销孔#q 的径向位置误差和横向位置误差
$(\varepsilon_{qrx},\varepsilon_{qry})$	滚柱旋转轴中心 o_{qr} 在坐标系 $o_{\text{H}q}$-$x_{\text{H}q}y_{\text{H}q}z_{\text{H}q}$ 中的坐标值
$\varepsilon_{qrx\text{U}}$、$\varepsilon_{qrx\text{B}}$	集合 $\varLambda_q$ 中 ε_{qrx} 的最大值和最小值
ε	归一化节圆误差
ε_i	丝杠、螺母或滚柱#q 的偏移向量
φ_i、ψ_i	丝杠、螺母或滚柱#q 绕 x_i 轴和 y_i 轴的偏斜角
φ_{r}	滚柱绕自身轴线自转的转角
φ_{P}	滚柱公转的转角
φ_{NP}	纯滚动部分的相对转角
φ_{slide}	纯滑动部分的相对转角
$\phi_{\text{S}q}^{k_{\text{S}}}$	第 k_{S} 个丝杠螺纹牙与滚柱#q 对应的啮合偏角
$\phi_{\text{Rs}q}^{k_{\text{Rs}}}$	第 k_{Rs} 个滚柱螺纹牙丝杠侧的啮合偏角
γ_i	装配时丝杠、螺母或滚柱#q 的绕自身轴线的旋转角度
γ_{slide}	总的滑动弧长
η	效率
$\varphi_{qg}(\varphi_{qg}\in[0,2\pi))$	直线 $o_{qp}o_q$ 和直线 $o_{qp}o_{qg}$ 构成的角度
$\varphi_{\text{N}g}$、φ_{P}	直线 $o_{\text{Nout}}o_{\text{N}g}$ 和直线 $o_{\text{Nout}}o_{\text{P}g}$ 与直线 $o_{\text{Nout}}o_{\text{N}}$ 之间的角度
κ_{N}	螺母附加的刚体位移
λ_i	螺旋升角
$\lambda_{\text{S}q}$	丝杠在接触点 $o_{\text{S}q}$ 处的螺旋升角

λ_{Rsq}、β_{Rsq}	滚柱#q 在丝杠侧接触点处的螺旋升角和牙侧角
$\lambda_{Sq}^{k_{Sn}}$	丝杠在接触点 $o_{Sq}^{k_{Sn}}$ 处的螺旋升角
$\lambda_{Rsq}^{k_{Sn}}$、$\beta_{Rsq}^{k_{Sn}}$	滚柱在接触点 $o_{Sq}^{k_{Sn}}$ 处的螺旋升角和牙侧角
$\lambda_{Nq}^{k_N}$	螺母在接触点 $o_{Nq}^{k_N}$ 处的螺旋升角
$\lambda_{Rnq}^{k_{Rn}}$、$\beta_{Rnq}^{k_{Rn}}$	滚柱在接触点 $o_{Nq}^{k_{Rn}}$ 处的螺旋升角和牙侧角
$\lambda_{Rsq*}^{k_{Sn}}$、$\beta_{Rsq*}^{k_{Sn}}$	滚柱在接触点 $o_{Sq*}^{k_{Sn}}$ 处的螺旋升角和牙侧角
$\lambda_{Nq*}^{k_{Rn}'}$	螺母在接触点 $o_{Nq*}^{k_{Rn}'}$ 处的螺旋升角
μ_{SR}	丝杠和滚柱之间的摩擦系数
μ_{NR}	螺母和滚柱之间的摩擦系数
μ_{SR}'	黏性摩擦系数
μ_{PR}	滚柱和保持架之间的摩擦系数
v_{PG}、ρ_{PG}	润滑油/脂的黏度与密度
$\theta_{i,0}^{j}$	曲线 $\Gamma_{i,0}^{j}$ 在零件坐标系 o_i-$x_i y_i z_i$ 中的起始角度
θ_S	丝杠转角
θ_N	螺母转角
θ_P	保持架转角
θ_r	滚柱轴线相对于丝杠轴线的转角
θ_R	滚柱从点 A 运动到点 B 的公转角度
θ_N	滚柱从点 A 运动到点 B 螺母转过的角度
θ_R^H	滚柱螺纹纯滚动转过的角度
θ_R^G	滚柱直齿转过的角度
$\dot{\theta}_S$	丝杠的转速
$\dot{\theta}_P$	保持架的角速度
$\dot{\theta}_q^P$	滚柱#q 相对于局部坐标系 o_{Pq}-$x_{Pq} y_{Pq} z_{Pq}$ 的自转速度
ω_S、ω_P、ω_q^P	丝杠、保持架和滚柱的自转角速度
ω_R	滚柱绕自身轴线的自转角速度
ω_{P1}、ω_{P2}	左侧和右侧保持架角速度
$\omega_{q,0}^P$	理想状态下滚柱的自转速度
$[\omega_N^P]_{z_{Nq}}$、$[\omega_q^P]_{z_{Nq}}$	角速度沿着 z_{Nq} 轴的分量
ω_N、ω_q^P	螺母和滚柱#q 相对于坐标系 o_P-$x_P y_P z_P$ 的角速度

符 号 表

ξ_i	$\xi_i=1$ 表示上螺旋曲面 Π_{iU} 的方程；$\xi_i=-1$ 表示下螺旋曲面 Π_{iB} 的方程
ξ_G	$\xi_G=1$ 表示齿面 Π_{qg1} 和 Π_{Ng1} 啮合；$\xi_G=2$ 表示齿面 Π_{qg2} 和 Π_{Ng2} 啮合
ξ_{NR}^{spin}	螺母相对于滚柱#q 的自旋率
ψ_{En}	x_{Nq} 和 x_{En} 轴之间的夹角
ξ_{lm}	螺旋曲面相切接触条件中的常数
ξ_{qg}	螺母和滚柱#q 之间齿轮副的初始法向间隙量
ξ_{Hq}	滚柱和销孔的名义径向间隙
ξ_{HU}、ξ_{HB}	保持架销孔直径的上公差与下公差
ξ_{qU}、ξ_{qB}	滚柱销轴直径的上公差与下公差
Φ_q	滚柱#q 的相位角
Φ	相邻两滚柱间的夹角
Ω_S、Ω_P、Ω_q^P	丝杠、保持架和滚柱的初始旋转角度
Ω_N	螺母的安装角
Δ	节圆偏移量
Δ_N	行星滚柱丝杠副的传动误差
Δr_i	丝杠、螺母或滚柱#q 的名义半径误差
$\Delta \beta_i$	丝杠、螺母或滚柱#q 的牙侧角误差
Δc_i	丝杠、螺母或滚柱#q 的半牙厚误差
$\Delta \theta_{S,0}^j$、$\Delta \theta_{N,0}^j$	丝杠或螺母螺纹的分头误差
Δr_{Tq}	滚柱轮廓半径误差
$\Gamma_{i,0}^j$	第 j 条螺纹所对应的中径螺旋线曲线
Γ_{iU}	牙型轮廓的上轮廓线
Γ_{iB}	牙型轮廓的下轮廓线
Π_l、Π_m	行星滚柱丝杠副中任意一对可能发生接触的螺旋曲面
Π_{iU}、Π_{iB}	丝杠、螺母或滚柱#q 的上螺旋曲面和下螺旋曲面
Π_{qg1}、Π_{qg2}	滚柱直齿齿面
Π_{Ng1}、Π_{Ng1}	内齿圈齿面
Λ_q	滚柱#q 的浮动区域
Λ_{qr}	滚柱#q 不与保持架发生干涉时点 o_{qr} 坐标 $(\varepsilon_{qrx},\varepsilon_{qry})$ 的集合
Λ_{qg}	滚柱#q 不与内齿圈发生干涉时点 o_{qr} 坐标 $(\varepsilon_{qrx},\varepsilon_{qry})$ 的集合
Λ_{Sq}	滚柱#q 不与丝杠发生干涉时点 o_{qr} 坐标 $(\varepsilon_{qrx},\varepsilon_{qry})$ 的集合

Λ_{Nq}	滚柱#q 不与螺母发生干涉时点 o_{qr} 坐标 $(\varepsilon_{qrx}, \varepsilon_{qry})$ 的集合
Θ	接触点偏移量
$\mathcal{T}$	间隙改变量
ζ_{SRf}	丝杠和滚柱#q 的摩擦力计算因子
ζ_{NRf}	螺母和滚柱#q 的摩擦力计算因子
ζ_T	载荷分布系数
ζ_{PS}	保持架和丝杠转速比
ζ_{PN}	保持架和螺母转速比
Ξ_S	丝杠旋转自由度 θ_S 的广义力
Ξ_P	保持架旋转自由度 θ_P 的广义力
Ξ_N	螺母旋转自由度 θ_N 的广义力
$\wp_S$	丝杠动能
$\wp_N$	螺母动能
$\wp_q$	滚柱#q 动能
$\wp_P$	保持架动能
$\wp_{SPRSM}$	标准式行星滚柱丝杠的系统动能
$\wp_{IPRSM}$	反向式行星滚柱丝杠的系统动能

第 1 章 绪 论

1.1 行星滚柱丝杠传动简介

1.1.1 行星滚柱丝杠传动的工作原理

行星滚柱丝杠(planetary roller screw mechanism，PRSM)是一种可将旋转运动和直线运动相互转化的机械传动装置，具有螺纹传动和滚动螺旋传动的综合特征。与滚珠丝杠传动相比，其滚动体不是多个球体，而是含有螺纹的多个滚柱体，如图 1-1 所示。一般情况下，丝杠或螺母的旋转运动，通过滚柱的行星运动转换为螺母或丝杠的直线运动。行星滚柱丝杠传动中特有的滚柱结构，使得滚柱与螺母(或滚柱与丝杠)之间无相对轴向位移，滚柱能够在丝杠和螺母形成的封闭空间内反复循环运动，依靠滚动/滑动摩擦实现运动和动力的传递。

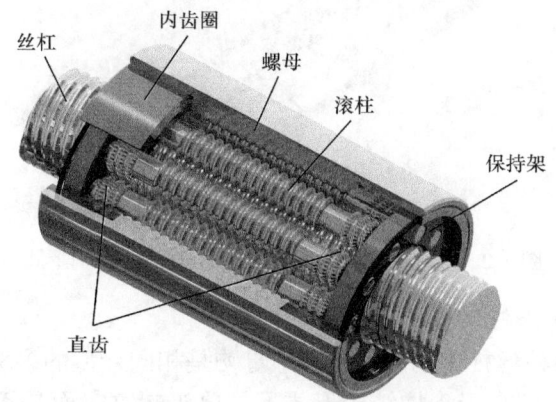

图 1-1 标准式行星滚柱丝杠传动机构的结构形式

1.1.2 行星滚柱丝杠传动的结构形式和分类

现有行星滚柱丝杠传动机构根据其结构组成和零件相对运动关系的不同，主要分为 5 种结构形式，分别为标准式行星滚柱丝杠传动[1]、反向式行星滚柱丝杠传动[2]、循环式行星滚柱丝杠传动[3]、轴承环式行星滚柱丝杠传动[4]和差动式行星滚柱丝杠传动[5]。

1) 标准式行星滚柱丝杠传动

标准式行星滚柱丝杠传动机构的结构形式如图 1-1 所示，其中丝杠和螺母为多头螺纹，牙型均为三角形。滚柱为单头螺纹，牙型为球形轮廓。为了消除丝杠螺旋升角对滚柱产生的倾斜力矩，在滚柱两端加工有直齿，与安装于螺母内的内齿圈啮合，以确保滚柱轴线平行于丝杠轴线而正常滚动。保持架使滚柱沿圆周均匀分布，滚柱保持架由弹簧挡圈轴向定位。

2) 反向式行星滚柱丝杠传动

反向式行星滚柱丝杠传动与标准式行星滚柱丝杠传动工作原理一样，如图 1-2 所示。与标准式行星滚柱丝杠不同的是，反向式行星滚柱丝杠将螺母作为主动件，由丝杠直线输出，滚柱与丝杠之间没有相对轴向位移。因此，滚柱螺纹和丝杠螺纹长度一致。在丝杠螺纹两端加工有外直齿，即图 1-1 中的滚柱直齿与内齿圈的内啮合变为丝杠直齿与滚柱直齿的外啮合，其功能与标准式行星滚柱丝杠传动的内啮合相同。

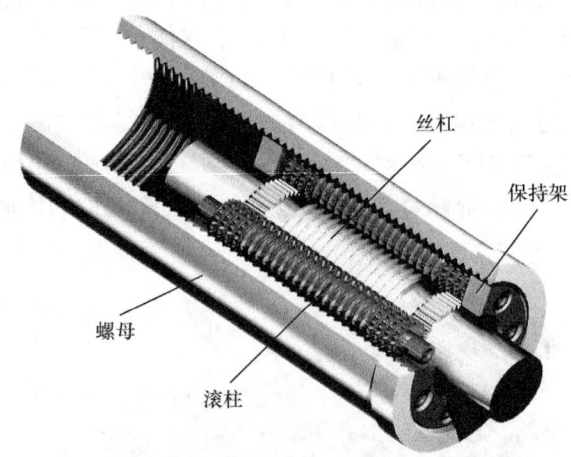

图 1-2 反向式行星滚柱丝杠传动机构的结构形式

3) 循环式行星滚柱丝杠传动

循环式行星滚柱丝杠传动的丝杠和螺母均是相同牙型的多头螺纹，与标准式行星滚柱丝杠的区别在于滚柱结构形式不是单头螺纹，而是无螺旋升角的"环槽"状，并沿轴线圆周排列，如图 1-3 所示。这种结构的主要优势在于可采用更小的螺纹导程，提供更高的位置精度，啮合点更多，承载力更大，但摩擦也会增强。若干个滚柱沿周向均布在保持架上，去掉了内齿圈，增加了一个带有凸轮环的挡圈，目的是使滚柱在完成一个循环后进行位置重置，即回到初始位置重新与丝杠啮合，同滚珠丝杠传动的返回器功能相似。因此，螺母沿径向加工有一个凹槽，滚柱每完成一个循环后在凸轮环作用下将滚柱挡入凹槽，与丝杠螺纹脱离啮合回到起始位置，从进入螺母凹槽与丝杠脱离啮合到退出螺母凹槽与丝杠重新啮合，整个过程滚柱始终与螺母啮合。

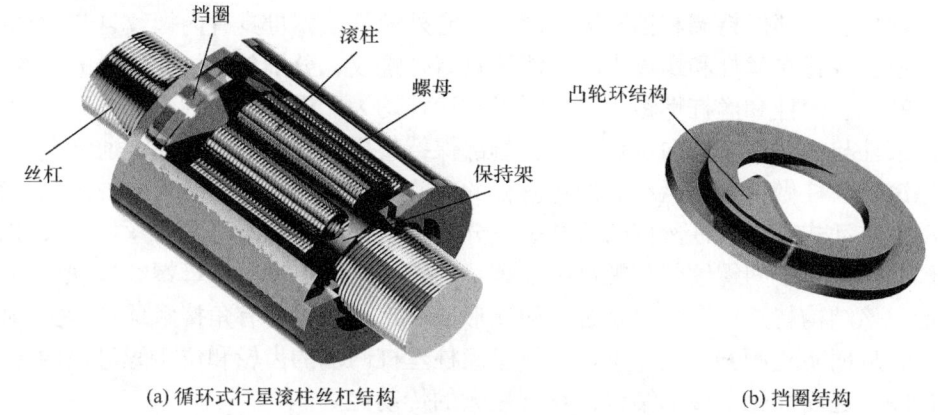

(a) 循环式行星滚柱丝杠结构　　　　　　　(b) 挡圈结构

图 1-3　循环式行星滚柱丝杠传动机构的结构形式

4) 轴承环式行星滚柱丝杠传动

轴承环式行星滚柱丝杠传动机构的结构形式如图 1-4 所示。丝杠是多头螺纹，滚柱和螺母之间没有轴向位移。滚柱与循环式行星滚柱丝杠的滚柱相似，同为无螺旋升角的"环槽"结构，但螺母不是单个部件，而是由推力圆柱滚子轴承和壳体组成的。动力由丝杠传给滚柱，再由滚柱传给两端的推力圆柱滚子轴承，螺母可自由旋转并将动力传给推力圆柱滚子轴承，最后由推力圆柱滚子轴承传到壳体上。该结构的特点是通过轴承环的旋转将由负载产生的摩擦力沿圆周方向分散，最大限度地减小了摩擦力，提高了系统传动效率。

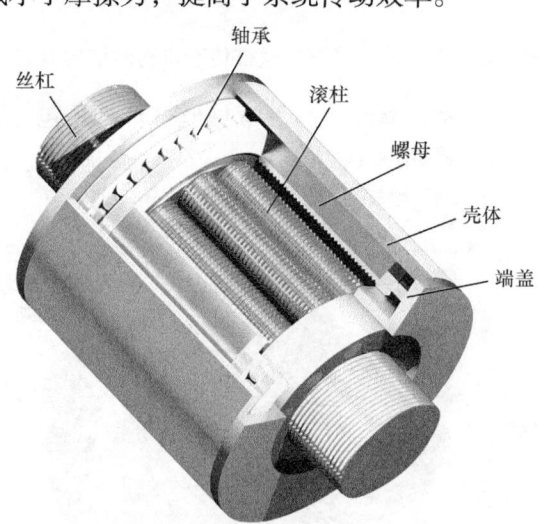

图 1-4　轴承环式行星滚柱丝杠传动机构的结构形式

5) 差动式行星滚柱丝杠传动

差动式行星滚柱丝杠传动机构的结构形式如图 1-5 所示，包括螺母、多个滚柱、丝杠、端部保持架和挡圈等。丝杠具有外螺纹，螺母具有内螺纹且与丝杠共轴。滚柱放置在丝杠和螺母之间，滚柱具有外螺纹，分别与丝杠和螺母的螺纹啮合。螺母、滚柱和丝杠螺距相等，螺母与滚柱均为无螺旋升角的"环槽"结构，因此滚柱与螺母相对轴向位移为零，端部保持架用于支撑多个滚柱。通常差动式行星滚柱丝杠做正传动运动，即将丝杠的螺旋运动转换为螺母沿轴向方向的直线运动。差动式行星滚柱丝杠的滚柱螺纹分为两段，两端螺纹分别与丝杠螺纹和螺母螺纹啮合，中间螺纹仅与螺母中段螺纹啮合，由此可见，螺母螺纹呈现"凸"字形，该结构特点可在螺纹啮合的两端形成稳定支撑，具有角接触球轴承类似的功能，从而防止倾斜，省去了传统行星滚柱丝杠两端的齿轮和位于螺母内两侧的内齿圈，进而简化了传动结构，具有更大的传动比。

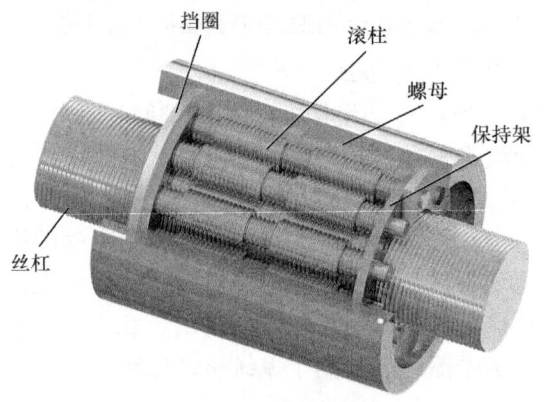

图 1-5　差动式行星滚柱丝杠传动机构的结构形式

根据零件的主从动关系，差动式行星滚柱丝杠传动还包含有反向差动式行星滚柱丝杠传动，其结构形式如图 1-6 所示。

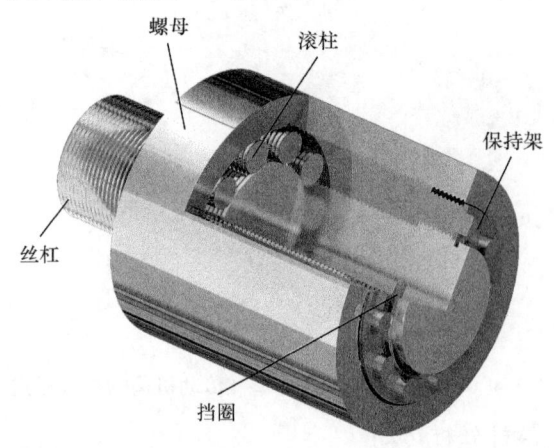

图 1-6　反向差动式行星滚柱丝杠传动机构的结构形式

与反向式行星滚柱丝杠类似，在反向差动式行星滚柱丝杠传动中，丝杠、滚柱、螺母三者螺距相等，丝杠和滚柱具有相同的螺旋升角且升角为零，丝杠和滚柱均为阶梯轴的"环槽"结构，且轴向相对位移为零，螺母含有内螺纹且带有螺旋升角[6]。

此外，行星滚柱丝杠传动按精度实现能力还可分为：无预紧型和预紧型，其中预紧型又可分为单螺母和双螺母两种[7]。按螺母结构形式可分为三种形式：单螺母型、分段柱状螺母型和合并双螺母型，其结构如图 1-7 所示。其中，单螺母型无预紧，有轴向间隙，分段柱状螺母型和合并双螺母型具有预紧功能，可消除轴向间隙。

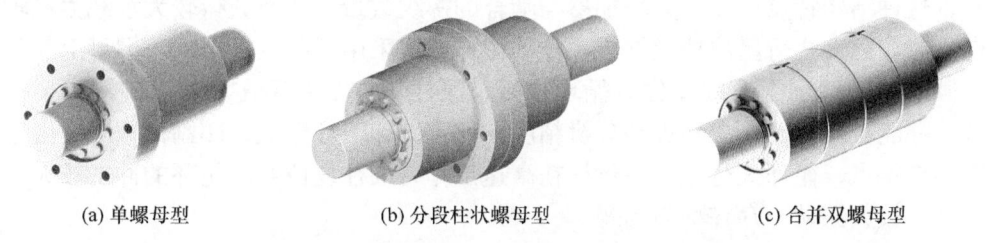

(a) 单螺母型　　　　　(b) 分段柱状螺母型　　　　　(c) 合并双螺母型

图 1-7　不同螺母类型的行星滚柱丝杠传动结构形式

尽管各类行星滚柱丝杠的零件组成大同小异，但各零件之间的啮合关系和运动传递路径的不同，将使其表现出不同的传动特性，需要根据工程实际使用要求选择各自适用的场合。

1.2　行星滚柱丝杠传动的应用

1.2.1　行星滚柱丝杠传动的应用领域

1.1.2 小节所述 5 种类型行星滚柱丝杠传动的共同特点是都包括丝杠、滚柱和螺母这三个主要零件。依据使用环境和工况不同，滚柱结构及其循环方式有所不同。其中，标准式行星滚柱丝杠的滚柱是具有螺旋升角的单头螺纹，丝杠和螺母为多头螺纹，丝杠为主动件，螺母直线输出。它能适应环境恶劣、大负载、高速运动及较大直线行程的应用场合，如轧钢、切削运动等，是目前应用最广泛的结构形式。此后出现的其他结构形式的行星滚柱丝杠均是在标准式行星滚柱丝杠的基础上根据不同应用要求发展而来的。

反向式行星滚柱丝杠的丝杠、滚柱和螺母的结构及牙型角与标准式行星滚柱丝杠完全相同，区别在于螺母为主动件，即螺母的旋转运动通过滚柱的行星运动转换为丝杠的直线运动。基于反向式行星滚柱丝杠的结构特点和运动原理，其最大的优点是可将螺母作为电机的转子实现电机和整个丝杠传动机构的一体化融合设计,将螺母作为电机转子的设计方法可使原有机电作动器(electro-mechanical actuator,EMA)的结构更加紧凑、重量更轻、安装布局更方便。反向式行星滚柱丝杠传动可适用于环境恶劣、中小负载、小行程和高速进给的场合,缺点是行程有限,这主要受制于多头内螺纹的加工技术,若要实现长行程,则需要加工较长的螺母多头内螺纹以保证丝杠行程。与此同时,为了实现承载要求,较大的尺寸结构会造成螺母转动惯量增大,不利于 EMA 的精密控制。但随着多头内螺纹加工技术的不断发展,将为解决上述问题并扩大其使用领域提供可能。

循环式行星滚柱丝杠传动中的滚柱没有螺旋升角,类似算盘珠子一样并列排布,这种结构特点可以大大增加参与啮合的螺纹数量,从而获得较大承载力和轴向刚度。循环式行星滚柱丝杠中滚柱的循环方式采用了凸轮环结构,螺母上加工有圆弧形凹槽用于滚柱复位。循环式行星滚柱丝杠主要用在对传动件刚度要求高,并能实现精确定位和提高分辨精度的场合,如医疗器械、印刷机械等。由于其结构特点,循环式行星滚柱丝杠在高速工作时滚柱复位对凸轮环的冲击较大,会产生较大振动,存在噪声问题。

轴承环式行星滚柱丝杠传动采用了推力圆柱滚子轴承,大大提高了整个机构的轴向承载能力,同时利用圆柱滚子轴承沿圆周方向的旋转,极大地消除了行星滚柱丝杠传动机构中各零件在传动过程中的摩擦损耗。因此,它适用于较大轴向负载、高轴向刚度和高效率的场合,如应用于石油机械、化工机械、重型起竖装置等装备中。但轴承环式行星滚柱丝杠中的圆柱滚子轴承与螺母配合使用,必须套在丝杠和滚柱外侧,存在径向尺寸大的问题。通常情况下,受限于整体结构尺寸,所选用的圆柱滚子轴承的额定承载能力远远大于整个机构的设计轴向承载要求,进而造成整个机构偏重、两侧轴承安装难度加大、成本上升等问题。

差动式行星滚柱丝杠传动作为行星滚柱丝杠传动中的新类型,继承了行星滚柱丝杠承载能力强、刚度大、磨损小和寿命长的共性优势[8-10]。同时,其结构更为简洁,在相同体积和重量下可以承受更高的载荷,并且具有更高的输入转速、更小的导程和更大的减速比等优点。此外,在相同导程需求下,差动式行星滚柱丝杠的螺距可以比标准式行星滚柱丝杠的螺距更大,不仅能够提高整个机构的承载能力,而且有利于螺纹加工[11]。但差动式行星滚柱丝杠螺纹啮合区域会产生滑动的问题,使传动比不稳;在较大载荷下容易出现较快磨损等问题,导致精度丧失、可靠性不高、位置控制精度较低。

1.2.2 基于行星滚柱丝杠的 EMA 应用

随着航空、航天、航海、陆地、石油化工、精密数控机床和机器人等领域智能装备的发展,电动伺服作动系统部分替代传统液压伺服作动系统和气压伺服作动系统成为伺服控制领域的新型操纵装置。以飞行器伺服作动系统为例，飞行器伺服作动器是飞控系统重要的执行装置，应用在需要各种运动伺服控制的场合，如升降舵、方向舵、襟副翼和平尾等控制舵面，从而实现飞行姿态和轨迹控制。电动作动系统的主要形式有两种：电动静液作动器(electro-hydrostatic actuator, EHA)和机电作动器。机电作动器与电动静液作动器相比，具有以下优点[12]：①良好的长期储藏特性；②作动器系统易于检测和进行健康监测，维护、运行成本低；③无污染问题；④不存在液体渗漏，油液渗漏会降低系统效率；⑤安装方便，不需要布设管路和检查泄漏或污染，自备式直线排列的备用作动器通过插入式电连接实现作动器更换；⑥简单的插入式电连接，只需布设电线路，功率传动系统成本低；⑦机电作动器具有与电动静液作动器相当的可靠性；⑧系统重量轻；⑨无中心液压源和储液器、热交换器、过滤器、泵阀等组件；⑩静态功率损耗低；⑪机电作动器的额定负载功率效率高，不需要冷却，电动静液作动器在小于最大负载下运行时，系统压力下降会造成功率损耗；⑫机电作动器在过载状态下可短暂运行。基于以上优点，机电作动器的应用领域越来越广泛、深入。但是，机电作动器也存在以下缺点：①机电作动器功率密度略小；②机电作动器中的减速器一般采用带传动、多级齿轮传动或行星齿轮传动，或者是上述两种的组合，带传动难以在高温环境下使用，齿轮间隙将导致作动器产生无效行程，对齿轮传动系统的精度要求较高；③高速往返运行时，机电作动器系统发热量大；④机电作动器在较高输出力和响应幅值下，动态响应频率较低；⑤机电作动器中电机、减速器和执行机构的相对位置不能随意改变，在有限安装空间方面处于劣势，不如电动静液作动器零件布置灵活。

随着新型材料和电机技术、高效率机械传动零部件加工制造工艺以及伺服控制技术的不断发展，机电作动器将逐渐克服上述缺点而被广泛应用。单从行星滚柱丝杠的使用来说，几乎可以满足需要将旋转运动变成直线运动的各种场合，各类行星滚柱丝杠传动以其各自结构特点作为滚动螺旋传动机构的有益补充。同时，各类行星滚柱丝杠传动作为机电作动器的重要执行机构，将为机电作动器在军民领域机械装备中的广泛应用提供有力支撑。常见的机电作动器可分为集成式机电作动器(integrative EMA，I-EMA)和一体式机电作动器(all-in-one compact EMA，C-EMA)两种[13]。典型的集成式机电作动器结构组成如图1-8所示，主要由直流无刷电机、控制器(主要包括速度、位置、扭矩控制器和功率转换器)、减速器(齿轮传动或带传动)、滚珠丝杠(或行星滚柱丝杠)四部分组成。一体式机电作动器结构组成如图1-9所示，主要由行星滚柱丝杠(丝杠、滚柱和螺母)、电机(磁铁和线圈绕组)、控制器(控制、测量、反馈单元及对应接口)三部分组成。从结构组成可以看出，一体式机电作动器更紧凑。如前所述，标准式行星滚柱丝杠、反向式行星滚柱丝杠和差动式行星滚柱丝杠均可作为集成式机电作动器的执行机构，将电机的旋转运动转换为螺母的直线运动。对于反向式行星滚柱丝杠，螺母既作为传力部件又作为电机的转子，通过丝杠、滚柱和螺母三者的啮合传动实现直线伺服。这种结构传动刚度大，转矩稳定，且螺纹啮合为滚动摩擦，传动效率高、运动精度好、正反转往复运动仍能精确定位，实现了机电一体化融合设计，是真正意义上的一体化机电作动器。现有的集成式机电作动器由于部件的相对位置不能随意改变，较难满足安装空间和力作用线必须与几何轴线重合的要求。而一体式机电作动器可克服上述缺点，且重量轻、尺寸小，具有机上测试能力，在提高可靠性、简化操作和降低维护成本的同时，由于采用了定子分段迭片技术和行星滚柱丝杠技术，电机可靠性和输出推力大幅提高。

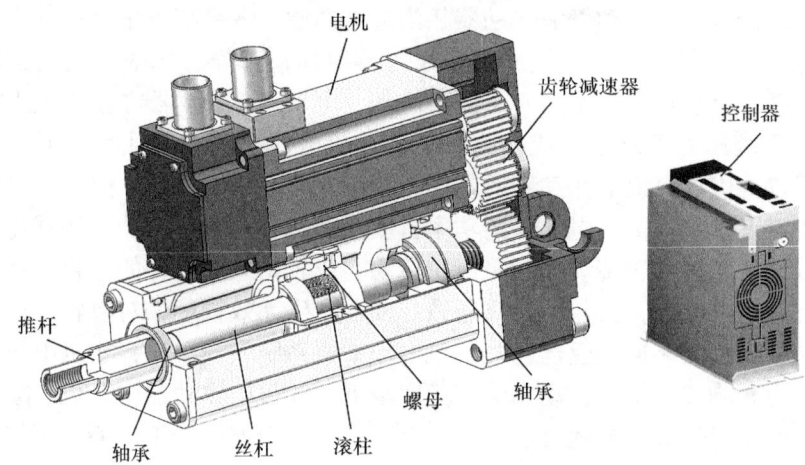

图 1-8　典型 I-EMA 结构组成示意图

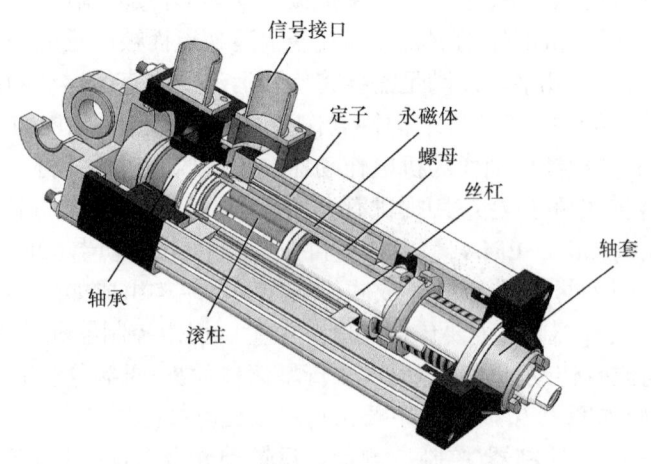

图 1-9　C-EMA 主要结构组成示意图

无论是集成式机电作动器还是一体式机电作动器，机电作动器中的执行机构，或称为机械传动装置，是整个伺服系统的一个重要组成部分。其作用是传递功率、转速和进行运动变换，使伺服电机和负载之间的转矩与转速得到匹配。通常是将伺服电动机输出轴的高转速、低转矩转换为负载轴所要求的低转速、高转矩或将回转运动转换成直线运动。机电作动器中的机械传动装置要考虑强度和刚度，也要考虑精度、惯量、摩擦、阻尼等因素，而且要求机械传动部件满足转动惯量小、传动刚度大、传动系统固有频率高、振动特性好、摩擦损失小、阻尼合理、间隙小等要求，还要求机械传动部分的动态特性与电机速度环的动态特性相匹配。由此才能满足伺服传动系统中传动精度高、响应速度快、稳定性能好的基本要求。

随着高速切削技术的发展，最大进给速度越来越高。例如，日本精工生产的高速滚珠丝杠，有的应用场合其进给速度已高达 100m/min。但在超高速条件下，作用在滚珠丝杠滚动体上的离心力和陀螺力矩增大，使滚动体产生滑动，振动噪声增大，摩擦及热膨胀增强，滚珠在滚道内循环发生困难，影响丝杠传动机构的正常工作，因此其寿命较短，故障较为频繁。实现高速化一般采用增大丝杠导程和提高丝杠转速两种方法，但这两种方法均存在一定问题。导程增大会直接影响滚珠丝杠副的滚道精度，且目前还未彻底解决大导程丝杠的滚道精密磨削问题。同时，滚珠丝杠传动的高速化也不能单靠提高驱动速度来实现，因为丝杠结构存在临界转速的限制，当丝杠转速接近临界转速时会产生共振。滚珠丝杠传动的临界转速与其结构形式及安装方式有关，且高转速会降低传动效率等。总之，普通的滚珠丝杠传动已不能满足对其进给传动超高速、大推力和高频响等的要求。

相比于传统的滚珠丝杠传动，行星滚柱丝杠传动呈现多副(螺纹副和齿轮副)、多体(多个零件参与啮合传递运动和动力)、多点(螺纹副多点接触)的啮合特征，故在相同丝杠直径下，行星滚柱丝杠比滚珠丝杠的承载能力提高 6 倍，相同负载下节省 1/3 空间，寿命提高 14 倍，工作环境温度范围提高 2 倍。同时，滚柱相对于螺母无轴向运动，丝杠转速可达 6000r/min，螺母直线速度可达 2m/s。采用行星滚柱丝杠作为传动机构的 EMA 与采用滚珠丝杠的 EMA 相比，相同推力下重量减少 30%，相同重量下推力提升 50%。而且，行星滚柱丝杠可采用微小导程(螺距可达 0.3mm)，不仅更便于控制传动精度和提升动态频响，而且由于更多接触点同时参与传力，能够实现重载条件下的超高精密传动。这些优点可有效解决有限安装空间下大承载、高精度、高速的瓶颈问题，使其逐渐成为机电作动器执行机构的最佳选择之一，并使机电作动系统部分替代液压、气压伺服作动系统，使大推力、高精度和快响应成为可能。

与此同时，由于行星滚柱丝杠结构较为复杂，加工难度大，目前其制造成本高于滚珠丝杠，且运转的可靠性还需进一步实验验证。未来，随着高速、高精度和大推力直线作动系统需求的不断增长，以及螺纹加工工艺、制造水平和材料科学技术的发展，行星滚柱丝杠以其特有的结构特点和传动性能，将会与其他类型的传动丝杠形成优势互补，成为航空、航天、石油化工、数控机床、食品包装等领域机械装备直线伺服系统的重要滚动功能部件。

1.3 行星滚柱丝杠传动啮合原理与运动特性研究现状

1.3.1 行星滚柱丝杠传动参数设计研究现状

在行星滚柱丝杠参数匹配设计方面，Vinokur等[14]基于相关专利，综述了行星滚柱丝杠的结构特点和工作原理，并对不同结构形式和多种牙型行星滚柱丝杠的结构特点进行了详细介绍，使广大机械传动领域的研究工作者对行星滚柱丝杠传动有了初步认识。之后，胥新[15]和靳谦忠等[16]分别对标准式行星滚柱丝杠的传动原理和基本结构参数匹配关系做了较为全面的介绍，并从基本运动关系的角度给出了标准式行星滚柱丝杠需满足的设计条件。由于标准式行星滚柱丝杠结构较为复杂，其结构参数匹配设计的正确性和合理性将对整个传动机构的性能，如轴向刚度、摩擦力矩、位置精度、振动噪声、寿命和效率等有至关重要的影响。Ma等[17]在上述基础上，深入研究了螺纹副和齿轮副各结构参数之间的匹配关系，给出了标准式行星滚柱丝杠参数匹配设计的8个基本条件，并进一步探究了螺纹结构参数对轴向弹性变形和摩擦力矩的影响规律。Lemor[18]从实际工程应用的角度，给出了行星滚柱丝杠传动额定动载荷、效率、寿命和工作温度等的计算经验公式，并对所设计的行星滚柱丝杠传动进行性能评估。Hojjat等[19]针对丝杠和滚柱采用不同尺寸参数与螺纹旋向匹配组合，研究了机构导程影响规律，通过受力分析揭示了螺纹旋向、滑动、导程之间的作用关系。Morozov等[20]以螺纹轮廓为研究对象，建立了承载数值模型，分析了不同螺纹轮廓参数对机构承载特性的影响。研究结果表明，轴截面螺旋线轮廓角为 15°～20°时能够承受较高的弯曲应力和接触应力。同时，滚柱既有螺纹又有齿的结构特点使得滚柱齿的参数设计不同于常规齿轮设计，存在螺纹参数与齿轮参数的匹配问题。Liu等[21]重点针对滚柱结构特点，详细阐述了滚柱螺纹和滚柱齿的参数匹配设计方法，给出了设计流程，并根据文献[22]所述基于间隙最小化的优化设计方法，获得了最优滚柱结构参数。韦振兴等[23]分析了行星滚柱丝杠的传动原理，将行星滚柱丝杠中行星齿轮的部分结构参数作为设计变量，利用乘除法和模拟退火算法获得了设计变量的最优解。董永等[24]重点对滚柱牙型参数进行了设计，并通过构建三维模型进行了虚拟装配。党金良等[25]以反向式行星滚柱丝杠传动为研究对象，基于运动关系方程式，推导出了螺母、滚柱和丝杠三者间的旋向及螺纹头数关系，并给出了基本参数选择依据。高扬等[26]以行星滚柱丝杠中滚柱齿的变位系数为研究对象，将内齿圈和滚柱齿的变位系数作为设计变量，通过对其失效形式的分析，确定优化设计的目标函数。通过对几何结构分析，确定一系列约束条件，建立变位系数的优化数学模型，采用复合形法求解最佳变位系数。Ma 等[27]基于螺纹差动原理，研究了丝杠和滚柱螺纹旋向设计方法，并给出了螺纹旋向与机构导程的计算方法。研究结果表明，可通过丝杠和滚柱的螺纹旋向匹配实现大螺距小导程设计。

以上文献主要针对标准式行星滚柱丝杠和反向式行星滚柱丝杠结构的参数匹配设计开展了相关研究。在差动式行星滚柱丝杠参数设计方面，徐强等[11]基于差动式行星滚柱丝杠的运行原理和传动几何关系，对其关键结构参数，如头数、相邻滚柱夹角等与实际导程的相关性进行了分析研究，建立了差动式行星滚柱丝杠的传动分析模型，进行了导程计算并以实验验证。

此外，对于不同推力、速度和作动行程等条件下的参数匹配设计比较复杂，尤其是较小滚柱直径，如滚柱齿的齿顶圆应与滚柱螺纹大径尺寸保持一致等问题，如果对齿轮副进行非标设计，则加工成本上升。此外，应在结构参数匹配设计阶段考虑如何设计出具有最小间隙的螺纹副以减小传动中的振动和噪声，提高传动精度和使用寿命。对于一些特殊应用场合，如高速进给，需要大螺距大导程设计；而对于高精密定位，如医疗器械、精密机床和导弹飞行姿态保持等，需要小导程小螺距设计。后者相比前者给螺纹加工技术带来了巨大挑战，加工出具有微小螺距的螺纹副成为实现高精密传动的关键。

1.3.2 行星滚柱丝杠传动啮合特性研究发展历程

行星滚柱丝杠传动的啮合特性是指丝杠、滚柱和螺母各对螺纹副在刚体条件下的接触位置与间隙状态。啮合特性的研究是进行行星滚柱丝杠传动间隙预测、受力分析、强度校核、运动学和动力学分析、磨损和寿命预测等分析计算的基础。

按照求解方法的不同，可将现有用于计算行星滚柱丝杠传动啮合特性的数学模型分为以下两类：①数值啮合模型；②解析啮合模型。

数值啮合模型是基于丝杠、滚柱和螺母螺旋曲面离散的行星滚柱丝杠传动啮合特性求解模型。Blinov 等[28]、赵英等[29]、Ryakhovskiy 等[30]和 Fedosovsky 等[31]建立的行星滚柱丝杠啮合模型均为数值啮合模型。文献[28]~[31]的建模思路主要为：通过在螺纹重叠区域中设置划分多个网格，将滚柱与丝杠以及螺母与滚柱之间的曲面啮合问题，转化为计算大量网格节点处滚柱螺纹螺旋曲面坐标与相啮合的丝杠或螺母螺纹螺旋曲面坐标差值的数值问题。

以丝杠和滚柱之间螺纹副啮合状态的求解为例，说明上述数值啮合模型[28-31]计算标准式行星滚柱丝杠副接触位置与轴向间隙的流程。首先，建立丝杠和滚柱螺纹的螺旋曲面方程。其次，对丝杠和滚柱螺纹的重叠区域进行网格划分，图 1-10(a)～(c)分别给出了 Blinov 等[28]、赵英等[29]及 Ryakhovskiy 等[30]和 Fedosovsky 等[31]啮合模型中的网格划分方法。在图 1-10(a)～(c)中，坐标系 o-xyz 与丝杠相固连，z 轴与丝杠轴线重合，x 轴穿过滚柱的自转中心。如图 1-10(a)～(c)所示，Blinov 等[28]按照 $u' \times \theta'$ 完成网格划分，赵英等[29]按照 $x' \times \theta'$ 完成网格划分，Ryakhovskiy 等[30]和 Fedosovsky 等[31]按照 $x' \times y'$ 完成网格划分，其中 u' 指网格单元沿丝杠径向的边长，θ' 指网格单元两边线之间的夹角，x' 指网格单元沿 x 方向的边长，y' 指网格单元沿 y 方向的边长。再次，求解网格节点所对应的丝杠和滚柱曲面坐标的轴向距离。最后，比较求解得到的所有轴向距离，其中最小值所对应的位置即是丝杠螺纹表面和滚柱螺纹表面之间的接触位置，该最小值为丝杠和滚柱的轴向间隙。

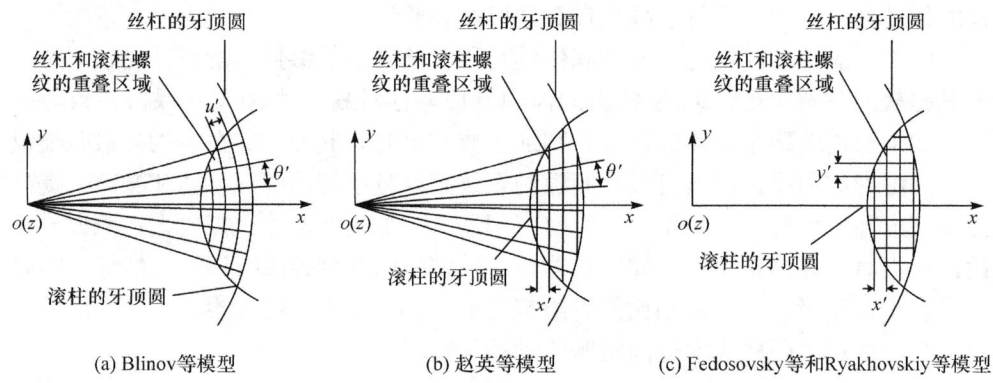

(a) Blinov等模型　　　(b) 赵英等模型　　　(c) Fedosovsky等和Ryakhovskiy等模型

图 1-10　不同啮合模型的网格划分方法

解析啮合模型是以 Litvin[32]提出的曲面相切接触条件为理论基础，推导出计算行星滚柱丝杠各啮合点接触位置和轴向间隙的解析公式。与数值啮合模型相比，解析啮合模型有计算速度快和求解精度高的优点。根据螺旋曲面在接触点处法线方向计算方法的差异，解析啮合模型又可分为基于螺旋曲线的解析啮合模型与基于螺旋曲面的解析啮合模型。图 1-11(a)和(b)给出了现有解析啮合模型计算螺旋曲面在接触点处法线向量的两种计算方法。如图 1-11(a)所示，Jones 等[33]利用丝杠、滚柱和螺母接触螺旋曲线的 Frenet 坐标系获得接触点处的法线向量，建立了基于螺旋曲线的解析啮合模型。Liu 等[34]和付晓军等[35-37]通过丝杠、滚柱和螺母螺旋曲面方程采用微分几何理论[38]推导了螺旋曲面在接触点处的法线向量，建立了基于螺旋曲面的解析啮合模型，如图 1-11(b)所示。

行星滚柱丝杠传动啮合模型[28-31,33-35]的计算结果表明：对于标准式行星滚柱丝杠传动，丝杠和滚柱之间的接触点将偏离两者螺纹节圆的切点位置，螺母和滚柱之间的接触点将位于两者螺纹节圆的切点处；对于反向式行星滚柱丝杠传动，丝杠和滚柱之间的接触点将位于两者螺纹节圆的切点处，而螺母和滚柱之间的接触点将偏离两者螺纹节圆的切点位置。

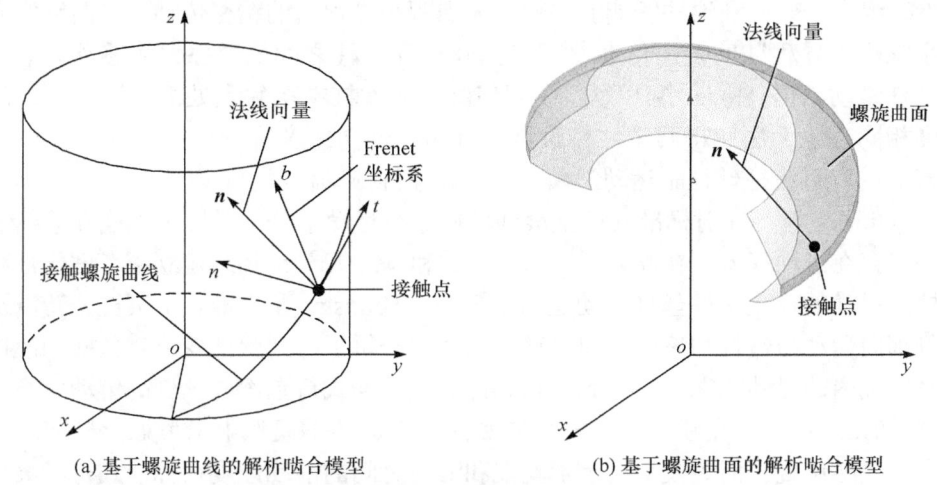

(a) 基于螺旋曲线的解析啮合模型　　　　(b) 基于螺旋曲面的解析啮合模型

图 1-11　不同解析啮合模型计算螺旋曲面在接触点处法线向量的方法

上述啮合模型[28-31,33-35]为行星滚柱丝杠传动啮合特性分析奠定了良好的理论基础，但均未考虑误差对行星滚柱丝杠传动啮合特性的影响，然而在实际工作状态下，丝杠、滚柱和螺母不可避免的偏斜以及螺纹的加工误差，均会对行星滚柱丝杠的承载、效率和寿命等传动性能产生重要影响。为此，付晓军等[36,37]进一步推导和建立了一种可综合考虑零件偏斜与螺纹牙型误差的解析啮合模型，并分析了间隙向量方向、牙型误差和零件偏斜对标准式行星滚柱丝杠传动啮合特性的影响规律。

1.3.3　行星滚柱丝杠运动学和动力学研究现状

行星滚柱丝杠传动不同于滑动丝杠传动和滚珠丝杠传动的啮合特性，使得该传动机构运动学和动力学的建模与分析方法也不相同。按照是否考虑滑动以及滑动类型的不同，可将现有行星滚柱丝杠运动学模型分为：①纯滚动模型；②考虑丝杠和滚柱间滑动的模型；③考虑螺母和滚柱间滑动的模型。

纯滚动模型建立在丝杠和滚柱以及螺母和滚柱均为纯滚动状态的假设之上，该模型能够对行星滚柱丝杠的工作原理及基本的运动状态进行分析，并可作为研究参数设计的一种方法。靳谦忠等[16]、党金良等[25]和 Sokolov 等[39]均通过分析纯滚动状态下标准式和反向式行星滚柱丝杠传动的运动规律推导了丝杠、滚柱和螺母的中径、螺距、旋向及头数等结构参数之间的匹配关系。Hojjat 等[19]指出丝杠和滚柱在啮合传动过程中具有发生滑动的趋势，并给出了两者的滑动临界条件。以此为基础，Hojjat等[19]推导了丝杠和滚柱在不同旋向、螺距和中径组合下的滚柱轴向位移公式，并通过实验对该公式进行了验证。结果表明，对不同的结构参数组合，丝杠和滚柱既能够实现"大螺距小导程"的精密传动，又能够实现"小螺距大导程"的快速传动[19]。虽然丝杠和滚柱之间的摩擦力能够驱动滚柱绕丝杠滚动，但 Hojjat 等[19]忽略了即使滚柱和丝杠在接触点处沿分度圆切线的速度相同，也无法使得两零件接触点具有相同轴向速度这一事实，故 Hojjat 等[19]建立的行星滚柱丝杠副运动学模型依然属于纯滚动模型。

Velinsky等[40]在对标准式行星滚柱丝杠进行运动学分析时发现丝杠和滚柱之间一定存在滑动现象。在此之后，Liu等[34]和 Ma 等[27]也相继建立了考虑丝杠和滚柱间滑动的行星滚柱丝杠传动运动学模型。Velinsky等[40]推导了滚柱公转以及螺母轴向运动与丝杠和滚柱之间滑动的关系，分析了考虑弹性变形时丝杠和滚柱接触区域内的滑动状态，并以此为基础计算了标准式行星滚柱丝杠的传动效率。虽然 Velinsky 等[40]在建立标准式行星滚柱丝杠运动学模型中未考虑丝杠和滚柱的实际接触位置，但该模型揭示了丝杠和滚柱之间的滑动速度在标准式行星滚柱丝杠传动过程中可能存在不确定性这一现象。Liu 等[34]在标准式行星滚柱丝杠啮合状态研究的基础上推导了滚柱和螺母的轴向速度计算公式。计算结果表明，当标准式行星滚柱丝杠传动中丝杠、滚柱和螺母具有相同的螺旋升角与旋向时，螺母的轴向移动速度与丝杠和滚柱之间的接触位置相关[34]。随后，Ma 等[27]在考虑丝杠和滚柱滑动的前提下分析了不同丝杠和滚柱旋向组合下的标准式行星滚柱丝杠导程特性。

在以上行星滚柱丝杠运动学分析中[16,19,25,27,34,39,40]，均假设螺母和滚柱为纯滚动状态。由于标准式行星滚柱丝杠传动中螺母和滚柱的接触点位于两零件节圆的切点处，同时由于滚柱上直齿和内齿圈的约束，理想状态下螺母和滚柱在接触点处不存在相对滑动。但是，当滚柱和螺母上螺纹中径比值与滚柱上直齿和内齿圈分度圆直径比值不相同时，滚柱将会在螺母内滑动[41]。

针对该问题，Jones 等[41]建立了考虑螺母和滚柱间滑动的标准式行星滚柱丝杠传动的运动学模型，并对滚柱在螺母内的轴向窜动进行了分析。Jones 等[41]指出由于内齿圈的作用，标准式行星滚柱丝杠传动中滚柱与螺母的相对滑动状态能够通过运动学模型获得，但是滚柱与丝杠的相对滑动速度计算必须通过考虑接触、摩擦和质量等因素的动力学模型完成，因此文献[41]假设丝杠和滚柱间不存在滑动。马尚君等[42]采用与文献[41]类似的方法研究了反向式行星滚柱丝杠中滚柱与丝杠的相对滑移关系。

为了分析丝杠和滚柱之间的滑动速度以及标准式行星滚柱丝杠各个运动部件的受力关系，Jones 等[43]采用拉格朗日方法[44]建立了标准式行星滚柱丝杠传动的动力学模型，并计算了该机构在阶跃运动输入下的瞬态和稳态特性。计算结果表明，由动力学分析[43]获得的滚柱公转与丝杠自转速度比值将小于由运动学模型[40]在纯滚动条件下计算得到的结果。

采用拉格朗日方程建立行星滚柱丝杠动力学模型能够避免对丝杠、滚柱、螺母和保持架分别进行受力分析，但是无法直接从动力学方程中求解得到各运动部件的受力状态。并且，文献[43]中仅考虑了滑动速度对丝杠和滚柱之间摩擦力的影响。通常状态下，机械系统中两物体的摩擦力还受它们之间接触力的影响[45]。为此，Fu 等[46]采用牛顿第二定律建立了一个综合考虑丝杠和滚柱、螺母和滚柱、保持架和滚柱、内齿圈和滚柱以及保持架与内齿圈之间相互作用力的标准式行星滚柱丝杠动力学模型，并研究了螺母负载、摩擦系数和结构参数对行星滚柱丝杠传动稳态与瞬态特性的影响规律。

此外，党金良等[25]和 Ma 等[27]使用 MSC Adams 软件建立了行星滚柱丝杠多刚体动力学模型，对丝杠、滚柱和螺母的运动状态与接触力变化进行了分析。采用 MSC Adams 软件虽然能够方便地对摩擦、接触、重力和质量等参数进行设置，但是存在计算效率低、收敛性差和计算结果不稳定等问题。

1.4 本书主要内容

本书第 1 章介绍行星滚柱丝杠传动工作原理、主要结构形式和分类，概述行星滚柱丝杠传动机构以及基于行星滚柱丝杠的机电作动系统优势应用领域，并从行星滚柱丝杠啮合特性、参数设计、运动学和动力学等方面综述国内外研究现状。

第 2 章围绕第 1 章中提及的标准式行星滚柱丝杠、反向式行星滚柱丝杠和差动式行星滚柱丝杠这三类最常用的滚柱丝杠传动机构介绍其运动原理。从行星运动原理出发，推导出三类行星滚柱丝杠中各零件角速度关系，以及涉及的螺纹旋向、头数、滚柱个数、导程等参数关系。基于标准式行星滚柱丝杠和反向式行星滚柱丝杠中滚柱同时具有螺纹与轮齿的结构特征，对存在螺纹中径和齿轮节圆产生偏移的运动学原理进行推导，揭示节圆偏移机理，并给出偏移量与滑动速度和机构导程的影响关系。

第 3 章以标准式行星滚柱丝杠结构为主，阐述参数匹配设计需要满足的 8 个条件，根据滚柱既有螺纹又有轮齿的结构特点，给出滚柱参数匹配设计方法和流程，并介绍虚拟装配方法和螺纹旋向设计及常见的参数匹配组合。最后，结合标准式行星滚柱丝杠，对反向式行星滚柱丝杠传动的参数匹配设计及两者的差异进行说明。

第 4 章根据丝杠、滚柱和螺母的曲面方程以及装配关系，详细介绍行星滚柱丝杠螺旋曲面啮合方程的推导过程。求解该啮合方程能够获得丝杠和滚柱以及螺母和滚柱之间的轴向间隙与接触点位置。同时，简要介绍基于二维层面法与三维螺旋曲线法所建立的行星滚柱丝杠啮合模型。通过算例，讨论三类行星滚柱丝杠传动机构啮合模型的特点，并分析结构参数对行星滚柱丝杠啮合特性的影响规律。

第5章在第4章的基础上，介绍考虑牙型误差、螺纹分头误差和零件偏斜的行星滚柱丝杠啮合模型。该模型能够计算任意滚柱的各个螺纹牙与丝杠或螺母相啮合的接触位置与间隙。

第6章给出能够考虑螺纹分头误差、零件偏心误差与位置误差的行星滚柱丝杠运动学模型。该模型考虑了误差引起的丝杠和滚柱以及螺母和滚柱之间的运动传递路径变化。利用该模型能够分析考虑误差的滚柱浮动区域、螺纹之间的间隙变化与行星滚柱丝杠的传动误差。

第7章使用丝杠自转与滚柱公转作为广义坐标，利用拉格朗日方法推导出行星滚柱丝杠的动力学方程，求解稳态时行星滚柱丝杠的滚柱公转速度等。

第8章综合考虑丝杠和滚柱、螺母和滚柱、保持架和滚柱、内齿圈和滚柱以及保持架和螺母之间的相互作用力，采用牛顿第二定律建立一个六自由度行星滚柱丝杠动力学模型。分析行星滚柱丝杠在重载和轻载工况下的瞬态与稳态特性。同时，计算当丝杠做正弦运动时，行星滚柱丝杠传动的运动与受力状态。

参 考 文 献

[1] STRANDGREN C B. Roller screw: US 3182522 (A)[P]. 1965-05-11.

[2] ERHART T A. Linear actuator with feedback position sensor device: US 5557154[P]. 1996-09-17.

[3] CORNELIUS C C, LAWLOR S P. Roller screw system: US 7044017 (B2)[P]. 2006-05-16.

[4] SAARI O. Anti-friction nut/screw drive: US 4576057[P]. 1986-05-18.

[5] WILLIAM J R, WASHINGTON N Y. Differential roller nut: US 661860[P]. 1968-10-22.

[6] 黄玉平, 徐强, 陈俊杰, 等. 一种差动行星滚柱丝杠: 201410428091.9[P]. 2015-06-03.

[7] SKF. "Roller Screws" SKF Group[EB/OL]. [2011-04-01]. http://www.skfmotiontechnologies.com.

[8] SCHAEFFLER. Screw drive offers high power density and high load capacity[EB/OL]. [2017-9-26].http://www.efficientenergy.net/p/105497.htm.

[9] 陈曼龙. 差动丝杠机构的传动性能[J]. 机械传动, 2008, 32(1): 98-100.

[10] 刘更, 马尚君, 佟瑞庭. 行星滚柱丝杠副的新发展及关键技术[J]. 机械传动, 2012, 36(5): 103-108.

[11] 徐强, 王水铭, 赵国平, 等. PWG型差动式行星滚柱丝杠的运行原理与传动导程计算[J]. 现代制造工程, 2015, (4): 116-119.

[12] CHARRIER J J, KULSHRESHTHA A. Electric actuation for flight & engine control system: evolution, current trends & future challenges[C]. 45th AIAA Aerospace Sciences Meeting and Exhibit, Reno, 2007.

[13] Exlar. "Electric servo actuators for process control" Exlar Corporation[EB/OL]. [2012-06-20]. www.exlar.com.

[14] VINOKUR Y N, GEL'MAN V E, SAVCHENKO A P, et al. Roller-helical transmissions, a review of foreign patents[J]. Translated from Khimicheskoe I Neftyanoe Mashinostroenie, 1973, 9(5): 41-44.

[15] 胥新. 一种新型的螺旋传动机构[J]. 山西机械, 1992, (1): 23-29.

[16] 靳谦忠, 杨家军, 孙健利. 行星式滚柱丝杠副的运动特性及参数选择[J]. 制造技术与机床, 1998, (5): 13-15.
[17] MA S J, LIU G, TONG R T, et al. A new study on the parameter relationships of planetary roller screws[J]. Mathematical Problem in Engineering, 2012, DOI: 10.1155-2012-340437.
[18] LEMOR P C. The roller-screw, an efficient and reliable mechanical component of electro-mechanical actuators[C]. Proceedings of the 31st Intersociety Energy Conversion Engineering Conference, Washington, 1996.
[19] HOJJAT Y, AGHELI M. A comprehensive study on capabilities and limitations of roller-screw with emphasis on slip tendency[J]. Mechanism and Machine Theory, 2009, 44(10): 1887-1899.
[20] MOROZOV V, ZHDANOV A V. Influence of the axial angle of screw profiles on the load capacity of roller-screw mechanisms[J]. Russian Engineering Research, 2015, 35(7): 477-480.
[21] LIU G, MA S J, TONG R T. Parameters design and optimization of rollers in planetary roller screw mechanism[C]. Proceedings of the 11th International Conference on Frontiers of Design and Manufacturing, Nanjing, 2014.
[22] 赵英, 倪洁, 吕丽娜. 滚柱丝杠副的啮合计算[J]. 机械设计, 2003, 20(3): 34-36.
[23] 韦振兴, 杨家军, 朱继生, 等. 行星滚柱丝杠副的结构参数优化分析[J]. 机械传动, 2011, 35(6): 44-47.
[24] 董永, 刘更, 马尚君, 等. 行星滚柱丝杠副滚柱的设计方法与虚拟装配[J]. 机械设计, 2013, 30(8): 53-57.
[25] 党金良, 刘更, 马尚君, 等. 反向式行星滚柱丝杠机构运动原理及仿真分析[J]. 系统仿真学报, 2013, 25(7): 1646-1651.
[26] 高扬, 杨家军, 梁汉, 等. 行星滚柱丝杠副齿轮变位系数的优化[J]. 湖北工业大学学报, 2015, 30(4): 58-60.
[27] MA S J, ZHANG T, LIU G, et al. Kinematics of planetary roller screw mechanism considering helical directions of screw and roller threads[J]. Mathematical Problems in Engineering, 2015, DOI: 10.1155-2015-459462.
[28] BLINOV D S, RYAKHOVSKY O A, SOKOLOV P A. Numerical method of determining the point of initial thread contact of two screws with parallel axes and different thread inclinations[J]. Vestn. MGTU, Mashinostr., 1996, (3): 93-97.
[29] 赵英, 倪洁, 吕丽娜. 滚柱丝杠副的啮合计算[J]. 机械设计, 2003, 20(3): 34-35.
[30] RYAKHOVSKIY O A, SOROKIN F D, MAROKHIN A S. Calculation of radial displacements of nut and rollers axes and the position of a contact between the nut and the roller thread in an inverted planetary roller screw mechanism[J]. Proceedings of Higher Educational Institutions Machine Building, 2013, (11): 12-19.
[31] FEDOSOVSKY M E, ALEKSANIN S A, PUCTOZEROV R V. Use of numerical method for determination of contact points position in roller screw threads[J]. Biosciences Biotechnology Research Asia, 2015, 12(1): 721-730.
[32] LITVIN F L. Gear Geometry and Applied Theory[M]. New Jersey: PTR Prentice Hall, 1994.
[33] JONES M H, VELINSKY S A. Contact kinematics in the roller screw mechanism[J]. Journal of Mechanical Design, 2013, 135(5): 051003-1-10.
[34] LIU Y Q, WANG J S, CHENG H G. Kinematics analysis of the roller screw based on the accuracy of meshing point calculation[J]. Mathematical Problems in Engineering, 2015, DOI: 10.1155-2015-303972.
[35] 付晓军, 刘更, 马尚君, 等. 行星滚柱丝杠副螺旋曲面啮合机理研究[J]. 机械工程学报, 2016, 52(3): 26-33.
[36] 付晓军, 刘更, 马尚君, 等. 考虑零件偏斜的行星滚柱丝杠副啮合特性研究[J]. 机械工程学报, 2017, 52(3): 25-33.
[37] FU X J, LIU G, MA S J, et al. A comprehensive contact analysis of planetary roller screw mechanism[J]. ASME Journal of Mechanical Design, 2017, 139(1): 012302-1-11.
[38] 梅向明, 黄敬之. 微分几何[M]. 北京: 高等教育出版社, 2008.
[39] SOKOLOV P A, RYAKHOVSKY O A, BLINOV D S, et al. Kinematics of planetary roller-screw mechanisms[J]. Vestn. MGTU, Mashinostr., 2005, (1): 3-14.
[40] VELINSKY A, CHU B, LASKY T A. Kinematics and efficiency analysis of the planetary roller screw

mechanism[J]. Journal of Mechanical Design, 2009, 134 (6): 1-6.

[41] JONES M H, VELINSKY S A. Kinematics of roller migration in the planetary roller screw mechanism[J]. Journal of Mechanical Design, 2012, 134(6): 061006-1-8.

[42] 马尚君, 刘更, 佟瑞庭, 等. 考虑滚柱节圆偏移的反向式行星滚柱丝杠副运动学分析[J]. 中国机械工程, 2014, 25(11): 1421-1426.

[43] JONES M H, VELINSKY S A, LASKY T A. Dynamics of the planetary roller screw mechanism[J]. Journal of Mechanisms and Robotics, 2016, 8(1): 014503-1-6.

[44] 王铎. 理论力学[M]. 哈尔滨: 哈尔滨工业大学出版社, 2003.

[45] BERGER E J. Friction modeling for dynamic system simulation[J]. Applied Mechanics Reviews, 2002, 55(6): 535-577.

[46] FU X, LIU G, TONG R, et al. A nonlinear six degrees of freedom dynamic model of planetary roller screw mechanism[J]. Mechanism and Machine Theory, 2018, 119: 22-36.

第 2 章 行星滚柱丝杠运动原理

本章围绕第 1 章中提及的标准式行星滚柱丝杠、反向式行星滚柱丝杠和差动式行星滚柱丝杠这三类最为常见和常用的行星滚柱丝杠，介绍各自的运动原理。从行星运动原理出发，推导出三类行星滚柱丝杠中各零件之间的角速度关系，以及涉及的螺纹旋向、头数、滚柱个数、导程等参数之间的关系。并基于标准式行星滚柱丝杠和反向式行星滚柱丝杠中滚柱同时具有螺纹和直齿轮的结构特征，对存在螺纹中径和齿轮节圆产生偏移的运动学原理进行阐述，给出偏移量与滑动速度和导程的影响关系。

2.1 标准式行星滚柱丝杠运动原理

2.1.1 角速度关系

根据 1.1.2 小节介绍的行星滚柱丝杠结构特点可知，标准式行星滚柱丝杠中丝杠只沿周向转动，无轴向移动；螺母只沿轴向移动，不沿周向转动；滚柱既有自转，又有公转。图 2-1 为含单个滚柱的标准式行星滚柱丝杠运动简图。

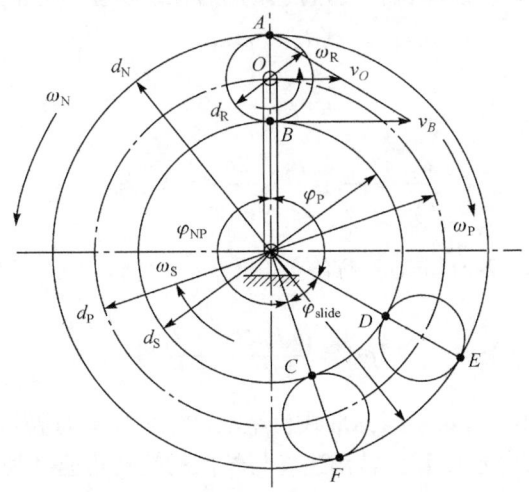

图 2-1 标准式行星滚柱丝杠运动简图

在图 2-1 中，假设 A 点为某个滚柱的起始位置，E 点为丝杠转动一周后该滚柱的终点位置；d_N、d_R、d_S 分别是螺母、滚柱、丝杠的传动节圆直径(称为名义直径或者螺纹中径)，d_P 是滚柱公转轨迹直径；ω_S 是丝杠旋转角速度，ω_R 是滚柱绕自身轴线的自转角速度，ω_P 是滚柱公转角速度。

由于滚柱和螺母的螺旋升角相同，它们之间的滚动为纯滚动，螺母具有沿周向转动的自由度，但通常情况下螺母与外接套筒连接用于传递直线推力。因此，实际使用中常采用限位设计来抑制螺母的圆周运动，从而保证单一直线运动传递。这里假定螺母周向运动被约束，接触点 A 为绝对速度瞬心，那么 O 点的绝对速度 $v_O = v_B / 2 = \omega_S d_S / 4$，$v_B$ 表示丝杠和滚柱接触位置圆周方向切点速度。v_O 还可以表示为 $v_O = \omega_P d_P / 2$，于是有 $\omega_S d_S / 4 = \omega_P d_P / 2$，因此滚柱公转角速度可表示为[1]

$$\omega_P = \frac{d_S}{2d_P}\omega_S = \frac{d_S}{2(d_S + d_R)}\omega_S \tag{2-1}$$

定义丝杠和滚柱节圆直径比 k_m 为

$$k_m = \frac{d_S}{d_R} \tag{2-2}$$

则式(2-1)可改写为

$$\omega_P = \frac{d_S}{2d_P}\omega_S = \frac{d_S}{2(d_S + d_R)}\omega_S = \frac{k_m}{2(k_m + 1)}\omega_S \tag{2-3}$$

记丝杠转动一周后，滚柱公转的转角为 φ_P，滚柱绕自身轴线自转的转角为 φ_r。在纯滚动状态下，滚柱自转转过的弧长与在螺母上滚过的弧长相等，即

$$\frac{\varphi_r d_R}{2} = \frac{\varphi_P d_N}{2}$$

由此可得

$$\frac{\varphi_r}{\varphi_P} = \frac{d_N}{d_R} = \frac{d_S + 2d_R}{d_R} = k_m + 2 \tag{2-4}$$

由于 $\dfrac{\varphi_r}{\varphi_P} = \dfrac{\omega_R}{\omega_P}$，与式(2-2)和式(2-4)联立得

$$\omega_R = \frac{\omega_S k_m (k_m + 2)}{2(k_m + 1)} \tag{2-5}$$

由式(2-3)和式(2-5)可知，当标准式行星滚柱丝杠中丝杠螺纹和滚柱螺纹的中径确定后，滚柱的自转角速度和公转角速度与丝杠的旋转角速度为常值比例关系。

2.1.2 螺纹旋向定义

螺纹有外螺纹和内螺纹之分，为了判断螺母、滚柱、丝杠之间的旋向关系，

首先引入判断丝杠(指丝杠或滚柱)或螺母移动方向的左、右手法则[2]：

(1) 左旋螺纹用左手判断，右旋螺纹用右手判断。

(2) 弯曲四指，其指向同丝杠回转方向。

(注：这里对于标准式行星滚柱丝杠，弯曲四指表示丝杠回转方向；对于反向式行星滚柱丝杠，弯曲四指则表示螺母的回转方向。)

(3) 大拇指与丝杠的轴线方向一致。

(4) 若为单动(一个构件不动，另一个构件既转动又移动)，与大拇指的指向相同的方向即为丝杠移动方向(对于反向式行星滚柱丝杠为螺母的移动方向)；若为双动(其中一个构件转动，另一个构件移动)，与大拇指指向相反的方向即为另一构件的移动方向。

本小节在判断螺母、滚柱和丝杠的移动方向时，均指单动的情况。由于螺母是内螺纹，为了清楚地说明内、外螺纹旋向问题，规定内螺纹的旋向以从任意端面沿轴向看为准，若螺纹从起点开始以顺时针方向形成螺纹，则为左旋。同理，若螺纹从起点开始以逆时针方向形成螺纹，则为右旋，如图 2-2 所示。

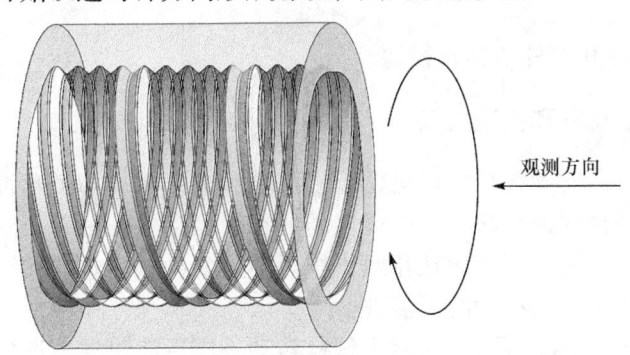

图 2-2　螺母旋向判断视角

2.1.3　螺母螺纹旋向和头数关系

在图 2-1 中，弧 AE 代表丝杠转动一周后该滚柱与螺母的接触弧段。滚柱相对于螺母的轴向位移 L_{RN} 可分解为两部分：第一部分为滚柱只自转时产生的轴向位移 L_{RN}^r；第二部分为滚柱只公转时产生的轴向位移 L_{RN}^P。由此可得[3]

$$L_{RN} = L_{RN}^r + L_{RN}^P \tag{2-6}$$

根据相对运动原理，L_{RN}^P 在数值上等于螺母以假想角速度 ω_N(方向如图 2-1 所示)转过 φ_P 角时，即转过弧 AE 时，螺母的轴向位移 L_N^a，其方向与 L_N^a 相反，即

$$L_{RN}^P = -L_N^a \tag{2-7}$$

L_N^a 与相对转角 φ_P 及其导程有关，L_{RN}^r 则与滚柱自转的转角 φ_r 及其导程有

关, 取 L_{RN}^r 的方向为正方向, 则

$$L_{RN}^r = \frac{\varphi_r}{2\pi}P \tag{2-8}$$

根据左、右手法则得

$$L_N^a = \pm \frac{\varphi_P}{2\pi}n_N P \tag{2-9}$$

式中, 符号"+"表示螺母和滚柱的旋向相同; 符号"–"表示螺母和滚柱的旋向相反; n_N 是螺母螺纹的头数; P 是螺距。

由式(2-6)～式(2-8)得

$$L_{RN} = \frac{\varphi_r}{2\pi}P \mp \frac{\varphi_P}{2\pi}n_N P \tag{2-10}$$

对于标准式行星滚柱丝杠结构, 滚柱和螺母之间无相对位移, 即 $L_{RN}=0$, 因此, 式(2-10)中应取"–"号。由式(2-4)和式(2-10)可知

$$n_N = k_m + 2 \tag{2-11}$$

式中, k_m 是丝杠和滚柱节圆直径比。

2.1.4　丝杠螺纹旋向和头数关系

由图 1-1 所示的滚柱结构可见, 滚柱两端和内齿圈均加工有直齿, 滚柱直齿和内齿圈直齿啮合保证了滚柱和螺母之间的相对运动为纯滚动, 这不仅对滚柱起到了支撑作用, 还能够抑制滚柱相对于螺母产生滑动。但丝杠和滚柱之间仅为螺纹啮合, 存在产生相对滑动的可能性。

仍如图 2-1 所示, 弧 BC 代表了丝杠转动一周后该滚柱与丝杠的接触弧段。可将丝杠与滚柱之间的相对运动分解为两部分: 纯滚动部分弧 BD 和纯滑动部分弧 DC。与滚柱相对于螺母的轴向位移分解相似, 滚柱相对于丝杠的轴向位移 L_{RS} 也可分解为两部分: 第一部分为丝杠不动、滚柱转动时, 滚柱产生的轴向位移 L_{RS}^r; 第二部分为滚柱不动、丝杠转动时, 滚柱相对丝杠的轴向位移 L_{RS}^a。因此可得

$$L_{RS} = L_{RS}^r + L_{RS}^a \tag{2-12}$$

其中,

$$L_{RS}^r = L_{RN}^r = \frac{\varphi_r}{2\pi}P \tag{2-13}$$

式中, φ_r 是滚柱自转的转角; P 是螺距。

当滚柱不动、丝杠转动时, 丝杠的轴向位移为 L_S^a, 则

$$L_{RS}^{a} = -L_{S}^{a} \tag{2-14}$$

由图 2-1 可知，L_{S}^{a} 与相对转角 φ_{NP}、φ_{slide} 及其导程有关，其中，φ_{NP} 代表纯滚动部分的相对转角，φ_{slide} 代表纯滑动部分的相对转角。

同样取 L_{RS}^{r} 方向为正方向，根据左、右手法则得[4]

$$L_{S}^{a} = \mp \frac{\varphi_{NP} + \varphi_{slide}}{2\pi} n_{S} P \tag{2-15}$$

式中，符号"−"表示螺母螺纹与滚柱螺纹的旋向相同；符号"+"表示螺母螺纹与滚柱螺纹的旋向相反；n_{S} 表示丝杠螺纹的头数。

根据图 2-1 中的几何关系，可得

$$\varphi_{NP} + \varphi_{slide} + \varphi_{P} = 2\pi \tag{2-16}$$

由式(2-12)~式(2-16)得

$$L_{RS} = \frac{\varphi_{r}}{2\pi} P \mp \frac{\varphi_{P}}{2\pi} n_{S} P \mp n_{S} P \tag{2-17}$$

当丝杠与滚柱之间发生相对滑动时，丝杠每回转一周，滑动角 φ_{slide} 就可能有不同的值。由式(2-16)可知，φ_{P} 在丝杠回转过程中同为变量，而由式(2-4)可知，φ_{r} 和 φ_{P} 呈一定比例关系，因此 φ_{r} 受 φ_{P} 的影响，也应为变量，从而导致当丝杠转动任意角度时，滚柱相对于丝杠的轴向位移 L_{RS} 会随时间发生变化。为了避免这种情况发生，在式(2-17)中，应使前两项的代数和为零。因此，式(2-17)中应取上面的符号"−"，这样可得

$$\frac{\varphi_{r}}{2\pi} P - \frac{\varphi_{P}}{2\pi} n_{S} P = 0 \tag{2-18}$$

$$L_{RS} = n_{S} P \tag{2-19}$$

由式(2-4)和式(2-18)得

$$n_{S} = k_{m} + 2 \tag{2-20}$$

由于滚柱和螺母之间无相对位移，L_{RS} 即为丝杠转动一周后螺母的直线位移。对应丝杠转动任意角度 $\omega_{S} t$ 时，螺母的直线位移为

$$L_{N} = \frac{\omega_{S} t}{2\pi} n_{S} P \tag{2-21}$$

将式(2-21)两边对时间求导，可得螺母的直线移动速度为

$$v_{Nz} = \frac{\omega_{S}}{2\pi} n_{S} P \tag{2-22}$$

式中，ω_{S} 是丝杠旋转角速度；n_{S} 是丝杠螺纹的头数。

2.1.5 滚柱的圆周分布

如图 1-1 所示，因为滚柱分布在螺母和丝杠的螺纹中间进行运动与动力传递，所以滚柱间距应有一定的限制以避免滚柱数量过多无法安装。设相邻两滚柱间的夹角为 $\varPhi$，转动 $\varPhi$ 角后，螺母上的螺纹接触点相对于滚柱的轴向位移为 $n_N P \varPhi /(2\pi)$。同样，丝杠上的螺纹接触点相对于滚柱的轴向位移为 $n_S P \varPhi /(2\pi)$。为了使滚柱刚好适合丝杠和螺母的螺纹接触点，两个接触点之间的相位角应该是 180°，而只有当两个位移之差是螺距的整数倍时才能进行安装，即

$$\frac{\varPhi}{2\pi}n_N P \mp \frac{\varPhi}{2\pi}n_S P = KP \tag{2-23}$$

式中，K 表示正整数。

仅当螺母螺纹和丝杠螺纹旋向相同时，式(2-24)才能成立：

$$\frac{\varPhi}{2\pi}n_N P - \frac{\varPhi}{2\pi}n_S P = KP \tag{2-24}$$

在式(2-24)中，由于 $n_N = n_S$，而 P 不为零，故 $K=0$，此时，$\varPhi$ 可取任意值。因此，滚柱的数目没有运动关系上的限制，只受到空间安装尺寸的限制。

2.2 反向式行星滚柱丝杠运动原理

2.2.1 角速度关系

图 2-3 为含单个滚柱的反向式行星滚柱丝杠运动简图。假设 A 点为某个滚柱的起始位置，E 点为螺母转动一周后滚柱的终点位置；d_N、d_R、d_S 分别是螺母、滚柱、丝杠的传动节圆直径，d_P 是滚柱公转轨迹直径；ω_N 是螺母转动角速度，ω_R 是滚柱绕自身轴线的自转角速度，ω_P 是滚柱公转角速度。

反向式行星滚柱丝杠的运动原理分析方法与标准式行星滚柱丝杠类似[5]，由于滚柱和丝杠之间的滚动为纯滚动，丝杠周向运动自由度被约束，因此，接触点 B 为绝对速度瞬心，则 O 点的绝对速度 $v_O = \dfrac{v_A}{2} = \dfrac{\omega_N d_N}{4}$，$v_O$ 还可以表示为 $v_O = \dfrac{\omega_P d_P}{2}$，于是 $\dfrac{\omega_N d_N}{4} = \dfrac{\omega_P d_P}{2}$，则

$$\omega_P = \frac{d_N}{2d_P}\omega_N = \frac{d_S + 2d_R}{2(d_S + d_R)}\omega_N = \frac{k_m + 2}{2(k_m + 1)}\omega_N \tag{2-25}$$

与 2.1.1 小节类似，定义丝杠和滚柱节圆直径比为

$$k_m = \frac{d_S}{d_R} \tag{2-26}$$

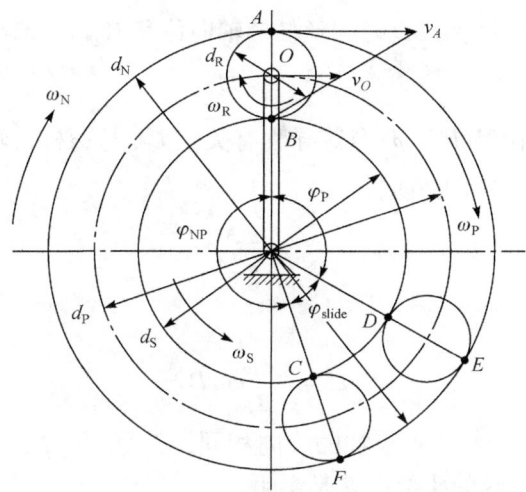

图 2-3 反向式行星滚柱丝杠运动简图

记螺母转动一周后,滚柱公转角度为 φ_P,绕自身轴线自转角度为 φ_r,由于纯滚动状态下,滚柱自转转过的弧长与在丝杠上滚过的弧长相等,即 $\dfrac{\varphi_r d_R}{2} = \dfrac{\varphi_P d_S}{2}$,可得

$$\frac{\varphi_r}{\varphi_P} = \frac{d_S}{d_R} = k_m \tag{2-27}$$

又由于 $\dfrac{\varphi_r}{\varphi_P} = \dfrac{\omega_R}{\omega_P}$,与式(2-25)和式(2-27)联立可得

$$\omega_R = \frac{k_m(k_m+2)}{2(k_m+1)}\omega_N \tag{2-28}$$

对比式(2-5)和式(2-28)可知,当丝杠和滚柱的节圆直径确定后,滚柱的自转角速度和公转角速度与主动件(标准式行星滚柱丝杠中丝杠为主动件,反向式行星滚柱丝杠中螺母为主动件)的旋转角速度为常值比例关系。

2.2.2 丝杠螺纹旋向和头数关系

图 2-3 中,弧 BD 代表螺母转动一周后滚柱与丝杠的接触弧段。滚柱相对于丝杠的轴向位移 L_{RS} 可分解为两部分:第一部分为滚柱只自转时产生的轴向位移 L_{RS}^r;第二部分为滚柱只公转时产生的轴向位移 L_{RS}^P。因此,可得

$$L_{RS} = L_{RS}^r + L_{RS}^P \tag{2-29}$$

根据相对运动原理,L_{RS}^P 数值上等于丝杠以假想角速度 ω_S(方向如图 2-3 所

示)转过 φ_P 角时，即转过弧 BD 时，丝杠的轴向位移 L_S^a，方向与 L_S^a 相反，即

$$L_{RS}^P = -L_S^a \tag{2-30}$$

L_S^a 与丝杠相对接触转角 φ_P 及其导程有关，L_{RS}^r 与滚柱自转的转角 φ_r 及其导程有关，取 L_{RS}^r 的方向为正方向，则

$$L_{RS}^r = \frac{\varphi_r}{2\pi} P \tag{2-31}$$

根据左、右手法则得

$$L_S^a = \mp \frac{\varphi_P}{2\pi} n_S P \tag{2-32}$$

式中，符号"−"表示丝杠和滚柱的旋向相同；符号"+"表示丝杠和滚柱的旋向相反；n_S 是丝杠螺纹的头数；P 是螺距。

由式(2-29)~式(2-32)得

$$L_{RS} = \frac{\varphi_r}{2\pi} P \pm \frac{\varphi_P}{2\pi} n_N P \tag{2-33}$$

反向式行星滚柱丝杠中滚柱和丝杠之间无相对轴向位移，即 $L_{RS}=0$，因此，式(2-33)中应取"−"号，即丝杠和滚柱的螺纹旋向相反。由式(2-27)和式(2-33)得

$$n_S = k_m \tag{2-34}$$

对比式(2-11)和式(2-34)可知，标准式行星滚柱丝杠和反向式行星滚柱丝杠的螺纹头数均取决于丝杠和滚柱螺纹节圆直径的比值 k_m。

2.2.3 螺母螺纹旋向和头数关系

与标准式行星滚柱丝杠相似，反向式行星滚柱丝杠中滚柱两端的直齿分别与丝杠两端的直齿相啮合，起支撑和抑制相对滑动的作用。但螺母和滚柱之间同样可能产生相对滑动，此时，如图 2-3 所示，可将螺母与滚柱之间的相对运动分解为两部分：纯滚动部分弧 AE 和纯滑动部分弧 EF。

滚柱相对于螺母的轴向位移 L_{RN} 也可分解为两部分：第一部分为螺母不动、滚柱转动时，滚柱的轴向位移 L_{RN}^r；第二部分为滚柱不动、螺母转动时，滚柱相对螺母的轴向位移 L_{RN}^a，可得

$$L_{RN} = L_{RN}^r + L_{RN}^a \tag{2-35}$$

其中，

$$L_{RN}^r = L_{RS}^r = \frac{\varphi_r}{2\pi} P \tag{2-36}$$

当滚柱不动、螺母转动时，螺母的轴向位移为 L_N^a，则

$$L_{RN}^a = -L_N^a \tag{2-37}$$

L_N^a 与螺母相对接触转角 φ_{NP}、φ_{slide} 及其导程有关，其中，φ_{NP} 代表纯滚动部分的相对接触转角，φ_{slide} 代表纯滑动部分的相对接触转角。

同样取 L_{RN}^r 的方向为正方向，根据左、右手法则得

$$L_N^a = \pm \frac{\varphi_{NP} + \varphi_{slide}}{2\pi} n_N P \tag{2-38}$$

式中，n_N 是螺母螺纹的头数。

根据图 2-3 中的几何关系，可得

$$\varphi_{NP} + \varphi_{slide} + \varphi_P = 2\pi \tag{2-39}$$

由式(2-35)~式(2-39)得

$$L_{RN} = \frac{\varphi_r}{2\pi} P \pm \frac{\varphi_P}{2\pi} n_N P \mp n_N P \tag{2-40}$$

当螺母与滚柱之间发生相对滑动时，螺母每回转一周，滑动角 φ_{slide} 就可能有不同的值。由式(2-39)可知，φ_P 在螺母回转过程中同为变量；由式(2-27)可知，φ_r 也是一个变量，从而导致在螺母转动任意角度时，L_{RN} 随时间发生变化。为避免这种情况发生，在式(2-40)中，应使前两项的代数和为零。因此，式(2-40)中第一项应取符号"–"，此时，

$$\frac{\varphi_r}{2\pi} P - \frac{\varphi_P}{2\pi} n_N P = 0 \tag{2-41}$$

$$L_{RN} = n_N P \tag{2-42}$$

由式(2-27)和式(2-41)得

$$n_N = k_m \tag{2-43}$$

由于滚柱和丝杠的螺旋升角相同，滚柱和丝杠之间无相对轴向位移。因此，L_{RN} 即为螺母转动一周后丝杠的直线位移。当螺母转动任意角度时，丝杠的直线位移为

$$L_S = \frac{\omega_N t}{2\pi} n_N P \tag{2-44}$$

将式(2-44)两边对时间 t 求导，得到丝杠的直线移动速度为

$$v_{Sz} = \frac{\omega_N}{2\pi} n_N P \tag{2-45}$$

此外，在反向式行星滚柱丝杠中，滚柱的圆周分布与标准式行星滚柱丝杠相同，仅受空间安装尺寸的限制。

2.3 差动式行星滚柱丝杠运动原理

2.3.1 角速度关系

根据 1.1.2 小节的介绍可知,差动式行星滚柱丝杠结构特点与其他类型行星滚柱丝杠相比,相同点在于其螺母、滚柱和丝杠螺距相等,螺母与滚柱具有相同升角;区别点在于该升角数值为零。因此,螺母与滚柱相对轴向位移仍然为零。差动式行星滚柱丝杠的啮合螺纹均为"环槽"结构,滚柱导向由分布于滚柱两侧的环槽和螺母对应的环槽啮合实现,可在啮合的两端形成稳定支撑,具有与角接触轴承类似的功能,从而防止倾斜,进而省去了标准式行星滚柱丝杠中滚柱两端的齿轮和位于螺母两侧的内齿圈,简化了传动件结构[6]。

与标准式行星滚柱丝杠的显著区别在于差动式行星滚柱丝杠的滚柱螺纹为两段[7],因此当滚柱与螺母和丝杠分别啮合时,其啮合半径分别为 r_{RN} 和 r_{RS},且 $r_{RS} > r_{RN}$,如图 2-4 所示。滚柱和螺母之间是纯滚动,其啮合点 A 为绝对速度瞬心,则点 O 的绝对速度为 $v_O = r_{RN}\omega_R$,ω_R 为滚柱绕瞬心转动的角速度,同时 v_O 也可表示为滚柱公转半径 r_P 和公转角速度 ω_P 的乘积。

$$r_P = r_S + r_{RS} \tag{2-46}$$

$$v_B = r_S \omega_S \tag{2-47}$$

$$\frac{v_O}{v_B} = \frac{OA}{BA} \tag{2-48}$$

式中,$OA = r_{RN}$;$BA = r_{RN} + r_{RS}$。联立式(2-46)~式(2-48),求解可得

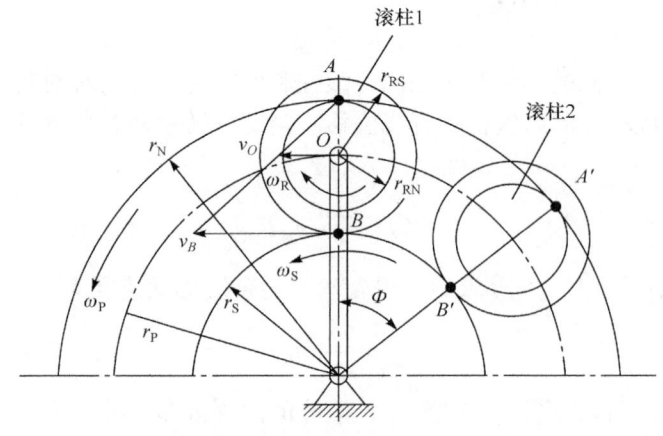

图 2-4 差动式行星滚柱丝杠运动简图

$$\omega_P = \frac{r_{RN} r_S}{(r_{RS} + r_S)(r_{RS} + r_{RN})} \omega_S \tag{2-49}$$

式(2-49)表明滚柱绕丝杠公转方向与丝杠自转方向相同，如丝杠为右旋，当丝杠按如图 2-4 所示逆时针旋转时，螺母直线速度满足：

$$v_{Nz} = \frac{\omega_S - \omega_P}{2\pi} L_S \tag{2-50}$$

式中，ω_S 是丝杠旋转角速度；ω_P 是公转角速度；L_S 是丝杠的直线位移。

同时螺母的直线速度又可表示为

$$v_{Nz} = \frac{\omega_S}{2\pi} L \tag{2-51}$$

式中，L 为差动式行星滚柱丝杠实际导程。

2.3.2 滚柱个数与头数关系

在图 2-4 所示的差动式行星滚柱丝杠运动简图中，假设滚柱 1 同时与螺母和丝杠分别啮合于点 A 和点 B，滚柱 1 在做行星运动的同时其轴线绕丝杠轴线转动 Φ 角，则啮合点由点 A 处沿螺母螺旋线移动到点 A'。滚柱与丝杠及螺母啮合位置展开图如图 2-5 所示[8]。

由图 2-5 可得，滚柱和螺母啮合点 A 与点 A' 的相对轴向位移 $l_{AA'}$ 为

$$l_{AA'} = \frac{\Phi}{2\pi} L_N \tag{2-52}$$

同时，滚柱与丝杠的啮合点由 B 移动到 B'，点 B 与点 B' 的相对轴向位移 $l_{BB'}$ 为

$$l_{BB'} = \frac{\Phi}{2\pi} L_S \tag{2-53}$$

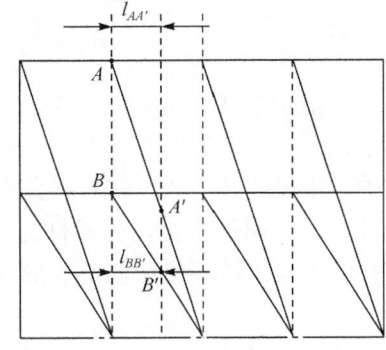

图 2-5 相邻滚柱啮合位置展开图

滚柱 1 的新位置可等效为布置了滚柱 2，因此为了使滚柱 2 螺纹与螺母和丝杠螺纹不发生轴向干涉，需使点 A' 与点 B' 在轴向处于同一位置或者相差 K 倍螺距，即

$$\frac{\Phi}{2\pi} L_N = \frac{\Phi}{2\pi} L_S \pm KP \tag{2-54}$$

$$\Phi = \left| \frac{2\pi KP}{L_N - L_S} \right| \tag{2-55}$$

那么，滚柱个数可表示为

$$n_{\text{roller}} = \frac{2\pi}{\varPhi} = \left|\frac{L_N - L_S}{KP}\right| \tag{2-56}$$

由于螺母为环槽，$L_N = 0$，$L_S = n_S P$，最大滚柱个数为

$$n_{\text{max-roller}} = n_S \tag{2-57}$$

为了使丝杠在单头时，沿圆周方向仍然布置足够数量的滚柱，差动式行星滚柱丝杠的滚柱螺纹采用了两段式设计，如图2-6所示。

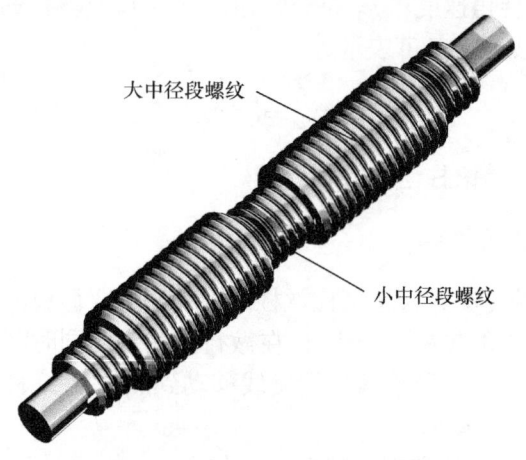

图 2-6 差动式行星滚柱丝杠的滚柱结构图

由于滚柱采用分段形式以不同的中径尺寸分别与螺母和丝杠啮合，通过不同中径间的距离错差在避免与螺母和滚柱干涉的同时获得相同的滚柱轴向位置。其中，中径错差由绕丝杠轴线的布置相位决定，大中径段螺纹与丝杠啮合，小中径段螺纹与螺母啮合。当丝杠为右旋时，滚柱绕丝杠按顺时针顺序排列，第 i 个滚柱的大段螺纹相对小段螺纹的位置 l_i 可表示为

$$l_i = l_0 \pm (i-1)\frac{\varPhi}{2\pi}P \tag{2-58}$$

式中，l_0 为滚柱 1 和滚柱 2 在轴向的间距，若丝杠为左旋，则式(2-58)中第二项取 "−" 号即可。

2.3.3 导程关系

由式(2-50)和式(2-51)可知，差动式行星滚柱丝杠导程满足：

$$L = L_S\left[1 - \frac{r_{RN}r_S}{(r_{RS} + r_S)(r_{RS} + r_{RN})}\right] \tag{2-59}$$

式(2-59)表明，丝杠的实际导程 L 小于丝杠导程 L_S，如果丝杠在与滚柱啮合

处发生滑动，则实际的传动导程会处于 L 和 L_S 之间并产生差动现象。文献[8]的研究结果表明，差动式行星滚柱丝杠在使用时必须通过预紧力为啮合区域提供足够的摩擦力，避免明显的打滑现象发生，在适当预紧后导程误差可控制在 1%。

2.4 考虑节圆偏移的行星滚柱丝杠运动学分析

2.4.1 节圆偏移产生机理

为了与齿轮啮合统一表述，同时便于读者理解节圆偏移产生机理，本小节将螺纹中径统称为螺纹节圆直径，本质上两者表示相同的物理量。对于标准式行星滚柱丝杠和反向式行星滚柱丝杠，由于滚柱的结构是中部为螺纹两端带有直齿，其中螺纹部分分别与丝杠螺纹和螺母螺纹啮合，两端的直齿则与内齿圈(标准式行星滚柱丝杠)或丝杠两端的直齿(反向式行星滚柱丝杠)啮合。在行星运动过程中，滚柱螺纹节圆直径与滚柱直齿节圆直径大小相等。根据如图 2-7 所示的滚柱受力分解示意图可知，滚柱螺纹所受螺母和丝杠的径向力 F_{qnx} 和 F_{qsx} 均指向滚柱轴线，使得滚柱螺纹受压发生径向变形，故滚柱螺纹理论啮合节圆产生径向收缩。因此，螺纹接触变形使得滚柱螺纹节圆不等于滚柱直齿节圆，即滚柱螺纹节圆与滚柱两端直齿节圆发生相对偏移[9]。

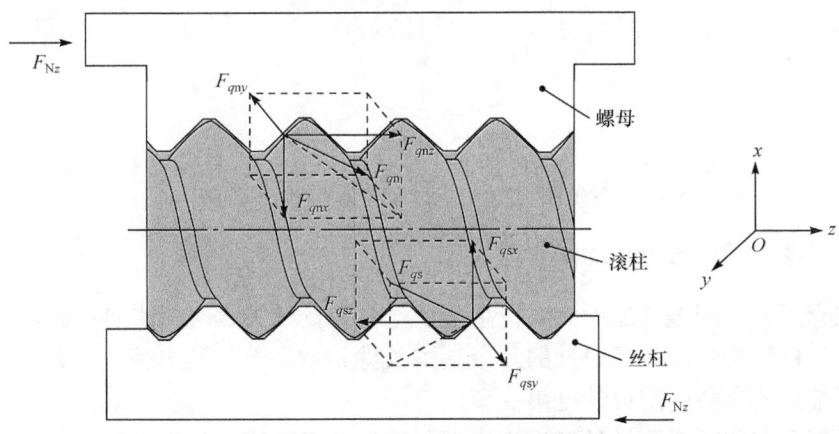

图 2-7　滚柱受力分解示意图

在关于节圆偏移的研究方面，Jones 等[9]首先针对标准式行星滚柱丝杠展开研究，分别推导了在产生偏移情况下，丝杠、滚柱、螺母等零件的转角、滑动角、轴向位移以及偏移量对行星滚柱丝杠导程的影响关系，并对相对滑动速度进行了计算分析。本小节以反向式行星滚柱丝杠为例，详细介绍节圆偏移产生机理和相关理论推导过程。

图 2-8 为含节圆偏移的反向式行星滚柱丝杠运动简图[10]，图中虚线表示螺纹啮合，实线表示齿轮啮合，实线和虚线之间的距离为节圆偏移量。由于齿轮副啮合在圆周方向不会发生滑动，故滚柱上的轮齿在圆周方向上走过的弧长大于滚柱螺纹在圆周方向上走过的弧长，即两者在圆周方向的实际转角并不相同。可见，节圆偏移会造成滚柱螺纹与丝杠螺纹啮合时存在相对滑动。

在图 2-8 中，丝杠螺纹节圆半径和齿轮节圆半径分别为 r_S 和 r_{Sg}，滚柱螺纹节圆半径和齿轮节圆半径分别为 r_R 和 r_{Rg}，螺母螺纹节圆半径为 r_N，螺母螺纹右旋且顺时针旋转，滚柱为右旋螺纹，顺时针公转且自转，丝杠圆周固定只有轴向位移且为左旋螺纹。

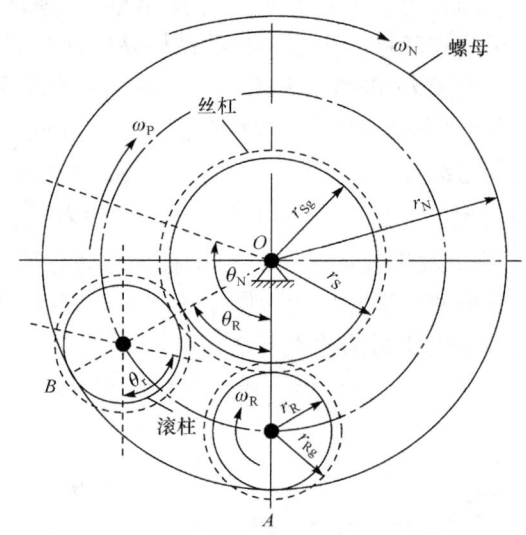

图 2-8 含节圆偏移的反向式行星滚柱丝杠运动简图

2.4.2 考虑节圆偏移的运动学方程

在介绍含节圆偏移的反向式行星滚柱丝杠运动学方程时，需要用到反向式行星滚柱丝杠结构参数匹配设计的几个基本条件，本小节仅列出基本参数匹配关系式，详细结构参数匹配设计见第 3 章。

根据反向式行星滚柱丝杠运动原理，其参数设计应满足以下条件[11]。

(1) 螺母、滚柱和丝杠上的螺纹螺距相同，且其螺纹结构参数满足关系式：

$$r_N = r_S + 2r_R \tag{2-60}$$

式中，r_N、r_S 和 r_R 分别是螺母、丝杠和滚柱螺纹节圆半径。

(2) 滚柱为单头螺纹，丝杠螺纹与螺母螺纹的头数相等，即

$$n_S = n_N \tag{2-61}$$

式中，n_S 和 n_N 分别是丝杠螺纹和螺母螺纹的头数。

(3) 丝杠螺纹与滚柱螺纹旋向相反且螺旋升角相等。

(4) 滚柱数目只受空间安装尺寸限制。

(5) 滚柱和丝杠上的齿轮节圆直径分别与滚柱螺纹节圆和丝杠螺纹节圆相等。当齿轮为标准直齿轮时，则有

$$z_S / z_R = r_S / r_R = k_m \tag{2-62}$$

式中，z_S、z_R、k_m 分别是丝杠端部齿轮的齿数、滚柱端部齿轮的齿数和丝杠与滚柱螺纹节圆半径比。

(6) 为保证在装配过程中螺母能够顺利地旋入旋出，应使滚柱上轮齿的齿顶圆直径小于或等于滚柱螺纹的大径，即

$$2r_{Rga} = m_g(z_R + 2h_a^*) \leqslant 2r_{qa} \tag{2-63}$$

式中，r_{Rga}、h_a^*、m_g 和 r_{qa} 分别是滚柱轮齿的齿顶圆半径、齿顶高系数、齿轮模数和滚柱螺纹牙顶圆半径。

如图 2-8 所示，当螺母以角速度 ω_N 转过 θ_N 角度时，滚柱从 A 点运动到 B 点，公转角度为 θ_R，滚柱轴线相对于丝杠轴线的转角为 θ_r，结合式(2-60)和图 2-8 可得螺纹参数与齿轮参数的关系如下：

$$\begin{cases} r_S / r_R = r_{Sg} / r_{Rg} = k_m \\ r_N / r_R = k_m + 2 \end{cases} \tag{2-64}$$

为了表征滚柱螺纹节圆和直齿节圆的差异(该差异可由弹性变形或加工误差产生)，这里定义归一化误差和节圆偏移量分别为 ε 和 Δ，由图 2-8 可知

$$\varepsilon = \frac{r_S - r_{Sg}}{r_R} = \frac{r_{Rg} - r_R}{r_R} = \frac{\Delta}{r_R} \tag{2-65}$$

根据反向式行星滚柱丝杠运动原理可知，在丝杠侧，θ_r 与 θ_R 存在以下关系：

$$\theta_r = \frac{r_{Sg} - r_{Rg}}{r_{Rg}} \theta_R \tag{2-66}$$

在螺母侧，假设不存在滑动，则 θ_N、θ_r 与 θ_R 存在以下关系：

$$(\theta_N - \theta_R)r_N = (\theta_r - \theta_R)r_R \tag{2-67}$$

将式(2-66)代入式(2-67)可得

$$\theta_R = \frac{r_{Rg} r_N}{r_{Sg} r_R + r_{Rg} r_N} \theta_N \tag{2-68}$$

将式(2-64)代入式(2-68)中，式(2-68)变为

$$\theta_R = \frac{r_{Sg} + 2r_{Rg}}{2(r_{Sg} + r_{Rg})} \theta_N \tag{2-69}$$

将式(2-69)分子、分母同除以 r_{Rg}，再将式(2-64)代入式(2-69)中，式(2-69)可变为

$$\theta_R = \frac{r_S/r_R + 2}{2(r_S/r_R + 1)} \theta_N = \frac{r_N}{2(r_N - r_R)} \theta_N \tag{2-70}$$

文献[9]在不考虑滑动的情况下，依据相啮合的两个零件转过的弧长相等推导了滚柱公转角与丝杠转角的关系。本小节是根据丝杠、滚柱和螺母的相对转角位置关系，将滚柱公转角与螺母转角的关系通过丝杠齿轮节圆半径和滚柱齿轮节圆半径来表示，即式(2-69)。式(2-70)仅是式(2-69)的另一种形式，与文献[9]所述方法推导结果一致。

2.4.3 滑动角计算

根据式(2-65)，结合图 2-8，当节圆偏移量 $\Delta \neq 0$ 时，滚柱螺纹和滚柱直齿转过的角度不相等，齿轮啮合促使滚柱螺纹和丝杠螺纹间发生相对滑动，而滑动角与滑动速度密切相关，进一步影响反向式行星滚柱丝杠滑动摩擦、传动精度和效率。图 2-9 为发生相对滑动时的滑动角计算模型。

根据图 2-9 所示位置关系，滚柱螺纹和滚柱直齿从同一初始位置开始运动，当滚柱轴线转过 θ_r 角时，滚柱螺纹纯滚动转过的角度为

$$\theta_R^H = \frac{r_R}{r_S - r_R} \theta_r \tag{2-71}$$

同理，滚柱直齿转过的角度为

$$\theta_R^G = \frac{r_{Rg}}{r_{Sg} - r_{Rg}} \theta_r \tag{2-72}$$

由式(2-71)和式(2-72)可以看出，齿轮啮合位置决定了螺纹啮合滑动位置。因此，滚柱的运动可分为两部分：第一部分为纯滚动；第二部分为纯滑动。滚柱相对于丝杠的纯滑动角为

$$\varphi_{slide} = \theta_R^G - \theta_R^H \tag{2-73}$$

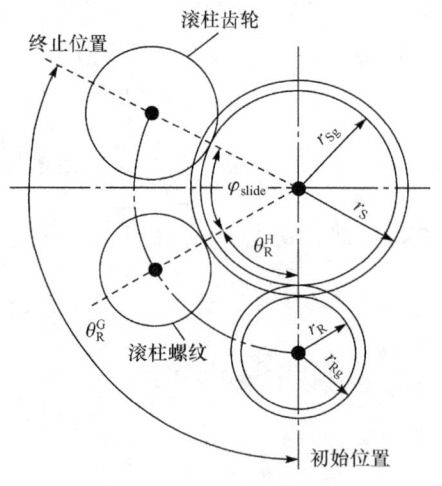

图 2-9 滑动角计算模型

将式(2-66)、式(2-71)和式(2-72)代入式(2-73)可得

$$\varphi_{\text{slide}} = \left(1 - \frac{r_R}{r_{Rg}}\right)\theta_R \tag{2-74}$$

由式(2-74)可见，如果接触变形不会造成滚柱螺纹节圆与滚柱齿节圆产生偏移，即 $r_R = r_{Rg}$，那么节圆偏移量 $\Delta = 0$，则 $\varphi_{\text{slide}} = 0$，这时滚柱与丝杠之间不会发生相对滑动。

此外，式(2-74)没有考虑滚柱与螺母之间的滑动，当滚柱与螺母纯滑动时，即 $\theta_R = 0$，那么对于任意螺母转角 θ_N，式(2-74)中的 $\varphi_{\text{slide}} = 0$。

将式(2-68)和式(2-70)代入式(2-74)中，可得

$$\varphi_{\text{slide}} = \left(1 - \frac{r_R}{r_{Rg}}\right)\frac{r_{Rg} r_N}{r_{Sg} r_R + r_{Rg} r_N}\theta_N \tag{2-75}$$

式(2-75)是滚柱相对丝杠纯滑动时的滑动角计算公式。结合式(2-65)可知，滑动角的大小与节圆偏移量和螺母转角相关。

2.4.4 滚柱轴向位移计算

由于存在螺旋升角，滚柱与丝杠之间的相对滑动产生的位移包含轴向分量和圆周分量两部分。其中，轴向分量表示滚柱相对于丝杠的轴向位移量。在纯滚动发生区域，滚柱与丝杠之间没有相对轴向位移。在纯滑动区域，轴向分量包含两部分，即滚柱螺纹在丝杠螺纹中纯滑动产生的轴向位移 L_{RS}^S 和滚柱螺纹自旋纯滑动产生的轴向位移 L_{RR}^S。根据相对运动关系，滚柱螺纹在丝杠螺纹中纯滑动转过的弧长等于滚柱螺纹自旋纯滑动转过的弧长。

因此，在发生 φ_{slide} 滑动角时，滚柱螺纹在丝杠螺纹中纯滑动产生的轴向位移为

$$L_{RS}^S = \frac{\varphi_{\text{slide}}}{2\pi} L_S \tag{2-76}$$

滚柱螺纹自旋纯滑动产生的轴向位移 L_{RR}^S 为

$$L_{RR}^S = -\frac{\varphi_{\text{slide}}}{2\pi} L_R \tag{2-77}$$

式中，L_S 和 L_R 分别为丝杠和滚柱的导程。

因此，滚柱相对丝杠的轴向位移为

$$L_{RS} = L_{RS}^S + L_{RR}^S = (L_S - L_R)\frac{\varphi_{\text{slide}}}{2\pi} \tag{2-78}$$

其中，

$$\begin{cases} L_S = 2\pi r_S \tan \lambda_S \\ L_R = 2\pi r_R \tan \lambda_R \end{cases} \quad (2\text{-}79)$$

$$\begin{cases} \tan \lambda_S = n_S P / (2\pi r_S) \\ \tan \lambda_R = P / (2\pi r_R) \end{cases} \quad (2\text{-}80)$$

式中，λ_S 和 λ_R 分别为丝杠和滚柱的螺旋升角；n_S 是丝杠螺纹的头数；r_S 和 r_R 分别是丝杠和滚柱的螺纹节圆半径；P 是螺距。

将式(2-79)和式(2-80)代入式(2-78)中，可得

$$L_{RS} = L_{RS}^S + L_{RR}^S = \left(1 - \frac{r_R}{r_S}\right) \frac{\varphi_{\text{slide}}}{2\pi} L_N \quad (2\text{-}81)$$

式中，L_N 是螺母的导程，$L_N = 2\pi r_N \tan \lambda_N$，$\tan \lambda_N = n_N P / (2\pi r_N)$。

结合式(2-75)，则式(2-81)可改写为

$$L_{RS} = \left(1 - \frac{r_R}{r_S}\right)\left(1 - \frac{r_R}{r_{Rg}}\right) \frac{r_{Rg} r_N}{r_{Sg} r_R + r_{Rg} r_N} \frac{\theta_N}{2\pi} L_N \quad (2\text{-}82)$$

由式(2-82)可以看出，如果滚柱螺纹节圆与滚柱直齿节圆不存在偏移，即 $\Delta = 0$，那么滚柱相对于丝杠的轴向位移为零。而在实际运转过程中，由于存在制造误差和接触变形等因素，该相对轴向位移必然存在。

为了保证反向式行星滚柱丝杠的运行可靠性，尽可能降低滑动摩擦，提高传动精度和效率，必须在设计中预留由于相对滑动而产生的相对位移量，而且通常情况下，丝杠上直齿的齿宽设计应大于滚柱齿的齿宽，以确保反向式行星滚柱丝杠在整个轴向行程中的动力传输。

在丝杠总行程中，滚柱相对于丝杠的轴向位移为

$$L_{RS}^T = \left(1 - \frac{r_R r_{Sg}}{r_S r_{Rg}}\right) \frac{r_{Rg} r_N}{r_{Sg} r_R + r_{Rg} r_N} L_S^S \quad (2\text{-}83)$$

式中，L_S^S 为丝杠总行程；r_{Sg} 和 r_{Rg} 分别为丝杠齿轮节圆半径和滚柱齿轮节圆半径。

2.4.5 滚柱偏移对导程的影响

滚柱与丝杠发生相对位移时，丝杠、滚柱和螺母三者的相对位移关系如图 2-10 所示。本小节定义当螺母旋转一圈时，丝杠沿轴向移动的距离为系统导程。

滚柱相对于螺母的轴向位移 L_{RN} 包含两部分：滚柱自转产生的轴向位移 L_{RN}^r 和滚柱公转产生的轴向位移 L_{RN}^P。与 2.4.4 小节介绍的计算滚柱相对于丝杠轴向位移的方法相同，滚柱相对于螺母的轴向位移为

$$L_{RN} = L_{RN}^r + L_{RN}^P \quad (2\text{-}84)$$

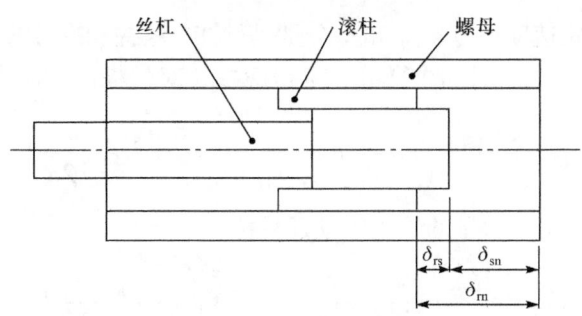

图 2-10 零件轴向相对位移关系

结合式(2-60)、式(2-66)、式(2-69)、式(2-79)和式(2-80)，式(2-84)可改写为

$$L_{RN} = \left(\frac{r_N r_{Rg}}{r_{Sg} r_R + r_{Rg} r_N} - 1\right)\left(1 + \frac{r_N}{r_S}\right)\frac{\theta_N}{2\pi} L_N \tag{2-85}$$

根据图 2-8 所示的位置关系可知，丝杠相对于螺母的轴向位移 L_{SN} 为

$$L_{SN} = L_{RN} - L_{RS} \tag{2-86}$$

将式(2-82)和式(2-85)代入式(2-86)中，经简化可得

$$L_{SN} = -\frac{\theta_N}{2\pi} L_N \tag{2-87}$$

由式(2-87)可以看出，若 $\theta_N = 2\pi$，则丝杠相对于螺母的轴向位移大小为 $L_{SN} = L_N$，也就是说丝杠相对于螺母的轴向位移等于螺母的导程。因此，节圆偏移的存在会造成滚柱相对于丝杠的轴向位移，但不会影响系统导程。

2.4.6 滑动速度计算

由式(2-76)和式(2-77)可知，滚柱相对于丝杠的纯滑动包含两部分，其总的滑动弧长为

$$\gamma_{slide} = r_R \varphi_{slide} + r_S \varphi_{slide} \tag{2-88}$$

将式(2-75)代入式(2-88)中，可得

$$\gamma_{slide} = \left(1 - \frac{r_R}{r_{Rg}}\right)\frac{r_{Rg} r_N (r_R + r_S)}{r_{Sg} r_R + r_{Rg} r_N}\theta_N \tag{2-89}$$

式中，θ_N 是螺母旋转角度。

因此，通过将式(2-89)对时间求微分，可得滚柱与丝杠在啮合点的周向滑动速度为

$$v_{RS}^P = \frac{d\gamma_{slide}}{dt} = \left(1 - \frac{r_R}{r_{Rg}}\right)\frac{r_{Rg} r_N (r_R + r_S)}{r_{Sg} r_R + r_{Rg} r_N}\omega_N \tag{2-90}$$

式中，ω_N 是螺母角速度；r_S、r_R 和 r_N 分别是丝杠、滚柱和螺母的螺纹节圆半径。

同理，将式(2-82)对时间求微分，可得滚柱相对丝杠的轴向滑动速度为

$$v_{RS}^a = \frac{dL_{RS}}{dt} = \left(1 - \frac{r_R}{r_S}\right)\left(1 - \frac{r_R}{r_{Rg}}\right)\frac{r_{Rg}r_N}{r_{Sg}r_R + r_{Rg}r_N}\frac{\omega_N}{2\pi}L_N \tag{2-91}$$

同时也可获得滚柱相对螺母的轴向滑动速度为

$$v_{RN}^a = \frac{dL_{RN}}{dt} = \left(\frac{r_{Rg}r_N}{r_{Sg}r_R + r_{Rg}r_N} - 1\right)\left(1 + \frac{r_N}{r_S}\right)\frac{\omega_N}{2\pi}L_N \tag{2-92}$$

式中，r_{Sg} 和 r_{Rg} 分别为丝杠齿轮节圆半径和滚柱齿轮节圆半径；L_N 是螺母的导程。

2.4.7 无量纲化

式(2-64)~式(2-92)均由丝杠、滚柱和螺母的螺纹节圆半径 r_S、r_R 和 r_N 以及丝杠齿轮节圆半径 r_{Sg} 和滚柱齿轮节圆半径 r_{Rg} 来表示，根据各参数基本几何关系，上述公式均可由归一化误差 ε 和丝杠与滚柱螺纹节圆半径比 k_m 这两个参数进行归一化处理。将式(2-75)、式(2-82)、式(2-83)、式(2-85)、式(2-90)~式(2-92)改写成无量纲形式：

$$\varphi_{slide} = \frac{\varepsilon(k_m + 2)}{(\varepsilon + 2)(k_m + 1)}\theta_N \tag{2-93}$$

$$\frac{L_{RS}}{L_N} = \frac{\varepsilon(k_m - 1)(k_m + 2)}{k_m(\varepsilon + 2)(k_m + 1)}\frac{\theta_N}{2\pi} \tag{2-94}$$

$$L_T = \frac{L_{RS}^T}{L_S^S} = \frac{\varepsilon(k_m - 1)(k_m + 2)}{k_m(\varepsilon + 2)(k_m + 1)} \tag{2-95}$$

$$\frac{L_{RN}}{L_N} = \frac{\varepsilon - k_m}{(\varepsilon + 2)(k_m + 1)}\frac{\theta_N}{2\pi} \tag{2-96}$$

$$V_{RS}^P = \frac{v_{RS}^P}{\omega_N r_R} = \frac{\varepsilon(k_m + 2)}{(\varepsilon + 2)} \tag{2-97}$$

$$V_{RS}^a = \frac{v_{RS}^a}{\omega_N L_N} = \frac{\varepsilon(k_m - 1)(k_m + 2)}{2\pi k_m(k_m + 1)(\varepsilon + 2)} \tag{2-98}$$

$$V_{RN}^a = \frac{v_{RN}^a}{\omega_N L_N} = \frac{\varepsilon - k_m}{2\pi(k_m + 1)(\varepsilon + 2)} \tag{2-99}$$

式(2-93)~式(2-99)在表明归一化误差 ε 和丝杠与滚柱螺纹节圆半径比 k_m 与滑动角、相对轴向位移和滑动速度等参数关系的同时，还能反映出反向式行星滚

柱丝杠的结构参数对滑动角 φ_{slide}、相对轴向位移 L_{RS} 和 L_{RN} 以及滑动速度 v_{RS}^a 和 v_{RN}^a 的影响趋势。可见，式(2-93)~式(2-99)对于改进反向式行星滚柱丝杠的设计和运行可靠性、降低滑动摩擦、提高传动精度和效率均具有重要指导意义。

2.4.8 算例

基于上述所建数学模型和公式推导，以某一型号的反向式行星滚柱丝杠为算例进行说明。算例的有关参数如下：丝杠螺纹节圆半径 $r_S = 20\text{mm}$，滚柱螺纹节圆半径 $r_R = 5\text{mm}$，螺母螺纹节圆半径 $r_N = 30\text{mm}$，丝杠螺纹与螺母螺纹头数 $n_S = n_N = 4$，滚柱螺纹头数 $n_R = 1$。经归一化处理后滚柱相对于丝杠总行程的轴向位移可由式(2-95)求解，假设归一化误差 ε 取值范围为[-0.010, 0.010]，滚柱相对丝杠总的轴向位移 L_T 作为误差 ε 的函数，其关系如图 2-11 所示。

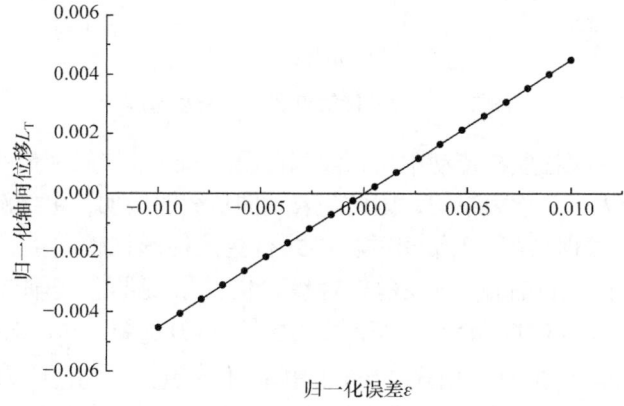

图 2-11 滚柱总轴向位移与节圆误差的关系

在反向式行星滚柱丝杠设计中，可根据螺纹制造误差和螺纹接触变形获得节圆偏移量 Δ，按照式(2-65)计算出节圆归一化误差 ε 后，根据图 2-11 所示函数关系，确定滚柱相对丝杠的轴向位移，并在设计中预留螺纹和齿宽参数。

滚柱与丝杠接触点的滑动速度和滚柱相对丝杠轴向滑动速度可由式(2-97)和式(2-98)求解，其结果如图 2-12 所示。当 $\varepsilon > 0$ 时，滚柱与丝杠接触点的滑动速度大于滚柱相对丝杠的轴向滑动速度；当 $\varepsilon < 0$ 时，结论与之相反。因此，减小螺纹啮合接触点的滑动速度及其相对滑动速度均有利于降低整体滑动摩擦、提高传动精度和效率。

式(2-99)的结果与式(2-98)相似。显然，当节圆归一化误差 $\varepsilon = 0$ 时，滚柱相对丝杠的轴向滑动速度 $V_{\text{RS}}^a = 0$，但滚柱相对螺母的轴向滑动速度 $V_{\text{RN}}^a = 1/(5\pi)$ 为一常数。可见，螺母侧螺纹啮合时必然存在轴向滑动，而在丝杠侧，如果能有效减小节圆偏移量，则相对轴向位移和滑动速度均可降至最低，甚至为零，而图 2-11 和图 2-12 中曲线过零点也验证了这一结论。因此，在反向式行星滚柱丝杠设计中，可根据接触变形量预设节圆偏移量，以尽可能抵消其产生的相对位移和滑动速度。

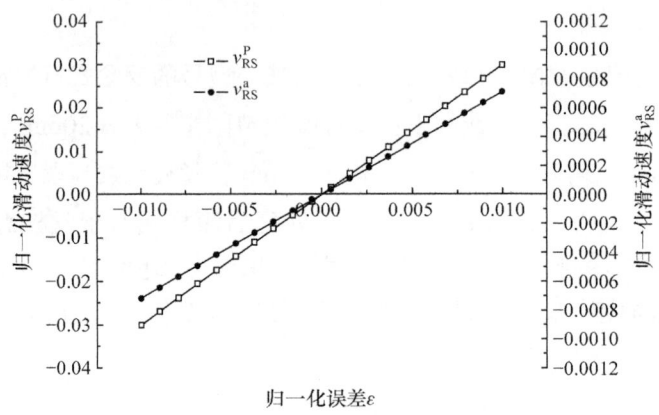

图 2-12　滚柱接触点和轴向滑动速度

在反向式行星滚柱丝杠传动中，螺纹制造误差和螺纹接触变形均会产生节圆偏移，而螺纹部分为主要承力结构，因此随着轴向负载的增加，由接触变形产生的节圆偏移量增大。根据文献[12]给出的标准式行星滚柱丝杠轴向接触变形的计算方法，求解本算例反向式行星滚柱丝杠螺纹径向接触变形。当轴向负载为 5000N 时，径向接触变形为 0.0045mm，即节圆偏移量 $\Delta = 0.0045$mm，根据式(2-65)可得节圆归一化误差 $\varepsilon = 0.0009$，由式(2-95)可得归一化滚柱总轴向位移为 $L_T = 0.0004$。当丝杠总行程 $L_S^S = 2000$mm 时，滚柱相对丝杠的轴向位移 $L_{RS}^T = 0.8$mm。此外，为了避免相对轴向位移和滑动造成反向式行星滚柱丝杠可靠性降低，甚至机构发生损坏，除了考虑接触变形产生的滚柱轴向位移，在行星滚柱丝杠机构设计中，还应综合考虑制造误差等其他可能引起滚柱节圆发生偏移的因素。

通过对比标准式行星滚柱丝杠和反向式行星滚柱丝杠关于滚柱偏移的相关结论可知，滚柱偏移均不会影响系统导程，考虑到行星滚柱丝杠在工作时，滚柱将会产生微小的相对轴向位移(标准式行星滚柱丝杠为滚柱相对螺母轴向位移，反向式行星滚柱丝杠为滚柱相对丝杠的轴向位移)，而且产生相对运动的零件在轴向必然存在滑动，当发生弹性变形时或者存在加工误差时，接触点的相对滑动速度和轴向滑动速度分量均不为零。因此，在滚柱的结构设计中应计算滚柱相对丝杠或螺母的轴向位移量，并考虑增大齿宽。

参 考 文 献

[1] 靳谦忠, 杨家军, 孙健利. 行星式滚柱丝杠副的运动特性及参数选择[J]. 制造技术与机床, 1998, (5): 13-15.
[2] 李香琪. 谈机械设计基础中的"左(右)手法则"[J]. 船海工程, 2009, 38(3): 82-84.
[3] 董永. 行星滚柱丝杠副螺纹设计与性能研究[D]. 西安: 西北工业大学, 2014.
[4] SOKOLOV P A, RYAKHOVSKY O A, BLINOV D S, et al. Kinematics of planetary roller-screw mechanisms[J]. Vestn. MGTU, Mashinostr., 2005, (1): 3-14.
[5] 党金良, 刘更, 马尚君, 等. 反向式行星滚柱丝杠机构运动原理及仿真分析[J]. 系统仿真学报, 2013, 25(7): 1646-1651.
[6] 陈曼龙. 差动丝杠机构的传动性能[J]. 机械传动, 2008, 32(1): 98-100.
[7] 黄玉平, 徐强, 陈俊杰, 等. 一种差动行星滚柱丝杠: 201410428091.9 [P]. 2015-06-03.
[8] 徐强, 王水铭, 赵国平, 等. PWG 型差动式行星滚柱丝杠的运行原理与传动导程计算[J]. 现代制造工程, 2015, (4): 116-119.
[9] JONES M H, VELINSKY S A. Kinematics of roller migration in the planetary roller screw mechanism[J]. Journal of Mechanical Design, 2012, 134(6): 061006-1-6.
[10] 马尚君, 刘更, 佟瑞庭, 等. 考虑滚柱节圆偏移的反向式行星滚柱丝杠副运动学分析[J]. 中国机械工程, 2014, 25(11): 1421-1426.
[11] 马尚君. 行星滚柱丝杠副结构设计方法及其传动性能研究[D]. 西安: 西北工业大学, 2013.
[12] 杨家军, 韦振兴, 朱继生, 等. 行星滚柱丝杠副载荷分布及刚度计算[J]. 华中科技大学学报, 2011, 39(4): 1-4.

第3章 行星滚柱丝杠参数匹配设计

相比于齿轮传动、梯形丝杠螺母传动、滚珠丝杠传动等传动形式，行星滚柱丝杠传动呈现多体、多点、多副啮合特征，其自身结构特点在拥有众多优势的同时，也给参数匹配设计带来一定的难度。同时，结构参数匹配设计的正确性和合理性将对整个传动装置的性能，如轴向刚度、摩擦力矩、位置精度、振动噪声、寿命和效率等有至关重要的影响。本章将在行星滚柱丝杠运动学分析的基础上，给出标准式和反向式行星滚柱丝杠参数匹配设计条件。同时，滚柱既有螺纹又有轮齿的结构特点使得滚柱上直齿的参数设计不同于常规齿轮设计，存在螺纹参数与齿轮参数的匹配问题。对于不同推力、速度和作动行程等条件，尤其是较小滚柱直径下的参数匹配设计更为复杂，如滚柱轮齿的齿顶圆应与滚柱螺纹大径尺寸保持一致等问题，如果对齿轮副进行非标设计，则加工成本将上升。此外，设计出具有最小轴向间隙的螺纹副以减小行星滚柱丝杠传动中产生的侧向力，降低振动和噪声，提高传动精度和延长使用寿命，均应在结构参数匹配设计阶段加以考虑。对于一些特殊应用场合，如高速进给，需要进行大螺距大导程设计；对于高精密定位传动，如医疗器械、精密机床和导弹飞行姿态保持等，则需要小导程小螺距设计。后者与前者相比给螺纹加工技术带来了巨大挑战，加工出具有微小螺距的螺纹副是实现高精密传动的关键，而通过螺纹旋向匹配能够实现大螺距小导程设计，在一定程度上可弥补现有加工精度通常难于满足要求的问题。

本章以标准式行星滚柱丝杠为对象，首先，给出保证其能够可靠传动的 8 个基本参数匹配设计条件。其次，根据参数匹配设计条件，分别介绍以螺纹参数推导齿轮参数和以齿轮参数推导螺纹参数两种滚柱参数设计思路，并给出两种结构参数匹配设计方法的详细流程，总结设计中可能存在的问题及解决途径。再次，针对零件装配和旋向设计问题，介绍通用装配方法和实现大螺距小导程的螺纹旋向设计方法，并根据参数匹配关系和设计流程，给出螺纹头数和滚柱个数与丝杠、滚柱及螺母螺纹结构参数可能的组合形式。最后，结合标准式行星滚柱丝杠参数匹配设计方法，对反向式行星滚柱丝杠的参数匹配设计进行补充和说明，并介绍两者的异同。

3.1 标准式行星滚柱丝杠参数匹配设计条件

标准式行星滚柱丝杠运动原理与行星齿轮运动原理相似,即丝杠旋转,通过滚动体-滚柱的行星运动推动螺母做直线运动,其中,滚柱上的螺纹与轮齿同时参与啮合。因此,为实现上述运动,行星滚柱丝杠中的各零件的设计涉及众多制约因素。标准式行星滚柱丝杠中各零件相对运动关系如图 3-1 所示。

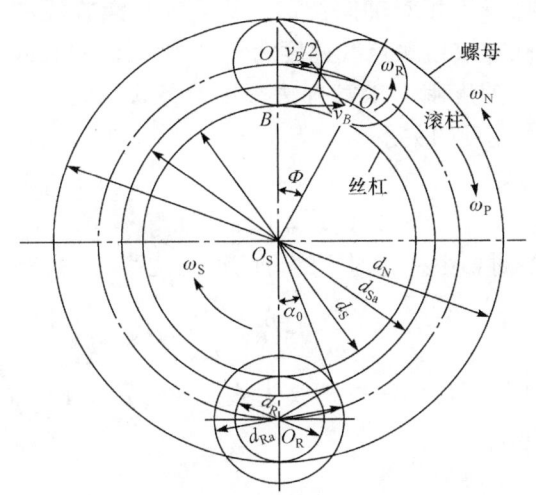

图 3-1 标准式行星滚柱丝杠运动原理图

3.1.1 滚柱与螺母相互滚动条件

根据行星齿轮运动原理,丝杠和滚柱的角速度关系如下[1]:

$$\frac{\omega_S - \omega_{P1}}{\omega_R - \omega_{P1}} = -\frac{d_R}{d_S} \tag{3-1}$$

$$\frac{\omega_S - \omega_{P2}}{\omega_N - \omega_{P2}} = -\frac{d_R}{d_S}\frac{z_N}{z_R} \tag{3-2}$$

式中,ω_S 和 ω_N 分别是丝杠和螺母角速度,通常情况下螺母与负载相连,因此螺母的旋转自由度会被约束,即 $\omega_N = 0$;ω_R 为滚柱自转角速度;ω_{P1} 和 ω_{P2} 分别为左侧和右侧保持架角速度;z_N 和 z_R 分别为内齿圈和滚柱直齿齿数;d_R 和 d_S 分别为滚柱和丝杠螺纹中径。

为使行星滚柱丝杠实现运动和动力传递,有

$$\omega_{P1} = \omega_{P2} = \omega_P \tag{3-3}$$

式中,ω_P 为滚柱公转角速度。

由式(3-1)~式(3-3)可得

$$\frac{z_N}{z_R} = \frac{d_N}{d_R} \tag{3-4}$$

由式(3-4)可见，内齿圈与滚柱的齿数比等于螺母螺纹中径与滚柱螺纹中径(与齿轮节圆相等)之比。

3.1.2 滚柱与螺母无相对轴向位移条件

为保证滚柱与螺母无相对轴向位移，首先螺母螺旋线和滚柱螺旋线旋向相反。定义滚柱与丝杠螺纹接触点线速度为 v_B，则滚柱中心线速度和公转角速度分别为 $v_B/2$ 和 ω_P，速度瞬心求解方法参见附录 A。根据相对运动关系，丝杠角速度与滚柱公转角速度的关系为

$$\frac{\omega_S}{\omega_P} = \frac{2v_B/d_S}{(v_B/2)/(d_S/2 + d_R/2)} = \frac{2(d_S + d_R)}{d_S} \tag{3-5}$$

当丝杠旋转一圈时，滚柱相对于螺母的轴向位移为

$$L_{RN} = \frac{\omega_P}{\omega_S} n_N P_N - \frac{\omega_R}{\omega_S} n_R P_R \tag{3-6}$$

式中，n_N 和 n_R 分别是螺母和滚柱螺纹头数，通常 $n_R = 1$；P_N 和 P_R 分别是螺母和滚柱螺距，且 $P_N = P_R = P$。

因此，式(3-6)可变换为

$$L_{RN} = \frac{\omega_P}{\omega_S} n_N P - \frac{\omega_R}{\omega_S} P \tag{3-7}$$

滚柱与螺母无相对轴向位移的条件为 $L_{RN} = 0$，结合式(3-7)有

$$n_N = \frac{d_S + 2d_R}{d_R} = \frac{d_N}{d_R} \tag{3-8}$$

滚柱相对于丝杠的轴向位移 L_{RS} 由滚柱自转、公转和丝杠导程三部分组成，即

$$L_{RS} = \frac{\omega_R}{\omega_S} n_R P_R - \frac{\omega_P}{\omega_S} n_S P_S + n_S P_S \tag{3-9}$$

由于 $P_S = P_R = P$，且 $n_R = 1$，则式(3-9)将变换为

$$L_{RS} = \frac{\omega_R}{\omega_S} P - \frac{\omega_P}{\omega_S} n_S P + n_S P \tag{3-10}$$

当滚柱与丝杠之间存在滑动时，丝杠旋转一周，式(3-10)前两项为变量，故 L_{RS} 为变量，为避免该情况发生，则要求：

$$\frac{\omega_R}{\omega_S} P - \frac{\omega_P}{\omega_S} n_S P = 0 \tag{3-11}$$

由式(3-11)可得

$$n_S = \frac{\omega_R}{\omega_P} = \frac{d_N}{d_R} \tag{3-12}$$

因此，由式(3-8)和式(3-12)可得滚柱与螺母无相对轴向位移的条件为

$$n_S = n_N = \frac{d_N}{d_R} \tag{3-13}$$

3.1.3 螺纹副与齿轮副同心条件

滚柱在丝杠与螺母之间做行星运动，滚柱螺纹分别与丝杠和螺母螺纹啮合的同时，滚柱轮齿与固连于螺母的内齿圈啮合，为了保证两类啮合副同步啮合实现运动传递，则要求螺纹副和齿轮副的回转中心距离相等。

滚柱与内齿圈中心距可表示为[2]

$$a_{RN} = (d_N - d_R)/2 \tag{3-14}$$

而滚柱与丝杠中心距可表示为

$$a_{RS} = (d_S + d_R)/2 \tag{3-15}$$

因为 $a_{RN} = a_{RS}$，联立式(3-14)和式(3-15)，可得

$$\frac{d_N}{d_R} = \frac{d_S}{d_R} + 2 \tag{3-16}$$

结合式(3-4)、式(3-8)和式(3-12)可知，螺纹副与齿轮副的同心条件为

$$\frac{d_S}{d_R} = \frac{z_N}{z_R} - 2 = n_S - 2 = n_N - 2 \tag{3-17}$$

由式(3-17)可以看出，丝杠螺纹中径与滚柱螺纹中径之比等于内齿圈齿数与滚柱轮齿齿数之比减去2，也等于丝杠螺纹头数或螺母螺纹头数减去2。

3.1.4 滚柱空间布置条件

滚柱均匀布置在丝杠与螺母之间，相邻两滚柱运动时要保留一定空间，即两相邻滚柱中心距应大于滚柱螺纹大径。由图3-1可知，设相邻两滚柱夹角为Φ，则$\Phi = 360°/n_{roller}$，其中n_{roller}为滚柱个数。在图3-1的$\triangle OO_S O'$中，有

$$\sin\frac{\Phi}{2} = \overline{OO'} \bigg/ \left(\frac{d_R}{2} + \frac{d_S}{2}\right) \tag{3-18}$$

因为$\overline{OO'} > d_{Ra}$，其中d_{Ra}为滚柱螺纹大径，即

$$(d_R + d_S)\sin(180°/n_{roller}) > d_{Ra} \tag{3-19}$$

则滚柱个数应满足：

$$n_{\text{roller}} < \frac{180°}{\arcsin[d_{\text{Ra}}/(d_{\text{R}}+d_{\text{S}})]} \tag{3-20}$$

3.1.5 滚柱与丝杠螺旋线不干涉条件

在行星滚柱丝杠传动中，由于滚柱螺纹与螺母螺纹的旋向相同、螺旋升角相同，滚柱与螺母不存在螺旋线干涉无法啮合的问题，只需分析滚柱螺纹与丝杠螺纹的螺旋线干涉问题。如图 3-2 所示，A' 点为丝杠与滚柱理论啮合点，即中径啮合点；C' 点为丝杠大径与滚柱大径的交点；B' 点为 A' 点和 C' 点连线上任意一点。啮合位置分别往丝杠和滚柱的大径偏移，当偏移到达 C' 点时，为牙顶和牙顶啮合，此时两螺旋线在轴向上的位移最大，为半个螺距，螺旋线干涉最先出现在 C' 点，因此只需分析 C' 点不干涉的条件[3]。

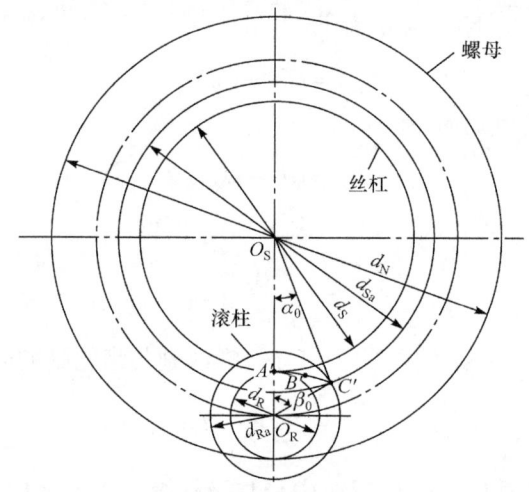

图 3-2　标准式行星滚柱丝杠传动螺旋线啮合示意图

在图 3-2 所示的 $\triangle O_{\text{S}}O_{\text{R}}C'$ 中，由余弦定理可知：

$$\overrightarrow{O_{\text{R}}C'}^2 = \overrightarrow{O_{\text{S}}O_{\text{R}}}^2 + \overrightarrow{O_{\text{S}}C'}^2 - 2\overrightarrow{O_{\text{S}}O_{\text{R}}}\,\overrightarrow{O_{\text{S}}C'}\cos\alpha_0$$

式中，α_0 为相邻丝杠螺纹相位角，将对应结构参数代入，即

$$\left(\frac{d_{\text{Ra}}}{2}\right)^2 = \left(\frac{d_{\text{R}}+d_{\text{S}}}{2}\right)^2 + \left(\frac{d_{\text{Sa}}}{2}\right)^2 - 2\left(\frac{d_{\text{R}}+d_{\text{S}}}{2}\right)\frac{d_{\text{Sa}}}{2}\cos\alpha_0$$

可得

$$\alpha_0 = \arccos\left[\frac{d_{\text{Sa}}^2 - d_{\text{Ra}}^2 + (d_{\text{R}}+d_{\text{S}})^2}{2d_{\text{Sa}}(d_{\text{R}}+d_{\text{S}})}\right] \tag{3-21}$$

式中，d_{Sa} 是丝杠螺纹大径。

同理，在图 3-2 所示的 $\triangle O_S O_R C'$ 中，由余弦定理：

$$\overrightarrow{O_S C'}^2 = \overrightarrow{O_S O_R}^2 + \overrightarrow{O_R C'}^2 - 2\overrightarrow{O_S O_R}\,\overrightarrow{O_R C'} \cos\beta_0$$

式中，β_0 为滚柱螺纹相位角，将对应结构参数代入，即

$$\left(\frac{d_{Sa}}{2}\right)^2 = \left(\frac{d_R + d_S}{2}\right)^2 + \left(\frac{d_{Ra}}{2}\right)^2 - 2\left(\frac{d_R + d_S}{2}\right)\frac{d_{Ra}}{2}\cos\beta_0$$

可得

$$\beta_0 = \arccos\left[\frac{d_{Ra}^2 - d_{Sa}^2 + (d_R + d_S)^2}{2d_{Ra}(d_R + d_S)}\right] \tag{3-22}$$

当相邻丝杠螺旋线相差 α_0 角时，其螺旋线轴向位移为

$$L_S^{\alpha_0} = n_S P \alpha_0 / 360° \tag{3-23}$$

当滚柱螺旋线相对丝杠螺旋线相差 β_0 角时，其螺旋线轴向位移为

$$L_R^{\beta_0} = n_R P \beta_0 / 360° \tag{3-24}$$

丝杠与滚柱螺纹的螺旋线旋向相同时，$L_S^{\alpha_0}$ 和 $L_R^{\beta_0}$ 方向相反，当 $L_S^{\alpha_0} + L_R^{\beta_0} < P/2$ 时，两螺旋线不会发生干涉。由式(3-23)和式(3-24)得

$$n_S \alpha_0 + \beta_0 < 180° \tag{3-25}$$

当丝杠与滚柱螺旋线旋向相反时，$L_S^{\alpha_0}$ 和 $L_R^{\beta_0}$ 方向相同，当 $L_S^{\alpha_0} - L_R^{\beta_0} < P/2$ 时，两螺旋线不会发生干涉。由式(3-24)和式(3-25)得

$$n_S \alpha_0 - \beta_0 < 180° \tag{3-26}$$

由以上分析可知，要保证滚柱与丝杠螺旋线正常啮合，除了螺距相等，其旋向和螺旋升角应满足式(3-25)和式(3-26)，而两者螺纹旋向和螺旋升角可以不相同。

3.1.6 螺纹头数与滚柱个数关系

由于螺母螺旋线导程为 $n_N P$，当螺旋线相差 $360°/n_{roller}$ 时，其轴向位移为 $L_N^{n_{roller}} = n_N P / n_{roller}$，则相邻两滚柱与丝杠啮合处的螺旋线在轴向同样移动 $L_N^{n_{roller}}$ 距离。其中，P 是螺距，n_{roller} 是滚柱个数，n_N 是螺母螺纹头数。丝杠螺旋线相差 $360°/n_{roller}$ 时的分布与相邻两滚柱与之啮合处的螺旋线分布完全相同时，才能正常啮合。$L_N^{n_{roller}}$ 的大小存在以下三种情况。

(1) $L_N^{n_{roller}} = P$。当 $L_N^{n_{roller}} = P$ 时，$n_N = n_{roller}$，即螺母螺纹头数等于滚柱个数，n_{roller} 个滚柱螺旋线无轴向位移，故丝杠螺旋线相差 $360°/n_{roller}$ 时，其轴向位移量为螺距 P 的整数倍时才能正常啮合，即

$$n_S = Kn_{roller} = Kn_N \tag{3-27}$$

式中,K 为正整数。

(2) $L_N^{n_{roller}} < P$。当 $L_N^{n_{roller}} < P$ 时,$n_N < n_{roller}$,即螺母螺纹头数小于滚柱个数。丝杠螺旋线相差 $360°/n_{roller}$ 时,若丝杠与滚柱螺旋线旋向相同,则丝杠螺旋线轴向位移为

$$n_S P / n_{roller} = (K-1)P + n_N P / n_{roller}$$

即

$$n_S = (K-1)n_{roller} + n_N \tag{3-28}$$

若丝杠与滚柱螺旋线旋向相反,则丝杠螺旋线轴向位移为

$$n_S P / n_{roller} = KP - n_N P / n_{roller}$$

即

$$n_S = Kn_{roller} - n_N \tag{3-29}$$

(3) $P < L_N^{n_{roller}} < 2P$。当 $P < L_N^{n_{roller}} < 2P$ 时,$n_{roller} < n_N < 2n_{roller}$,丝杠螺旋线相差 $360°/n_{roller}$ 时,若丝杠与滚柱螺旋线旋向相同,则丝杠螺旋线轴向位移为

$$n_S P / n_{roller} = (K-1)P - P + n_N P / n_{roller}$$

即

$$n_S = (K-2)n_{roller} + n_N \tag{3-30}$$

若丝杠与滚柱螺旋线旋向相反,则丝杠螺旋线轴向位移为

$$n_S P / n_{roller} = (K+1)P - n_N P / n_{roller}$$

即

$$n_S = (K+1)n_{roller} - n_N \tag{3-31}$$

3.1.7 滚柱齿与螺纹正确啮合条件

由于滚柱螺旋线和滚柱上的轮齿同时与螺母螺旋线和内齿圈啮合,为保证滚柱齿轮能在丝杠螺纹滚道内正常运动,其设计除了应满足常规齿轮设计要求,齿轮的齿顶圆直径应小于螺纹大径[4],即

$$m_g(z_R + 2h_a^*) \leqslant d_{Ra} \tag{3-32}$$

式中,m_g 和 h_a^* 分别为滚柱齿轮模数和齿顶高系数。

3.1.8 滚柱装配条件

为了保证 n_{roller} 个滚柱能依次装入螺母,除了满足公转角度 $360°/n_{roller}$,每

个滚柱自转角度 φ_r 与螺母螺纹头数和滚柱个数的关系应为

$$\varphi_r = \frac{n_N}{n_{\text{roller}}} \times 360° \tag{3-33}$$

式中，n_{roller} 为滚柱个数；n_N 是螺母螺纹头数。

标准式行星滚柱丝杠的装配难度稍大，主要是螺纹加工与轮齿加工相位匹配问题。也就是说，如何在满足滚柱螺纹与螺母螺纹啮合的同时，保证滚柱轮齿与内齿圈内齿的正确啮合，同时还要便于多个滚柱顺序安装。由式(3-20)可知，滚柱个数受到空间尺寸的限制。为了提高承载力，一般选择满足空间安装条件的滚柱数目的上限，而实际加工中如果不能较好地保证每个滚柱切齿位置在螺纹的同一起点(假定先加工螺纹后加工轮齿)，就会产生螺纹啮合与齿轮啮合相位干涉问题。目前解决相位干涉问题主要有两种方法：一种是通过增大螺纹啮合间隙来补偿，但这会降低整个螺纹牙的承载能力及传动效率；另一种是通过增加齿数降低干涉量，并通过调整滚柱轴向安装位置来解决，但这仅适用于小螺距情况，因为螺距较大时，滚柱的轴向安装位置偏移会导致滚柱齿与内齿圈的啮合齿宽减小。因此，滚柱的结构参数设计在行星滚柱丝杠传动的设计中至关重要，直接影响行星滚柱丝杠系统的装配和总体性能。

3.2 滚柱参数匹配设计

在标准式行星滚柱丝杠参数匹配设计中，3.1 节所述条件是保证运动正确传递的必要条件。在此基础上，需要进一步对标准式行星滚柱丝杠结构中涉及的螺纹副和齿轮副结构参数进行详细设计。尤其是滚柱，作为运动和动力传递的关键元件，标准式行星滚柱丝杠和反向式行星滚柱丝杠中滚柱结构形式一致，均包含螺纹和轮齿两部分。两类啮合副在运转过程中同步啮合，导致两类啮合副的参数设计存在相互制约的关系，其自身螺纹和轮齿的结构参数匹配设计直接决定了各零件是否能够正确装配、预期的传动性能能否到达。本节将重点介绍滚柱的参数匹配设计方法，在获得滚柱参数的基础上，以滚柱为中心进行扩展，根据螺纹副和齿轮副啮合几何关系，分别得到丝杠、螺母以及内齿圈的详细设计参数。

3.2.1 滚柱参数匹配设计基本思路

滚柱的结构相比其他类型滚动螺旋传动机构中的滚动元件，结构比较复杂，如图 3-3 所示。根据标准式行星滚柱丝杠啮合原理，螺纹理论啮合位置为螺纹中径，轮齿理论啮合位置为节圆，对于既有螺纹又有轮齿的滚柱，滚柱螺纹中径应等于滚

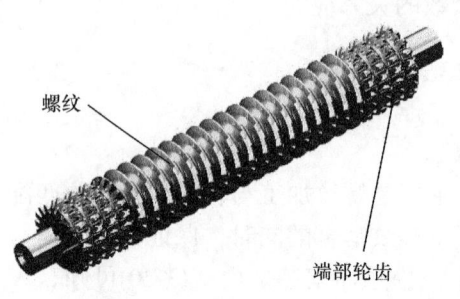

图 3-3 滚柱结构示意图

柱直齿节圆。首先，根据设计技术指标要求，如推力、速度、行程等，结合式(3-4)、式(3-13)、式(3-17)、式(3-20)和式(3-27)确定丝杠、滚柱和螺母的螺纹中径，以及螺纹头数和滚柱个数。其次，依据滚柱螺纹中径应等于滚柱直齿节圆这一要求，进一步设计滚柱直齿几何参数，即确定模数、齿数、压力角、齿顶高系数、顶隙系数及变位系数等。滚柱直齿的结构参数必须满足式(3-32)，其齿宽参数可根据实际承载需要确定。另外，滚柱直齿的齿根圆直径通常小于螺纹小径，即使滚柱与螺母发生相对微小位移，也无须担心滚柱直齿齿根与螺母内螺纹发生干涉而导致传动失效。

对于螺母内螺纹和内齿圈，通常也使其螺纹中径等于内齿圈节圆，而且内齿圈的齿顶圆不是必须等于内螺纹的小径，因为内齿圈是一个单独的零件，固连于螺母内部，仅与滚柱直齿啮合，即使滚柱相对于螺母有轴向位移，也是滚柱齿上的螺纹参与啮合，而不会影响正常啮合传动。

目前国内外针对行星滚柱丝杠螺纹设计的研究几乎处于空白，对于行星滚柱丝杠螺纹设计的文献更是少之又少。本节通过结合螺纹和齿轮相关研究以及制造方面的文献[5]、[6]，介绍两种滚柱参数匹配设计方法：由螺纹参数推导齿轮参数和由齿轮参数推导螺纹参数。

3.2.2 由螺纹参数推导齿轮参数及其流程

由标准式行星滚柱丝杠运动原理和运动关系可知，滚柱和螺母螺纹的螺旋升角相等，即

$$\lambda_R = \lambda_N \quad (3\text{-}34)$$

式中，λ_R 是滚柱螺纹的螺旋升角；λ_N 为螺母螺纹的螺旋升角。

螺母螺纹的螺旋升角为

$$\tan\lambda_N = \frac{L_N}{\pi d_N} \quad (3\text{-}35)$$

式中，L_N 是螺母导程；d_N 是螺母螺纹中径。

滚柱螺纹的螺旋升角为

$$\tan\lambda_R = \frac{L_R}{\pi d_R} \quad (3\text{-}36)$$

式中，L_R 是滚柱的导程；d_R 是滚柱螺纹中径。结合 3.1.3 小节螺纹副和齿轮副同心条件：$d_N = d_S + 2d_R$，可得螺纹螺旋升角和导程之间的关系为

$$\frac{d_S}{d_R} = \frac{L_S}{L_R} - 2 \tag{3-37}$$

式中，d_S 是丝杠螺纹中径。

对于根据工程技术指标设计的行星滚柱丝杠，如果丝杠和滚柱的导程比是保持不变的，那么滚柱和丝杠的导程是可以变化的。因为滚柱通常采用的是单头螺纹，所以在实际工程应用中丝杠的螺纹头数一般取 5 或者 6。因此，导程比 L_S/L_R 是 5 或者 6，丝杠和滚柱的直径比 d_S/d_R 则通常为 3 或者 4。

标准式行星滚柱丝杠的导程取决于丝杠螺纹中径 d_S 和滚柱螺纹中径 d_R。滚柱和丝杠的实际直径取决于滚柱螺纹和丝杠螺纹接触点位置。为了获得精确的导程以及提高其承载能力、降低摩擦和提高效率，要求丝杠螺纹的中径 d_S 和滚柱螺纹中径 d_R 应该是恒定的且无扰动。对于直廓牙型的螺纹，接触点很多，从牙顶到牙底，均为可能的接触区域，不能保证丝杠螺纹中径 d_S 和滚柱螺纹中径 d_R 是恒定的[7]。为了解决这一问题，滚柱和丝杠的螺纹轴截面牙型形状应该是如图 3-4 所示的两种情况，即图 3-4(a)所示的丝杠和滚柱螺纹轴截面牙型均为弧形及图 3-4(b)所示的仅滚柱螺纹轴截面牙型为弧形。

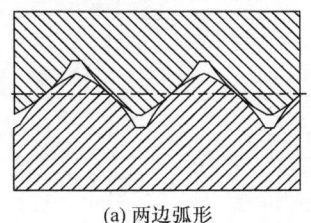

(a) 两边弧形　　　　　　(b) 单边弧形

图 3-4 滚柱和丝杠的螺纹轴截面牙型形状

一般标准式行星滚柱丝杠的滚柱和丝杠的螺纹牙型采用单边弧形，具体的几何形状如图 3-5 所示[8]。根据国际标准化组织(International Organization for Standardization, ISO)螺纹的基本牙型标准[9]，丝杠和螺母的螺纹牙型可采用如图 3-6 所示的几何形状，滚柱可采用如图 3-7 所示的螺纹牙型形状[10]。

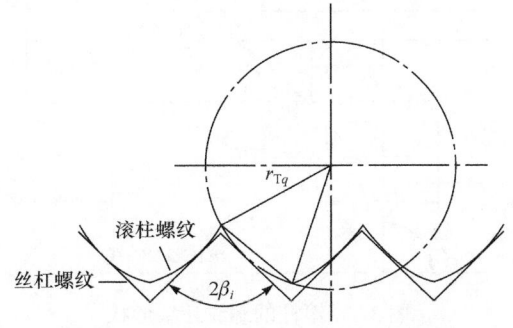

图 3-5 滚柱和丝杠螺纹牙型示意图

图 3-5 中，r_{Tq} 是圆弧形滚柱牙型的圆弧半径，β_i 为丝杠螺纹牙侧角。

图 3-6 和图 3-7 中，P 为螺距，H 为螺纹牙高。

1) 滚柱螺纹牙型设计

根据 ISO 螺纹的基本牙型，结合行星滚柱丝杠中滚柱螺纹的特点，其螺纹牙型角为 90°，滚柱螺纹面采用圆弧面，建立如图 3-6 所示的滚柱螺纹牙型轮廓。

2) 滚柱螺纹中径的匹配设计

根据推力、速度等设计指标要求，可以确定丝杠螺纹的中径 d_S、螺纹头数 n_S 以及螺距 P 等，由行星滚柱丝杠的运动原理及传动特性可以推导出所需要的滚柱螺纹中径 d_R。

3) 滚柱端部轮齿参数设计

为了确保滚柱轴线与丝杠轴线平行，使滚柱上的螺纹与螺母和丝杠上的螺纹保持良好啮合，滚柱上的螺纹及其两端轮齿必须同时与螺母螺纹以及内齿圈啮合，因此滚柱两端端部齿轮的节圆直径 d_{Rg} 应该等于滚柱螺纹中径 d_R，即

$$d_R = d_{Rg} = m_g z_R \tag{3-38}$$

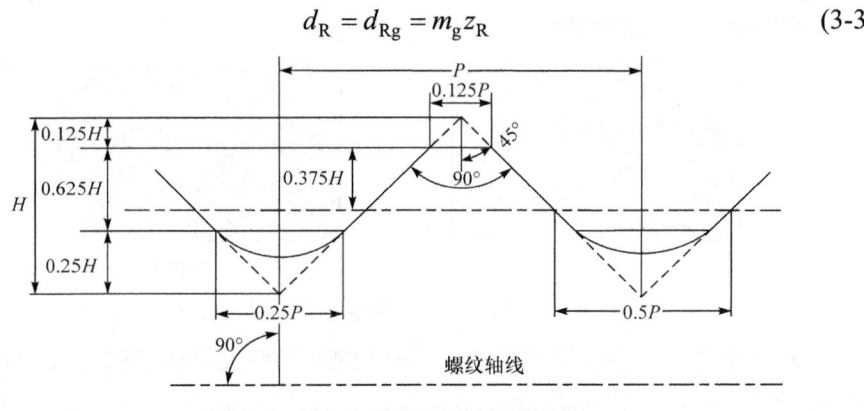

图 3-6　丝杠和螺母的螺纹牙型形状

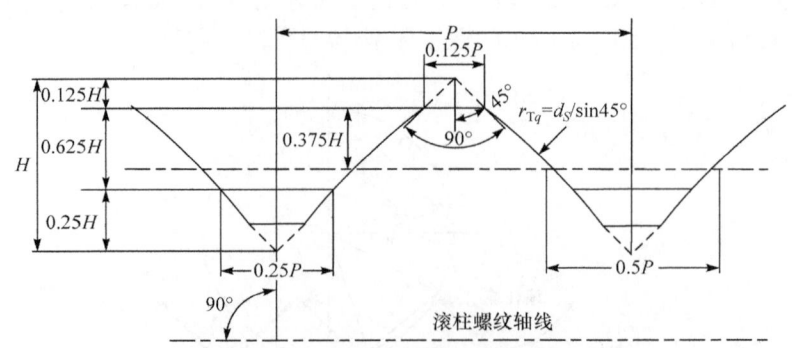

图 3-7　滚柱的螺纹牙型形状

式中，z_R 为端部齿轮的齿数；m_g 为端部齿轮的模数。

在确定滚柱两端齿轮的参数前，必须保证滚柱螺纹的中径到大径的高度小于等于滚柱两端轮齿的齿顶高，即

$$0.375H \leqslant h_a^* m_g \tag{3-39}$$

式中，h_a^* 是齿顶高系数。

当有关参数满足式(3-39)的要求后，确定齿轮副的其他几何参数。因为齿轮副的节圆直径是由齿数 z_R 和模数 m_g 的乘积计算得到的，所以在选取齿数和模数时，必须考虑轮齿啮合根切以及根切量问题。此过程需要多次计算判定，才能得到合理的齿数和模数，即需判定初选齿数 z_R 与不产生根切最小齿数 z_{Rmin} 之间的关系[11]，其中不产生根切最小齿数 z_{Rmin} 的计算式为

$$z_{Rmin} = 2h_a^* / \sin^2 \alpha \tag{3-40}$$

式中，长齿制 $h_a^* = 1$，短齿制 $h_a^* = 0.8$，计算过程中先采用长齿制；α 为齿轮压力角，一般取 20°。

轮齿根切判定过程如下。

(1) 当 $z_R > z_{Rmin}$ 时，即初选的齿数 z_R 和模数 m_g 合理，不会产生根切，故可以进一步推导出齿顶圆直径 d_{Rga}、齿根圆直径 d_{Rgf} 和中心距 a_{RS}。

(2) 当 $z_R < z_{Rmin}$ 时，即初选的齿数 z_R 和模数 m_g 不合理，会产生根切。可以通过以下两种方法来调整。

第一种，重新确定齿数 z_R 和模数 m_g，然后比较齿数 z_R 与不产生根切最小齿数 z_{Rmin} 的关系。

第二种，重新选择齿顶高系数 h_a^* 或压力角 α；或者变位，变位系数 $x_{min} = (14 - z_R)/17.5$。变位系数 x_{min} 较小时允许其根切，变位系数 x_{min} 较大时采用高度变位。然后进一步推导出齿顶圆直径 d_{Rga}、齿根圆直径 d_{Rgf}、中心距 a_{RS}。

综上可以确定滚柱端部齿轮齿数 z_R、模数 m_g、内齿圈齿数 z_N、齿顶高系数 h_a^*、顶隙系数 c^*、压力角 α 和变位系数 x_{min}，从而可以计算出齿顶圆直径 d_{Rga}、齿根圆直径 d_{Rgf} 和中心距 a_{RS}。

由螺纹参数推导齿轮参数的滚柱设计流程如图 3-8 所示。

3.2.3 由齿轮参数推导螺纹参数及其流程

1) 滚柱螺纹中径的匹配设计

这部分与 3.2.2 小节步骤 2)一致，同样根据设计指标要求，如推力、速度等，

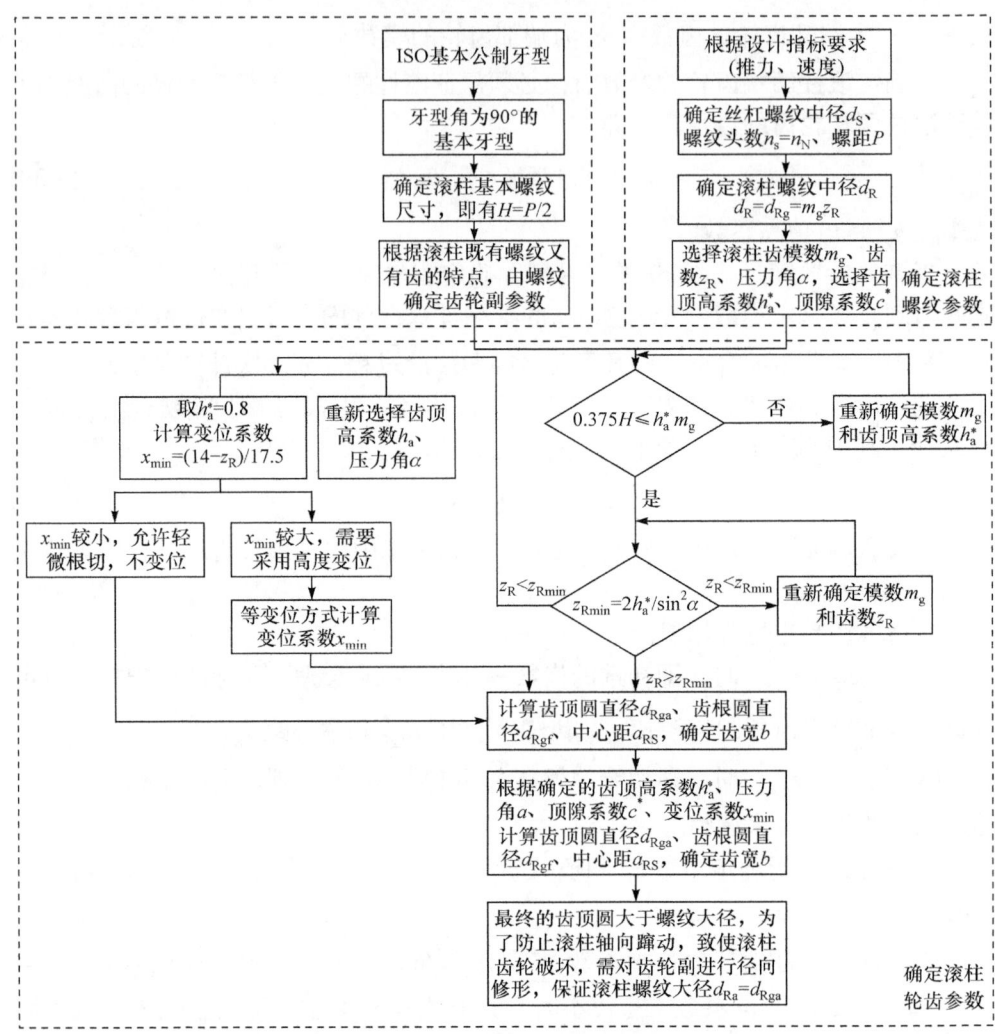

图 3-8 由螺纹参数推导齿轮参数的滚柱设计流程[12]

可以确定丝杠螺纹的中径 d_S、螺纹头数 n_S 以及螺距 P 等，由行星滚柱丝杠的运动原理及传动特性可以推导出所需要的滚柱螺纹中径 d_R。

2) 滚柱端部轮齿参数设计

滚柱端部轮齿参数设计方法以及根切问题的处理方法均与 3.2.2 小节相同，此处不再赘述。

3) 滚柱螺纹参数设计

当滚柱螺纹大径 d_{Ra} 与滚柱端部齿轮齿顶圆直径 d_{Rga} 相等时，滚柱才能与丝杠完全啮合。而且在行星滚柱丝杠运转过程中，要防止滚柱相对于螺母轴向偏移,使滚柱两端直齿嵌入螺母螺纹中,形成干涉破坏了轮齿,故应该考虑滚柱螺纹高度 H 大于等于两端轮齿齿高 H'。为了使滚柱与丝杠及螺母的接触为点接触,滚柱螺纹牙型采用圆弧面。圆弧半径计算公式为

$$r_{Tq} = d_R/(2\sin 45°) \tag{3-41}$$

综上所述,在确定螺纹牙截面参数后即可完成整个滚柱设计。

由齿轮参数推导螺纹参数的滚柱设计流程如图 3-9 所示。

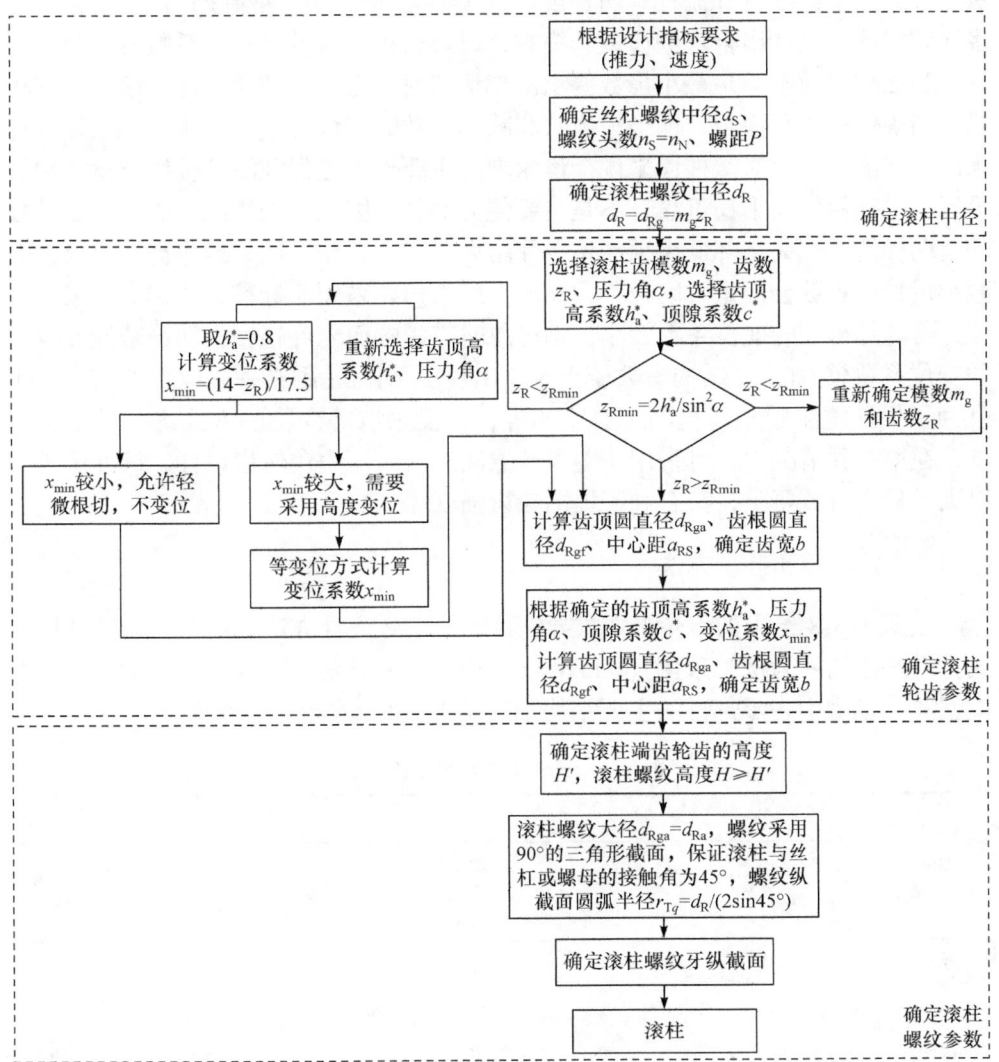

图 3-9　由齿轮参数推导螺纹参数的滚柱设计流程

在图 3-8 和图 3-9 所示的两种螺纹设计流程中,螺纹参数推导齿轮参数的设

计方法，使得滚柱端部轮齿的齿顶圆直径大于滚柱螺纹的大径，可能在滚柱轴向蹿动过程中导致端部轮齿侵入螺母螺纹，破坏螺母螺纹，故需要对滚柱端部轮齿进行径向修正，使滚柱端部轮齿的齿顶圆直径等于滚柱螺纹的大径。而齿轮参数推导螺纹参数的设计方法，在一定程度上限制了螺距的大小，造成螺距过小时确定螺纹截面牙型出现困难。

本节基于滚柱既有螺纹又有轮齿的复杂结构特点，提出了两种螺纹设计方法，并给出了详细设计流程。两种设计方法各有利弊，在两种设计流程中，需要多次判定才能设计出合理的齿数和模数，以及齿顶高系数和顶隙系数等参数。另外，当滚柱齿数不满足最小齿数要求出现根切时，有两种调整方法。第一种方法是重新确定模数和齿数，即增大齿数和减小模数，但该方法会减小齿厚，降低轮齿的承载能力。但对滚柱齿来说，齿轮副的主要作用是保证滚柱轴线与丝杠轴线平行，以确保传动平稳可靠，不是主要传力部件，因此可采用此方法。第二种方法有两种情况，一是降低齿顶高系数和增大压力角，使其满足最小齿数要求，但减小齿顶高系数会使重合度减小，而增大压力角要采用非标准刀具。二是采取变位，若计算得到的变位系数较小，则可忽略其影响而允许轻微根切；若计算得到的变位系数较大(滚柱结构参数较小时会出现)，则齿轮副必须采取变位设计，而且为了保证螺纹副和齿轮副中心距相等，仅能采取等变位的方式进行设计。此外，在第一种情况中，可采用花键设计方法进行大压力角轮齿设计，该方法既可以满足最小齿数要求，又有利于提高轮齿强度。

3.2.4 虚拟建模和装配方法

根据图3-8给出的齿轮参数推导滚柱螺纹参数设计方法和流程，以某型标准式行星滚柱丝杠为例，采用SolidWorks软件，基于虚拟样机技术，建立其三维模型[13]，模型中各零部件的主要结构参数见表3-1，取滚柱个数为5。

表 3-1 零部件的主要结构参数

零件	参数										
	中径/mm	大径/mm	小径/mm	螺距/mm	头数	螺纹段长度/mm	牙型角/(°)	齿数	模数/mm	齿顶高系数	顶隙系数
丝杠	15	15.4	14.45	2	5	110	90	—	—	—	—
螺母	25	25.55	24.6	2	5	30	90	—	—	—	—
滚柱	5	5.4	4.45	2	1	25	90	20	0.25	0.8	0.3
内齿圈								100	0.25	0.8	0.3

1) 主要零件建模

滚柱的两端加工有直齿，建模时取滚柱的螺纹大径等于相应的齿顶圆直径，预取滚柱的螺纹牙小径等于相应轮齿的齿根圆直径。在装配过程中，如果装配体因为螺纹啮合产生干涉，可以调整螺纹牙的牙厚。类似地，取螺母上螺纹的螺纹牙大径等于相应的内齿圈齿根圆直径，螺纹牙小径可以根据干涉情况进行调整。螺母、滚柱和丝杠螺纹牙的创建使用 SolidWorks 中的扫描切除特征，扫描路径均为螺旋线，扫描切除轮廓绘制在过零件轴线的轴截面上，垂足为螺旋线起点。由于丝杠外螺纹与螺母的内螺纹具有相同的头数和牙型，牙型角均为 90°，由表 3-1 中的参数可确定丝杠和螺母螺纹的扫描切除轮廓，如图 3-10 和图 3-11 所示。为了提高承载能力和降低摩擦，滚柱螺纹牙的牙型设计成圆弧面，其扫描切除轮廓如图 3-12 所示，该圆弧面圆心通常位于滚柱轴线上。

为了避免装配时螺纹牙顶和牙底产生干涉，应使三者扫描切除轮廓的牙底宽度尽量保持一致，图 3-10 和图 3-11 中设定了牙底的宽度为 0.2625mm，而螺纹牙之间的间隙可通过调整牙厚参数实现。螺纹牙厚设定为 0.6mm，如果装配之后存在干涉，可微调该值。

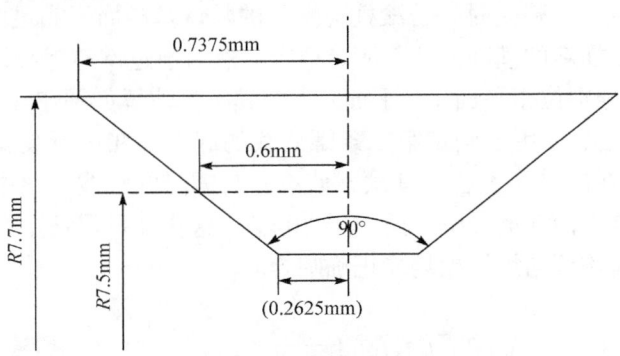

图 3-10　丝杠螺纹牙型轮廓

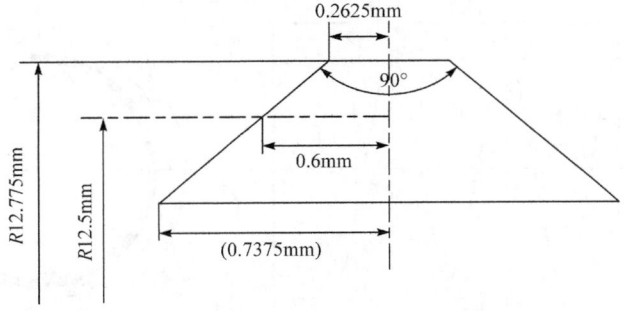

图 3-11　螺母螺纹牙型轮廓

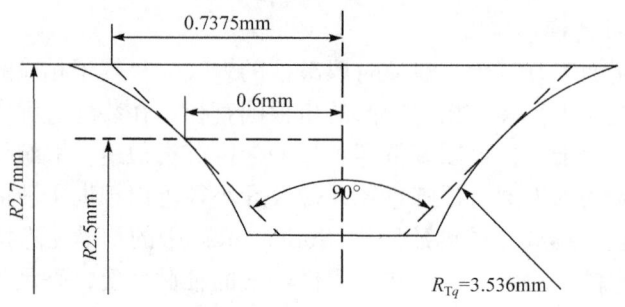

图 3-12 滚柱螺纹牙型轮廓

滚柱两端有直齿，装配时要同时保证齿轮副和螺纹副的正确啮合，因此在建立滚柱模型前，就需考虑如何建模才能进行正确装配。下面介绍一种模型创建及装配方法，以滚柱和螺母为例，图 3-13 为其创建和装配原理图。

图 3-13 中，G、H 为螺旋线的起点，当扫描切除轮廓沿螺旋线进行扫描切除时，图中的点 R_2 和点 S_1 对应生成螺纹牙槽，其对面的点 R_1 和点 S_2 必然分别对应生成螺纹牙。a 为内齿圈的齿槽中心面，b 为滚柱的轮齿中心面，n_1、n_2 为其对应的法向量。在建模时，若滚柱与螺母的默认基准面不满足图 3-13 所示的位置要求，可添加新的基准面使其满足要求，然后通过调整螺旋线的起始角度，使点 G 和点 H 分别位于平面 a 和平面 b 上，其具体位置如图 3-13 所示，GK 为第一条螺旋线，点 K 用于确定第二条螺旋线的起点。在进行装配时，首先，使点 G 和点 H 所在的端面重合；其次，使滚柱与螺母的轴线满足中心距要求；最后，使平面 a 与平面 b 重合(法向量方向相同)。这样即可保证单个滚柱与螺母装配完成，同时齿轮副与螺纹副均能正确啮合。

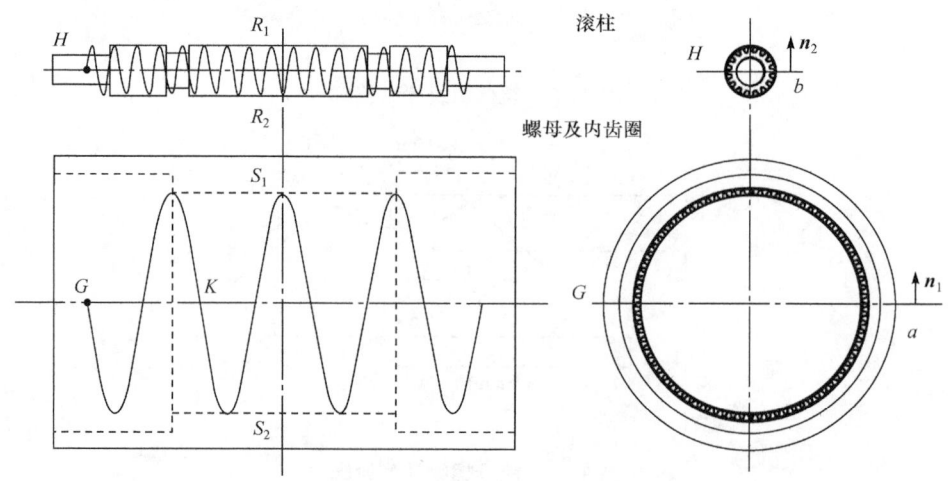

图 3-13 滚柱与螺母的创建及装配原理图

在行星滚柱丝杠中，丝杠和螺母为多头螺纹，建模时，先建立螺距等于导程的单头螺纹牙，然后沿圆周方向阵列 n_S 个螺旋线，即可建立多头螺纹。行星滚柱丝杠的其他零部件可根据需要设计并建模。

2) 行星滚柱丝杠虚拟装配方法

行星滚柱丝杠中，为了便于滚柱均布安装，两端内齿圈预先对称安装于螺母内部，并在螺母一端安装保持架和挡圈。

基于滚柱既公转又自转的运动原理，在装配时，可将滚柱与螺母的装配分为公转装配与自转装配两部分。如图 3-14 所示，设螺母与丝杠之间平均分布 n_{roller} 个滚柱，滚柱之间的夹角为 $\Phi = 360°/n_{roller}$。装配原理如下。

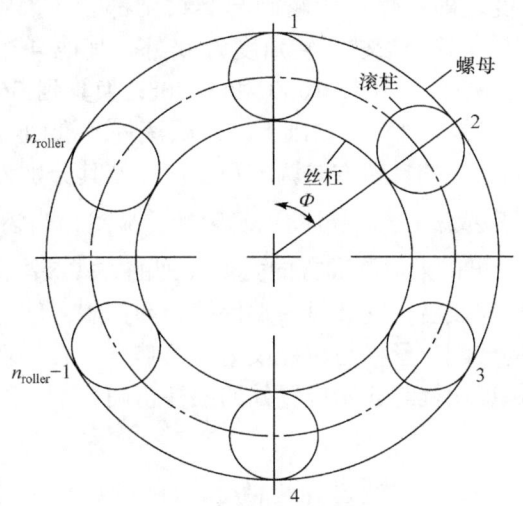

图 3-14 滚柱装配原理示意图

(1) 安装第一个滚柱，此时滚柱的基准面 b 与螺母的水平面(即螺母螺纹螺旋线起点 G 所在平面)重合。

(2) n_{roller} 个滚柱均匀分布在螺母和丝杠之间，可以等效为滚柱从第 1 个位置通过公转依次经过 $2, 3, \cdots, n_{roller}-1, n_{roller}$。根据公转关系可知，滚柱转过的公转角度 φ_P 为

$$\varphi_P = (i-1)\Phi \tag{3-42}$$

式中，$i = 1, 2, 3, \cdots, n_{roller}-1, n_{roller}$，并且滚柱的数量只受空间安装尺寸的限制。

(3) 根据滚柱自转与公转的关系，滚柱自转角度 φ_r 为

$$\varphi_r = n_S \varphi_P \tag{3-43}$$

式中，n_S 为丝杠螺纹头数。需要注意的是，所有角度计算结果都要限定在 0°～

360°。由式(3-33)还可以看到，当丝杠螺纹头数 n_S 等于滚柱个数 n_{roller} 时，滚柱自转角度 φ_r 为 360°的整数倍。

按照表 3-1 中的结构参数，该行星滚柱丝杠具体装配步骤如下。

5 个滚柱沿丝杠圆周方向均布安装，在螺母上添加 5 个两两夹角为 72°的基准面(对应一端保持架安装孔)，分别记为 a_1、a_2、a_3、a_4 和 a_5，如图 3-15 所示，并以此代表滚柱的五个公转位置。然后按照 3.2.4 小节中介绍的装配方法，将 5 个相同的滚柱(基准面为 b)按公转位置与螺母装配好。此时，只有起始位置处的滚柱和螺母满足齿轮与螺纹牙的正确啮合，其余 4 个位置处的滚柱和螺母只满足齿轮的正确啮合，然后通过调整滚柱基准面与螺母相应基准面之间的夹角，使其满足滚柱的自转角度，即可保证齿轮副与螺纹副都能正确啮合。由式(3-42)和式(3-43)可知，除起始位置处滚柱自转角度为 0°外，其他 4 个公转位置处滚柱对应的自转角度依次为 360°、720°、1080°和 1440°，换算到 360°以内分别为 0°、0°、0°、0°。因此，在图 3-15 的基础上，编辑滚柱基准面与螺母相应基准面的"重合"特征，依照滚柱的自转方向调节角度值，使其分别为 0°、0°、0°、0°，如图 3-16 所示，可完成滚柱与螺母的正确装配。显然，当滚柱个数 n_{roller} 等于丝杠的螺纹头数 n_S 时，可以采取圆周方向类似阵列的方式装配滚柱。

滚柱与螺母装配完成后，安装另一端保持架和挡圈，使得滚柱完全支撑，最后进行丝杠与滚柱的装配。丝杠与滚柱仅为螺纹啮合，并且之间存在头数关系的制约。因此，只需保证丝杠与起始位置处的滚柱正确装配，丝杠与剩余的滚柱均可正确啮合。

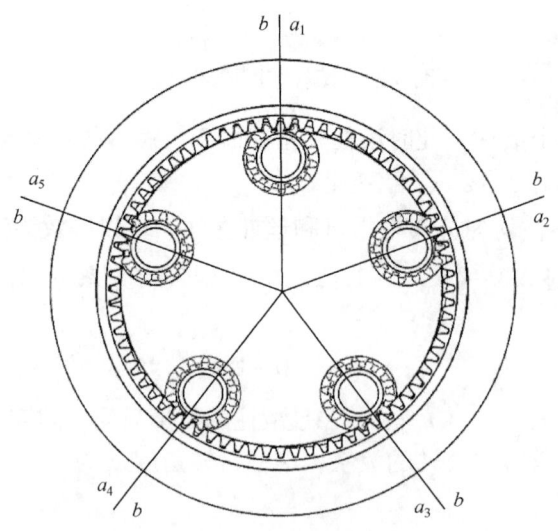

图 3-15 滚柱与螺母的公转装配

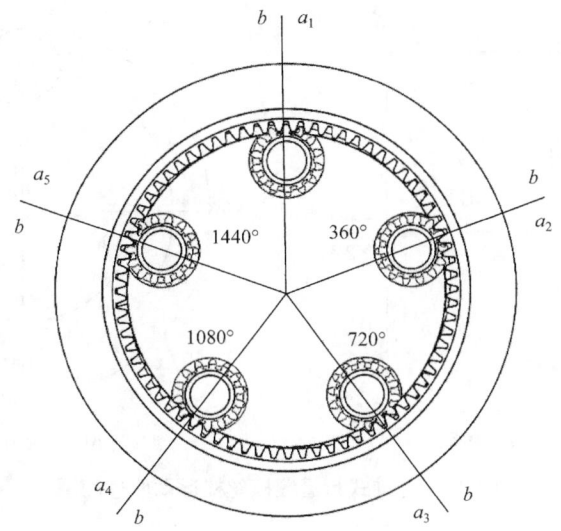

图 3-16 滚柱与螺母的自转装配

本小节通过选取齿轮参数再推导螺纹参数的设计方法，在构建螺纹截面设计方法并建立了行星滚柱丝杠各零件三维模型的基础上，进行了虚拟装配，给出了滚柱装配夹角、自转角和公转角的关系式。在整个建模和虚拟装配中，螺纹间的干涉和啮合间隙可通过调整扫描切除轮廓尺寸来实现。本章螺纹设计以及虚拟建模和装配方法为行星滚柱丝杠各零件加工制造提供了指导。

3.2.5 滚柱螺纹旋向设计

本书在 2.1.2 小节给出了螺纹旋向判断方法，规定螺母螺纹的旋向以从任意端面沿轴向看为准，若螺纹从起点开始以顺时针方向形成螺纹，则为左旋；若螺纹从起点开始以逆时针方向形成螺纹，则为右旋。

对于滚柱和螺母来说，由于滚柱螺纹的螺旋升角与螺母螺纹的螺旋升角相同，滚柱与螺母无相对轴向位移。根据式(3-6)和式(3-7)以及式(3-11)和式(3-12)可知，滚柱螺纹与螺母螺纹的旋向相反。

本小节根据行星齿轮运动原理，推导了丝杠螺纹与滚柱螺纹旋向不同时螺纹旋向与导程的关系[14]。如图 3-17 所示，当丝杠旋转时，滚柱类似于行星轮在丝杠与螺母之间的螺纹滚道内既公转又自转。在两端保持架和内啮合齿轮副的共同作用下，保证滚柱轴线与丝杠轴线平行并且使滚柱在螺母滚道内纯滚动，使得滚柱与螺母同步沿轴向移动。

将标准式行星滚柱丝杠的导程 L 定义为：丝杠旋转一圈时螺母相对丝杠的直线位移。

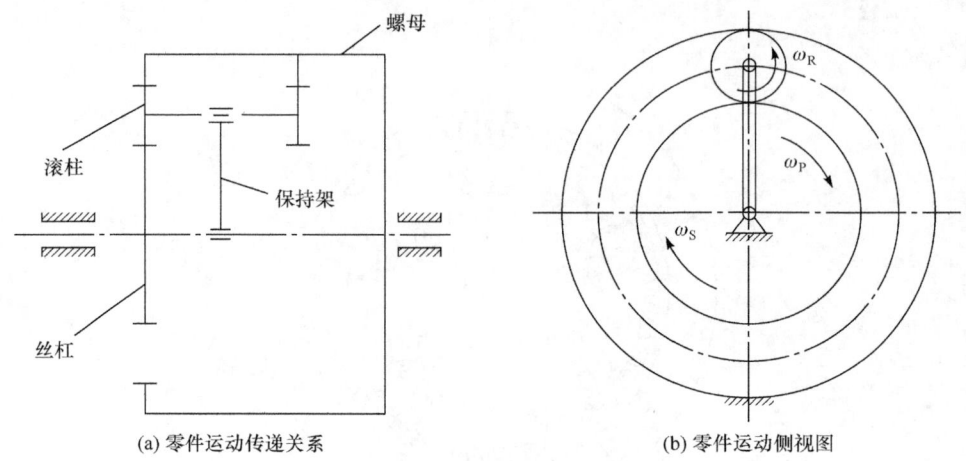

(a) 零件运动传递关系　　　　(b) 零件运动侧视图

图 3-17　标准式行星滚柱丝杠运动原理简图

由图 3-17 可知，丝杠、滚柱和保持架转速分别为 ω_S、ω_R 和 ω_P，丝杠、滚柱和螺母的螺旋升角分别为 λ_S、λ_R 和 λ_N，螺旋升角计算方法如式(3-35)和式(3-36)所示。

由于 $\lambda_R = \lambda_N$，联立式(3-12)和式(3-17)有

$$d_S = (n_S - 2)d_R \tag{3-44}$$

式中，n_S 是丝杠螺纹头数；d_S 和 d_R 分别为丝杠和滚柱的螺纹中径。由式(3-17)可知，$n_S = n_N \geqslant 3$。

标准式行星滚柱丝杠的运动可分解为直线运动和圆周运动，在圆周方向，螺母固定不动，定义丝杠与滚柱及螺母与滚柱啮合传动比分别为 i_{SR} 和 i_{NR}，结合式(3-1)和式(3-2)，可得

$$i_{SR} = \frac{\omega_R - \omega_P}{\omega_S - \omega_P} = -\frac{d_S}{d_R} \tag{3-45}$$

$$i_{NR} = \frac{\omega_N - \omega_P}{\omega_S - \omega_P} = -\frac{d_S}{d_N} \tag{3-46}$$

联立式(3-8)、式(3-45)和式(3-46)，可得

$$\omega_P = \frac{d_S}{d_S + d_N}\omega_S = \frac{n_S - 2}{2n_S - 2}\omega_S \tag{3-47}$$

$$\omega_S - \omega_P = \frac{d_N}{d_S}\omega_P = \frac{n_S\omega_S}{2n_S - 2} \tag{3-48}$$

$$\omega_R - \omega_P = -\frac{d_S}{d_R}(\omega_S - \omega_P) = \frac{-n_S^2 + 2n_S}{2n_S - 2}\omega_S \qquad (3\text{-}49)$$

式中，ω_S、ω_R 和 ω_P 分别为丝杠、滚柱和保持架转速。

本小节在计算标准式行星滚柱丝杠导程时，分别根据丝杠螺纹和滚柱螺纹旋向相同与旋向相反两种情况进行介绍。

1) 丝杠螺纹和滚柱螺纹旋向相同

当丝杠螺纹和滚柱螺纹旋向相同时，丝杠螺纹的直线速度为

$$\omega_S L = (\omega_S - \omega_P)n_S P - (\omega_R - \omega_P)P \qquad (3\text{-}50)$$

联立式(3-48)、式(3-49)和式(3-50)，可得

$$L = n_S P \qquad (3\text{-}51)$$

式中，L 为导程；P 为螺距。

由式(3-51)可知，当丝杠螺纹和滚柱螺纹旋向相同时，标准式行星滚柱丝杠导程等于丝杠导程也等于螺母导程。

2) 丝杠螺纹和滚柱螺纹旋向相反

当丝杠螺纹与滚柱螺纹旋向相反时，丝杠螺纹的直线速度为

$$\omega_S L = (\omega_S - \omega_P)n_S P + (\omega_R - \omega_P)P \qquad (3\text{-}52)$$

联立式(3-48)、式(3-49)和式(3-52)可得

$$L = \frac{n_S P}{n_S - 1} \qquad (3\text{-}53)$$

由式(3-53)可知，当丝杠螺纹和滚柱螺纹旋向相反时，标准式行星滚柱丝杠导程与螺距和螺纹头数有关。由于通常 $n_S = n_N \geqslant 3$，对比式(3-51)和式(3-53)可知，在相同的螺距和螺纹头数下，丝杠螺纹和滚柱螺纹旋向相反可以实现大螺距小导程。

3.2.6 常见参数匹配组合

根据标准式行星滚柱丝杠螺纹基本结构参数匹配，本小节给出螺纹头数 n_S 和滚柱个数 n_{roller} 与丝杠螺纹中径 d_S、滚柱螺纹中径 d_R 和螺母螺纹中径 d_N 的关系式及可能的组合形式，为标准式行星滚柱丝杠参数匹配设计提供参考。图3-18为标准式行星滚柱丝杠的螺纹头数分别等于3~7时最常用的几种匹配参数。

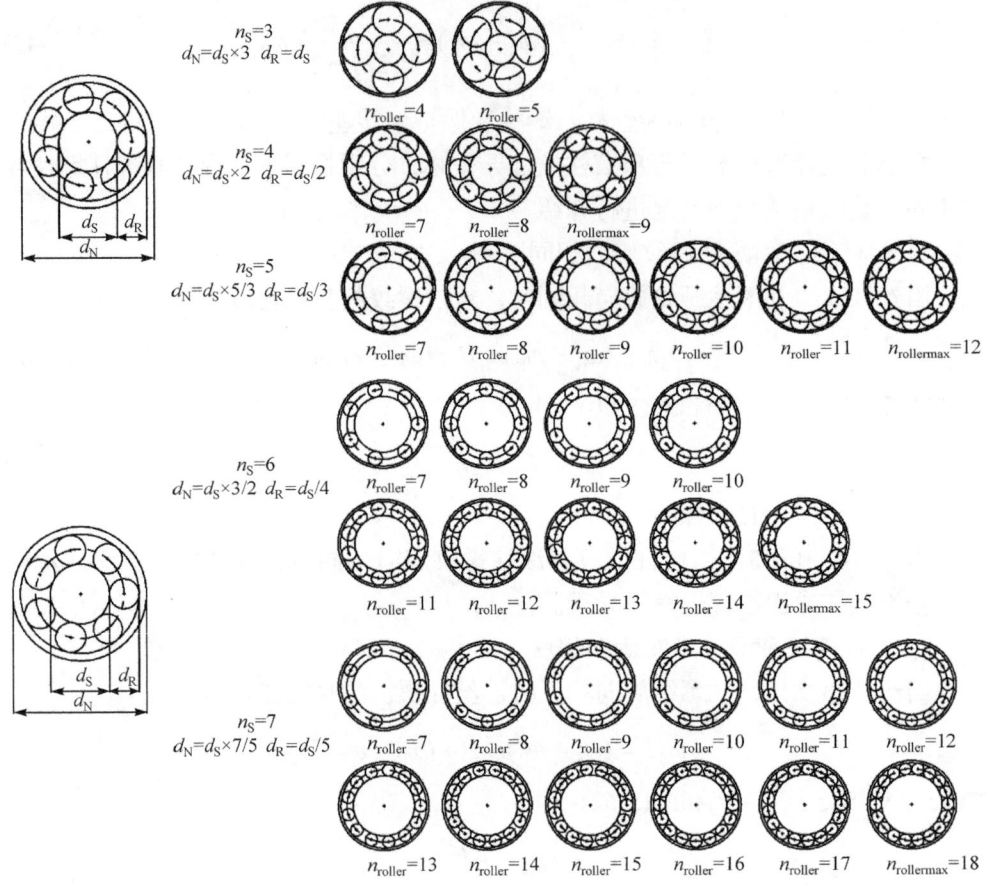

图 3-18 标准式行星滚柱丝杠的螺纹头数和滚柱个数参数匹配组合

3.3 反向式行星滚柱丝杠参数匹配设计方法

3.3.1 反向式行星滚柱丝杠参数匹配条件

根据反向式行星滚柱丝杠运动原理，其参数设计应满足以下条件[15]。

(1) 螺母、滚柱和丝杠上的螺纹螺距相同，且其螺纹结构参数满足关系式：

$$r_N = r_S + 2r_R \tag{3-54}$$

式中，r_N、r_S 和 r_R 分别为螺母、丝杠和滚柱螺纹节圆半径。

(2) 滚柱为单头螺纹，丝杠与螺母的头数相等，即

$$n_N = n_S = k_m \tag{3-55}$$

式中，k_m 是丝杠和滚柱节圆直径比；n_S 和 n_N 分别是丝杠和螺母的螺纹头数。

(3) 丝杠螺纹与滚柱螺纹的螺旋升角相等。

(4) 滚柱数目只受空间限制。

(5) 齿轮的节圆直径分别与滚柱螺纹节圆和丝杠螺纹节圆相等。当齿轮为标准直齿轮时，有

$$z_S / z_R = r_S / r_R = k_m \tag{3-56}$$

式中，z_S 是丝杠端部齿轮的齿数；z_R 是滚柱端部齿轮的齿数。

(6) 为保证在装配过程中螺母能够顺利地旋入旋出，应使滚柱两端轮齿的齿顶圆直径小于等于滚柱螺纹的大径，即

$$d_{Rga} = m_g(z_R + 2h_a^*) \leqslant d_{Ra} \tag{3-57}$$

式中，d_{Rga} 是滚柱齿的齿顶圆直径；h_a^* 是齿顶高系数；m_g 是齿轮模数；d_{Ra} 是滚柱螺纹大径。

3.3.2 反向式行星滚柱丝杠与标准式行星滚柱丝杠参数匹配的区别

反向式行星滚柱丝杠与标准式行星滚柱丝杠的运动原理相似，两者区别在于前者将螺母作为主动件，由丝杠直线输出，滚柱和丝杠之间没有相对轴向位移。结合 3.3.1 小节反向式行星滚柱丝杠参数匹配关系可知，3.1 节所述满足标准式行星滚柱丝杠运动原理的 8 个基本条件中，3.1.2 小节、3.1.4～3.1.8 小节均适用于反向式行星滚柱丝杠的参数匹配设计。由于反向式行星滚柱丝杠中滚柱上的轮齿为外啮合，故 3.1.1 小节涉及的条件中齿数比关系变为

$$\frac{z_S}{z_R} = \frac{d_S}{d_R} \tag{3-58}$$

式中，z_S 为丝杠端部齿轮的齿数；z_R 是滚柱端部齿轮的齿数。

同理，3.1.3 小节涉及的条件中螺纹头数与结构尺寸的关系变为

$$n_S = n_N = \frac{d_S}{d_R} \tag{3-59}$$

3.3.3 反向式行星滚柱丝杠参数匹配设计举例

根据 3.3.1 小节介绍的反向式行星滚柱丝杠参数匹配设计条件和 3.2.2 小节与 3.2.3 小节涉及的相关参数设计流程，以某型反向式行星滚柱丝杠技术指标要求，参数确定如下。

(1) 丝杠参数如下。丝杠螺纹中径选取 $d_S = 20\text{mm}$，导程 $L_S = 5.08\text{mm}$，螺纹头数 $n_S = 4$，则螺距 $P = \dfrac{L_S}{n_S} = 1.27\text{mm}$，螺旋升角 $\lambda_S = \arctan\dfrac{L_S}{\pi d_S} = \arctan\dfrac{5.08}{\pi \times 20} =$

$4.622°$。

(2) 滚柱参数如下。螺距 $P = 1.27\text{mm}$，滚柱螺纹中径 $d_R = \dfrac{d_S}{n_S} = \dfrac{20}{4} = 5(\text{mm})$，滚柱螺纹牙数取 $n_T = 10$，螺旋升角 $\lambda_R = \arctan\dfrac{P}{\pi d_R} = \arctan\dfrac{1.27}{\pi \times 5} = 4.622°$。

(3) 螺母参数如下。螺母螺纹中径 $d_N = d_S + 2d_R = 30\text{mm}$，导程 $L_N = 5.08\text{mm}$，螺纹头数 $n_S = n_N = 4$，螺旋升角 $\lambda_N = \arctan\dfrac{L_N}{\pi d_N} = \arctan\dfrac{5.08}{\pi \times 30} = 3.428°$。

(4) 齿轮参数如下。齿轮齿数比 $\dfrac{z_S}{z_R} = \dfrac{d_S}{d_R} = \dfrac{20}{5} = 4$，取齿轮模数 $m_g = 0.25\text{mm}$，则 $z_R = 20$，$z_S = 80$。

通过上述计算，设计的反向式行星滚柱丝杠各个组成零件的基本结构尺寸参数如表 3-2 所示。

表 3-2 各零件结构参数

零件	螺纹中径/mm	螺距/mm	导程/mm	螺旋升角/(°)	头数	齿数	模数/mm
丝杠	20	1.27	5.08	4.662	4	80	0.25
滚柱	5	1.27	—	4.662	1	20	0.25
螺母	30	1.27	5.08	3.428	4	—	—

参 考 文 献

[1] 靳谦忠, 杨家军, 孙健利. 行星式滚柱丝杠副的运动特性及参数选择[J]. 制造技术与机床, 1998, (5): 13-15.

[2] MA S J, LIU G, TONG R T, et al. A new study on the parameter relationships of planetary roller screws[J]. Mathematical Problem in Engineering, 2012, DOI: 10.1155- 2012- 340437.

[3] 胥新. 一种新型的螺旋传动机构[J]. 山西机械, 1992, (1): 23-29.

[4] RYAKHOVSKII O A, BLINOV D S, LAPTEV A. Analysis of the operation of a planetary roller screw mechanism[J]. Vestn. MGTU, Mashinostr., 2002, (4): 52-57.

[5] 山本晃. 螺纹联接的理论与计算[M]. 上海: 上海科学技术文献出版社, 1984.

[6] 机械设计手册编委会. 机械设计手册[M]. 北京: 机械工业出版社, 2005.

[7] VELINSKY S A, CHU B, LASKY T A. Kinematics and efficiency analysis of the planetary roller screw mechanism[J]. Journal of Mechanical Design, 2009, 131(1): 11016-1-8.

[8] HOJJAT Y, AGHELI M. A comprehensive study on capabilities and limitations of roller-screw with emphasis on slip tendency[J]. Mechanism and Machine Theory, 2009, 44(10): 1887-1899.

[9] BRITISH STANDARD. ISO Metric Screw Threads, Part 1: Principles and Basic Data: BS 3643-1: 2007[S]. London:

British Standards Institution, 2007.

[10] 高亮. 航天精密传动机构行星滚柱丝杠的设计与研[D]. 南京: 南京工业大学, 2012.

[11] 孙桓, 陈作模, 葛文杰. 机械原理[M]. 7版. 北京: 高等教育出版社, 2006.

[12] 马尚君. 行星滚柱丝杠副结构设计方法及其传动性能研究[D]. 西安: 西北工业大学, 2013.

[13] 董永, 刘更, 马尚君, 等. 行星滚柱丝杠副滚柱的设计方法与虚拟装配[J]. 机械设计, 2013, 30(8): 53-57.

[14] MA S J, ZHANG T, LIU G, et al. Kinematics of planetary roller screw mechanism considering helical directions of screw and roller threads[J]. Mathematical Problems in Engineering, 2015, DOI: 10.1155-2015-459462.

[15] 党金良, 刘更, 马尚君, 等. 反向式行星滚柱丝杠机构运动原理及仿真分析[J]. 系统仿真学报, 2013, 25(7): 1646-1651.

第4章 行星滚柱丝杠的啮合特性

行星滚柱丝杠不仅在结构形式和传动机理方面与滑动丝杠和滚珠丝杠不同，而且有着与这两种传动丝杠不同的啮合特征。图 4-1 给出了标准式行星滚柱丝杠的螺纹剖面示意图，其中图 4-1(a)和图 4-1(b)分别为丝杠和滚柱啮合螺纹剖面图以及螺母和滚柱啮合螺纹剖面图。从图 4-1(a)可以看出，虽然丝杠和滚柱的螺纹旋向相同，但因为丝杠螺纹和滚柱螺纹为外啮合，所以两螺纹在平行于丝杠轴线的剖面中呈现"相交"状态。而从图 4-1(b)可以看出，螺母与滚柱啮合螺纹剖面通过滚柱和螺母节圆的切点并且与螺母和滚柱轴线构成的平面相垂直，这是因为螺母和滚柱上的螺纹具有相同的螺旋升角与旋向，故而其螺纹剖面呈现"平行"状态。

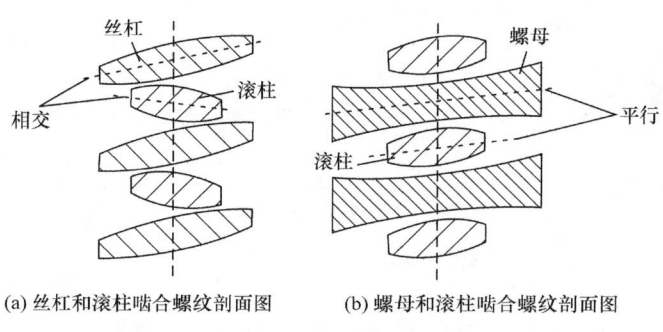

(a) 丝杠和滚柱啮合螺纹剖面图　　(b) 螺母和滚柱啮合螺纹剖面图

图 4-1　标准式行星滚柱丝杠螺纹剖面示意图[1]

行星滚柱丝杠的传动性能与丝杠、滚柱和螺母之间的接触位置和轴向间隙有着紧密的联系。例如，对于标准式行星滚柱丝杠，滚柱和螺母螺纹啮合节圆与滚柱直齿和内齿圈的啮合节圆存在偏差时，滚柱将相对于螺母发生轴向窜动[2]；丝杠和滚柱之间的接触点位置会影响丝杠和滚柱的实际传动比[3]；行星滚柱丝杠中丝杠、滚柱和螺母的接触位置，会影响丝杠自转和滚柱公转之间的稳态角速度比以及部件的动力学特性[4]；通过改变滚柱螺纹的牙型轮廓，能够改善行星滚柱丝杠的承载性能[5]；滚柱与丝杠和螺母之间的轴向间隙可能引起滚柱的偏斜[6]。因此，建立丝杠、滚柱和螺母螺旋曲面啮合模型是分析行星滚柱丝杠接触特性、摩擦磨损、润滑及效率等性能的基础。

针对标准式行星滚柱丝杠，本章基于丝杠、滚柱和螺母的螺旋曲面，建立可同时求解接触位置和轴向间隙的解析啮合模型。对丝杠、滚柱和螺母螺旋曲面方程的推导以及各零件之间的装配关系进行描述,并给出计算丝杠和滚柱以及螺母和滚柱接触位置与轴向间隙公式的推导过程。此外,本章对基于螺旋曲面离散的数值啮合模型和基于螺旋曲线的解析啮合模型的建模过程进行简介,并将这两种啮合模型的计算结果和计算时间与本章建立的解析啮合模型进行对比,最后通过多组算例,讨论结构参数对标准式行星滚柱丝杠啮合特性的影响规律。

4.1 螺旋曲面方程

标准式行星滚柱丝杠中丝杠、滚柱和螺母螺纹结构的局部放大图如图 4-2 所示。在图 4-2 中,滚柱#q 表示第 q 个滚柱,$q=1, 2, \cdots, n_{\text{roller}}$,$n_{\text{roller}}$ 为滚柱的个数;$\Pi_{i\text{U}}$ 和 $\Pi_{i\text{B}}$ 分别表示丝杠、螺母或滚柱#q 的上螺旋曲面和下螺旋曲面,下标 i 对应丝杠、螺母和第 q 个滚柱时,分别为 S、N 和 q;整体坐标系 $O\text{-}XYZ$ 的 Z 轴与丝杠轴线重合,X 轴穿过滚柱#1 的轴线;局部坐标系 $o_{\text{P}q}\text{-}x_{\text{P}q}y_{\text{P}q}z_{\text{P}q}$ 的 $z_{\text{P}q}$ 轴与丝杠轴线重合,$x_{\text{P}q}$ 轴穿过滚柱#q 的轴线。当不考虑制造与装配误差以及受力变形时,各个滚柱与丝杠和螺母的啮合状态在对应局部坐标系 $o_{\text{P}q}\text{-}x_{\text{P}q}y_{\text{P}q}z_{\text{P}q}$ 中是相同的。

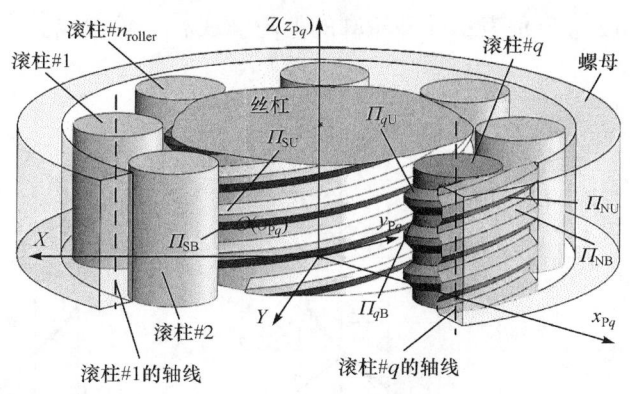

图 4-2 丝杠、滚柱和螺母螺纹结构的局部放大图

为了推导丝杠、滚柱和螺母上螺纹的螺旋曲面方程,建立如图 4-3 所示的零件坐标系 $o_i\text{-}x_iy_iz_i$ 与截面坐标系 $o_i'\text{-}u_iv_iw_i$,其下标 i 对应丝杠、螺母和第 q 个滚柱时,分别为 S、N 和 q。零件坐标系 $o_i\text{-}x_iy_iz_i$ 的 z_i 轴与对应丝杠、滚柱或螺母的轴线重合。在图 4-3 中,r_i 为零件的名义半径,$r_i = d_i/2$,d_i 为零件的中径;λ_i 为零件的螺旋升角。定义半径 r_i、螺旋升角 λ_i 的圆柱螺旋线为中径螺旋曲线,曲线 $\Gamma_{i,0}^j$ 为第 j 条螺纹所对应的中径螺旋线曲线,上标 $j=1, 2, \cdots, n_i$,n_i 为螺纹的头

数。截面坐标系 o_i'-$u_i v_i w_i$ 的原点 o_i' 在曲线 $\Gamma_{i,0}^j$ 上，w_i 轴与 z_i 轴平行，平面 $u_i w_i$ 通过 z_i 轴。

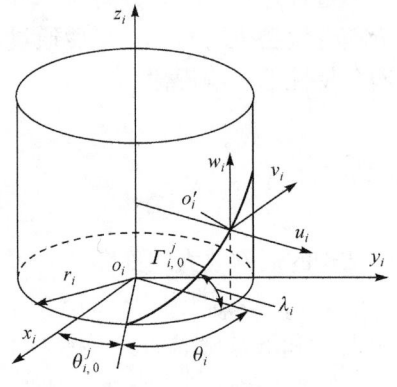

图 4-3 零件坐标系 o_i-$x_i y_i z_i$ 和截面坐标系 o_i'-$u_i v_i w_i$

在图 4-3 中，定义 $\theta_{i,0}^j$ 为曲线 $\Gamma_{i,0}^j$ 在零件坐标系 o_i-$x_i y_i z_i$ 中的起始角度，使用 $\theta_{q,0}$ 表示滚柱中径螺旋线 $\Gamma_{q,0}^1$ 的起始角度。根据丝杠和螺母螺纹头数的关系 ($n_S = n_N$)，以及滚柱螺纹头数 ($n_q = 1$)，曲线 $\Gamma_{i,0}^j$ 的起始角度 $\theta_{S,0}^j$、$\theta_{q,0}$ 和 $\theta_{N,0}^j$ 需满足：

$$\theta_{S,0}^j = 2\pi(j-1)/n_S, \quad j=1,2,\cdots,n_S \quad (4\text{-}1)$$

$$\theta_{q,0} = \pi \quad (4\text{-}2)$$

$$\theta_{N,0}^j = 2\pi(j-1)/n_S, \quad j=1,2,\cdots,n_S \quad (4\text{-}3)$$

式中，n_S 为丝杠螺纹的头数。

丝杠、滚柱和螺母在截面坐标系 o_i'-$u_i v_i w_i$ 中的牙型轮廓分别如图 4-4(a)～(c) 所示，其中，β_i、a_i、b_i 和 c_i 分别对应零件螺纹的牙侧角、牙顶高、牙底高以及半牙厚；Γ_{iU} 和 Γ_{iB} 分别表示牙型轮廓的上轮廓线和下轮廓线。

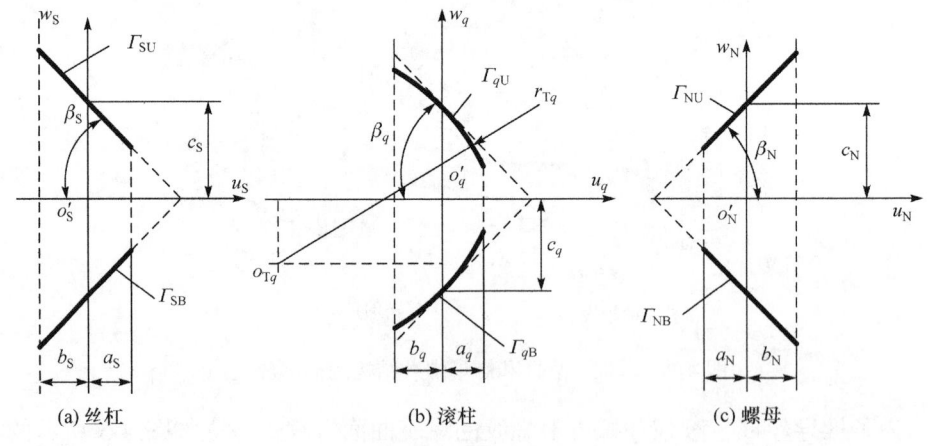

图 4-4 牙型轮廓

在图 4-4(b) 中，r_{Tq} 和 o_{Tq} 分别表示圆弧 Γ_{qU} 在平面 $u_i w_i$ 中的半径与圆心。设 (u_{Tq}, w_{Tq}) 为圆心 o_{Tq} 的坐标，则坐标 (u_{Tq}, w_{Tq}) 与牙侧角 β_q、半牙厚 c_q 和滚柱圆弧半径 r_{Tq} 有如下关系：

$$u_{Tq} = -r_{Tq}\sin\beta_q \quad (4\text{-}4)$$

$$w_{Tq} = -r_{Tq}\cos\beta_q + c_q \tag{4-5}$$

根据图 4-4 所示的几何关系,丝杠、螺母及滚柱的牙型轮廓参数需满足如下限制条件:

$$0 < a_i < c_i/\tan\beta_i \tag{4-6}$$

$$0 < b_i < (P - 2c_i)/(2\tan\beta_i) \tag{4-7}$$

$$r_{Tq} > \max\{a_q/(1-\sin\beta_q), b_q/\sin\beta_q, (a_q^2 + c_q^2)/[2(c_q\cos\beta_q - a_q\sin\beta_q)]\} \tag{4-8}$$

式中,P 为丝杠、螺母或滚柱#q 的螺距。

由图 4-3 以及附录 B1 给出的坐标齐次变换公式,可得截面坐标系 $o'_i\text{-}u_i v_i w_i$ 向零件坐标系 $o_i\text{-}x_i y_i z_i$ 的坐标变换为

$$\begin{bmatrix} x_i \\ y_i \\ z_i \\ 1 \end{bmatrix} = \boldsymbol{T}'_i \cdot \begin{bmatrix} u_i \\ v_i \\ w_i \\ 1 \end{bmatrix} \tag{4-9}$$

其中,

$$\boldsymbol{T}'_i = \begin{bmatrix} \cos(\theta_i + \theta^j_{i,0}) & -\sin(\theta_i + \theta^j_{i,0}) & 0 & r_i\cos(\theta_i + \theta^j_{i,0}) \\ \sin(\theta_i + \theta^j_{i,0}) & \cos(\theta_i + \theta^j_{i,0}) & 0 & r_i\sin(\theta_i + \theta^j_{i,0}) \\ 0 & 0 & 1 & \theta_i L_i/(2\pi) \\ 0 & 0 & 0 & 1 \end{bmatrix} \tag{4-10}$$

式中,L_i 为丝杠、螺母或滚柱#q 的导程,其与名义半径 r_i 和螺旋升角 λ_i 有如下关系:

$$L_i = 2\pi r_i \tan\lambda_i \tag{4-11}$$

根据附录 B2 所示螺旋曲面的参数表示方法[7],利用式(4-9)可得丝杠、螺母或滚柱#q 螺旋曲面在各自零件坐标系 $o_i\text{-}x_i y_i z_i$ 中的方程为

$$\boldsymbol{r}^S_S(u_S, \theta_S) = \begin{bmatrix} (u_S + r_S)\cos(\theta_S + \theta^j_{S,0}) \\ (u_S + r_S)\sin(\theta_S + \theta^j_{S,0}) \\ \xi_S(c_S - u_S\tan\beta_S) + (\theta_S L_S)/(2\pi) \end{bmatrix} \tag{4-12}$$

$$\boldsymbol{r}^q_q(u_q, \theta_q) = \begin{bmatrix} (u_q + r_q)\cos(\theta_q + \theta_{q,0}) \\ (u_q + r_q)\sin(\theta_q + \theta_{q,0}) \\ \xi_q\left[w_{Tq} + \sqrt{r_{Tq}^2 - (u_q + r_{Tq}\sin\beta_q)^2}\right] + (\theta_q L_q)/(2\pi) \end{bmatrix} \tag{4-13}$$

$$r_N^N(u_N,\theta_N)=\begin{bmatrix}(u_N+r_N)\cos(\theta_N+\theta_{N,0}^j)\\(u_N+r_N)\sin(\theta_N+\theta_{N,0}^j)\\ \xi_N(c_N+u_N\tan\beta_N)+(\theta_N L_N)/(2\pi)\end{bmatrix} \tag{4-14}$$

式中，u_i 和 θ_i 为曲面坐标；下标 i=S、N、q 分别代表丝杠、螺母和滚柱#q；上标 j=1, 2, …, n_S，n_S 为丝杠螺纹的头数；$u_S\in[-a_S,b_S]$，$u_q\in[-a_q,b_q]$，$u_N\in[-b_N,a_N]$。当 $\xi_i=1$ 时，式(4-12)~式(4-14)表示上螺旋曲面 Π_{iU} 的方程；当 $\xi_i=-1$ 时，式(4-12)~式(4-14)表示下螺旋曲面 Π_{iB} 的方程。

根据微分几何原理[8]，丝杠、滚柱或螺母螺旋曲面的外法线向量 $\boldsymbol{n}_i^i$ 在对应零件坐标系 $o_i\text{-}x_iy_iz_i$ 中为

$$\boldsymbol{n}_i^i(u_i,\theta_i)=\frac{\partial \boldsymbol{r}_i^i}{\partial u_i}\times\frac{\partial \boldsymbol{r}_i^i}{\partial \theta_i} \tag{4-15}$$

将式(4-12)~式(4-14)代入式(4-15)中，可得

$$\boldsymbol{n}_S^S(u_S,\theta_S)=\begin{bmatrix}\cos(\theta_S+\theta_{S,0}^j)\tan\beta_S+\dfrac{\xi_S\sin(\theta_S+\theta_{S,0}^j)\cdot L_S}{2\pi(u_S+r_S)}\\ \sin(\theta_S+\theta_{S,0}^j)\tan\beta_S-\dfrac{\xi_S\cos(\theta_S+\theta_{S,0}^j)\cdot L_S}{2\pi(u_S+r_S)}\\ \xi_S\end{bmatrix} \tag{4-16}$$

$$\boldsymbol{n}_q^q(u_q,\theta_q)=\begin{bmatrix}\cos(\theta_q+\theta_{q,0})\dfrac{u_q-u_{Tq}}{\sqrt{r_{Tq}^2-(u_q-u_{Tq})^2}}+\dfrac{\xi_q\sin(\theta_q+\theta_{q,0})\cdot L_q}{2\pi(u_q+r_q)}\\ \sin(\theta_q+\theta_{q,0})\dfrac{u_q-u_{Tq}}{\sqrt{r_{Tq}^2-(u_q-u_{Tq})^2}}-\dfrac{\xi_q\cos(\theta_q+\theta_{q,0})\cdot L_q}{2\pi(u_q+r_q)}\\ \xi_q\end{bmatrix} \tag{4-17}$$

$$\boldsymbol{n}_N^N(u_N,\theta_N)=\begin{bmatrix}-\cos(\theta_N+\theta_{N,0}^j)\tan\beta_N+\dfrac{\xi_N\sin(\theta_N+\theta_{N,0}^j)\cdot L_N}{2\pi(u_N+r_N)}\\ -\sin(\theta_N+\theta_{N,0}^j)\tan\beta_N-\dfrac{\xi_N\cos(\theta_N+\theta_{N,0}^j)\cdot L_N}{2\pi(u_N+r_N)}\\ \xi_N\end{bmatrix} \tag{4-18}$$

图 4-5 给出了丝杠、螺母和滚柱的装配关系，其中 $o_{Pq}\text{-}x_{Pq}y_{Pq}z_{Pq}$ 为局部坐标系，$o_i\text{-}x_iy_iz_i$ 为零件坐标系，$O\text{-}XYZ$ 为整体坐标系。为了避免与丝杠和螺母干涉，滚柱在装配过程中需要绕其轴线旋转一定的角度。滚柱#q 绕其轴线的旋转角度为 $\gamma_q = -(n_S-1)\Phi_q$，其中"−"表示滚柱绕其轴线顺时针旋转。由图 4-5 可得，局部坐标系 $o_{Pq}\text{-}x_{Pq}y_{Pq}z_{Pq}$ 向整体坐标系 $O\text{-}XYZ$ 的坐标变换为

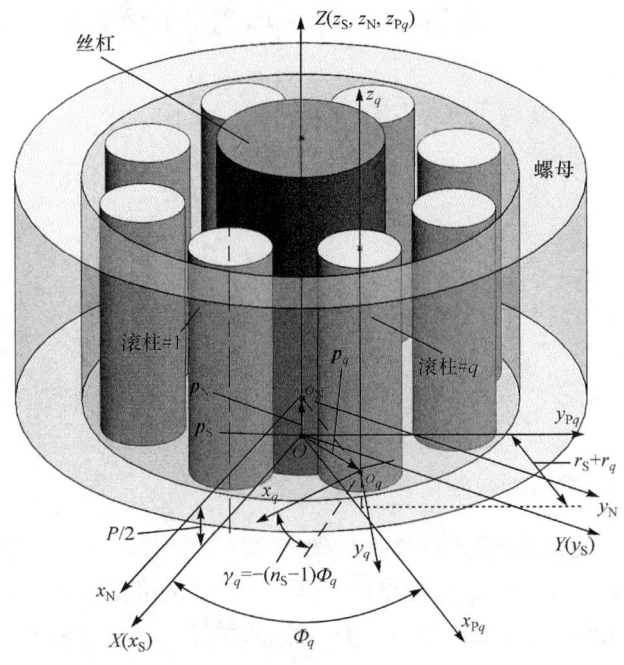

图 4-5 丝杠、螺母和滚柱的装配关系

$$T_{Pq} = \begin{bmatrix} \cos\Phi_q & -\sin\Phi_q & 0 & 0 \\ \sin\Phi_q & \cos\Phi_q & 0 & 0 \\ 0 & 0 & 1 & 0 \\ \hline 0 & 0 & 0 & 1 \end{bmatrix} = \begin{bmatrix} H_{Pq} & p_{Pq} \\ \hline 0\ \ 0\ \ 0 & 1 \end{bmatrix} \quad (4\text{-}19)$$

其中，

$$\Phi_q = (q-1)\frac{2\pi}{n_{\text{roller}}} \quad (4\text{-}20)$$

零件坐标系 $o_i\text{-}x_iy_iz_i$ 向整体坐标系 $O\text{-}XYZ$ 的坐标变换矩阵表示为

$$T_i = \begin{bmatrix} H_i & p_i \\ \hline 0\ \ 0\ \ 0 & 1 \end{bmatrix}, \quad i = S, N, q \quad (4\text{-}21)$$

式中，p_i 为零件坐标系 $o_i\text{-}x_iy_iz_i$ 的坐标原点 o_i 在整体坐标系 $O\text{-}XYZ$ 中的位置向量；H_i 为零件坐标系 $o_i\text{-}x_iy_iz_i$ 向整体坐标系 $O\text{-}XYZ$ 的旋转矩阵。

由螺旋曲面方程(4-12)~方程(4-14)和图 4-5 可得

$$p_i = \begin{cases} [0, 0, 0]^T, & i = S \\ [0, 0, P/2]^T, & i = N \\ H_{Pq} \cdot [r_S + r_q, 0, P/2]^T, & i = q \end{cases} \quad (4\text{-}22)$$

$$H_i = \begin{bmatrix} \cos\gamma_i & -\sin\gamma_i & 0 \\ \sin\gamma_i & \cos\gamma_i & 0 \\ 0 & 0 & 1 \end{bmatrix} \quad (4\text{-}23)$$

其中，

$$\gamma_i = \begin{cases} 0, & i = S, N \\ -(n_S - 1)\varPhi_q, & i = q \end{cases} \quad (4\text{-}24)$$

4.2 基于螺旋曲面的解析啮合模型

4.2.1 螺旋曲面的相切接触条件

在如图 4-2 所示的标准式行星滚柱丝杠螺纹三维模型中，分别过丝杠和滚柱 #q 接触点以及螺母和滚柱#q 接触点作垂直于 x_{Pq} 轴的剖面。丝杠、滚柱和螺母螺纹在两剖面中的截面如图 4-6 所示。为了保证行星滚柱丝杠的正常装配和运动的流畅性，各零件的螺纹之间通常具有一定的间隙。图 4-6 为各零件分离的状态。

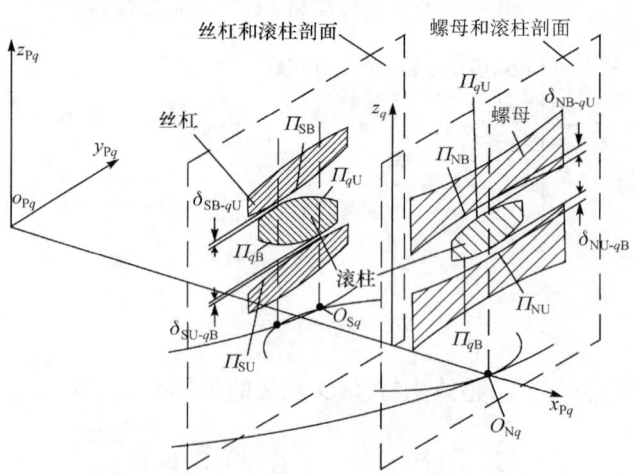

图 4-6 标准式行星滚柱丝杠接触点处的剖面

当螺母承受轴向载荷时，滚柱在丝杠侧或螺母侧的多个接触点均位于和 z_{Pq} 轴平行的直线上。点 O_{Sq} 为丝杠和滚柱接触点在 $x_{Pq}o_{Pq}y_{Pq}$ 平面中的投影，点 O_{Nq} 为螺母和滚柱接触点在 $x_{Pq}o_{Pq}y_{Pq}$ 平面中的投影。

定义图 4-6 中丝杠和滚柱或螺母和滚柱相邻两螺旋曲面之间的最小轴向距离为轴向间隙。$\delta_{SB\text{-}qU}$ 与 $\delta_{SU\text{-}qB}$ 分别是丝杠下螺旋曲面 Π_{SB} 和滚柱#q 上螺旋曲面 Π_{qU} 与丝杠上螺旋曲面 Π_{SU} 和滚柱#q 下螺旋曲面 Π_{qB} 之间的轴向间隙；$\delta_{NB\text{-}qU}$ 与 $\delta_{NU\text{-}qB}$ 分别为螺母下螺旋曲面 Π_{NB} 和滚柱#q 上螺旋曲面 Π_{qU} 与螺母上螺旋曲面 Π_{NU} 和滚柱#q 下螺旋曲面 Π_{qB} 之间的轴向间隙。由于在传动过程中两相互啮合的曲面必须时刻处于相切接触状态[7]，这就要求两曲面在接触点处的位置向量和法线在任一瞬时都是重合的。附录 B3 对文献[7]中的曲面相切接触条件理论进行了简要说明。

行星滚柱丝杠的两螺旋曲面相接触时，将处于相切接触的状态。由于螺旋曲面绕轴线转动引起的曲面方程变化能够等效为沿其轴线的移动，故通过引入丝杠、滚柱或螺母螺旋曲面沿轴线移动的向量以考虑两曲面之间的轴向间隙。行星滚柱丝杠传动中，两个相啮合螺纹螺旋曲面的相切接触关系如图 4-7 所示，其中，Π_l 和 Π_m 表示行星滚柱丝杠中任意一对可能发生接触的螺旋曲面。曲面 Π_l 沿着向量 $\boldsymbol{d}_{lm}^{Pq}=[0,0,\delta_{lm}]^T$ 移动后与曲面 Π_m 在点 o_{lm} 处相接触，δ_{lm} 为螺旋曲面 Π_l 和 Π_m 的轴向间隙。

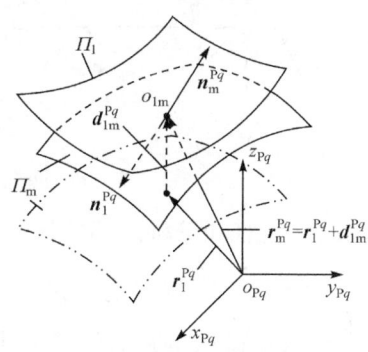

图 4-7 行星滚柱丝杠两啮合曲面的相切接触关系

在图 4-7 中，上标 Pq 表示对应的向量表示在局部坐标系 $o_{Pq}\text{-}x_{Pq}y_{Pq}z_{Pq}$ 中，$\boldsymbol{r}_l^{Pq}(u_l,\theta_l)$ 和 $\boldsymbol{r}_m^{Pq}(u_m,\theta_m)$ 分别表示 Π_l 和 Π_m 的曲面方程，$\boldsymbol{n}_l^{Pq}(u_l,\theta_l)$ 和 $\boldsymbol{n}_m^{Pq}(u_m,\theta_m)$ 分别表示 Π_l 和 Π_m 的法线方程，(u_l,θ_l) 和 (u_m,θ_m) 为曲面坐标。根据文献[7]并利用向量 $\boldsymbol{d}_{lm}^{Pq}$，得到螺旋曲面 Π_l 和 Π_m 的相切接触条件为

$$\boldsymbol{r}_l^{Pq}(u_l,\theta_l)+\boldsymbol{d}_{lm}^{Pq}=\boldsymbol{r}_m^{Pq}(u_m,\theta_m) \tag{4-25}$$

$$\boldsymbol{n}_l^{Pq}(u_l,\theta_l)=\zeta_{lm}\cdot\boldsymbol{n}_m^{Pq}(u_m,\theta_m) \tag{4-26}$$

式中，ζ_{lm} 为常数。由式(4-25)可得

$$[\boldsymbol{r}_l^{Pq}]_x=[\boldsymbol{r}_m^{Pq}]_x \tag{4-27}$$

$$[\boldsymbol{r}_l^{Pq}]_y=[\boldsymbol{r}_m^{Pq}]_y \tag{4-28}$$

$$[\boldsymbol{r}_1^{Pq}]_z + \delta_{lm} = [\boldsymbol{r}_m^{Pq}]_z \tag{4-29}$$

式中，$[\boldsymbol{r}_1^{Pq}]_x$、$[\boldsymbol{r}_1^{Pq}]_y$ 和 $[\boldsymbol{r}_1^{Pq}]_z$ 分别为向量 $\boldsymbol{r}_1^{Pq}$ 的 x_{Pq}、y_{Pq} 和 z_{Pq} 坐标；$[\boldsymbol{r}_m^{Pq}]_x$、$[\boldsymbol{r}_m^{Pq}]_y$ 和 $[\boldsymbol{r}_m^{Pq}]_z$ 分别为向量 $\boldsymbol{r}_m^{Pq}$ 的 x_{Pq}、y_{Pq} 和 z_{Pq} 坐标。

由式(4-26)~式(4-28)可以导出含 4 个未知数 u_1、θ_1、u_m、θ_m 的四个独立方程：

$$f_t(u_1, \theta_1, u_m, \theta_m) = 0, \quad f_t \in C^1, t = 1, 2, 3, 4 \tag{4-30}$$

求解方程(4-30)可得接触点 o_{lm} 的位置。将求解结果代入式(4-29)中可求得轴向间隙 δ_{lm}。图 4-8 为螺旋曲面 Π_1 和 Π_m 的初始状态与轴向间隙 δ_{lm} 之间的关系。如图 4-8 所示，当 $\delta_{lm} > 0$ 时，两螺旋曲面处于分离状态；当 $\delta_{lm} = 0$ 时，两螺旋曲面相接触；当 $\delta_{lm} < 0$ 时，δ_{lm} 为两螺旋曲面之间的干涉量。

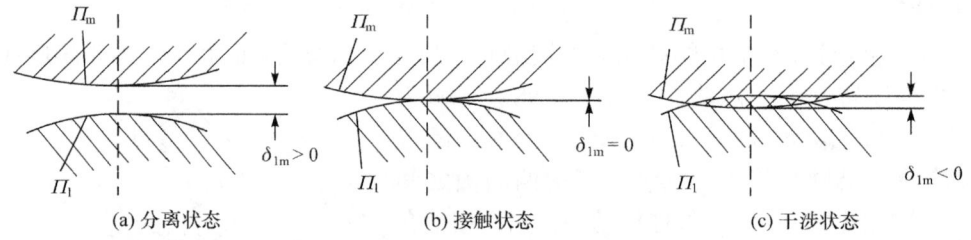

图 4-8 两螺旋曲面的初始状态与轴向间隙的关系

4.2.2 丝杠和滚柱之间的接触位置与轴向间隙

丝杠和滚柱#q 之间接触点的位置能够使用其在平面 $x_{Pq}o_{Pq}y_{Pq}$ 中投影点 O_{Sq} 与原点 o_S 和 o_q 的相对位置描述，如图 4-9 所示。在图 4-9 中，定义 r_{Sq} 和 ϕ_{Sq} 分别为丝杠的啮合半径与啮合偏角，r_{Rsq} 和 ϕ_{Rsq} 分别为滚柱#q 在丝杠侧的啮合半径与啮合偏角。并规定，当向量 $\overrightarrow{o_S O_{Sq}}$ 和 $\overrightarrow{o_q O_{Sq}}$ 在 y_{Pq} 方向上的分量大于零时，啮合偏角 $\phi_{Sq} > 0$，$\phi_{Rsq} > 0$；当上述分量小于零时，啮合偏角 $\phi_{Sq} < 0$，$\phi_{Rsq} < 0$。

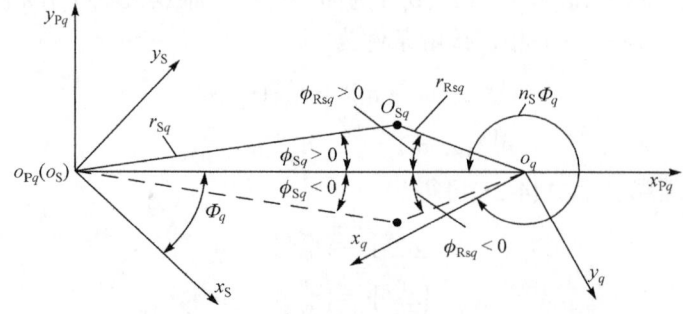

图 4-9 丝杠和滚柱#q 接触点在平面 $x_{Pq}o_{Pq}y_{Pq}$ 中的投影

下面使用滚柱#q 上螺旋曲面 Π_{qU} 与丝杠下螺旋曲面 Π_{SB} 来说明啮合方程的推理过程。由式(4-12)和式(4-13)可知，丝杠和滚柱#q 的接触点在局部坐标系 $o_{Pq}\text{-}x_{Pq}y_{Pq}z_{Pq}$ 中的位置向量可分别表示为 $\boldsymbol{r}_{Sq}^{Pq}(u_{Sq},\theta_{Sq})$ 和 $\boldsymbol{r}_{Rsq}^{Pq}(u_{Rsq},\theta_{Rsq})$，其中，$(u_{Sq},\theta_{Sq})$ 和 (u_{Rsq},θ_{Rsq}) 为螺旋曲面 Π_{qU} 和 Π_{SB} 在接触点处的曲面坐标。根据图 4-9 可得啮合半径 r_{Sq} 和 r_{Rsq} 与曲面坐标 u_{Sq} 和 u_{Rsq} 的关系为

$$r_{Sq} = r_S + u_{Sq} \tag{4-31}$$

$$r_{Rsq} = r_q + u_{Rsq} \tag{4-32}$$

啮合偏角 ϕ_{Sq} 和 ϕ_{Rsq} 与曲面坐标 θ_{Sq} 和 θ_{Rsq} 存在如下关系：

$$\theta_{Sq} = \Phi_q + \phi_{Sq} \tag{4-33}$$

$$\theta_{Rsq} = n_S \Phi_q - \phi_{Rsq} \tag{4-34}$$

将式(4-31)和式(4-33)代入式(4-16)中，并由式(4-19)和式(4-21)可得，丝杠螺旋曲面 Π_{SB} 在接触点 o_{Sq} 处的外法线向量在局部坐标系 $o_{Pq}\text{-}x_{Pq}y_{Pq}z_{Pq}$ 中的表达式为

$$\boldsymbol{n}_{Sq}^{Pq} = \begin{bmatrix} \cos\phi_{Sq}\tan\beta_S - \sin\phi_{Sq}\tan\lambda_{Sq} \\ \sin\phi_{Sq}\tan\beta_S + \cos\phi_{Sq}\tan\lambda_{Sq} \\ -1 \end{bmatrix} \tag{4-35}$$

式中，λ_{Sq} 为丝杠在接触点处的螺旋升角。$\tan\lambda_{Sq}$ 可表示为

$$\tan\lambda_{Sq} = L_S/(2\pi r_{Sq}) \tag{4-36}$$

同理可得，局部坐标系 $o_{Pq}\text{-}x_{Pq}y_{Pq}z_{Pq}$ 中曲面 Π_{qU} 在接触点处的外法线向量为

$$\boldsymbol{n}_{Rsq}^{Pq} = \begin{bmatrix} -\cos\phi_{Rsq}\tan\beta_{Rsq} + \sin\phi_{Rsq}\tan\lambda_{Rsq} \\ \sin\phi_{Rsq}\tan\beta_{Rsq} + \cos\phi_{Rsq}\tan\lambda_{Rsq} \\ 1 \end{bmatrix} \tag{4-37}$$

式中，λ_{Rsq} 和 β_{Rsq} 分别为滚柱#q 在接触点处的螺旋升角和牙侧角。$\tan\lambda_{Rsq}$ 和 $\tan\beta_{Rsq}$ 表示为

$$\tan\lambda_{Rsq} = L_q/(2\pi r_{Rsq}) \tag{4-38}$$

$$\tan\beta_{Rsq} = \frac{r_{Rsq} - r_q - u_{Tq}}{\sqrt{r_{Tq}^2 - (r_{Rsq} - r_q - u_{Tq})^2}} \tag{4-39}$$

将式(4-35)和式(4-37)代入式(4-26)中，并由式(4-27)和式(4-28)可得计算丝杠螺旋曲面 Π_{SB} 与滚柱螺旋曲面 Π_{qU} 之间接触位置的公式为[9]

$$\begin{cases} r_{Sq}\cos\phi_{Sq} = -r_{Rsq}\cos\phi_{Rsq} + r_S + r_q \\ r_{Sq}\sin\phi_{Sq} = r_{Rsq}\sin\phi_{Rsq} \\ \cos\phi_{Sq}\tan\beta_{S,0} - \sin\phi_{Sq}\tan\lambda_{Sq} = \cos\phi_{Rsq}\tan\beta_{Rsq} - \sin\phi_{Rsq}\tan\lambda_{Rsq} \\ \sin\phi_{Sq}\tan\beta_{S,0} + \cos\phi_{Sq}\tan\lambda_{Sq} = -\sin\phi_{Rsq}\tan\beta_{Rsq} - \cos\phi_{Rsq}\tan\lambda_{Rsq} \end{cases} \quad (4\text{-}40)$$

求解方程(4-40)能够获得丝杠和滚柱之间的啮合半径与啮合偏角：r_{Sq}、r_{Rsq}、ϕ_{Sq} 和 ϕ_{Rsq}。再利用式(4-29)可得螺旋曲面 $\varPi_{SB}$ 和 $\varPi_{qU}$ 之间的轴向间隙计算公式为

$$\delta_{SB\text{-}qU} = \frac{P}{2} - (c_S + c_q) + r_{Tq}\cos\beta_q + (r_{Sq} - r_S)\tan\beta_S \\ -\sqrt{r_{Tq}^2 - (r_{Rsq} - r_q + r_{Tq}\sin\beta_q)^2} + \frac{\phi_{Sq}L_S + \phi_{Rsq}L_q}{2\pi} \quad (4\text{-}41)$$

丝杠和滚柱#q 的轴向间隙 δ_{Sq} 为螺旋曲面 $\varPi_{SB}$ 和 $\varPi_{qU}$ 以及 $\varPi_{SU}$ 和 $\varPi_{qB}$ 轴向间隙的总和，即

$$\delta_{Sq} = \delta_{SB\text{-}qU} + \delta_{SU\text{-}qB} \quad (4\text{-}42)$$

由式(4-40)可得

$$\sin\phi_{Sq} = \frac{r_{Rsq}(r_q + r_S)(\tan\beta_{Rsq}\tan\lambda_{Sq} + \tan\beta_S\tan\lambda_{Rsq})}{(r_{Sq}\tan\beta_{Rsq} + r_{Rsq}\tan\beta_S)^2 + (r_{Sq}\tan\lambda_{Rsq} - r_{Rsq}\tan\lambda_{Sq})^2} \quad (4\text{-}43)$$

根据式(4-40)和式(4-43)可知，当丝杠和滚柱的螺旋升角不为零时，两者之间的啮合偏角始终不为零，即丝杠和滚柱之间的接触点总会偏离丝杠与滚柱轴线构成的平面。

通常情况下，螺纹的牙顶高会小于其牙底高，即 $a_i < b_i$。为了避免接触点位于丝杠或者滚柱#q 螺纹的边缘，啮合半径 r_{Sq} 和 r_{Rsq} 需要满足如下条件：

$$r_{Sq} < r_S + a_S \quad (4\text{-}44)$$

$$r_{Rsq} < r_q + a_q \quad (4\text{-}45)$$

式中，a_S 和 a_q 分别为丝杠和滚柱#q 的牙顶高。

4.2.3 螺母和滚柱之间的接触位置与轴向间隙

螺母和滚柱#q 之间的接触点位置可使用投影点 O_{Nq} 与原点 o_N 和 o_q 的相对位置来表示，如图 4-10 所示。在图 4-10 中，r_{Nq} 和 ϕ_{Nq} 分别为螺母的啮合半径与啮合偏角，r_{Rnq} 和 ϕ_{Rnq} 分别为滚柱在螺母侧的啮合半径和啮合偏角。当向量 $\overrightarrow{o_N O_{Nq}}$ 和 $\overrightarrow{o_q O_{Nq}}$ 在 y_{Pq} 方向上的分量大于零时，啮合偏角 $\phi_{Nq} > 0$，$\phi_{Rnq} > 0$，当上述分量小于零时，啮合偏角 $\phi_{Nq} < 0$，$\phi_{Rnq} < 0$。

第 4 章 行星滚柱丝杠的啮合特性

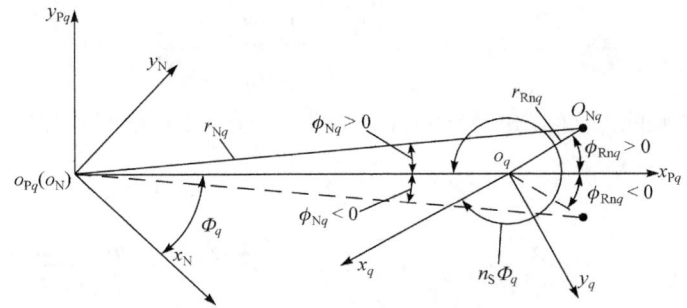

图 4-10 螺母和滚柱#q 接触点在平面 $x_{Pq}o_{Pq}y_{Pq}$ 中的投影

螺母和滚柱#q 之间的接触位置计算公式推导过程与丝杠和滚柱#q 相同。根据式(4-13)和式(4-14)可得，螺母和滚柱之间接触点在局部坐标系 o_{Pq}-$x_{Pq}y_{Pq}z_{Pq}$ 中的位置向量可分别表示为 $r_{Nq}^{Pq}(u_{Nq},\theta_{Nq})$ 和 $r_{Rnq}^{Pq}(u_{Rnq},\theta_{Rnq})$，其中，$(u_{Nq},\theta_{Nq})$ 和 (u_{Rnq},θ_{Rnq}) 是相啮合螺旋曲面在接触点处的曲面坐标。由图 4-10 可知，螺母与滚柱的啮合半径 r_{Nq} 和 r_{Rnq} 与曲面坐标 u_{Nq} 和 u_{Rnq} 的关系为

$$r_{Nq} = r_N + u_{Nq} \tag{4-46}$$

$$r_{Rnq} = r_q + u_{Rnq} \tag{4-47}$$

啮合偏角 ϕ_{Nq} 和 ϕ_{Rnq} 与曲面坐标 θ_{Nq} 和 θ_{Rnq} 的关系可表示为

$$\theta_{Nq} = \Phi_q + \phi_{Nq} \tag{4-48}$$

$$\theta_{Rnq} = \pi + n_S \Phi_q + \phi_{Rnq} \tag{4-49}$$

由曲面方程(4-13)和方程(4-14)、法向量方程(4-17)和方程(4-18)、相切接触条件(4-25)和条件(4-26)与式(4-46)～式(4-49)可得螺母螺旋曲面 Π_{NU} 和滚柱螺旋曲面 Π_{qB} 之间的接触位置计算公式为[9]

$$\begin{cases} r_{Nq}\cos\phi_{Nq} = r_{Rnq}\cos\phi_{Rnq} + r_S + r_q \\ r_{Nq}\sin\phi_{Nq} = r_{Rnq}\sin\phi_{Rnq} \\ \cos\phi_{Nq}\tan\beta_N - \sin\phi_{Nq}\tan\lambda_{Nq} = \cos\phi_{Rnq}\tan\beta_{Rnq} - \sin\phi_{Rnq}\tan\lambda_{Rnq} \\ \sin\phi_{Nq}\tan\beta_N + \cos\phi_{Nq}\tan\lambda_{Nq} = \sin\phi_{Rnq}\tan\beta_{Rnq} + \cos\phi_{Rnq}\tan\lambda_{Rnq} \end{cases} \tag{4-50}$$

式中，λ_{Nq} 为螺母在接触点处的螺旋升角；λ_{Rnq} 和 β_{Rnq} 分别为滚柱#q 在接触点处的螺旋升角和牙侧角。$\tan\lambda_{Nq}$、$\tan\lambda_{Rnq}$ 和 $\tan\beta_{Rnq}$ 可表示为

$$\tan\lambda_{Nq} = L_N/(2\pi r_{Nq}) \tag{4-51}$$

$$\tan\lambda_{Rnq} = L_q/(2\pi r_{Rnq}) \tag{4-52}$$

$$\tan\beta_{\mathrm{R}nq} = \frac{r_{\mathrm{R}nq} - r_q - u_{\mathrm{T}q}}{\sqrt{r_{\mathrm{T}q}^2 - (r_{\mathrm{R}nq} - r_q - u_{\mathrm{T}q})^2}} \tag{4-53}$$

螺母上螺旋曲面 Π_{NU} 和滚柱#q 下螺旋曲面 $\Pi_{q\mathrm{B}}$ 之间轴向间隙的计算公式为

$$\begin{aligned}\delta_{\mathrm{NU}\text{-}q\mathrm{B}} = &\frac{P}{2} - (c_{\mathrm{N}} + c_q) + r_{\mathrm{T}q}\cos\beta_q - (r_{\mathrm{N}q} - r_{\mathrm{N}})\tan\beta_{\mathrm{N}} \\ &- \sqrt{r_{\mathrm{T}q}^2 - (r_{\mathrm{R}nq} - u_{\mathrm{R}nq} + r_{\mathrm{T}q}\sin\beta_q)^2} + \frac{\phi_{\mathrm{N}q}L_{\mathrm{N}} - \phi_{\mathrm{R}nq}L_q}{2\pi}\end{aligned} \tag{4-54}$$

螺母和滚柱#q 的轴向间隙 $\delta_{\mathrm{N}q}$ 为螺旋曲面 Π_{NB} 和 $\Pi_{q\mathrm{U}}$ 以及 Π_{NU} 和 $\Pi_{q\mathrm{B}}$ 轴向间隙的总和，即

$$\delta_{\mathrm{N}q} = \delta_{\mathrm{NB}\text{-}q\mathrm{U}} + \delta_{\mathrm{NU}\text{-}q\mathrm{B}} \tag{4-55}$$

将螺母中径和滚柱中径的切点位置 $\phi_{\mathrm{N}q} = \phi_{\mathrm{R}nq} = 0°$，$r_{\mathrm{N}q} = r_{\mathrm{N}}$，$r_{\mathrm{R}nq} = r_q$ 代入啮合方程(4-50)可知，若滚柱与螺母具有相同的牙侧角，即 $\beta_{\mathrm{N}} = \beta_q$，螺母和滚柱接触点将位于两者螺纹中径的切点处。为了防止接触点位于螺母和滚柱#q 的螺纹边缘，啮合半径 $r_{\mathrm{R}nq}$ 和 $r_{\mathrm{N}q}$ 需要满足如下条件：

$$r_{\mathrm{R}nq} < r_q + a_q \tag{4-56}$$

$$r_{\mathrm{N}q} > r_{\mathrm{N}} - a_{\mathrm{N}} \tag{4-57}$$

式中，a_q 和 a_{N} 分别为滚柱#q 和螺母螺纹牙的牙顶高。

4.3 其他行星滚柱丝杠啮合模型

4.3.1 基于螺旋曲面离散的数值啮合模型

1.3.2 小节中指出 Blinov 等[10]、赵英等[11]、Ryakhovskiy 等[12]和 Fedosovsky 等[13]建立的啮合模型均属于基于螺旋曲面离散的数值啮合模型，并且这些模型具有类似的建模过程。本小节以 Blinov 等[10]模型为例，对基于螺旋曲面离散的数值啮合模型建模过程进行简介。

首先，根据式(4-12)～式(4-14)、式(4-19)和式(4-21)可得丝杠、螺母和滚柱#q 的螺旋曲面在局部坐标系 $o_{\mathrm{P}q}\text{-}x_{\mathrm{P}q}y_{\mathrm{P}q}z_{\mathrm{P}q}$ 中的方程 $r_i^{\mathrm{P}q}$，下标 $i=\mathrm{S, N}, q$ 分别代表丝杠、螺母和滚柱#q。

$$r_i^{\mathrm{P}q} = \boldsymbol{H}_{\mathrm{P}q}^{-1}(\boldsymbol{H}_i r_i^i + \boldsymbol{p}_i - \boldsymbol{p}_{\mathrm{P}q}), \quad i = \mathrm{S, N}, q \tag{4-58}$$

式中，$\boldsymbol{H}_{\mathrm{P}q}$ 和 $\boldsymbol{H}_i$ 分别为局部坐标系 $o_{\mathrm{P}q}\text{-}x_{\mathrm{P}q}y_{\mathrm{P}q}z_{\mathrm{P}q}$ 向整体坐标系 $O\text{-}XYZ$ 的旋转矩阵和零件坐标系 $o_i\text{-}x_i y_i z_i$ 向整体坐标系 $O\text{-}XYZ$ 的旋转矩阵；$\boldsymbol{p}_{\mathrm{P}q}$ 和 $\boldsymbol{p}_i$ 分别为原点 $o_{\mathrm{P}q}$ 和原点 o_i 在整体坐标系 $O\text{-}XYZ$ 中的位置向量；r_i^i 为丝杠、螺母和滚柱#q 在零

件坐标系 o_i-$x_iy_iz_i$ 中的曲面方程。

丝杠和滚柱#q 以及螺母和滚柱#q 螺纹之间的重叠区域如图 4-11 所示，其中，r_{Sa}、r_{qa} 和 r_{Na} 分别为丝杠、螺母和滚柱#q 螺纹的牙顶圆半径。

$$r_{Sa} = r_S + a_S \tag{4-59}$$

$$r_{qa} = r_q + a_q \tag{4-60}$$

$$r_{Na} = r_N - a_N \tag{4-61}$$

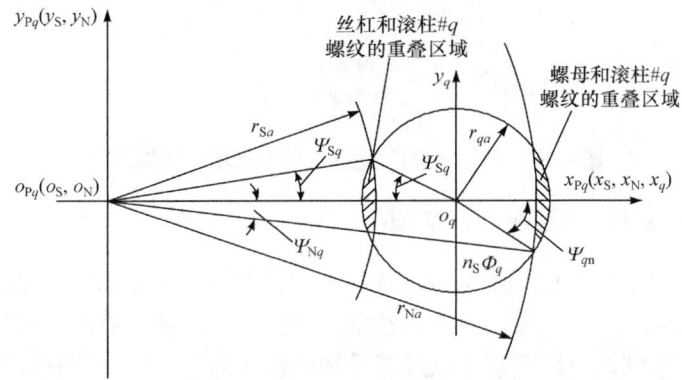

图 4-11　行星滚柱丝杠中丝杠、螺母和滚柱#q 螺纹的重叠区域

根据式(4-59)～式(4-61)可得丝杠和滚柱#q 以及螺母和滚柱#q 螺纹间重叠区域的边界角 Ψ_{Sq} 和 Ψ_{qs} 以及 Ψ_{Nq} 和 Ψ_{qn}，见图 4-11。

$$\cos\Psi_{Sq} = \frac{(r_S + r_q)^2 - r_{qa}^2 + r_{Sa}^2}{2(r_S + r_q)r_{Sa}} \tag{4-62}$$

$$\cos\Psi_{qs} = \frac{(r_S + r_q)^2 - r_{Sa}^2 + r_{qa}^2}{2(r_S + r_q)r_{qa}} \tag{4-63}$$

$$\cos\Psi_{Nq} = \frac{(r_S + r_q)^2 - r_{Na}^2 + r_{qa}^2}{2(r_S + r_q)r_{Na}} \tag{4-64}$$

$$\sin\Psi_{qn} = \frac{r_{qa}}{\sin\Psi_{Nq}r_{Na}} \tag{4-65}$$

式中，r_S 和 r_q 分别为丝杠和滚柱#q 的名义半径。

在丝杠和滚柱#q 螺纹的重叠区域内按照图 4-12 所示的方式划分网格 $u'_S \times \theta'_S$。根据式(4-58)给出的丝杠、螺母和滚柱#q 的螺旋曲面在局部坐标系 o_{Pq}-$x_{Pq}y_{Pq}z_{Pq}$ 中的方程 r_i^{Pq}，可以求得丝杠和滚柱#q 相啮合螺旋曲面在每一个节点处的 z_{Pq} 坐标差值。对比所有节点处的 z_{Pq} 坐标差值，其中最小值就是丝杠和滚柱#q 的轴向间隙，该最小值所对应的节点位置就是丝杠和滚柱#q 的接触位置。螺母和滚柱#q

之间接触位置和轴向间隙的计算方法与丝杠和滚柱#q 相同。

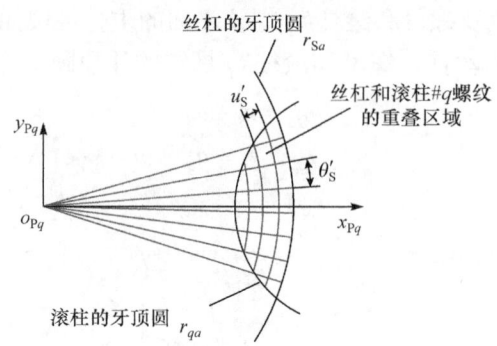

图 4-12　丝杠和滚柱#q 螺纹重叠区域的网格划分

4.3.2　基于螺旋曲线的解析啮合模型

Jones 等[5]基于螺旋曲线的 Frenet 坐标系以及丝杠、滚柱和螺母螺纹的法向轮廓线，根据曲面共轭原理以及接触点与丝杠、滚柱和螺母轴线的几何关系，求得了标准式行星滚柱丝杠的丝杠和滚柱以及螺母和滚柱接触点的位置。下面以丝杠和滚柱的啮合位置求解为例说明该方法的求解过程，其丝杠螺旋曲线的 Frenet 坐标系如图 4-13 所示。其中，坐标系 $o_S\text{-}x_Sy_Sz_S$ 与丝杠相固连，z_S 轴与丝杠轴线重合，坐标系 $o_S'\text{-}t_Sn_Sb_S$ 为丝杠接触螺旋曲线在接触点处的 Frenet 坐标系，ϕ_{Sq} 为丝杠的啮合偏角，λ_S 为丝杠的螺旋升角。Jones 等[5]假设接触螺旋曲线与对应零件的螺旋升角相同。

丝杠螺纹牙的法向轮廓与滚柱螺纹牙的法向轮廓分别如图 4-14(a)和(b)所示。图 4-14 中，$\boldsymbol{n}_{Sq}$ 和 $\boldsymbol{n}_{Rsq}$ 分别为丝杠和滚柱的单位外法线向量。根据 Frenet 坐标系的定义可知，螺纹法向轮廓线的外法线方向与 Frenet 坐标系的 b 轴夹角为接触角，由此 β_S' 和 β_{Rsq}' 分别为丝杠和滚柱在接触点处的接触角。

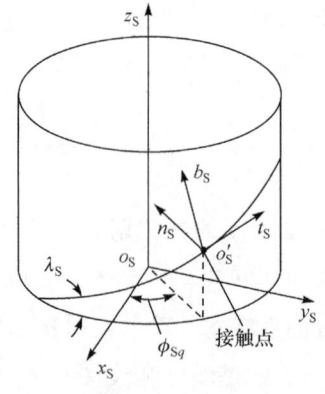

图 4-13　丝杠螺旋曲线的 Frenet 坐标系

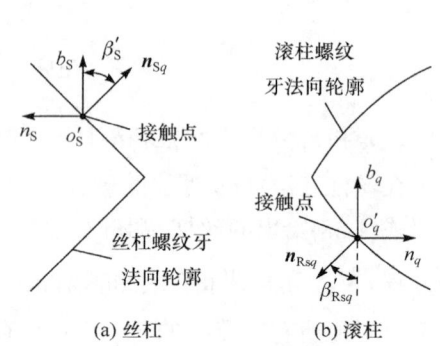

图 4-14　螺纹的法向轮廓

基于螺旋曲线求解接触点位置的步骤主要为：首先，根据丝杠的啮合偏角 ϕ_{Sq}，求得接触点处的 Frenet 坐标系 $o'_S\text{-}t_S n_S b_S$ 与坐标系 $o_S\text{-}x_S y_S z_S$ 之间的变换矩阵；然后由丝杠接触角 β'_S 计算丝杠在接触点处的单位外法线向量 $\boldsymbol{n}_{Sq}$；使用相同的方式，根据滚柱在丝杠侧的啮合偏角 ϕ_{Rsq} 与接触角 β'_{Rsq} 计算得到滚柱在丝杠侧接触点处的单位外法线向量 $\boldsymbol{n}_{Rsq}$；由曲面共轭原理建立 $\boldsymbol{n}_{Sq}$ 和 $\boldsymbol{n}_{Rsq}$ 之间的关系。其次，根据图 4-9，获得啮合偏角 ϕ_{Sq} 和 ϕ_{Rsq} 与啮合半径 r_{Sq} 和 r_{Rsq} 的三角关系。根据滚柱螺纹牙的法向轮廓表达式，获得啮合半径 r_{Rsq} 与接触角 β'_{Rsq} 的关系式。最后，联立上述步骤中获得的方程，求解啮合位置。

4.4 不同啮合模型的结果对比与螺旋曲面的轴向间隙分布

4.4.1 不同行星滚柱丝杠啮合模型的计算结果对比

根据 4.3.2 小节中对 Jones 等模型[5]的介绍可知，该模型在建模过程中使用螺纹中径处的螺旋升角代替了对应螺纹在接触点处的螺旋升角，也就是令 $\lambda_{Sq} = \lambda_S$，$\lambda_{Rsq} = \lambda_q$，$\lambda_{Nq} = \lambda_N$，$\lambda_{Rnq} = \lambda_q$，其中，$\lambda_{Sq}$ 和 λ_{Nq} 分别为丝杠和螺母在接触点处的螺旋升角，λ_{Rsq} 和 λ_{Rnq} 分别为滚柱在丝杠侧和螺母侧接触点处的螺旋升角，λ_S、λ_N 和 λ_q 分别为丝杠、螺母和滚柱的螺旋升角。

将简化条件 $\lambda_{Sq} = \lambda_S$，$\lambda_{Rsq} = \lambda_q$，$\lambda_{Nq} = \lambda_N$，$\lambda_{Rnq} = \lambda_q$ 代入 4.2.2 小节与 4.2.3 小节的式(4-40)和式(4-50)中，可得简化的曲面啮合模型：

$$\begin{cases} r_{Sq}\cos\phi_{Sq} = -r_{Rsq}\cos\phi_{Rsq} + r_S + r_q \\ r_{Sq}\sin\phi_{Sq} = r_{Rsq}\sin\phi_{Rsq} \\ \cos\phi_{Sq}\tan\beta_{S,0} - \sin\phi_{Sq}\tan\lambda_S = \cos\phi_{Rsq}\tan\beta_{Rsq} - \sin\phi_{Rsq}\tan\lambda_q \\ \sin\phi_{Sq}\tan\beta_{S,0} + \cos\phi_{Sq}\tan\lambda_S = -\sin\phi_{Rsq}\tan\beta_{Rsq} - \cos\phi_{Rsq}\tan\lambda_q \end{cases} \quad (4\text{-}66)$$

$$\begin{cases} r_{Nq}\cos\phi_{Nq} = r_{Rnq}\cos\phi_{Rnq} + r_S + r_q \\ r_{Nq}\sin\phi_{Nq} = r_{Rnq}\sin\phi_{Rnq} \\ \cos\phi_{Nq}\tan\beta_N - \sin\phi_{Nq}\tan\lambda_q = \cos\phi_{Rnq}\tan\beta_{Rnq} - \sin\phi_{Rnq}\tan\lambda_q \\ \sin\phi_{Nq}\tan\beta_N + \cos\phi_{Nq}\tan\lambda_q = \sin\phi_{Rnq}\tan\beta_{Rnq} + \cos\phi_{Rnq}\tan\lambda_q \end{cases} \quad (4\text{-}67)$$

采用表 4-1 所示的标准式行星滚柱丝杠基本结构参数，对比 Jones 等模型[5]、Blinov 等模型[10]、本章建立的基于螺旋曲面的解析啮合模型(简称曲面啮合模型)和简化的曲面啮合模型的计算结果和计算时间。采用 MATLAB 2010a 编制四类模型的接触点与轴向间隙的计算程序，并记录每个模型的计算时间(计算机中央处理器(CPU)型号：Intel Core i3-3220)。

表 4-1 标准式行星滚柱丝杠的基本结构参数

参数及符号	丝杠	滚柱	螺母
名义半径 r_i /mm	9.75	3.25	16.25
牙顶高 a_i /mm	0.4	0.4	0.4
牙底高 b_i /mm	0.55	0.55	0.55
半牙厚 c_i /mm	0.44	0.47	0.52
牙侧角 β_i /(°)	45	45	45
头数 n_i	5	1	5
螺距 P /mm	2	2	2
滚柱轮廓半径 r_{Tq} /mm	—	4.596	—

四种模型的计算结果与计算时间对比如表 4-2 所示。因为 Jones 等模型[5]使用丝杠、滚柱和螺母在中径处的螺旋升角代替了接触点处的螺旋升角，所以该模型的求解方程简单，求解速度是四种模型中最快的，但是该模型无法求解行星滚柱丝杠的轴向间隙。网格划分的精度对 Blinov 等模型[10]的计算结果影响很大，并且当网格划分的精度提高时，该模型计算花费的时间会大幅提高。曲面啮合模型能够花费较少的时间同时完成行星滚柱丝杠接触位置与轴向间隙的准确计算。因为该简化模型基于式(4-66)和式(4-67)进行计算，所以计算时间与表 4-2 中的曲面啮合模型相近。根据基于螺旋曲线的解析啮合模型[5](简称曲线啮合模型)的建模过程可知，简化的曲面啮合模型与曲线啮合模型是等价的，从而简化的曲面啮合模型与曲线啮合模型在表 4-2 中的计算结果完全相同。因此，本章建立的曲面啮合模型在一定条件下能够退化为 Jones 等[5]提出的曲线啮合模型。

表 4-2 不同行星滚柱丝杠啮合模型的计算结果与计算时间

项目		Jones 等模型[5]	Blinov 等模型[10]		简化的曲面啮合模型**	曲面啮合模型
			u' /mm× θ' /(°)*			
			0.1×0.1	$10^{-2}×10^{-2}$		
接触位置	r_{Sq} /mm	9.8180	9.8470(0.29%)***	9.8147(0.03%)	9.8180(0%)	9.8173(0.07‰)
	ϕ_{Sq} /(°)	3.6813	3.4989(4.95%)	3.6634(0.48%)	3.6813(0%)	3.6605(5.70‰)
	r_{Rsq} /mm	3.2637	3.2278(1.10%)	3.2662(0.08%)	3.2637(0%)	3.2635(0.06‰)
	ϕ_{Rsq} /(°)	11.1366	10.7301(3.65%)	11.0696(0.60%)	11.1366(0%)	11.0730(5.71‰)
	r_{Nq} /mm	16.2500	16.2277(0.14%)	16.2470(0.02%)	16.2500(0%)	16.2500(0%)
	ϕ_{Nq} /(°)	0	0.1094(—)	0.0109(—)	0(0%)	0(0%)

续表

项目		Jones 等模型[5]	Blinov 等模型[10] u' /mm× θ' /(°)*		简化的曲面啮合模型**	曲面啮合模型
			0.1×0.1	$10^{-2} \times 10^{-2}$		
接触位置	r_{Rnq} /mm	3.2500	3.2278(0.68%)	3.2470(0.09%)	3.2500(0%)	3.2500(0%)
	ϕ_{Rnq} /(°)	0	0.5499(—)	0.0544(—)	0(0%)	0(0%)
轴向间隙	δ_{Sq} /mm	—	0.0163	0.0153	—	0.0153
	δ_{Nq} /mm	—	0.0206	0.0200	—	0.0200
计算时间	s	0.0201	0.0656	22.1813	0.2450	0.2370

*表示 Blinov 等模型的网格划分精度。

**表示在 $\lambda_{Sq} = \lambda_S$，$\lambda_{Rsq} = \lambda_q$，$\lambda_{Nq} = \lambda_N$，$\lambda_{Rnq} = \lambda_q$ 的简化条件下，使用式(4-40)和式(4-50)计算接触点位置。

***表示该表格括号中的百分数与千分数为不同模型的计算结果与曲线啮合模型[5]计算结果的相对值。

4.4.2 啮合螺旋曲面的轴向间隙分布

采用表 4-1 所示的结构参数，计算得到图 4-2 中丝杠上螺旋曲面 Π_{SU} 和对应滚柱下螺旋曲面 Π_{qB} 相接触以及丝杠下螺旋曲面 Π_{SB} 和对应滚柱上螺旋曲面 Π_{qU} 相接触时，两螺旋曲面之间轴向间隙分布的等高线图，如图 4-15(a)和(b)所示。使用相同方法，计算得到图 4-2 中螺母和滚柱的对应螺旋曲面接触时，两者之间轴向间隙分布的等高线图，如图 4-16(a)和(b)所示。

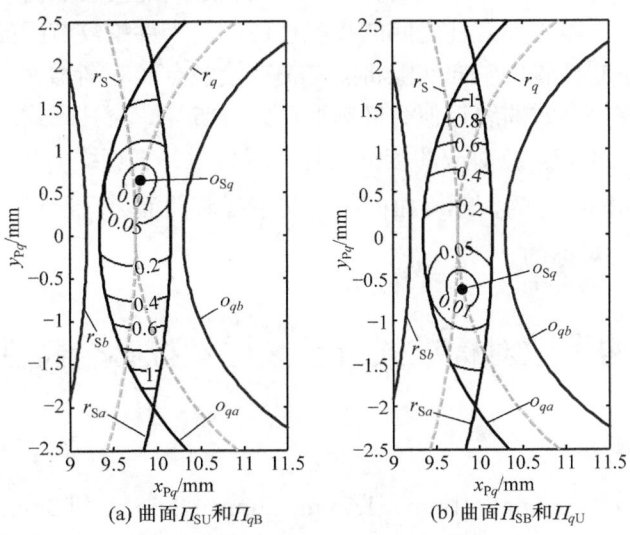

(a) 曲面 Π_{SU} 和 Π_{qB} (b) 曲面 Π_{SB} 和 Π_{qU}

图 4-15 丝杠和滚柱#q 螺旋曲面接触时的轴向间隙分布

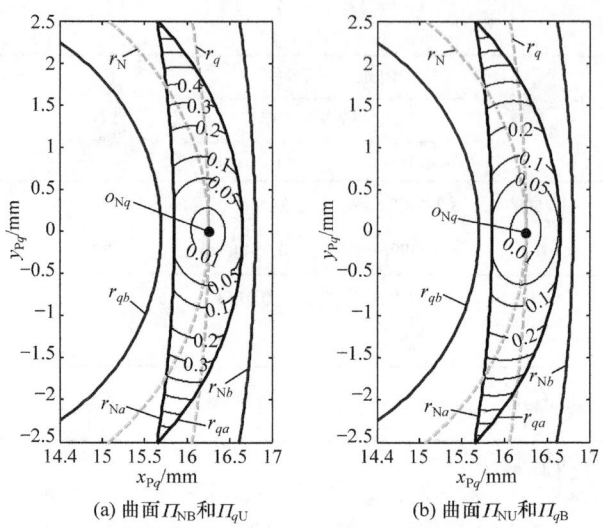

(a) 曲面 Π_{NB} 和 Π_{qU}　　(b) 曲面 Π_{NU} 和 Π_{qB}

图 4-16　螺母和滚柱 #q 螺旋曲面接触时的轴向间隙分布

在图 4-15 和图 4-16 中，x_{Pq} 与 y_{Pq} 分别表示图 4-2 中坐标系 o_{Pq}-$x_{Pq}y_{Pq}z_{Pq}$ 的横纵坐标，等高线表示两接触曲面在不同位置的轴向间隙，单位均为 mm；直线 $y_{Pq}=0$ 为过滚柱圆心和丝杠或螺母圆心的连线，即图 4-2 中坐标系 o_{Pq}-$x_{Pq}y_{Pq}z_{Pq}$ 的 x_{Pq} 轴；r_{Sa} 为丝杠的牙顶圆半径，$r_{Sa}=r_S+a_S$；r_{qa} 为滚柱的牙顶圆半径，$r_{qa}=r_q+a_q$；r_{Na} 为螺母的牙顶圆半径，$r_{Na}=r_N-a_N$。

从图 4-15 和图 4-16 可以看出，丝杠和滚柱之间的接触点会明显偏离两零件旋转中心的连线，螺母和滚柱之间的接触点位于两零件螺纹节圆的切点处。两接触螺旋曲线在不同位置的轴向间隙将随着偏离接触点而逐渐增大，并且在接触点附近的轴向间隙等高线曲线近似为椭圆形。图 4-15 中，滚柱螺纹牙的上螺旋曲面 Π_{qU} 与下螺旋曲面 Π_{qB} 所对应的接触点与等高线图关于直线 $y_{Pq}=0$ 对称。同样，图 4-16 中，滚柱螺纹牙的上螺旋曲面 Π_{qU} 与下螺旋曲面 Π_{qB} 所对应的等高线图关于直线 $y_{Pq}=0$ 是对称的。

4.5　结构参数对标准式行星滚柱丝杠啮合特性的影响

4.5.1　螺距影响

当螺距 P 等于 0.5mm、1mm、1.5mm、2mm、2.5mm 和 3mm 时，丝杠和滚柱螺旋曲面 Π_{SU} 和 Π_{qB} 以及 Π_{SB} 和 Π_{qU} 之间的接触位置如图 4-17 所示。当螺距改

变时，行星滚柱丝杠螺纹的牙厚、牙顶高和牙底高会随之改变。为了研究螺距对标准式行星滚柱丝杠啮合特性的影响，这里假设牙顶高和牙底高并不发生变化。由啮合方程(4-40)可知，丝杠啮合半径 r_{Sq} 随着螺距的增加明显地变大，而滚柱啮合半径随着螺距的增大而微小地增加。因此，在图 4-17 中，随着螺距的增大，丝杠和滚柱的接触位置将远离丝杠与滚柱中心的连线，并且接触位置总是在滚柱节圆附近。

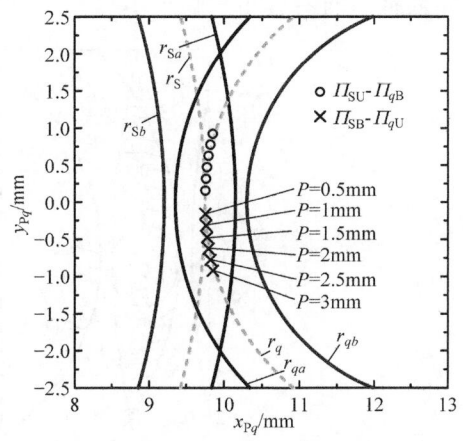

图 4-17 不同螺距下丝杠和滚柱之间的接触位置

从图 4-17 还可以看出，螺旋曲面 Π_{SU} 和 Π_{qB} 以及 Π_{SB} 和 Π_{qU} 之间的接触在平面 $x_{Pq}o_{Pq}y_{Pq}$ 中的投影位置关于 x_{Pq} 轴是对称的。由啮合方程(4-50)可知，当螺母和滚柱的牙侧角相同时，螺母和滚柱的接触点将始终位于两者节圆的切点处。

在行星滚柱丝杠传动的结构设计中，丝杠和滚柱以及螺母和滚柱之间的轴向间隙会影响整个机构的运动流畅性与预紧状态。设 c'_{Sq} 和 c'_{Nq} 分别是行星滚柱丝杠丝杠侧和螺母侧零间隙牙厚设计量，当 $c_S + c_q = c'_{Sq}$ 且 $c_N + c_q = c'_{Nq}$ 时，该机构的轴向间隙为零。

因为螺母和滚柱的接触点位于两者节圆的切点处，所以 $c'_{Nq} = P/2$，其中，P 为螺距。丝杠和滚柱零间隙牙厚设计量 c'_{Sq} 随螺距的变化如图 4-18 所示。由图 4-18 可知，c'_{Sq} 的值始终小于 $P/2$。同时随着螺距增大，c'_{Sq} 与螺距的比值在逐渐减小。

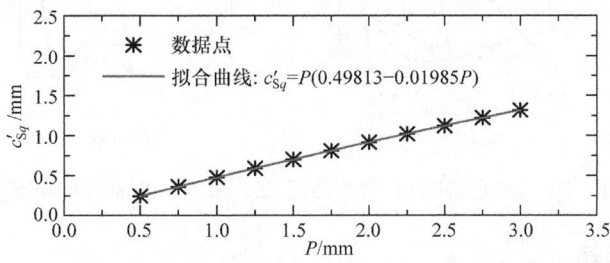

图 4-18 丝杠和滚柱零间隙牙厚设计量 c'_{Sq} 随螺距的变化

当螺距 P 等于 0.5mm 和 3mm 时，丝杠和滚柱#q 以及螺母和滚柱#q 的螺旋曲面在接触状态下的轴向间隙分布分别如图 4-19 和图 4-20 所示。由图 4-19 和图 4-20 可知，螺距主要影响丝杠与滚柱接触点的位置，而对接触点附近区域螺旋曲面之间的轴向间隙分布影响很小。

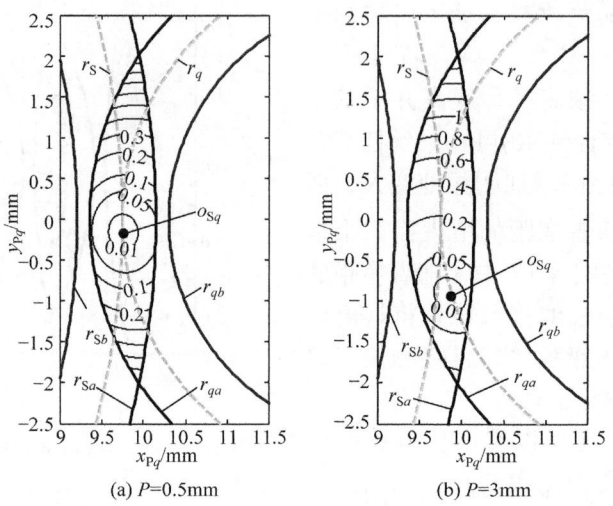

图 4-19 不同螺距时，螺旋曲面 Π_{SB} 和 Π_{qU} 的轴向间隙分布

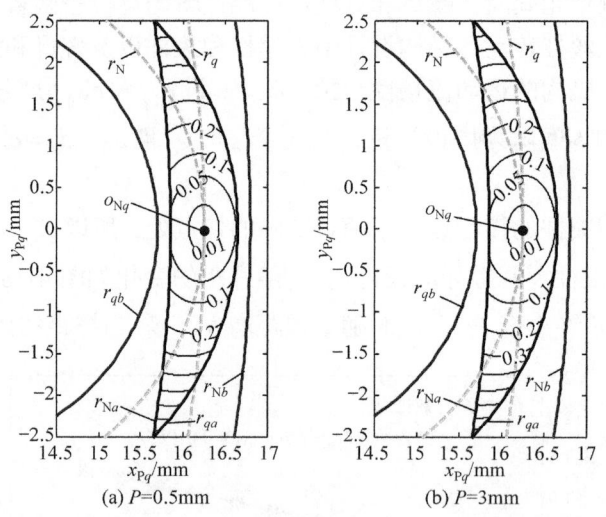

图 4-20 不同螺距时，螺旋曲面 Π_{NU} 和 Π_{qB} 的轴向间隙分布

4.5.2 牙侧角影响

当丝杠和滚柱的牙侧角相同时，牙侧角对两者接触点位置的影响如图 4-21 所示。由图 4-21 可知，当丝杠和滚柱的牙侧角减小时，接触位置将远离丝杠和滚柱中心的连线。根据式(4-50)，丝杠的啮合半径比滚柱的啮合半径对牙侧角的变化更敏感，因此在图 4-21 中，接触位置均在滚柱节圆附近。采用与图 4-18 类似的分

析方法可得，当丝杠和滚柱牙侧角同时减小(或增大)时，丝杠和滚柱零间隙牙厚设计量会随之减小(或增大)。

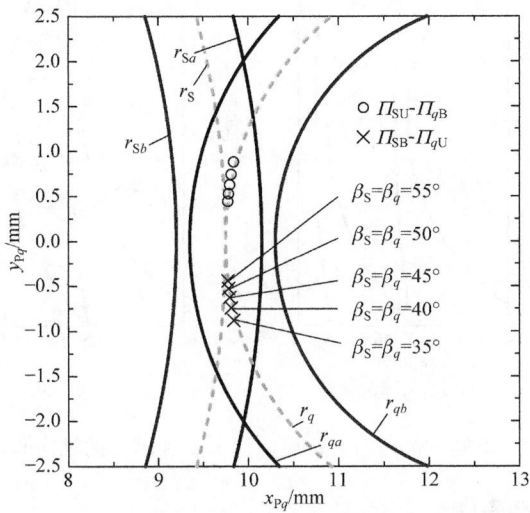

图 4-21　不同牙侧角时丝杠和滚柱之间的接触位置

当丝杠、螺母和滚柱#q 的牙侧角分别等于 35°和 55°时，丝杠和滚柱以及螺母和滚柱的接触螺旋曲面在接触点附近的轴向间隙分布如图 4-22 和图 4-23 所示。由图 4-22 和图 4-23 可知，当牙侧角增大时，接触点附近的轴向间隙将增大。

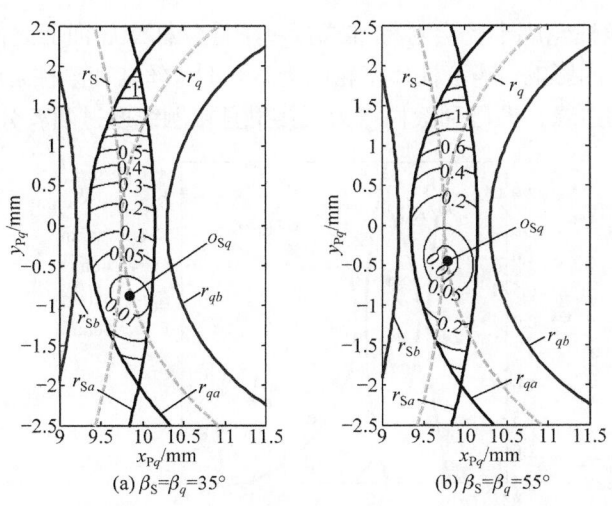

图 4-22　不同牙侧角时，螺旋曲面 $\varPi_{SB}$ 和 $\varPi_{qU}$ 的轴向间隙分布

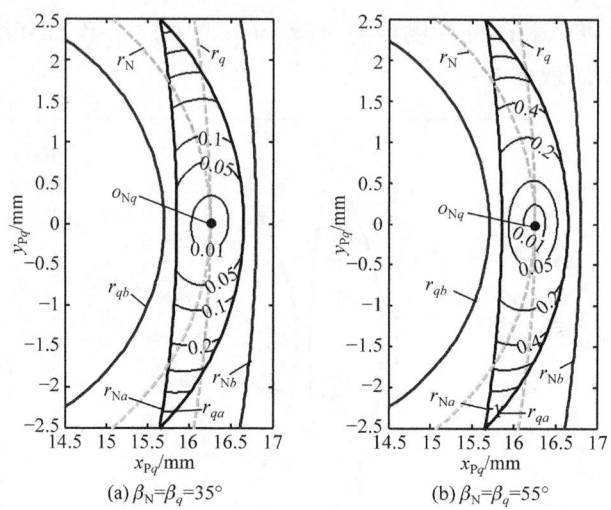

图4-23 不同牙侧角时,螺旋曲面Π_{NU}和Π_{qB}的轴向间隙分布

4.5.3 滚柱轮廓半径影响

当r_{Tq}等于3mm、4.594mm、20mm、40mm、60mm和80mm时,丝杠和滚柱之间的接触点位置如图4-24所示。由图4-24可以看出,当滚柱轮廓半径增大时,丝杠与滚柱之间的接触点会向滚柱螺纹的牙顶以及丝杠螺纹的牙根部分移动。滚柱轮廓半径对标准式行星滚柱丝杠螺旋曲面之间的轴向间隙分布的影响如图4-25和图4-26所示,其中使用$r_{Tq}=\infty$表示滚柱牙型轮廓为直线的情况。由图4-25和图4-26可得,滚柱轮廓半径会对标准式行星滚柱丝杠螺旋曲面之间的轴向间隙分布状态产生很大的影响。当滚柱牙型轮廓为直线时,丝杠和滚柱之间的接触点将位于滚柱螺纹牙的边缘,螺母和滚柱将为线接触且接触线通过两者分度圆的切点。

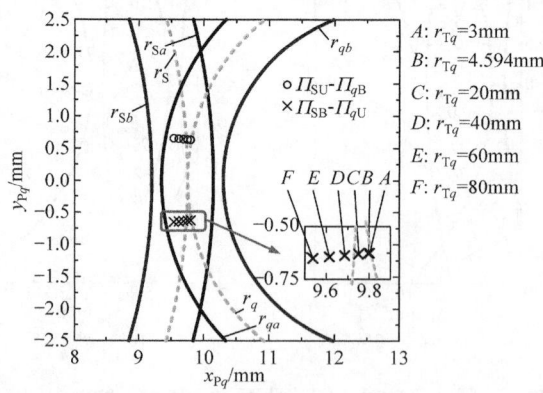

图4-24 不同滚柱轮廓半径下丝杠和滚柱之间的接触位置

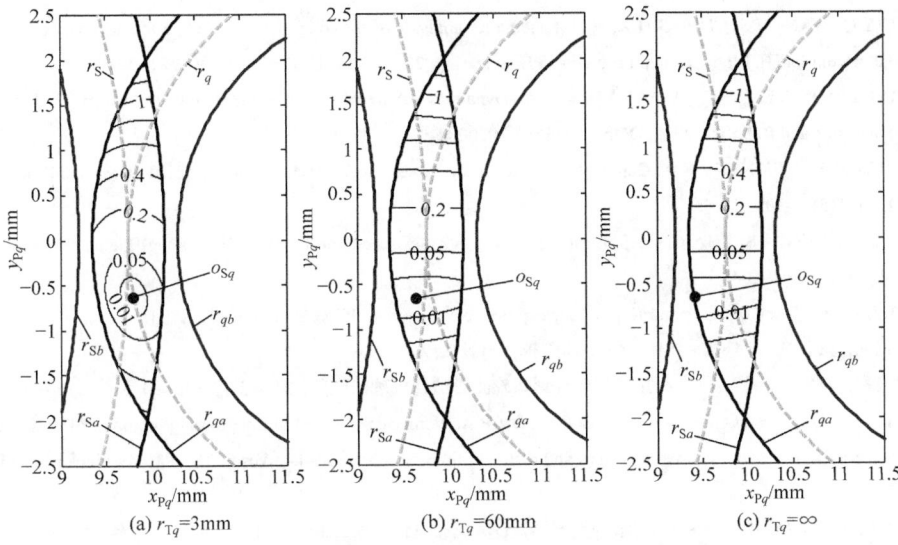

图 4-25 当滚柱轮廓改变时，螺旋曲面 $\varPi_{SB}$ 和 $\varPi_{qU}$ 的轴向间隙分布

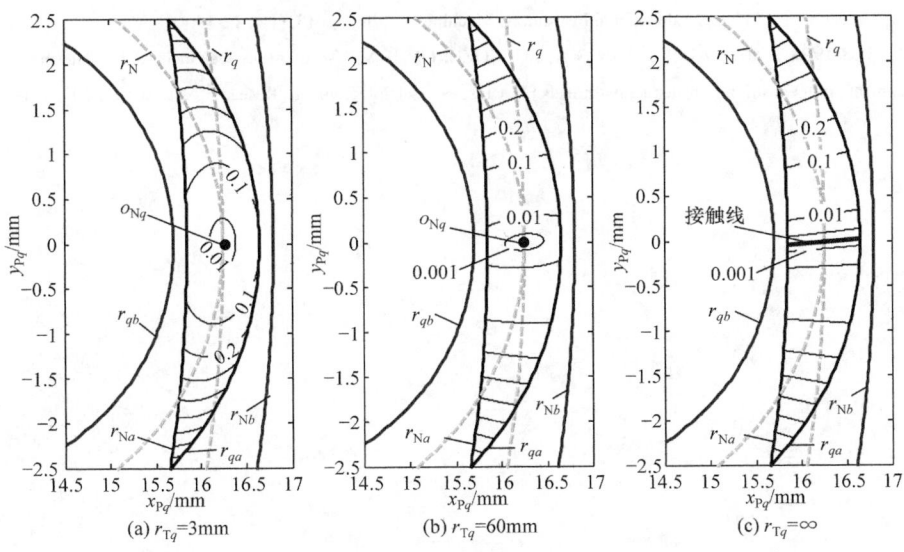

图 4-26 当滚柱轮廓改变时，螺旋曲面 $\varPi_{NU}$ 和 $\varPi_{qB}$ 的轴向间隙分布

参 考 文 献

[1] 刘更, 付晓军, 马尚君, 等. 行星滚柱丝杠副啮合原理研究进展[J]. 机械传动, 2015, 39(7): 1-5.

[2] JONES M H, VELINSKY S A. Kinematics of roller migration in the planetary roller screw mechanism[J]. Journal of Mechanical Design, 2012, 134(6): 1-6.

[3] LIU Y Q, WANG J S, CHENG H X, et al. Kinematics analysis of the roller screw based on the accuracy of meshing point calculation[J]. Mathematical Problems in Engineering, 2015, DOI: 10.1155/2015/303972.

[4] JONES M H, VELINSKY S A, LASKY T A. Dynamics of the planetary roller screw mechanism[J]. Journal of Mechanisms and Robotics, 2015, DOI: 10.1115/ 1.4030082.

[5] JONES M H, VELINSKY S A. Contact kinematics in the roller screw mechanism[J]. Journal of Mechanical Design, 2013, 135(5): 1-10.

[6] TSELISHCHEV A S, ZHAROV I S. Elastic elements in roller screw mechanisms[J]. Russian Engineering Research, 2008, 28(11):1040-1043.

[7] LITVIN F L. Gear Geometry and Applied Theory [M]. New Jersey：PTR Prentice Hall，1994.

[8] 梅向明, 黄敬之. 微分几何[M]. 北京: 高等教育出版社, 2008.

[9] 付晓军, 刘更, 马尚君, 等. 行星滚柱丝杠副螺旋曲面啮合机理研究[J]. 机械工程学报, 2016, 52(3): 26-33.

[10] BLINOV D S, RYAKHOVSKY O A, SOKOLOV P A. Numerical method of determining the point of initial thread contact of two screws with parallel axes and different thread inclinations [J]. Vestn. MGTU, Mashinostr., 1996, (3): 93-97.

[11] 赵英, 倪洁, 吕丽娜. 滚柱丝杠副的啮合计算 [J]. 机械设计, 2003, 20(3): 34-35.

[12] RYAKHOVSKIY O A, SOROKIN F D, MAROKHIN A S. Calculation of radial displacements of nut and rollers axes and the position of a contact between the nut and the roller thread in an inverted planetary roller screw mechanism [J]. Proceedings of Higher Educational Institutions Machine Building, 2013, (11): 12-19.

[13] FEDOSOVSKY M E, ALEKSANIN S A, PUCTOZEROV R V. Use of numerical method for determination of contact points position in roller screw threads [J]. Biosciences Biotechnology Research Asia, 2015, 12(1): 721-730.

第 5 章 考虑误差的行星滚柱丝杠啮合特性

丝杠和滚柱以及螺母和滚柱之间是通过较多螺纹啮合接触对传递运动和动力的，这使得行星滚柱丝杠具有高功率密度的优点。然而，由于加工与装配误差的影响，各对相啮合的螺纹牙将具有不同的轴向间隙，同时螺纹牙上的接触点也会偏离其理想位置。故误差会改变行星滚柱丝杠中接触对的承载状态，甚至可能导致某些滚柱螺纹牙无法与丝杠或螺母相接触的现象。建立考虑误差的行星滚柱丝杠啮合模型，分析误差对行星滚柱丝杠啮合特性的影响，能够为该机构的强度、刚度、磨损及寿命等特性研究提供基础。

现有行星滚柱丝杠啮合模型[1-7]大多是在假设丝杠、滚柱和螺母的轴线相互平行这一理想状态下建立的。然而由于不可避免的加工与装配误差，以及各零件之间的装配间隙，丝杠、滚柱和螺母在实际工作状态下会发生不同程度的相对偏斜。零件的偏斜特别是滚柱的偏斜，会改变各对螺纹牙的接触位置与间隙。同时，零件的牙型误差与螺纹的分头误差也会对行星滚柱丝杠的啮合特性产生影响。此外，在某些特殊的使用工况下[8]，除轴向接触位置和间隙外，丝杠和滚柱以及螺母和滚柱之间的径向和横向接触位置与间隙的影响也值得研究。

本章通过引入行星滚柱丝杠的牙型误差、螺纹分头误差和零件偏斜等因素，给出考虑制造误差和安装误差的标准式行星滚柱丝杠啮合模型，详细阐述标准式行星滚柱丝杠中任意一对相啮合螺旋曲面之间啮合方程的推导过程，讨论间隙向量方向、牙型误差、螺纹分头误差、滚柱偏斜和螺母偏斜对标准式行星滚柱丝杠啮合特性的影响规律。

5.1 行星滚柱丝杠误差的描述

5.1.1 牙型误差和螺纹的分头误差

丝杠、滚柱和螺母的牙型误差如图 5-1 所示，其中，Δr_i、$\Delta \beta_i$ 和 Δc_i (i=S, N, q) 分别为丝杠、螺母或滚柱#q 的名义半径、牙侧角与半牙厚误差；Δr_{Tq} 为滚柱轮廓半径误差；r_{ia} (i=S, N, q) 为丝杠、螺母或滚柱#q 螺纹的牙顶圆半径。当存在牙型误差时，图 4-4 所示的滚柱牙型圆弧轮廓的中心点 o_{Tq} 在 $u_q o'_q w_q$ 平面中的坐标 (u_{Tq}, w_{Tq}) 为

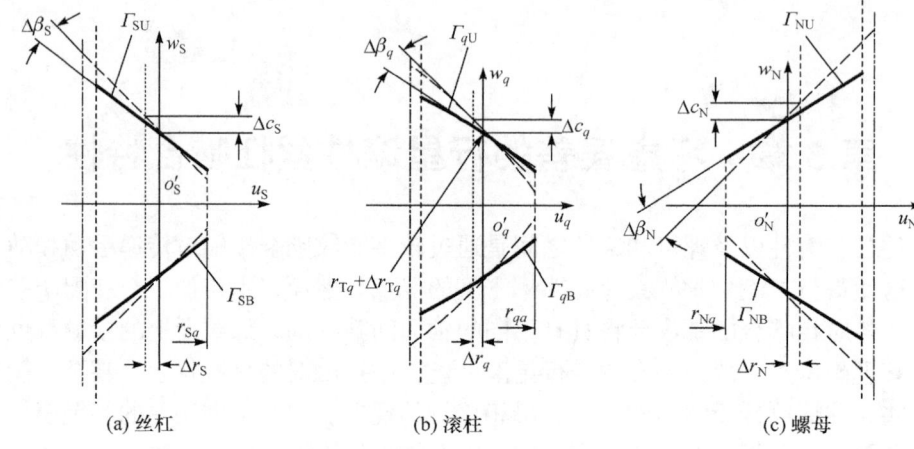

图 5-1 牙型误差

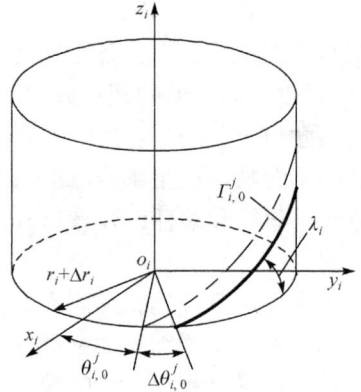

图 5-2 螺纹分头误差

$$u_{Tq} = -(r_{Tq} + \Delta r_{Tq})\sin(\beta_q + \Delta\beta_q) \quad (5-1)$$

$$w_{Tq} = -(r_{Tq} + \Delta r_{Tq})\cos(\beta_q + \Delta\beta_q) + c_q + \Delta c_q \quad (5-2)$$

丝杠或螺母的多头螺纹通常依次进行磨削，故各条螺旋曲面之间会存在分头误差。如图 5-2 所示，使用第 j 条中径螺旋曲线的起始角度的偏差 $\Delta\theta_{i,0}^j$ 来描述螺纹的分头误差。

参照第 4 章中螺旋曲面方程的建立方法，包含牙型误差与螺纹分头误差的丝杠、滚柱和螺母螺旋曲面在图5-2所示的对应零件坐标系 $o_i\text{-}x_i y_i z_i$ 下的方程为

$$r_S^S(u_S, \theta_S) = \begin{bmatrix} (u_S + r_S + \Delta r_S)\cos(\theta_S + \theta_{S,0}^j + \Delta\theta_{S,0}^j) \\ (u_S + r_S + \Delta r_S)\sin(\theta_S + \theta_{S,0}^j + \Delta\theta_{S,0}^j) \\ \xi_S[c_S + \Delta c_S - u_S \tan(\beta_S + \Delta\beta_S)] + (\theta_S L_S)/(2\pi) \end{bmatrix} \quad (5-3)$$

$$-b_S \leqslant u_S \leqslant r_{Sa} - (r_S + \Delta r_S) \quad (5-4)$$

$$r_q^q(u_q, \theta_q) = \begin{bmatrix} (u_q + r_q + \Delta r_q)\cos(\theta_q + \theta_{q,0}) \\ (u_q + r_q + \Delta r_q)\sin(\theta_q + \theta_{q,0}) \\ \xi_q[w_{Tq} + \sqrt{(r_{Tq} + \Delta r_{Tq})^2 - (u_q - u_{Tq})^2}] + (\theta_q L_q)/(2\pi) \end{bmatrix} \quad (5-5)$$

$$-b_q \leqslant u_q \leqslant r_{qa} - (r_q + \Delta r_q) \quad (5-6)$$

$$r_N^N(u_N,\theta_N)=\begin{bmatrix}(u_N+r_N+\Delta r_N)\cos(\theta_N+\theta_{N,0}^j+\Delta\theta_{N,0}^j)\\(u_N+r_N+\Delta r_N)\sin(\theta_N+\theta_{N,0}^j+\Delta\theta_{N,0}^j)\\ \xi_N[c_N+u_N\tan(\beta_N+\Delta\beta_N)]+(\theta_N L_N)/(2\pi)\end{bmatrix} \quad (5\text{-}7)$$

$$r_{Na}-(r_N+\Delta r_N)\leqslant u_N \leqslant b_N \quad (5\text{-}8)$$

式中，u_i 和 θ_i 为曲面坐标；下标 i=S、N、q 分别代表丝杠、螺母和滚柱#q；上标 j=1, 2, …, n_S，n_S 为丝杠螺纹的头数；$u_q \in [-a_q, b_q]$，$u_N \in [-b_N, a_N]$，$u_S \in [-a_S, b_S]$；Δr_i、$\Delta\beta_i$ 和 Δc_i (i=S, N, q)分别为丝杠、螺母或滚柱#q 的名义半径、牙侧角与半牙厚误差；Δr_{Tq} 为滚柱轮廓半径误差；$\Delta\theta_{i,0}^j$ 为螺纹的分头误差。当 $\xi_i = 1$ 时，式(5-3)、式(5-5)和式(5-7)表示上螺旋曲面 Π_{iU} 的方程；当 $\xi_i = -1$ 时，式(5-3)、式(5-5)和式(5-7)表示下螺旋曲面 Π_{iB} 的方程。

5.1.2 丝杠、滚柱和螺母偏斜

当行星滚柱丝杠中的零件装配发生偏斜时，丝杠、螺母和滚柱#q 在整体坐标系 O-XYZ 和局部坐标系 o_{Pq}-$x_{Pq}y_{Pq}z_{Pq}$ 中的位置如图 5-3 所示。在图 5-3 中，ξ_i 轴表示 z_i 轴在平行于 XOZ 平面中的投影，ϕ_i 和 ψ_i 分别为绕 x_i 轴和 y_i 轴的偏斜角，ε_i 表示丝杠、螺母或滚柱#q 的偏移向量。因为零件绕 z_i 轴的旋转能够看作其沿轴线的移动，所以绕 z_i 轴的偏斜角能够包含在偏移向量 ε_i 中。根据图 5-3，由坐标系 o_i-$x_iy_iz_i$ 向整体坐标系 O-XYZ 的坐标变换可表示为

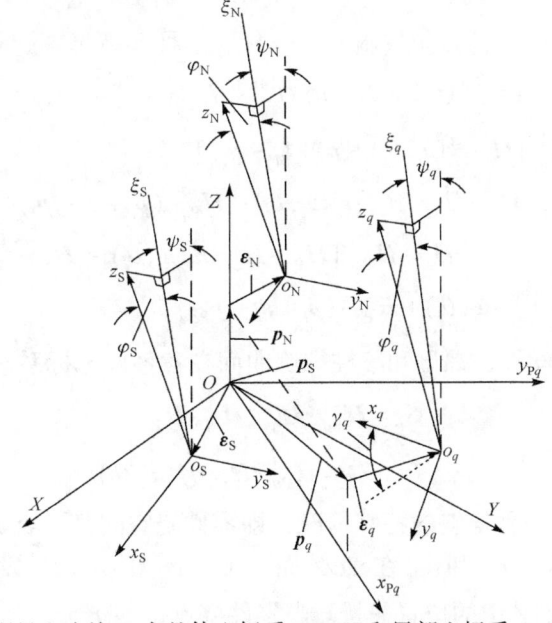

图 5-3 丝杠、螺母和滚柱#q 在整体坐标系 O-XYZ 和局部坐标系 o_{Pq}-$x_{Pq}y_{Pq}z_{Pq}$ 中的位置

$$T_i = \left[\begin{array}{ccc|c} & H_i & & p_i + \varepsilon_i \\ \hline 0 & 0 & 0 & 1 \end{array}\right], \quad i = \text{S, N}, q \tag{5-9}$$

式中，H_i 为坐标系 $o_i\text{-}x_iy_iz_i$ 向整体坐标系 $O\text{-}XYZ$ 的旋转变换矩阵。

$$H_i = H_{yi} \cdot H_{xi} \cdot H_{zi} \tag{5-10}$$

其中，

$$H_{xi} = \begin{bmatrix} 1 & 0 & 0 \\ 0 & \cos\varphi_i & -\sin\varphi_i \\ 0 & \sin\varphi_i & \cos\varphi_i \end{bmatrix} \tag{5-11}$$

$$H_{yi} = \begin{bmatrix} \cos\psi_i & 0 & \sin\psi_i \\ 0 & 1 & 0 \\ -\sin\psi_i & 0 & \cos\psi_i \end{bmatrix} \tag{5-12}$$

$$H_{zi} = \begin{bmatrix} \cos\gamma_i & -\sin\gamma_i & 0 \\ \sin\gamma_i & \cos\gamma_i & 0 \\ 0 & 0 & 1 \end{bmatrix} \tag{5-13}$$

式(5-13)中，γ_i (i=S, N, q)为丝杠、螺母或滚柱#q 相对于整体坐标系 $O\text{-}XYZ$ 绕各自轴线的旋转角度：

$$\gamma_i = \begin{cases} 0, & i = \text{S, N} \\ -(n_\text{S}-1)\Phi_q, & i = q \end{cases} \tag{5-14}$$

根据式(5-9)，当零件发生偏斜时，丝杠、滚柱和螺母螺旋曲面在局部坐标系 $o_{\text{P}q}\text{-}x_{\text{P}q}y_{\text{P}q}z_{\text{P}q}$ 中的方程 $r_i^{\text{P}q}$ (i=S, N, q)为[9]

$$\begin{aligned} r_i^{\text{P}q}(u_i, \theta_i) &= H_{\text{P}q}^{-1} \cdot [H_i \cdot r_i^i(u_i, \theta_i) + p_i + \varepsilon_i - p_{\text{P}q}] \\ &= H_{\text{P}q}^{-1} \cdot H_{yi} \cdot H_{xi} \cdot H_{zi} \cdot r_i^i(u_i, \theta_i) + H_{\text{P}q}^{-1} \cdot (p_i + \varepsilon_i - p_{\text{P}q}) \\ &= (H_{\text{P}q}^{-1} \cdot H_{yi} \cdot H_{xi} \cdot H_{\text{P}q})[H_{\text{P}q}^{-1} \cdot H_{zi} \cdot r_i^i(u_i, \theta_i)] + H_{\text{P}q}^{-1} \cdot (p_i + \varepsilon_i - p_{\text{P}q}) \\ &= G_i \cdot r_i^{\text{P}q*}(u_i, \theta_i) + H_{\text{P}q}^{-1} \cdot (p_i + \varepsilon_i - p_{\text{P}q}) \end{aligned} \tag{5-15}$$

式中，$r_i^i(u_i, \theta_i)$ 为丝杠、螺母和滚柱螺旋曲面在各零件坐标系 $o_i\text{-}x_iy_iz_i$ 中的方程。

$$G_i = H_{\text{P}q}^{-1} \cdot H_{yi} \cdot H_{xi} \cdot H_{\text{P}q} \tag{5-16}$$

$$r_i^{\text{P}q*}(u_i, \theta_i) = H_{\text{P}q}^{-1} \cdot H_{zi} \cdot r_i^i(u_i, \theta_i) \tag{5-17}$$

图 5-4 给出了一种偏斜的特殊情况，即零件绕空间某一点旋转。图 5-4 中滚柱#q 和螺母分别绕点 $o_{q\text{r}}$ 和 $o_{\text{N}\text{r}}$ 在 YOZ 面中旋转 φ_q 和 φ_N 角。设 $p_{i\text{r}}$ 为零件的旋转点 $o_{i\text{r}}$ 在坐标系 $O\text{-}XYZ$ 中的位置矢量。当零件绕点 $o_{i\text{r}}$ 偏转 ψ_i、φ_i 和 γ_i 角后，原点

o_i 在坐标系 $O\text{-}XYZ$ 中的偏移向量 ε_i 可表示为[10]

$$\varepsilon_i = H_i(p_i - p_{ir}) + p_{ir} - p_i \tag{5-18}$$

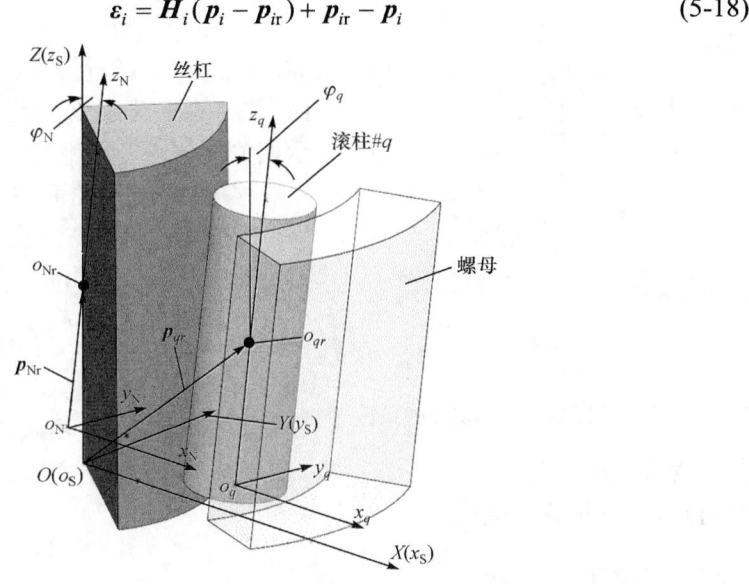

图 5-4 滚柱和螺母的偏斜

5.2 考虑误差的标准式行星滚柱丝杠啮合模型

5.2.1 改进的相切接触条件

如图 5-5 所示，由于螺纹的结构特点，滚柱螺旋曲面 Π_{qU} 在与丝杠螺旋曲面 Π_{SB} 接触前能够沿径向、横向或轴向移动。图 5-6 为改进的螺旋曲面相切接触条件的示意图，其中，向量 d_{lm}^{Pq} 为曲面 Π_l 和 Π_m 之间的间隙向量，表示为

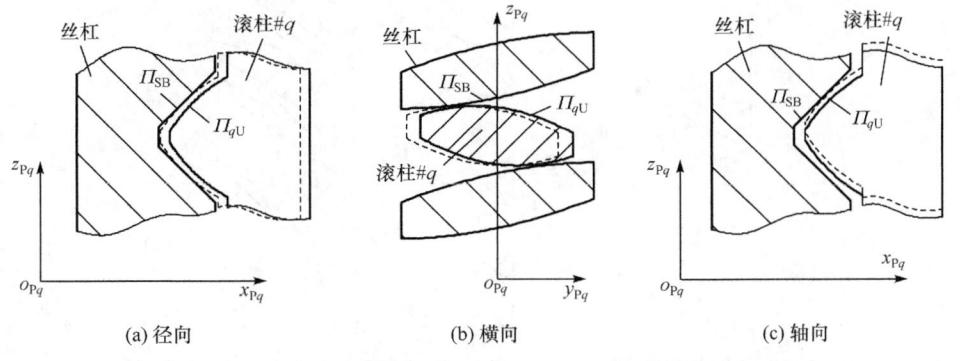

图 5-5 丝杠和滚柱#q 之间螺旋曲面 Π_{qU} 的移动方向

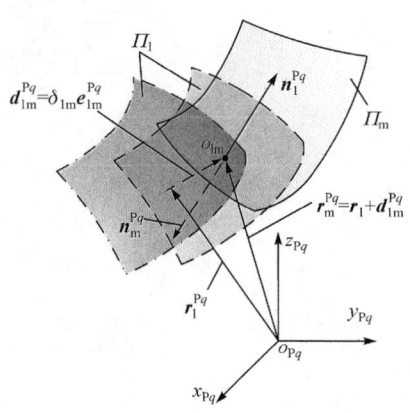

$$d_{1m}^{Pq} = \delta_{1m} e_{1m}^{Pq} \qquad (5\text{-}19)$$

式中，δ_{1m} 为曲面 Π_1 和 Π_m 沿着 e_{1m}^{Pq} 方向的间隙；e_{1m}^{Pq} 为单位矢量，表示曲面 Π_m 移动的方向。图 5-6 中其他参数和坐标定义与图 4-7 所示相关参数和坐标相同。

根据图 5-6 中曲面 Π_1 和 Π_m 在啮合点 o_{1m} 处位置矢量和法线方向重合条件，可得改进的行星滚柱丝杠螺旋曲面相切接触条件为[9]

$$r_1^{Pq} = r_m^{Pq} + \delta_{1m} \cdot e_{1m}^{Pq} \qquad (5\text{-}20)$$

$$n_1^{Pq} = \zeta_{1m} \cdot n_m^{Pq} \qquad (5\text{-}21)$$

图 5-6 改进的螺旋曲面相切接触条件

式中，ζ_{1m} 为常数。由式(5-20)和式(5-21)能够导出含五个未知数 u_1、θ_1、u_m、θ_m 和 δ_{1m} 的五个独立方程，求解该方程组可得啮合点 o_{1m} 的位置与间隙 δ_{1m}。

5.2.2 螺纹牙编号规则

在 4.1 节的图 4-2 中，分别过丝杠和滚柱#q 接触点以及螺母和滚柱#q 接触点作平行于 $y_{Pq}o_{Pq}z_{Pq}$ 平面的剖面。丝杠、滚柱和螺母螺纹在两剖面中的截面如图 5-7 所示，其中，k_S 表示丝杠螺纹牙编号；k_{Rs} 和 k_{Rn} 分别表示滚柱在丝杠侧和螺母侧的螺纹牙编号；k_N 表示螺母螺纹牙编号；$o_{Sq}^{k_{Rs}}$ 为第 k_{Rs} 个滚柱螺纹牙的下螺旋曲面 Π_{qB} 与所对应的第 k_S ($k_S = k_{Rs}$) 个丝杠螺纹牙的上螺旋曲面 Π_{SU} 的接触点；$o_{Nq}^{k_{Rn}}$ 为螺母和滚柱#q 之间的接触点。

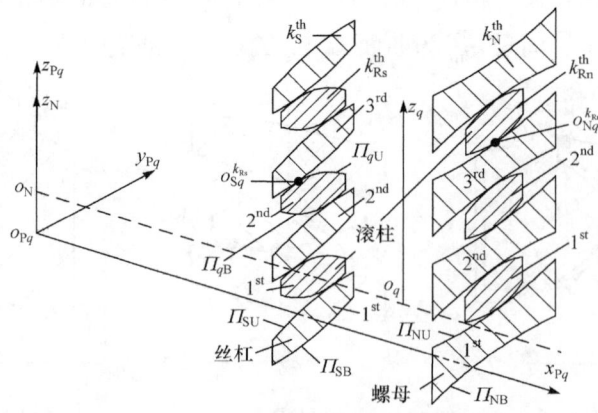

图 5-7 标准式行星滚柱丝杠中丝杠、滚柱和螺母的截面与螺纹牙编号

由丝杠和滚柱的螺旋曲面方程(5-3)和方程(5-5)、第4章中所定义的丝杠和滚柱装配关系式(4-21)以及图5-7可知，第k_{Rs}个滚柱#q螺纹牙上螺旋曲面Π_{qU}所对应丝杠螺纹牙所在的螺旋线编号j为

$$j = \begin{cases} n_S - n_S \mathrm{sign}\left[\mathrm{fix}\left(\dfrac{\Phi_q n_S}{2\pi}\right)\right] + \mathrm{fix}\left(\dfrac{\Phi_q n_S}{2\pi}\right), & \mathrm{mod}\left(\dfrac{k_{Rs}-1}{n_S}\right) = 0 \\ \wp_{SB\text{-}qU} - n_S \mathrm{sign}\left[\mathrm{fix}\left(\dfrac{\wp_{SB\text{-}qU}}{n_S}\right)\right], & \mathrm{mod}\left(\dfrac{k_{Rs}-1}{n_S}\right) \ne 0 \text{ 且 } \wp_{SB\text{-}qU} > n_S \\ \wp_{SB\text{-}qU}, & \mathrm{mod}\left(\dfrac{k_{Rs}-1}{n_S}\right) \ne 0 \text{ 且 } \wp_{SB\text{-}qU} \le n_S \end{cases} \quad (5\text{-}22)$$

式中，$\mathrm{mod}[(k_{Rs}-1)/n_S]$为$(k_{Rs}-1)/n_S$的余数；$\mathrm{fix}[(\Phi_q n_S)/2\pi]$表示$(\Phi_q n_S)/2\pi$的整数部分；$\mathrm{sign}(\ )$为符号函数。

$$\wp_{SB\text{-}qU} = n_S + \mathrm{fix}\left(\dfrac{\Phi_q n_S}{2\pi}\right) - \mathrm{mod}\left(\dfrac{k_{Rs}-1}{n_S}\right) \quad (5\text{-}23)$$

$$\mathrm{sign}\left[\mathrm{fix}\left(\dfrac{\Phi_q n_S}{2\pi}\right)\right] = \begin{cases} 1, & \mathrm{fix}\left(\dfrac{\Phi_q n_S}{2\pi}\right) > 0 \\ 0, & \mathrm{fix}\left(\dfrac{\Phi_q n_S}{2\pi}\right) = 0 \\ -1, & \mathrm{fix}\left(\dfrac{\Phi_q n_S}{2\pi}\right) < 0 \end{cases} \quad (5\text{-}24)$$

第k_{Rs}个滚柱#q螺纹牙下螺旋曲面Π_{qB}所对应丝杠螺纹牙所在的螺旋线编号j可表示为

$$j = \begin{cases} 1 + \mathrm{fix}\left(\dfrac{\Phi_q n_S}{2\pi}\right), & \mathrm{mod}\left(\dfrac{k_{Rs}-1}{n_S}\right) = 0 \\ \wp_{SU\text{-}qB} - n_S \mathrm{sign}\left[\mathrm{fix}\left(\dfrac{\wp_{SU\text{-}qB}}{n_S}\right)\right], & \mathrm{mod}\left(\dfrac{k_{Rs}-1}{n_S}\right) \ne 0 \text{ 且 } \wp_{SU\text{-}qB} > n_S \\ \wp_{SU\text{-}qB}, & \mathrm{mod}\left(\dfrac{k_{Rs}-1}{n_S}\right) \ne 0 \text{ 且 } \wp_{SU\text{-}qB} \le n_S \end{cases} \quad (5\text{-}25)$$

其中，

$$\wp_{SU\text{-}qB} = n_S + 1 + \mathrm{fix}\left(\dfrac{\Phi_q n_S}{2\pi}\right) - \mathrm{mod}\left(\dfrac{k_{Rs}-1}{n_S}\right) \quad (5\text{-}26)$$

第 k_{Rn} 个滚柱#q 螺纹牙的螺旋曲面 Π_{qU} 和 Π_{qB} 所对应螺母螺纹牙的螺旋线编号 j 可通过相同的方法计算获得。

5.2.3 丝杠和滚柱的啮合方程

在图 5-8 中，$O_{Sq}^{k_{Rs}}$ 为接触点 $o_{Sq}^{k_{Rs}}$ 在平面 $x_S o_S y_S$ 和平面 $x_q o_q y_q$ 中的位置，$r_{Sq}^{k_S}$ 和 $\phi_{Sq}^{k_S}$ 分别为第 k_S 个丝杠螺纹牙的啮合半径与啮合角，$r_{Rsq}^{k_{Rs}}$ 和 $\phi_{Rsq}^{k_{Rs}}$ 分别为第 k_{Rs} 个滚柱螺纹牙的啮合半径与啮合角。当向量 $\overrightarrow{o_S O_{Sq}^{k_{Rs}}}$ 和 $\overrightarrow{o_q O_{Sq}^{k_{Rs}}}$ 在 y_{Pq} 方向上的分量大于零时，啮合角 $\phi_{Sq}^{k_S} > 0$，$\phi_{Rsq}^{k_{Rs}} > 0$，并且当上述分量小于零时，啮合角 $\phi_{Sq}^{k_S} < 0$，$\phi_{Rsq}^{k_{Rs}} < 0$。

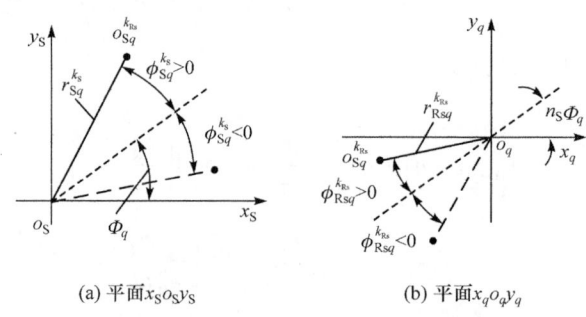

(a) 平面 $x_S o_S y_S$ (b) 平面 $x_q o_q y_q$

图 5-8 丝杠和滚柱#q 接触点在平面 $x_S o_S y_S$ 和平面 $x_q o_q y_q$ 中的位置

使用第 k_{Rs} 个滚柱螺纹牙的上螺旋曲面 Π_{qU} 和与其对应的第 k_S ($k_S = k_{Rs} + 1$) 个丝杠螺纹牙的下螺旋曲面 Π_{SB} 来说明包含零件误差啮合方程的推理过程。由式(5-3)、式(5-5)和式(5-15)可得，丝杠和滚柱#q 的接触点 $o_{Sq}^{k_{Rs}}$ 在局部坐标系 o_{Pq}-$x_{Pq} y_{Pq} z_{Pq}$ 中的位置向量分别为 $r_{Sq}^{Pq,k_S}(u_{Sq}^{k_S}, \theta_{Sq}^{k_S})$ 和 $r_{Rsq}^{Pq,k_{Rs}}(u_{Rsq}^{k_{Rs}}, \theta_{Rsq}^{k_{Rs}})$，其中，$(u_{Sq}^{k_S}, \theta_{Sq}^{k_S})$ 和 $(u_{Rsq}^{k_{Rs}}, \theta_{Rsq}^{k_{Rs}})$ 为螺旋曲面在接触点处的曲面坐标。由图 5-2 和图 5-8 可得，考虑误差时，啮合半径 $r_{Sq}^{k_S}$ 和 $r_{Rsq}^{k_{Rs}}$ 与曲面坐标 $u_{Sq}^{k_S}$ 和 $u_{Rsq}^{k_{Rs}}$ 的关系为

$$r_{Sq}^{k_S} = r_S + \Delta r_S + u_{Sq}^{k_S} \tag{5-27}$$

$$r_{Rsq}^{k_{Rs}} = r_q + \Delta r_q + u_{Rsq}^{k_{Rs}} \tag{5-28}$$

啮合偏角 $\phi_{Sq}^{k_S}$ 和 $\phi_{Rsq}^{k_{Rs}}$ 与曲面坐标 $\theta_{Sq}^{k_S}$ 和 $\theta_{Rsq}^{k_{Rs}}$ 存在如下关系：

$$\theta_{Sq}^{k_S} = \frac{2\pi(k_S - 1)}{n_S} + \Phi_q + \phi_{Sq}^{k_S} - \Delta\theta_{S,0}^{j} \tag{5-29}$$

$$\theta_{\mathrm{R}sq}^{k_{\mathrm{Rs}}} = 2\pi(k_{\mathrm{Rs}} - 1) + n_{\mathrm{S}}\varPhi_q - \phi_{\mathrm{R}sq}^{k_{\mathrm{Rs}}} \tag{5-30}$$

由式(5-3)、式(5-15)、式(5-27)和式(5-29)可得，图 5-3 所示局部坐标系 $o_{\mathrm{P}q}\text{-}x_{\mathrm{P}q}y_{\mathrm{P}q}z_{\mathrm{P}q}$ 中第 k_{S} 个丝杠螺纹牙的螺旋曲面 $\varPi_{\mathrm{SB}}$ 在接触点 $o_{\mathrm{S}q}^{k_{\mathrm{Rs}}}$ 处的法向量 $\boldsymbol{n}_{\mathrm{S}q}^{\mathrm{P}q, k_{\mathrm{S}}}$ 为

$$\boldsymbol{n}_{\mathrm{S}q}^{\mathrm{P}q, k_{\mathrm{S}}} = \boldsymbol{G}_{\mathrm{S}} \cdot \begin{bmatrix} \cos\phi_{\mathrm{S}q}^{k_{\mathrm{S}}} \tan(\beta_{\mathrm{S}} + \Delta\beta_{\mathrm{S}}) - \sin\phi_{\mathrm{S}q}^{k_{\mathrm{S}}} \tan\lambda_{\mathrm{S}q}^{k_{\mathrm{S}}} \\ \sin\phi_{\mathrm{S}q}^{k_{\mathrm{S}}} \tan(\beta_{\mathrm{S}} + \Delta\beta_{\mathrm{S}}) + \cos\phi_{\mathrm{S}q}^{k_{\mathrm{S}}} \tan\lambda_{\mathrm{S}q}^{k_{\mathrm{S}}} \\ -1 \end{bmatrix} \tag{5-31}$$

式中，$\lambda_{\mathrm{S}q}^{k_{\mathrm{S}}}$ 为丝杠在接触点 $o_{\mathrm{S}q}^{k_{\mathrm{Rs}}}$ 处的螺旋升角。$\tan\lambda_{\mathrm{S}q}^{k_{\mathrm{S}}}$ 可表示为

$$\tan\lambda_{\mathrm{S}q}^{k_{\mathrm{S}}} = L_{\mathrm{S}} / (2\pi r_{\mathrm{S}q}^{k_{\mathrm{S}}}) \tag{5-32}$$

同理，局部坐标系 $o_{\mathrm{P}q}\text{-}x_{\mathrm{P}q}y_{\mathrm{P}q}z_{\mathrm{P}q}$ 中第 k_{Rs} 个滚柱螺纹牙的螺旋曲面 $\varPi_{q\mathrm{U}}$ 在接触点 $o_{\mathrm{S}q}^{k_{\mathrm{Rs}}}$ 处的法线向量为

$$\boldsymbol{n}_{\mathrm{R}sq}^{\mathrm{P}q, k_{\mathrm{Rs}}} = \boldsymbol{G}_q \cdot \begin{bmatrix} -\cos\phi_{\mathrm{R}sq}^{k_{\mathrm{Rs}}} \tan\beta_{\mathrm{R}sq}^{k_{\mathrm{Rs}}} + \sin\phi_{\mathrm{R}sq}^{k_{\mathrm{Rs}}} \tan\lambda_{\mathrm{R}sq}^{k_{\mathrm{Rs}}} \\ \sin\phi_{\mathrm{R}sq}^{k_{\mathrm{Rs}}} \tan\beta_{\mathrm{R}sq}^{k_{\mathrm{Rs}}} + \cos\phi_{\mathrm{R}sq}^{k_{\mathrm{Rs}}} \tan\lambda_{\mathrm{R}sq}^{k_{\mathrm{Rs}}} \\ 1 \end{bmatrix} \tag{5-33}$$

式中，$\lambda_{\mathrm{R}sq}^{k_{\mathrm{Rs}}}$ 和 $\beta_{\mathrm{R}sq}^{k_{\mathrm{Rs}}}$ 分别为滚柱在接触点 $o_{\mathrm{S}q}^{k_{\mathrm{Rs}}}$ 处的螺旋升角和牙侧角。$\tan\lambda_{\mathrm{R}sq}^{k_{\mathrm{Rs}}}$ 和 $\tan\beta_{\mathrm{R}sq}^{k_{\mathrm{Rs}}}$ 表示为

$$\tan\lambda_{\mathrm{R}sq}^{k_{\mathrm{Rs}}} = L_q / (2\pi r_{\mathrm{R}sq}^{k_{\mathrm{Rs}}}) \tag{5-34}$$

$$\tan\beta_{\mathrm{R}sq}^{k_{\mathrm{Rs}}} = \frac{r_{\mathrm{R}sq}^{k_{\mathrm{Rs}}} - r_q - \Delta r_q - u_{\mathrm{T}q}}{\sqrt{(r_{\mathrm{T}q} + \Delta r_{\mathrm{T}q})^2 - (r_{\mathrm{R}sq}^{k_{\mathrm{Rs}}} - r_q - \Delta r_q - u_{\mathrm{T}q})^2}} \tag{5-35}$$

将式(5-31)和式(5-33)代入式(5-21)，并由式(5-3)、式(5-5)、式(5-20)和式(5-27)～式(5-30)可得，第 k_{Rs} 个滚柱螺纹牙的上螺旋曲面 $\varPi_{q\mathrm{U}}$ 和与其对应的第 k_{S} ($k_{\mathrm{S}} = k_{\mathrm{Rs}} + 1$) 个丝杠螺纹牙的下螺旋曲面 $\varPi_{\mathrm{SB}}$ 之间的啮合方程为

$$\begin{cases} \boldsymbol{G}_{\mathrm{S}} \begin{bmatrix} r_{\mathrm{S}q}^{k_{\mathrm{S}}} \cos\phi_{\mathrm{S}q}^{k_{\mathrm{S}}} \\ r_{\mathrm{S}q}^{k_{\mathrm{S}}} \sin\phi_{\mathrm{S}q}^{k_{\mathrm{S}}} \\ t_{\mathrm{S}q}^{k_{\mathrm{S}}} \end{bmatrix} + \boldsymbol{H}_{\mathrm{P}q}^{-1}(\boldsymbol{p}_{\mathrm{S}} + \boldsymbol{\varepsilon}_{\mathrm{S}}) = \boldsymbol{G}_q \begin{bmatrix} -r_{\mathrm{R}sq}^{k_{\mathrm{Rs}}} \cos\phi_{\mathrm{R}sq}^{k_{\mathrm{Rs}}} \\ r_{\mathrm{R}sq}^{k_{\mathrm{Rs}}} \sin\phi_{\mathrm{R}sq}^{k_{\mathrm{Rs}}} \\ t_{\mathrm{R}sq}^{k_{\mathrm{Rs}}} \end{bmatrix} + \boldsymbol{H}_{\mathrm{P}q}^{-1}(\boldsymbol{p}_q + \boldsymbol{\varepsilon}_q) + \delta_{\mathrm{SB}-q\mathrm{U}}^{k_{\mathrm{Rs}}} \boldsymbol{e}_{\mathrm{S}q}^{\mathrm{P}q} \\ \boldsymbol{n}_{\mathrm{S}q}^{\mathrm{P}q, k_{\mathrm{S}}} = -\frac{\left|\boldsymbol{n}_{\mathrm{S}q}^{\mathrm{P}q, k_{\mathrm{S}}}\right|}{\left|\boldsymbol{n}_{\mathrm{R}sq}^{\mathrm{P}q, k_{\mathrm{Rs}}}\right|} \boldsymbol{n}_{\mathrm{R}sq}^{\mathrm{P}q, k_{\mathrm{Rs}}} \end{cases} \tag{5-36}$$

其中，

$$k_S = k_{Rs} + 1 \tag{5-37}$$

$$t_{Sq}^{k_S} = -c_S - \Delta c_S + (r_{Sq}^{k_S} - r_S - \Delta r_S)\tan(\beta_S + \Delta\beta_S) + \frac{(\Phi_q + \phi_{Sq}^{k_S} - \Delta\theta_{S,0}^{j})L_S}{2\pi} + P(k_S - 1) \tag{5-38}$$

$$t_{Rsq}^{k_{Rs}} = w_{Tq} + \sqrt{(r_{Tq} + \Delta r_{Tq})^2 - (r_{Rsq}^{k_{Rs}} - r_q - \Delta r_q - u_{Tq})^2} + \frac{(n_S\Phi_q - \phi_{Rsq}^{k_{Rs}})L_q}{2\pi} + P(k_{Rs} - 1) \tag{5-39}$$

式(5-38)中，丝杠的螺纹牙编号 j 与滚柱螺纹牙编号 k_{Rs} 关系定义在式(5-22)中。螺旋曲面 $\varPi_{SB}$ 和 $\varPi_{qU}$ 的相对移动关系如图 5-5 所示。为保证两螺旋曲面能够相互接触，单位向量 e_{Sq}^{Pq} 在 x_{Pq}、y_{Pq} 和 z_{Pq} 方向的分量 $[e_{Sq}^{Pq}]_x$、$[e_{Sq}^{Pq}]_y$ 和 $[e_{Sq}^{Pq}]_z$ 需要满足：$[e_{Sq}^{Pq}]_x \leqslant 0$，$[e_{Sq}^{Pq}]_y \leqslant 0$，$[e_{Sq}^{Pq}]_z \geqslant 0$。为了避免接触点位于丝杠或者滚柱#q 螺纹的边缘，啮合半径 $r_{Sq}^{k_S}$ 和 $r_{Rsq}^{k_{Rs}}$ 需要满足如下限制条件：

$$r_{Sq}^{k_S} < r_{Sa} \tag{5-40}$$

$$r_{Rsq}^{k_{Rs}} < r_{qa} \tag{5-41}$$

式中，r_{Sa} 和 r_{qa} 分别为丝杠和滚柱#q 的牙顶圆半径。

求解啮合方程(5-36)，可得第 k_{Rs} 个滚柱螺纹牙的上螺旋曲面 $\varPi_{qU}$ 和与其对应的第 k_S ($k_S = k_{Rs} + 1$) 个丝杠螺纹牙的下螺旋曲面 $\varPi_{SB}$ 之间在 e_{Sq}^{Pq} 方向的接触位置与间隙。

5.2.4 螺母和滚柱的啮合方程

接触点 $o_{Nq}^{k_{Rn}}$ 在平面 $x_N o_N y_N$ 和 $x_q o_q y_q$ 中的位置 $O_{Nq}^{k_{Rn}}$ 如图 5-9 所示，其中，$r_{Nq}^{k_N}$ 和 $\phi_{Nq}^{k_N}$ 分别为第 k_N 个螺母螺纹牙的啮合半径与啮合偏角，$r_{Rnq}^{k_{Rn}}$ 和 $\phi_{Rnq}^{k_{Rn}}$ 分别为第 k_{Rn} 个滚柱螺纹牙的啮合半径和啮合偏角。当向量 $\overrightarrow{o_N o_{Nq}^{k_{Rn}}}$ 和 $\overrightarrow{o_q o_{Nq}^{k_{Rn}}}$ 在 y_{Pq} 方向上的分量大于零时，$\phi_{Nq}^{k_N} > 0$，$\phi_{Rnq}^{k_{Rn}} > 0$；当上述分量小于零时，$\phi_{Nq}^{k_N} < 0$，$\phi_{Rnq}^{k_{Rn}} < 0$。

在图 5-3 中所示的局部坐标系 o_{Pq}-$x_{Pq}y_{Pq}z_{Pq}$ 中，螺母和滚柱接触点 $o_{Nq}^{k_{Rn}}$ 的位置向量可分别表示为 $r_{Nq}^{k_N, Pq}(u_{Nq}^{k_N}, \theta_{Nq}^{k_N})$ 和 $r_{Rnq}^{k_{Rn}, Pq}(u_{Rnq}^{k_{Rn}}, \theta_{Rnq}^{k_{Rn}})$，其中，$(u_{Nq}^{k_N}, \theta_{Nq}^{k_N})$ 和 $(u_{Rnq}^{k_{Rn}}, \theta_{Rnq}^{k_{Rn}})$ 是接触点 $o_{Nq}^{k_{Rn}}$ 处的曲面坐标。由式(5-5)和式(5-7)、图 5-2 和图 5-9 可得，考虑误差时，螺母与滚柱的啮合半径为

$$r_{Nq}^{k_N} = r_N + \Delta r_N + u_{Nq}^{k_N} \tag{5-42}$$

$$r_{Rnq}^{k_{Rn}} = r_q + \Delta r_q + u_{Rnq}^{k_{Rn}} \tag{5-43}$$

啮合偏角 $\phi_{Nq}^{k_N}$、$\phi_{Rnq}^{k_{Rn}}$ 与曲面坐标 $\theta_{Nq}^{k_N}$、$\theta_{Rnq}^{k_{Rn}}$ 的关系可表示为

$$\theta_{Nq}^{k_N} = \frac{2\pi(k_N - 1)}{n_N} + \Phi_q + \phi_{Nq}^{k_N} - \Delta\theta_{N,0}^{j} \tag{5-44}$$

$$\theta_{Rnq}^{k_{Rn}} = 2\pi(k_{Rn} - 1) + \pi + n_S \Phi_q + \phi_{Rnq}^{k_{Rn}} \tag{5-45}$$

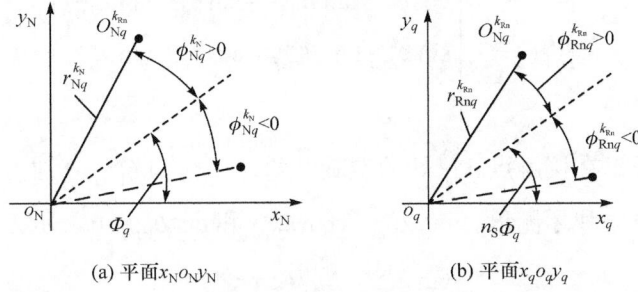

图 5-9 螺母和滚柱#q 接触点在平面 $x_N o_N y_N$ 和 $x_q o_q y_q$ 中的位置关系

采用与推导式(5-36)相同的方法，能够获得第 k_{Rn} 个滚柱螺纹牙的下螺旋曲面 Π_{qB} 与其对应的第 k_N ($k_N = k_{Rn}$) 个螺母螺纹牙的上螺旋曲面 Π_{NU} 之间的啮合方程为

$$\begin{cases} \boldsymbol{G}_N \begin{bmatrix} r_{Nq}^{k_N} \cos\phi_{Nq}^{k_N} \\ r_{Nq}^{k_N} \sin\phi_{Nq}^{k_N} \\ t_{Nq}^{k_N} \end{bmatrix} + \boldsymbol{H}_{Pq}^{-1}(\boldsymbol{p}_N + \boldsymbol{\varepsilon}_N) = \boldsymbol{G}_q \begin{bmatrix} r_{Rnq}^{k_{Rn}} \cos\phi_{Rnq}^{k_{Rn}} \\ r_{Rnq}^{k_{Rn}} \sin\phi_{Rnq}^{k_{Rn}} \\ t_{Rnq}^{k_{Rn}} \end{bmatrix} + \boldsymbol{H}_{Pq}^{-1}(\boldsymbol{p}_q + \boldsymbol{\varepsilon}_q) + \delta_{NU\text{-}qB}^{k_{Rn}} \boldsymbol{e}_{Nq}^{Pq} \\ \boldsymbol{n}_{Nq}^{Pq, k_N} = -\frac{|\boldsymbol{n}_{Nq}^{Pq, k_N}|}{|\boldsymbol{n}_{Rnq}^{Pq, k_N}|} \boldsymbol{n}_{Rnq}^{Pq, k_{Rn}} \end{cases} \tag{5-46}$$

其中，

$$k_N = k_{Rn} \tag{5-47}$$

$$t_{Nq}^{k_N} = c_N + (r_{Nq}^{k_N} - r_N - \Delta r_N)\tan(\beta_N + \Delta\beta_N) + \frac{(\Phi_q + \phi_{Nq}^{k_N} - \Delta\theta_{N,0}^{j})L_N}{2\pi} + P(k_N - 1) \tag{5-48}$$

$$t_{Rnq}^{k_{Rn}} = -w_{Tq} - \sqrt{(r_{Tq}+\Delta r_{Tq})^2 - (r_{Rnq}^{k_{Rn}} - r_q - \Delta r_q - u_{Tq})^2} + \frac{(n_S\Phi_q + \phi_{Rnq}^{k_{Rn}})L_q}{2\pi} + P(k_{Rn} - \frac{1}{2})$$

(5-49)

$$\boldsymbol{n}_{Nq}^{Pq,k_N} = \boldsymbol{G}_N \begin{bmatrix} -\cos\phi_{Nq}^{k_N}\tan(\beta_N+\Delta\beta_N) + \sin\phi_{Nq}^{k_N}\tan\lambda_{Nq}^{k_N} \\ -\sin\phi_{Nq}^{k_N}\tan(\beta_N+\Delta\beta_N) - \cos\phi_{Nq}^{k_N}\tan\lambda_{Nq}^{k_N} \\ 1 \end{bmatrix} \quad (5\text{-}50)$$

$$\boldsymbol{n}_{Rnq}^{Pq,k_{Rn}} = \boldsymbol{G}_q \begin{bmatrix} \cos\phi_{Rnq}^{k_{Rn}}\tan\beta_{Rnq}^{k_{Rn}} - \sin\phi_{Rnq}^{k_{Rn}}\tan\lambda_{Rnq}^{k_{Rn}} \\ \sin\phi_{Rnq}^{k_{Rn}}\tan\beta_{Rnq}^{k_{Rn}} + \cos\phi_{Rnq}^{k_{Rn}}\tan\lambda_{Rnq}^{k_{Rn}} \\ -1 \end{bmatrix} \quad (5\text{-}51)$$

式中，$\lambda_{Nq}^{k_N}$ 为螺母在接触点 $o_{Nq}^{k_N}$ 处的螺旋升角；$\lambda_{Rnq}^{k_{Rn}}$ 和 $\beta_{Rnq}^{k_{Rn}}$ 分别为滚柱在接触点 $o_{Nq}^{k_{Rn}}$ 处的螺旋升角和牙侧角。$\tan\lambda_{Nq}^{k_N}$、$\tan\lambda_{Rnq}^{k_{Rn}}$ 和 $\tan\beta_{Rnq}^{k_{Rn}}$ 可表示为

$$\tan\lambda_{Nq}^{k_N} = L_N/(2\pi r_{Nq}^{k_N}) \quad (5\text{-}52)$$

$$\tan\lambda_{Rnq}^{k_{Rn}} = L_q/(2\pi r_{Rnq}^{k_{Rn}}) \quad (5\text{-}53)$$

$$\tan\beta_{Rnq}^{k_{Rn}} = \frac{r_{Rnq}^{k_{Rn}} - r_q - \Delta r_q - u_{Tq}}{\sqrt{(r_{Tq}+\Delta r_{Tq})^2 - (r_{Rnq}^{k_{Rn}} - r_q - \Delta r_q - u_{Tq})^2}} \quad (5\text{-}54)$$

螺旋曲面 Π_{NU} 和 Π_{qB} 的相对移动关系如图 5-10 所示。为了保证两螺旋曲面能够相互接触，单位向量 $\boldsymbol{e}_{Nq}^{Pq}$ 在 x_{Pq}、y_{Pq} 和 z_{Pq} 方向的分量 $[\boldsymbol{e}_{Nq}^{Pq}]_x$、$[\boldsymbol{e}_{Nq}^{Pq}]_y$ 和 $[\boldsymbol{e}_{Nq}^{Pq}]_z$ 需要满足：$[\boldsymbol{e}_{Nq}^{Pq}]_x \geq 0$，$[\boldsymbol{e}_{Nq}^{Pq}]_y \geq 0$，$[\boldsymbol{e}_{Nq}^{Pq}]_z \leq 0$。

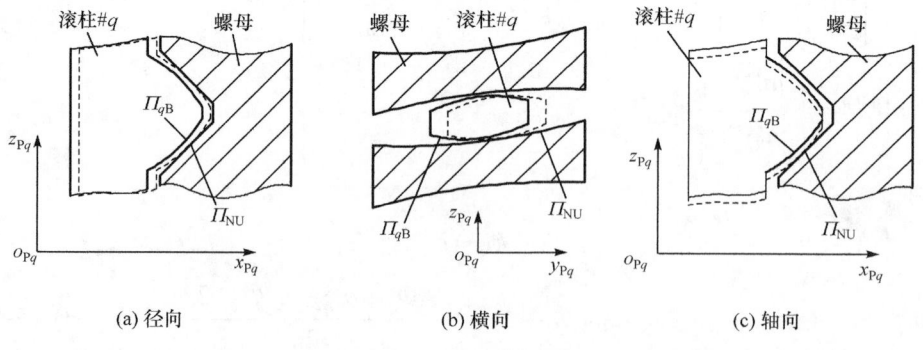

图 5-10 螺母和滚柱#q 之间螺旋曲面 Π_{qB} 的移动方向

求解式(5-46)，能够获得第 k_{Rn} 个滚柱螺纹牙的下螺旋曲面 Π_{qB} 和与其对应的

第 k_N ($k_N = k_{Rn}$) 个螺母螺纹牙的上螺旋曲面 Π_{NU} 在 e_{Nq}^{Pq} 方向的接触位置与间隙。螺母和滚柱#q 的接触点不位于螺纹边缘的限制条件为

$$r_{Rnq}^{k_{Rn}} < r_{qa} \tag{5-55}$$

$$r_{Nq}^{k_N} > r_{Na} \tag{5-56}$$

式中，r_{Na} 为螺母螺纹的牙顶圆半径。

5.3 标准式行星滚柱丝杠啮合特性与间隙向量方向的关系

当丝杠和滚柱无偏斜时，螺旋曲面 Π_{SB}-Π_{1U} (q=1) 在不同方向的间隙如图 5-11 所示。其中 e_{S1}^{P1} 等于 $[0,0,1]^T$、$[-1,0,0]^T$、$[0,-1,0]^T$ 和 $1/\sqrt{3} \cdot [-1,-1,1]^T$ 分别表示螺旋曲面 Π_{qU} 沿着轴向、径向、横向和一般方向的移动；Δr_1 为滚柱#1 的名义半径误差。图 5-12 给出了当螺母和滚柱无偏斜时，螺旋曲面 Π_{NU}-Π_{1B} (q=1) 沿着轴向 $[0,0,-1]^T$、径向 $[1,0,0]^T$、横向 $[0,1,0]^T$ 和一般方向 $1/\sqrt{3} \cdot [1,1,-1]^T$ 的间隙。当零件无偏斜时，丝杠和滚柱#1 或螺母与滚柱#1 的各对螺纹牙具有相同的间隙，即 $\delta_{SB-1U}^{k_{Rs}} = \delta_{SB-1U}$，$\delta_{NU-1B}^{k_{Rn}} = \delta_{NU-1B}$，其中 $k_{Rs} = 1, 2, \cdots, n_T$，$k_{Rn} = 1, 2, \cdots, n_T$，$n_T$ 是滚柱螺纹牙个数。

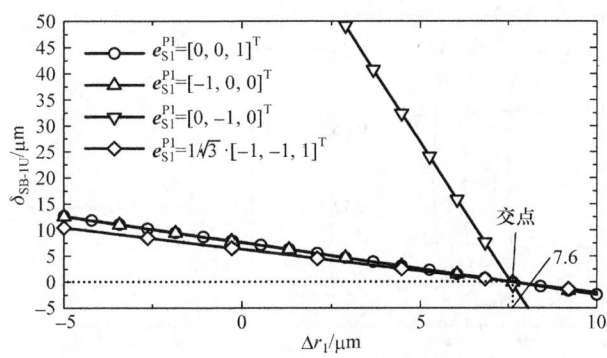

图 5-11 不同间隙向量 e_{S1}^{P1} 时，螺旋曲面 Π_{SB}-Π_{1U} 在丝杠和滚柱无偏斜状态下的间隙

由图 5-11 和图 5-12 可得，若两螺旋曲面未发生接触，两者在不同方向的间隙通常是不相同的；同时，间隙将随着滚柱名义半径的增加而减小。由于丝杠、滚柱和螺母的牙侧角均为 45°，图 5-11 和图 5-12 中的轴向与径向间隙非常接近。在图 5-11 和图 5-12 中，代表不同方向间隙的直线形成了一个交点。该交点分别对应当螺旋曲面 Π_{SB}-Π_{1U} 或 Π_{NU}-Π_{1B} 的间隙等于零时的滚柱名义半径改变量

Δr_1。使用该方法能够获得无间隙行星滚柱丝杠的结构参数。由于图 5-11 和图 5-12 中两交点所对应的 Δr_1 值并不相同，故仅改变滚柱的参数无法同时消除丝杠和滚柱以及螺母和滚柱之间的间隙。

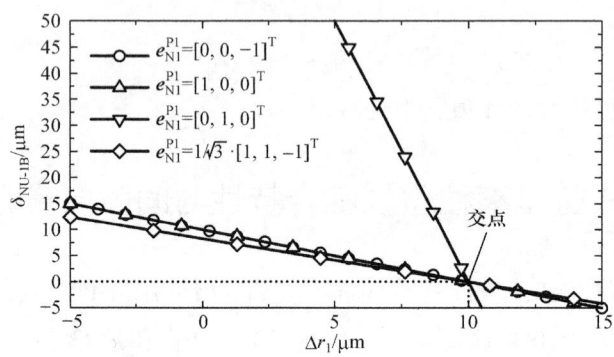

图 5-12　不同间隙向量 e_{N1}^{P1} 时，螺旋曲面 $\varPi_{NU}$-$\varPi_{1B}$ 在螺母和滚柱无偏斜状态下的间隙

当丝杠、滚柱和螺母无偏斜时，螺旋曲面 $\varPi_{SB}$-$\varPi_{1U}$ 和 $\varPi_{NU}$-$\varPi_{1B}$ 的轴向、径向和横向接触点在 $x_{P1}o_{P1}y_{P1}$ (q=1) 平面内的位置分别如图 5-13 和图 5-14 所示，其中，Δr_1=7.6μm 和 Δr_1=10μm 分别对应图 5-11 和图 5-12 中的交点，此时不同方向的间隙为零，不同方向的接触点重合。

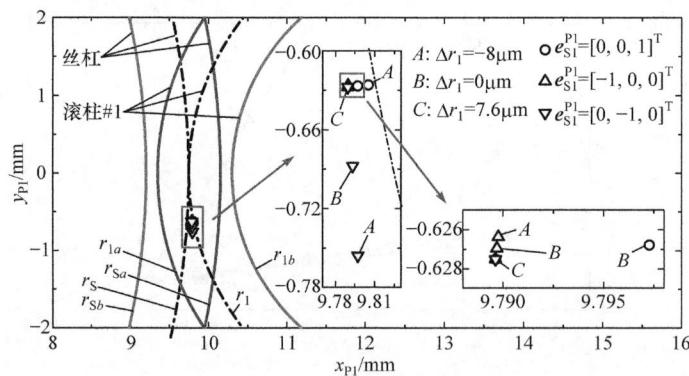

图 5-13　丝杠和滚柱#1 在丝杠和滚柱无偏斜状态下的轴向、径向与横向接触位置

由图 5-13 和图 5-14 可得，当两螺旋曲面之间存在间隙时，间隙向量方向会影响对应螺旋曲面之间的接触位置。Δr_1 改变了滚柱的径向尺寸，故其对径向接触点的位置影响最小。

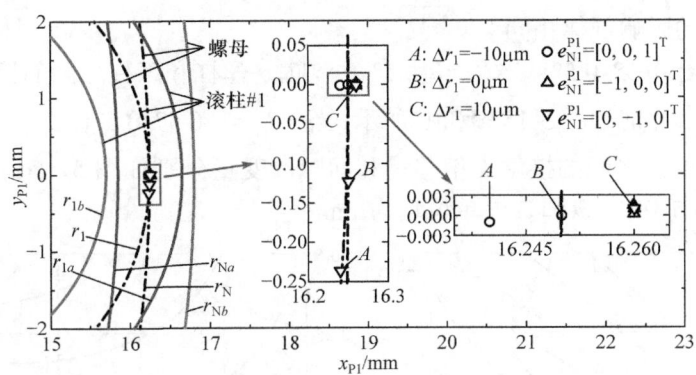

图 5-14 螺母和滚柱#1 在螺母和滚柱无偏斜状态下的轴向、径向和横向接触位置

5.4 标准式行星滚柱丝杠啮合特性与误差关系

5.4.1 牙型误差

误差会同时影响行星滚柱丝杠各对螺纹牙的径向、横向和轴向接触位置与间隙,本节只讨论误差与各对螺纹牙轴向接触位置和间隙的关系,即间隙向量 e_{Sq}^{Pq} 和 e_{Nq}^{Pq} 均与 z_{Pq} 轴平行。本章算例中的标准式行星滚柱丝杠基本参数见表 4-1。为了分析牙型误差对标准式行星滚柱丝杠啮合特性的影响,首先定义接触点偏移量与间隙改变量。接触点偏移量 Θ 为考虑误差的标准式行星滚柱丝杠接触点与对应理想行星滚柱丝杠接触点在 $x_{Pq}o_{Pq}y_{Pq}$ 平面内位置的距离,即

$$\Theta = \sqrt{([r_{\text{error}}^{Pq}]_x - [r_0^{Pq}]_x)^2 + ([r_{\text{error}}^{Pq}]_y - [r_0^{Pq}]_y)^2} \quad (5\text{-}57)$$

式中, r_{error}^{Pq} 和 r_0^{Pq} 分别为含误差与无误差时行星滚柱丝杠接触点在图 5-3 所示的坐标系 $o_{Pq}\text{-}x_{Pq}y_{Pq}z_{Pq}$ 中的位置向量;$[r_{\text{error}}^{Pq}]_x$ 和 $[r_{\text{error}}^{Pq}]_y$ 分别为向量 r_{error}^{Pq} 在 x_{Pq} 和 y_{Pq} 方向的分量;$[r_0^{Pq}]_x$ 和 $[r_0^{Pq}]_y$ 分别为向量 r_0^{Pq} 在 x_{Pq} 和 y_{Pq} 方向的分量。

间隙改变量 $\Im$ 等于考虑误差的标准式行星滚柱丝杠螺旋曲面之间的间隙 δ_{error} 减去对应理想标准式行星滚柱丝杠螺旋曲面之间的间隙 δ_0,即

$$\Im = \delta_{\text{error}} - \delta_0 \quad (5\text{-}58)$$

由图 5-1 可知,本章中的牙型误差包含了牙侧角误差 $\Delta\beta_{i,0}$ (i=S,N,q)、名义半径误差 Δr_i、半牙厚误差 Δc_i 和滚柱轮廓半径误差 Δr_{Tq}。由啮合方程(5-36)和方程(5-46)可得,半牙厚误差 Δc_i 不会影响丝杠和滚柱以及螺母和滚柱的轴向接触位置,并且其值与螺旋曲面之间的轴向间隙呈线性关系。滚柱轮廓半径误差 Δr_{Tq} 对标准式行星滚柱丝杠啮合特性的影响规律与第 4 章中给出的滚柱轮廓半径 r_{Tq} 对

其啮合特性的影响规律相同。

当 $\Delta\beta_S \in [-0.5°, 0.5°]$，$\Delta\beta_q \in [-0.5°, 0.5°]$ 时，丝杠和滚柱之间的接触点偏移量和间隙改变量分别如图 5-15(a)和(b)所示；当 $\Delta\beta_N \in [-0.5°, 0.5°]$，$\Delta\beta_q \in [-0.5°, 0.5°]$ 时，螺母和滚柱之间的接触点偏移量和间隙改变量分别如图 5-16(a)和(b)所示。图 5-15 和图 5-16 中 Θ 和 $\Im$ 的单位均为 μm。

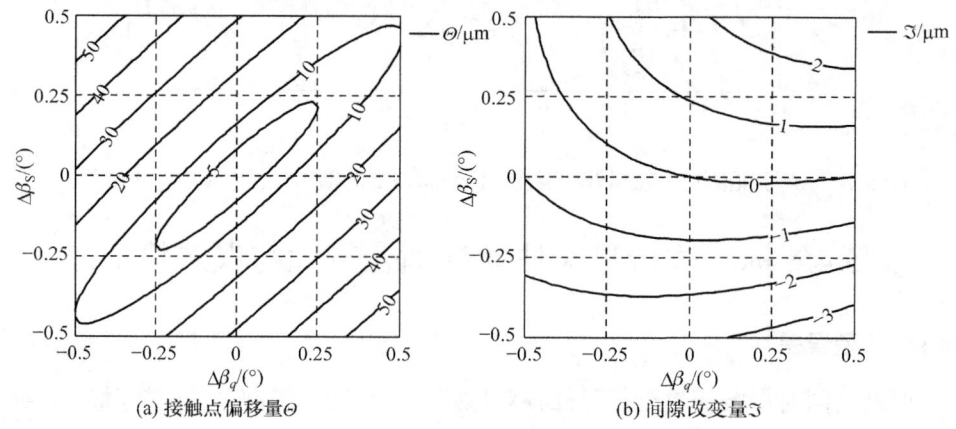

图 5-15　丝杠和滚柱的牙侧角误差对两者接触位置和间隙的影响

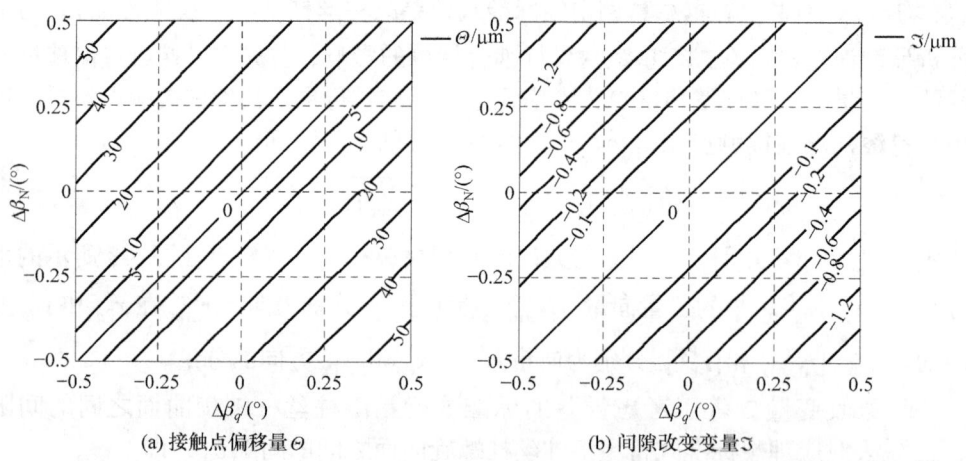

图 5-16　螺母和滚柱的牙侧角误差对两者接触位置和间隙的影响

由图 5-15 和图 5-16 可知，当丝杠和滚柱或者螺母和滚柱牙侧角的差异越大时，牙侧角误差对接触位置的影响越大。当螺母和滚柱的牙侧角误差相同时，牙侧角误差不会对两者的接触位置与间隙产生影响。当螺母和滚柱的牙侧角误差不同时，牙侧角误差会使两者的轴向间隙减小。牙侧角误差对丝杠和滚柱之间轴向间隙的影响大于其对螺母和滚柱之间轴向间隙的影响。

当 $\Delta r_S \in [-0.1\text{mm}, 0.1\text{mm}]$，$\Delta r_q \in [-0.1\text{mm}, 0.1\text{mm}]$时，丝杠和滚柱之间的接触点偏移量和间隙改变量分别如图 5-17(a)和(b)所示；当 $\Delta r_N \in [-0.1\text{mm}, 0.1\text{mm}]$，$\Delta r_q \in [-0.1\text{mm}, 0.1\text{mm}]$时，螺母和滚柱之间的接触点偏移量和间隙改变量分别如图 5-18(a)和(b)所示。图 5-17 和图 5-18 中 Θ 和 $\Im$ 的单位均为μm。由于丝杠和螺母的牙型轮廓均为直线，丝杠和螺母的中径改变时不会引起原有接触点处法线方向的变化。而滚柱的牙型轮廓为圆弧，滚柱中径的变化会改变原有接触点处的法线方向。因此，丝杠和螺母的中径误差不会对标准式行星滚柱丝杠的接触位置产生影响，而滚柱的中径误差会同时影响其在丝杠侧与螺母侧的接触位置，如图 5-17(a)和图 5-18(a)所示。如图 5-17(b)和图 5-18(b)所示，丝杠、滚柱和螺母的中径误差与丝杠和滚柱以及螺母和滚柱之间的轴向间隙改变量呈线性关系。

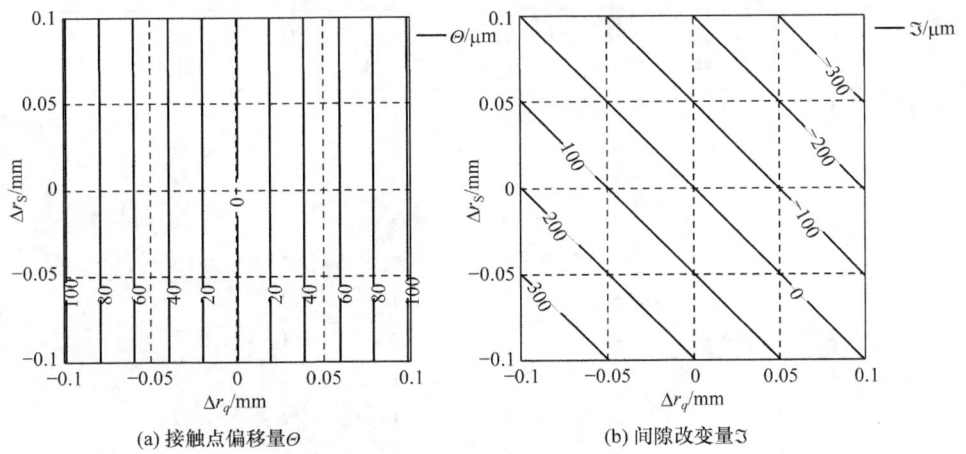

图 5-17　丝杠和滚柱的名义半径误差对两者接触位置和间隙的影响

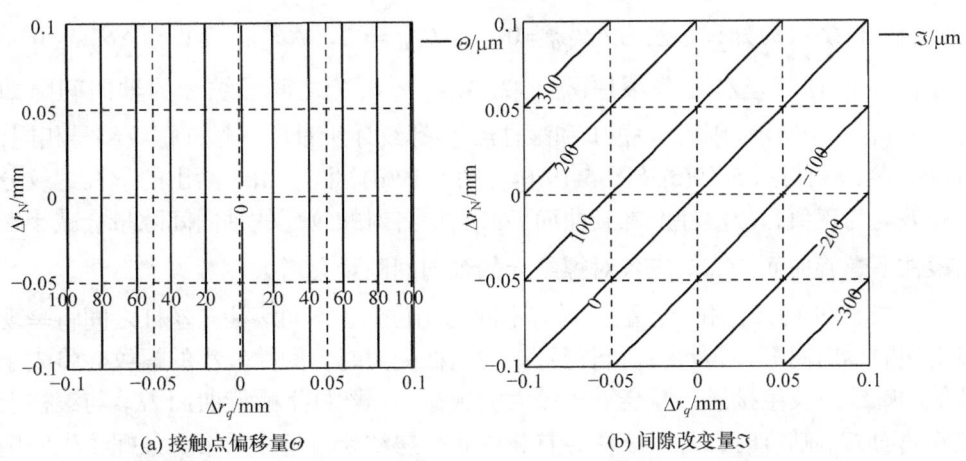

图 5-18　螺母和滚柱的名义半径误差对两者接触位置和间隙的影响

5.4.2 螺纹分头误差

根据式(5-22)和式(5-25)可得，滚柱#1～#4 各螺纹牙上螺旋曲面 Π_{qU} 与下螺旋曲面 Π_{qB} 所对应的丝杠螺纹编号如表 5-1 所示。由式(4-1)和式(4-24)可得，丝杠螺纹的相位差为 $360°/n_S = 720°$，各滚柱之间的相位差为 $360°/n_{roller} = 51.4°$。根据螺纹牙的编号规则，滚柱#1 对应 $\Delta\theta_{S,0}^1 = 0°$，由于 $51.4°<72°$，故滚柱#1 和滚柱#2 上各螺纹牙所对应的丝杠螺纹编号是相同的。螺纹的分头误差不会影响丝杠和滚柱以及螺母和滚柱之间的轴向接触位置，但影响对应螺纹牙之间的轴向间隙。

表 5-1 滚柱#1～#4 各螺纹牙所对应的丝杠螺纹编号

滚柱螺纹牙编号	对应丝杠螺纹编号							
	Π_{1U} 滚柱#1	Π_{1B} 滚柱#1	Π_{2U} 滚柱#2	Π_{2B} 滚柱#2	Π_{3U} 滚柱#3	Π_{3B} 滚柱#3	Π_{4U} 滚柱#4	Π_{4B} 滚柱#4
1	5	1	5	1	1	2	2	3
2	4	5	4	5	5	1	1	2
3	3	4	3	4	4	5	5	1
4	2	3	2	3	3	4	4	5
5	1	2	1	2	2	3	3	4
6	5	1	5	1	1	2	2	3
7	4	5	4	5	5	1	1	2
⋮	⋮	⋮	⋮	⋮	⋮	⋮	⋮	⋮
16	5	1	5	1	1	2	2	3
17	4	5	4	5	5	1	1	2

当丝杠螺纹的分头误差为 $\Delta\theta_{S,0}^1 = 0°$，$\Delta\theta_{S,0}^2 = 0°$，$\Delta\theta_{S,0}^3 = 0.1°$，$\Delta\theta_{S,0}^4 = 0°$，$\Delta\theta_{S,0}^5 = 0.05°$ 时，丝杠与各滚柱(q=1, 2, 3, 4, 5, 6, 7)之间螺纹牙的轴向间隙如图 5-19(a)~(n)所示。因为滚柱#1 和滚柱#2 各螺纹牙所对应的丝杠螺纹编号相同，所以图 5-19(a)与图 5-19(c)及图 5-19(b)与图 5-19(d)相同。由于给出的丝杠螺纹分头误差均为正值，故滚柱上螺旋曲面 Π_{qU} 对应各对螺纹牙的轴向间隙量会减小，而滚柱下螺旋曲面 Π_{qB} 对应各对螺纹牙的轴向间隙量会增大。

由图 5-19 可知，由于各滚柱具有不同的相位角，不同滚柱与丝杠之间将呈现出不同的轴向间隙分布状态。当行星滚柱丝杠受力时，间隙较小的螺纹对将先于其他的螺纹对发生接触，并会承担较大的载荷。当丝杠下螺旋曲面 Π_{SB} 与滚柱上螺旋曲面 Π_{qU} 啮合时，每个滚柱会有 3 或 4 个螺纹牙与丝杠的第 3 条螺纹先发生接触。此时，第 3 条丝杠螺旋线将承受较大的负载。当丝杠上螺旋曲面 Π_{SU} 与滚

柱下螺旋曲面 Π_{qB} 啮合时，每个滚柱会有 10 或 11 个螺纹牙与丝杠先发生接触。由于丝杠螺纹分头误差的影响，此时丝杠的第 3 条和第 5 条螺纹会承受较小的负载。同时，在轻载状态下，丝杠的这两条螺纹可能不参与和滚柱的啮合。

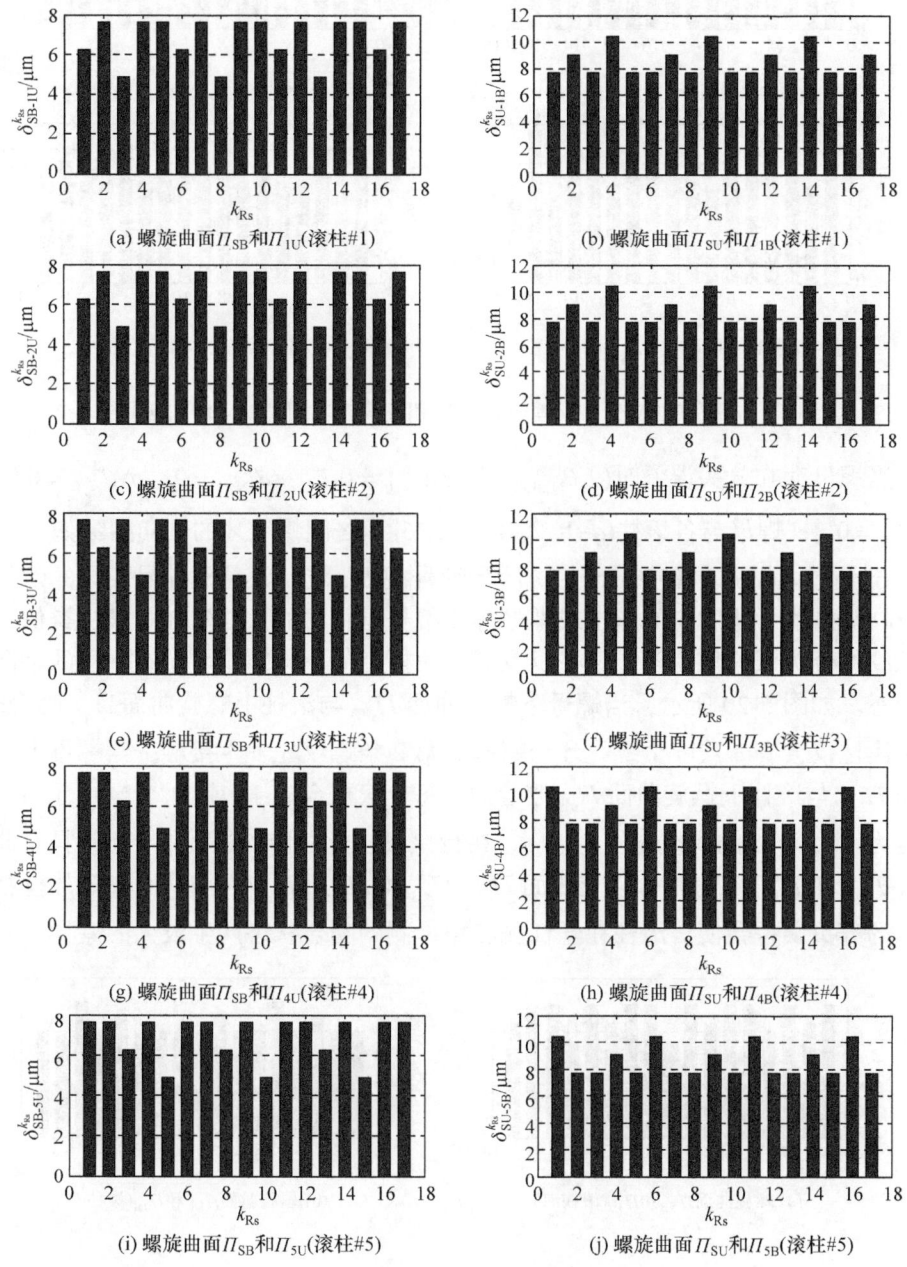

(a) 螺旋曲面 Π_{SB} 和 Π_{1U}(滚柱#1)
(b) 螺旋曲面 Π_{SU} 和 Π_{1B}(滚柱#1)
(c) 螺旋曲面 Π_{SB} 和 Π_{2U}(滚柱#2)
(d) 螺旋曲面 Π_{SU} 和 Π_{2B}(滚柱#2)
(e) 螺旋曲面 Π_{SB} 和 Π_{3U}(滚柱#3)
(f) 螺旋曲面 Π_{SU} 和 Π_{3B}(滚柱#3)
(g) 螺旋曲面 Π_{SB} 和 Π_{4U}(滚柱#4)
(h) 螺旋曲面 Π_{SU} 和 Π_{4B}(滚柱#4)
(i) 螺旋曲面 Π_{SB} 和 Π_{5U}(滚柱#5)
(j) 螺旋曲面 Π_{SU} 和 Π_{5B}(滚柱#5)

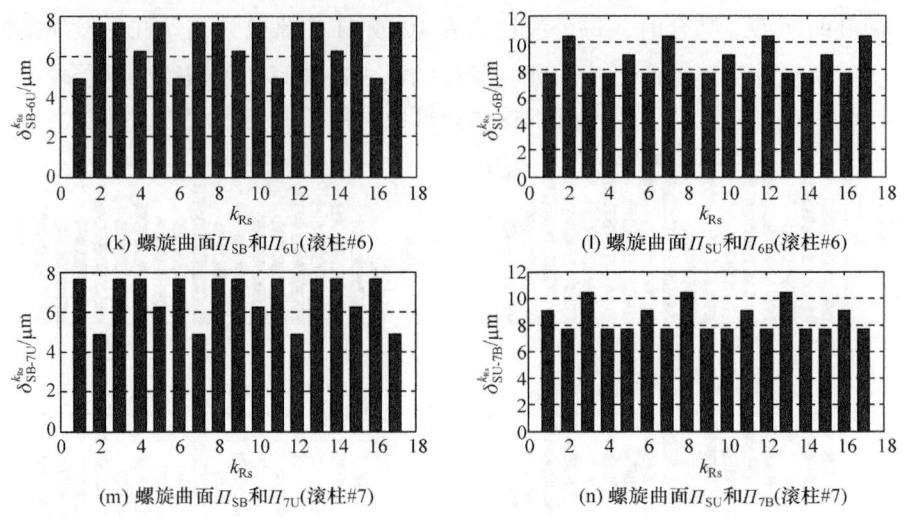

图 5-19 存在丝杠分头误差时，丝杠和各滚柱之间螺纹牙的轴向间隙

当螺母存在分头误差时（$\Delta\theta_{N,0}^1=0°$，$\Delta\theta_{N,0}^2=0.1°$，$\Delta\theta_{N,0}^3=0°$，$\Delta\theta_{N,0}^4=0.05°$，$\Delta\theta_{N,0}^5=0°$），螺母与各滚柱（$q=1,2,3,4,5,6,7$）之间螺纹牙的轴向间隙如图 5-20(a)~(n)所示。根据本章中给出的螺纹牙编号规则，同一滚柱上编号相同的螺母侧和丝杠侧螺纹牙所对应的丝杠或螺母螺纹编号是相同的。与丝杠和滚柱类似，螺母螺纹的分头误差使得各个滚柱以及同一滚柱上的不同螺纹牙具有不同的轴向间隙状态。如图 5-20 所示，当螺母下螺旋曲面 Π_{NB} 与滚柱上螺旋曲面 Π_{qU} 啮合时，每个滚柱仅会有 3 或 4 个螺纹牙与螺母的第 2 条螺纹先发生接触。当螺母上螺旋曲面 Π_{NU} 与滚柱下螺旋曲面 Π_{qB} 啮合时，每个滚柱会有 10 或 11 个螺纹牙与螺母编号为 1、3 和 5 的螺纹先发生接触。在行星滚柱丝杠传动过程中，通常具有曲面 Π_{SB}-Π_{qU} 和 Π_{NU}-Π_{qB} 啮合以及曲面 Π_{SU}-Π_{qB} 和 Π_{NB}-Π_{qU} 啮合两种状态。故丝杠和螺母的分头误差会使得滚柱在丝杠侧和螺母侧的啮合状态产生较大的差异。

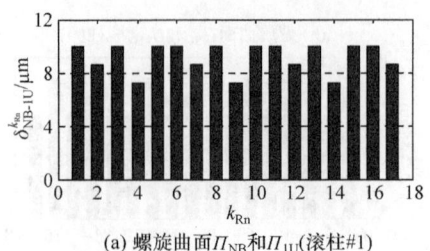

(a) 螺旋曲面 Π_{NB} 和 Π_{1U}（滚柱#1）

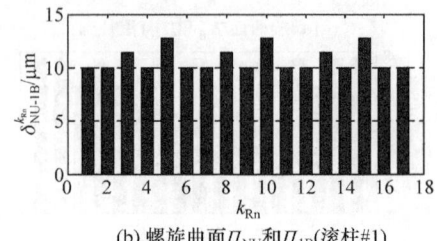

(b) 螺旋曲面 Π_{NU} 和 Π_{1B}（滚柱#1）

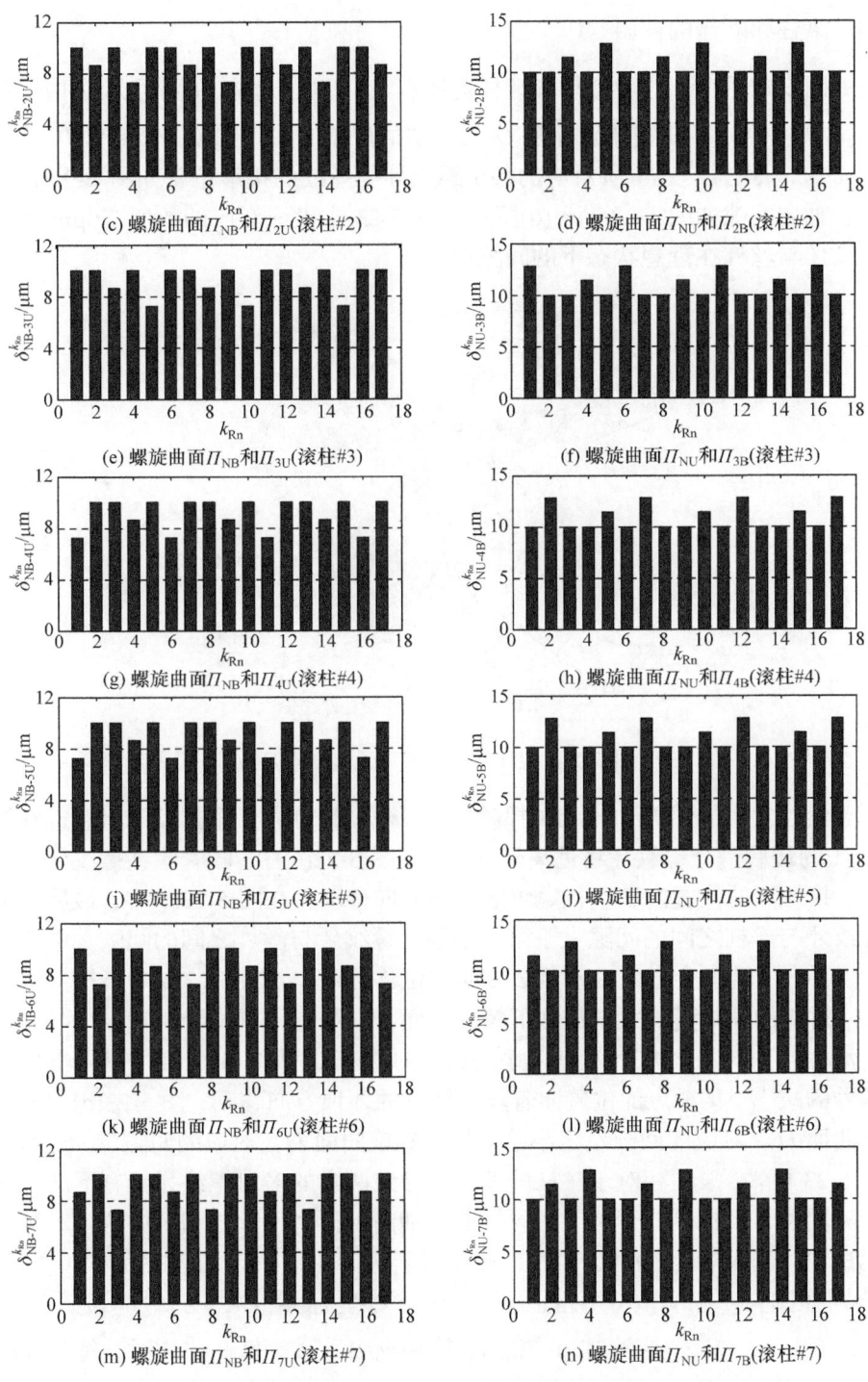

图 5-20 存在螺母分头误差时，螺母和各滚柱之间螺纹牙的轴向间隙

5.4.3 滚柱和螺母的偏斜

如图 5-21 所示，假设螺母和滚柱均绕点 o_{Nr} 相对于丝杠在平面 XOZ 内偏转角度 ψ_N，其中点 o_{Nr} 在整体坐标系 $O\text{-}XYZ$ 中的位置向量为 $[0, 0, (n_T-1)\cdot P/2]^T$。当 $\psi_N = 1'$ 时，滚柱#1~#4 所对应的各个螺纹牙与丝杠的接触位置如图 5-22(a)~(d) 所示，轴向间隙如图 5-23(a)~(d) 所示。图 5-23 中虚线对应的数值 7.6μm 为滚柱各螺纹牙与丝杠在理想状态下的间隙量。

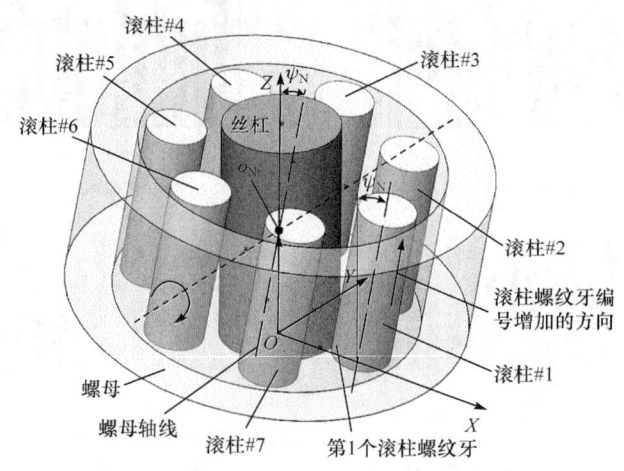

图 5-21 滚柱和螺母相对于丝杠的偏斜

当滚柱发生如图 5-21 所示的偏斜时，滚柱#1 的第 1 个螺纹牙将靠近丝杠，滚柱#1 的最后一个螺纹牙将远离丝杠。故在图 5-22(a)中，随着滚柱螺纹牙编号的增加，接触点的位置向着丝杠螺纹的牙顶方向移动；在图 5-23(a)中，最后一个滚柱螺纹牙与丝杠之间的间隙大于第 1 个滚柱螺纹牙与丝杠之间的间隙。由于滚柱#1 绕点 o_{Nr} 的转动会产生沿着负 Z 方向的位移分量，故图 5-23(a)中滚柱上螺旋曲面 Π_{1U} 对应的间隙量将大于滚柱下螺旋曲面 Π_{1B} 对应的间隙量。

滚柱#4 相对于丝杠的运动几乎与滚柱#1 相反，故图 5-22(d)中随着滚柱螺纹牙编号的减小，接触点的位置向着丝杠螺纹的牙顶方向移动；图 5-23(d)中滚柱上螺旋曲面 Π_{4U} 对应的间隙量将小于滚柱下螺旋曲面 Π_{4B} 对应的间隙量。由图 5-22 和图 5-23 可知，滚柱相对于丝杠的偏斜会导致两者的多对螺纹牙具有不同的接触位置。同时，当标准式行星滚柱丝杠承受轴向载荷时，丝杠和滚柱的多对螺纹牙也无法同时进入啮合。滚柱#1 绕点 o_{1r} 相对于螺母在平面 XOZ 和平面 YOZ 内的偏斜分别如图 5-24(a)和(b)所示。点 o_{1r} 在整体坐标系 $O\text{-}XYZ$ 中的位置向量为 $[r_S + r_q, 0, n_T\cdot P/2]^T$。当滚柱#1 绕点 o_{1r} 旋转 $\varphi_1 = 1.5'$ 或旋转 $\varphi_1 = 1.5'$ 时，螺母与滚柱#1 各螺纹牙之间的接触位置如图 5-25 所示，轴向间隙如图 5-26 所示。

第 5 章 考虑误差的行星滚柱丝杠啮合特性

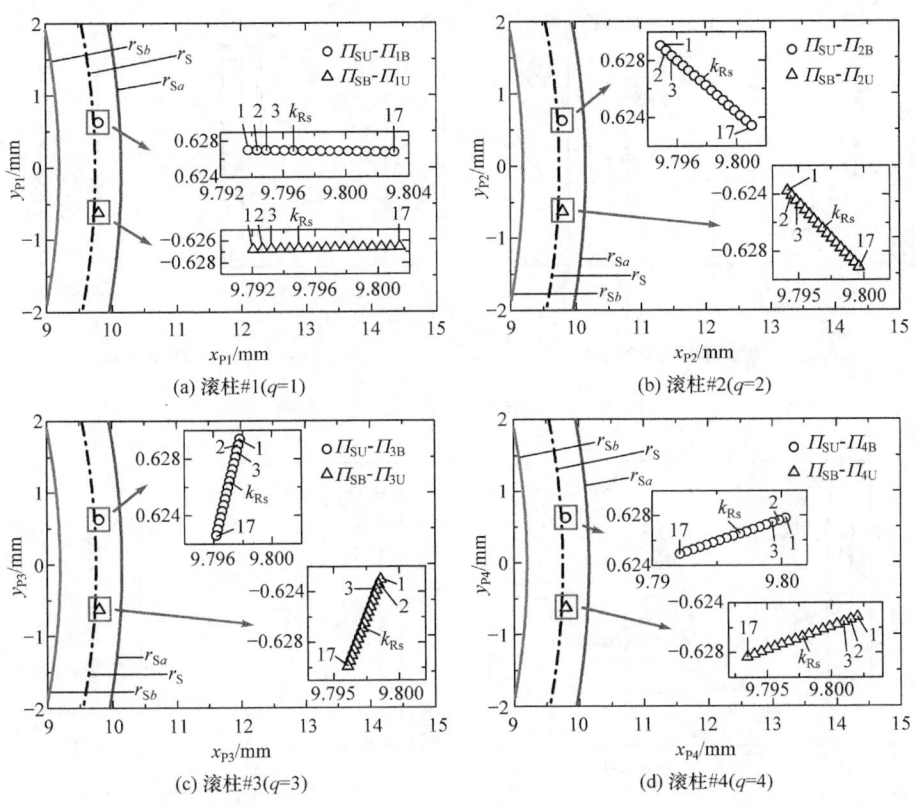

图 5-22 当滚柱和螺母同时发生偏斜时，丝杠和滚柱#1～#4 的接触位置

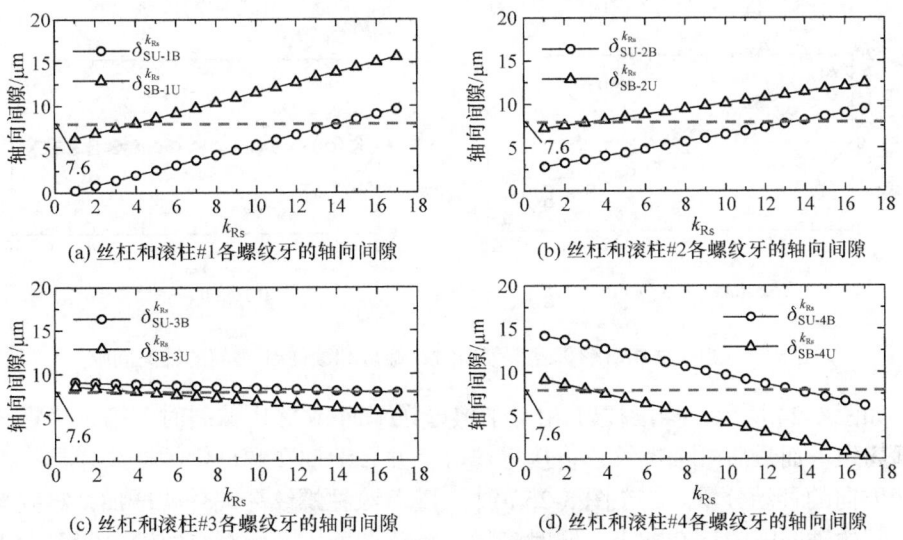

图 5-23 当滚柱和螺母同时发生偏斜时，丝杠和滚柱#1～#4 的轴向间隙

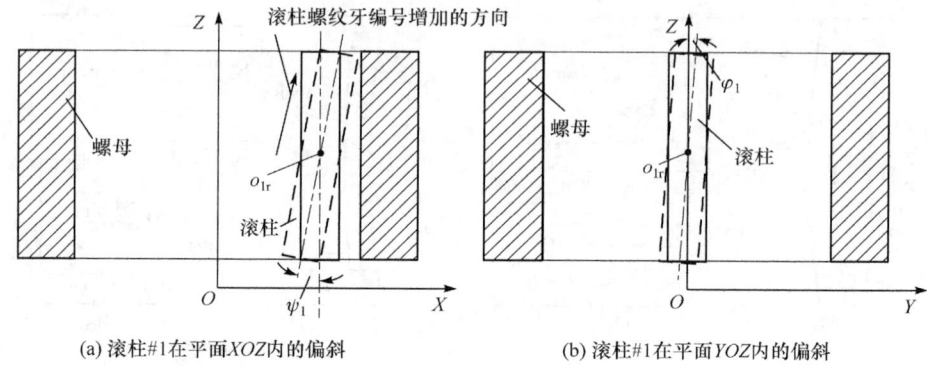

(a) 滚柱#1在平面XOZ内的偏斜　　　　(b) 滚柱#1在平面YOZ内的偏斜

图 5-24　滚柱#1 相对于螺母的偏斜

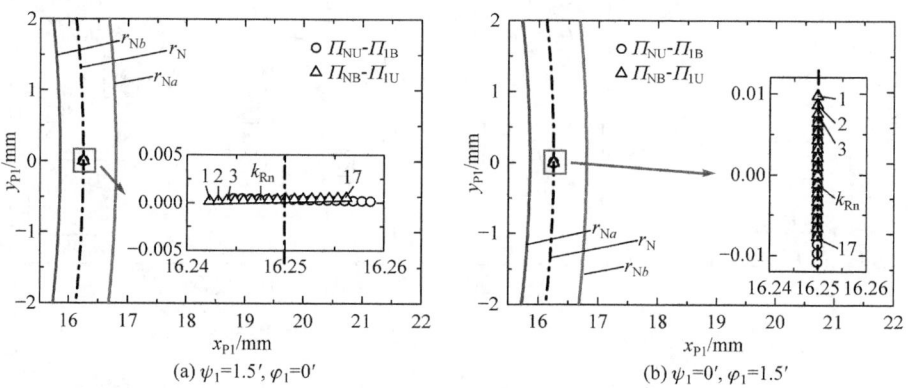

(a) $\psi_1=1.5'$, $\varphi_1=0'$　　　　(b) $\psi_1=0'$, $\varphi_1=1.5'$

图 5-25　当滚柱相对螺母发生偏斜时，螺母和滚柱#1 之间的接触位置

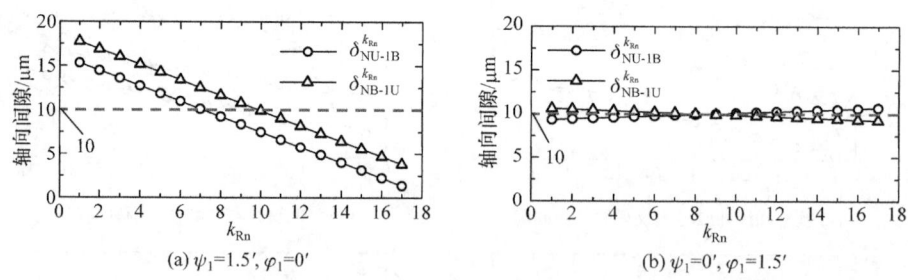

(a) $\psi_1=1.5'$, $\varphi_1=0'$　　　　(b) $\psi_1=0'$, $\varphi_1=1.5'$

图 5-26　当滚柱相对螺母发生偏斜时，螺母和滚柱#1 之间的轴向间隙

如图 5-24 所示，当滚柱#1 相对于螺母在平面 XOZ 内偏斜时，第 1 个螺纹牙将远离螺母而最后一个螺纹牙将接近螺母，并且滚柱在螺母侧的螺纹牙具有沿着负 Z 方向的移动分量。故在图 5-26(a)中，随着滚柱螺纹牙编号的增加，对应与螺母之间的轴向间隙逐渐减小，同时滚柱上螺旋曲面 $\varPi_{1U}$ 所对应的轴向间隙大于滚柱下螺旋曲面 $\varPi_{1B}$ 的对应值。当滚柱#1 相对于螺母在平面 YOZ 内偏斜时，滚柱

各螺纹牙将主要沿着 Y 轴移动。故图 5-25(b)中的各接触点近似地分布在平行于 y_{P1} 轴的直线上。对比图 5-26(a)和(b)可知，滚柱相对于螺母的横向偏斜对各螺纹牙之间的轴向间隙影响较小。

参 考 文 献

[1] BLINOV D S, RYAKHOVSKY O A, SOKOLOV P A. Numerical method of determining the point of initial thread contact of two screws with parallel axes and different thread inclinations [J]. Vestn. MGTU, Mashinostr., 1996, (3): 93-97.

[2] 赵英, 倪洁, 吕丽娜. 滚柱丝杠副的啮合计算 [J]. 机械设计, 2003, 20(3): 34-35.

[3] RYAKHOVSKIY O A, SOROKIN F D, MAROKHIN A S. Calculation of radial displacements of nut and rollers axes and the position of a contact between the nut and the roller thread in an inverted planetary roller screw mechanism [J]. Proceedings of Higher Educational Institutions Machine Building, 2013, (11): 12-19.

[4] FEDOSOVSKY M E, ALEKSANIN S A, PUCTOZEROV R V. Use of numerical method for determination of contact points position in roller screw threads [J]. Biosciences Biotechnology Research Asia, 2015, 12(1): 721-730.

[5] JONES M H, VELINSKY S A. Contact kinematics in the roller screw mechanism [J]. Journal of Mechanical Design, 2013, 135(5): 051003-1-10.

[6] LIU Y Q, WANG J S, CHENG H G, et al. Kinematics analysis of the roller screw based on the accuracy of meshing point calculation [J]. Mathematical Problems in Engineering, 2015, DOI: 10.1155-2015-303972.

[7] 付晓军, 刘更, 马尚君, 等. 行星滚柱丝杠副螺旋曲面啮合机理研究[J]. 机械工程学报, 2016, 52(3): 26-33.

[8] TSELISHCHEV A S, ZHAROV I S. Elastic elements in roller-screw mechanisms [J]. Russian Engineering Research, 2008, 28(11): 1040-1043.

[9] FU X J, LIU G, MA S J, et al. A comprehensive contact analysis of planetary roller screw mechanism[J]. ASME, Journal of Mechanical Design, 2017, 139(1): 012302-1-11.

[10] 付晓军, 刘更, 马尚君, 等. 考虑零件偏斜的行星滚柱丝杠副啮合特性研究[J]. 机械工程学报, 2017, 52(3): 25-33.

第6章　考虑误差的行星滚柱丝杠传动运动学

行星滚柱丝杠在传动过程中具有丝杠和滚柱以及螺母和滚柱多界面多点接触以及螺纹与齿轮啮合相耦合的特点。当计入零件的装配与制造误差时，丝杠、滚柱和螺母的啮合状态与滚柱和螺母的运动状态将呈现出复杂的变化规律。建立考虑误差的行星滚柱丝杠运动学模型，研究误差对行星滚柱丝杠啮合与运动状态的影响，对分析与提高该传动机构的性能以及相关零件的尺寸公差设计有着重要意义。

现有行星滚柱丝杠运动学研究中[1-9]，大多以理想行星滚柱丝杠为研究对象。实际行星滚柱丝杠在传动过程中，由于加工与装配误差以及弹性变形的存在，会具有与理想行星滚柱丝杠不同的啮合特性。例如，节圆偏移现象会导致滚柱的轴向窜动[7,8]；当存在加工与装配误差时，为了适应丝杠旋转过程中，丝杠和滚柱以及螺母和滚柱的啮合状态变化，滚柱需具有一定的横向和径向浮动范围[9]；丝杠偏心与螺母的位置误差会导致一部分滚柱无法同时与丝杠和螺母相接触，从而会引起行星滚柱丝杠中运动传递路径的变化[9]；滚柱和螺母的偏心误差会导致齿轮副传动比的波动，从而引起滚柱和螺母之间的滑动[9]。

2.4节中介绍了考虑节圆偏移的行星滚柱丝杠运动学模型，给出了节圆偏移产生机理和理论推导过程，并讨论了节圆偏移对行星滚柱丝杠运动学特性的影响规律。本章将在此基础上，重点介绍包含零件偏心误差和位置误差以及螺纹分头误差的标准式行星滚柱丝杠运动学模型和特性，阐述行星滚柱丝杠中滚柱浮动、传递路径变化和齿轮副传动比波动等现象的产生机理，讨论分析结构和装配参数、零件偏心误差和位置误差以及螺纹分头误差对标准式行星滚柱丝杠运动学特性的影响规律。

6.1　偏心误差与位置误差

6.1.1　偏心误差

多头螺纹的分头误差以及牙型误差在5.1.1小节中给出了描述，这里不再赘述。下面将主要介绍丝杠、滚柱、螺母、内齿圈和保持架的偏心误差与位置误差。本章基于以下假设条件介绍考虑误差的标准式行星滚柱丝杠运动学分析：

(1) 所有零件均视为刚体；
(2) 丝杠、滚柱、螺母、保持架和内齿圈的轴线相互平行；
(3) 所有滚柱的公转速度相同并且等于保持架的转速。

如图 6-1(a)所示，o_{Sr} 和 o_S 分别为丝杠旋转轴与螺纹节圆的中心，e_S 为丝杠偏心误差的幅值，丝杠偏心误差的相位角会随着丝杠的旋转而变化。在图 6-1(b)中，o_q、o_{qg} 和 o_{qp} 分别表示滚柱#q($q=1, 2, \cdots, n_{roller}$，$n_{roller}$ 为滚柱个数)的螺纹节圆、直齿和销轴的中心，e_q 和 e_{qg} 分别为滚柱螺纹和直齿相对于销轴偏心误差的幅值，φ_{qg}($\varphi_{qg} \in [0,2\pi)$)表示直线 $o_{qp}o_q$ 和直线 $o_{qr}o_q$ 构成的角度，o_{qr} 为滚柱#q 的旋转轴中心。由于滚柱的旋转轴可能与其销轴轴线不重合，故用图 6-1(b)中的 e_{qr} 和 φ_{qr} 来描述滚柱#q 旋转轴与其销轴轴线的相对位置。

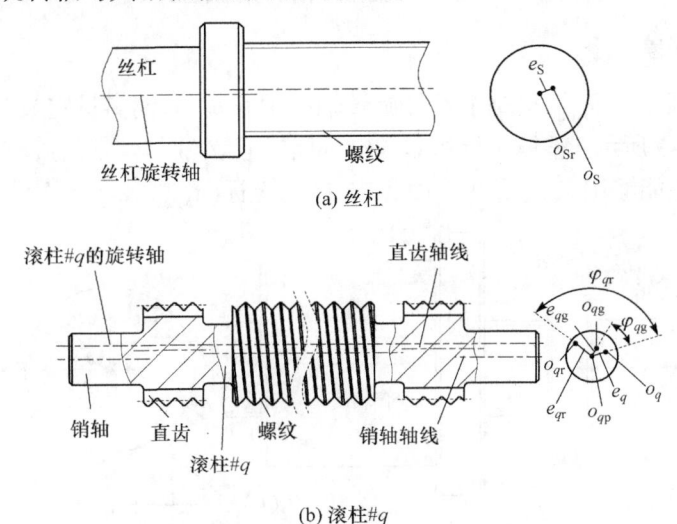

图 6-1 丝杠和滚柱的偏心误差

在标准式行星滚柱丝杠中，螺母、内齿圈和保持架构成了一个子装配体，如图 6-2 所示，其中 o_{Nout} 和 o_N 分别表示螺母外圆和螺纹节圆的中心，o_{Ng} 和 o_P 分别为内齿圈和保持架的中心。由于螺母外圆既是内螺纹磨削的加工基准，又是该子装配体的安装基准，螺母、内齿圈和保持架的偏心误差将相对于该外圆进行定义。在图 6-2 中，e_N、e_{Ng} 和 e_P 分别为螺母、内齿圈和保持架偏心误差的幅值，φ_{Ng} 与 φ_P(φ_{Ng}，$\varphi_P \in [0,2\pi)$)分别为直线 $o_{Nout}o_{Ng}$ 和直线 $o_{Nout}o_P$ 与直线 $o_{Nout}o_N$ 之间的角度。螺母和内齿圈偏心误差的相位角与该子装配体的安装相关。若忽略保持架与内齿圈之间的径向间隙，保持架偏心误差的相位角可由其安装状态和旋转角度确定。

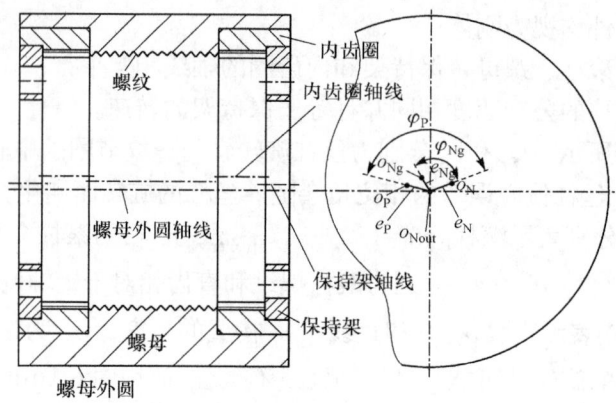

图 6-2 螺母、内齿圈和保持架的偏心误差

6.1.2 位置误差

螺母外圆中心 o_{Nout} 相对于丝杠旋转轴线中心 o_{Sr} 的偏离量定义为螺母的位置误差,如图 6-3 所示,整体坐标系 $O\text{-}XYZ$ 固定,且 Z 轴与丝杠的旋转轴线相重合。螺母位置误差能够用点 o_{Nout} 在平面 XOY 中的坐标 (ε_{Mx}, ε_{My}) 表示。

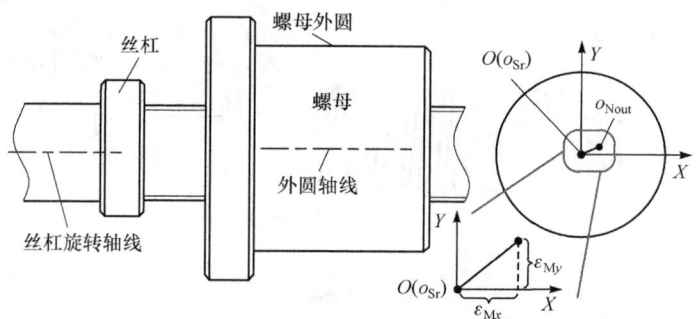

图 6-3 螺母的位置误差

保持架中销孔位置误差的描述如图 6-4 所示,其中销孔#q ($q=1, 2, \cdots, n_{\text{roller}}$) 为保持架上与滚柱#$q$ 所对应的安装孔。由于加工误差,销孔#q 的实际中心点 o_{Hq} 可能偏离其理想位置 $o_{Hq,0}$。在图 6-4 中,局部坐标系 $o_{Pq}\text{-}x_{Pq}y_{Pq}z_{Pq}$ 和坐标系 $o_P\text{-}x_P y_P z_P$ 均与保持架固连,且两坐标系的原点重合,x_{Pq} 轴穿过点 $o_{Hq,0}$ 而 x_P 轴穿过点 $o_{H1,0}$。使用向量 $\overrightarrow{o_{Hq,0}o_{Hq}}$ 在局部坐标系 $o_{Pq}\text{-}x_{Pq}y_{Pq}z_{Pq}$ 中所对应的坐标来描述销孔#q 的位置误差,即图 6-4 中 ε_{Hqx} 和 ε_{Hqy} 分别为销孔#q 的径向和横向位置误差。由于多个滚柱通常会均匀地安装在丝杠和螺母之间,故角度 Φ_q 可表示为

$$\Phi_q = (q-1)\frac{2\pi}{n_{\text{roller}}}, \quad q = 1, 2, \cdots, n_{\text{roller}} \tag{6-1}$$

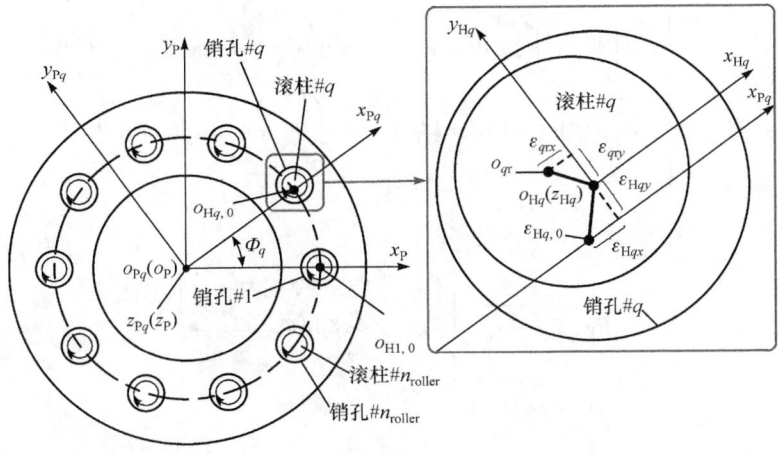

图 6-4 销孔#q 的位置误差

建立如图 6-4 所示的坐标系 o_{Hq}-$x_{Hq}y_{Hq}z_{Hq}$ 来描述滚柱#q 在销孔#q 中的位置。原点 o_{Hq} 与销孔#q 的中心重合，x_{Hq} 轴与 x_{Pq} 轴相互平行且方向相同。图 6-4 中，(ε_{qrx}，ε_{qry}) 为滚柱旋转轴中心 o_{qr} 在平面 $x_{Hq}o_{Hq}y_{Hq}$ 中的坐标值。

6.2 间隙与刚体接触约束条件

6.2.1 螺纹牙之间的轴向间隙

假设在任意 t 时刻下，标准式行星滚柱丝杠中丝杠、螺母和滚柱#q 在整体坐标系 O-XYZ 中的位置如图 6-5 所示，其中整体坐标系 O-XYZ、局部坐标系 o_{Pq}-$x_{Pq}y_{Pq}z_{Pq}$ 和坐标系 o_P-$x_Py_Pz_P$ 在图 6-3 和图 6-4 中给出了说明。在图 6-5 中，ω_S、ω_P 和 ω_q^P 分别为丝杠、保持架和滚柱的自转角速度；Ω_S、Ω_P 和 Ω_q^P 分别为丝杠、保持架和滚柱的初始旋转角度；Ω_N 为螺母的安装角。$\omega_S>0$ 表示丝杠逆时针旋转；$\omega_S<0$ 表示丝杠顺时针旋转。ω_q^P 和 Ω_q^P 的上标 P 表示两者相对于坐标系 o_P-$x_Py_Pz_P$ 进行测量，而 ω_S、ω_P、Ω_S、Ω_P 和 Ω_N 均相对于整体坐标系 O-XYZ 进行测量。

由图 6-5 可得，局部坐标系 o_{Pq}-$x_{Pq}y_{Pq}z_{Pq}$ 向整体坐标系 O-XYZ 的坐标变换为

$$T_{Pq} = \begin{bmatrix} H_{Pq} & p_{Pq} \\ 0 \quad 0 \quad 0 & 1 \end{bmatrix} \tag{6-2}$$

其中，

$$\boldsymbol{H}_{Pq} = \begin{bmatrix} \cos\left(\varPhi_q + \int_0^t \omega_P dt + \varOmega_P\right) & -\sin\left(\varPhi_q + \int_0^t \omega_P dt + \varOmega_P\right) & 0 \\ \sin\left(\varPhi_q + \int_0^t \omega_P dt + \varOmega_P\right) & \cos\left(\varPhi_q + \int_0^t \omega_P dt + \varOmega_P\right) & 0 \\ 0 & 0 & 1 \end{bmatrix} \quad (6\text{-}3)$$

$$\boldsymbol{p}_{Pq} = \overrightarrow{Oo_{Pq}} = \begin{bmatrix} \varepsilon_{Mx} + e_P \cos(\varphi_P + \varOmega_N) \\ \varepsilon_{My} + e_P \sin(\varphi_P + \varOmega_N) \\ 0 \end{bmatrix} \quad (6\text{-}4)$$

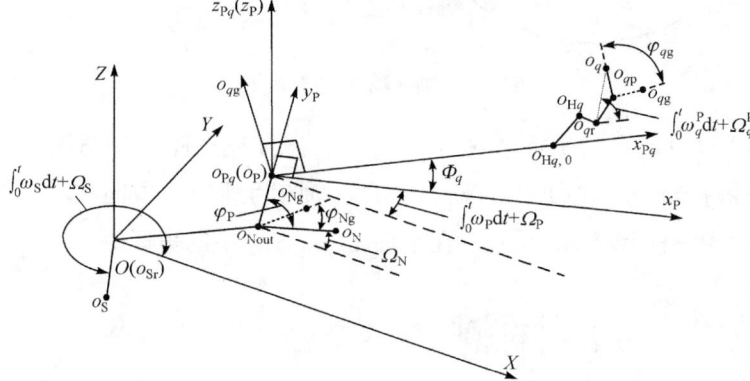

图 6-5　标准式行星滚柱丝杠中丝杠、螺母和滚柱#q 在整体坐标系 O-XYZ 中的位置

根据 5.1.2 小节图 5-3 中对丝杠、滚柱和螺母偏移向量 ε_S、ε_q 和 ε_N 的定义，图 6-5 中丝杠偏移向量 ε_S 可表示为

$$\varepsilon_S = \overrightarrow{Oo_S} = \begin{bmatrix} e_S \cos\left(\int_0^t \omega_S dt + \varOmega_S\right) \\ e_S \sin\left(\int_0^t \omega_S dt + \varOmega_S\right) \\ 0 \end{bmatrix} \quad (6\text{-}5)$$

滚柱#q 的偏移向量 ε_q 为

$$\varepsilon_q = \boldsymbol{H}_{Pq} \cdot \overrightarrow{o_{Hq,0} o_q} + \boldsymbol{p}_{Pq} = \boldsymbol{H}_{Pq} \begin{bmatrix} \varepsilon_{Hqx} + \varepsilon_{qrx} + |\overrightarrow{o_{qr}o_q}| \cos\left(\int_0^t \omega_q^P dt + \varOmega_q^P\right) \\ \varepsilon_{Hqy} + \varepsilon_{qry} + |\overrightarrow{o_{qr}o_q}| \sin\left(\int_0^t \omega_q^P dt + \varOmega_q^P\right) \\ 0 \end{bmatrix} + \boldsymbol{p}_{Pq} \quad (6\text{-}6)$$

式中，$|\overrightarrow{o_{qr}o_q}|$ 为点 o_{qr} 和点 o_q 之间的距离。

$$|\overrightarrow{o_{qr}o_q}|=\sqrt{e_{qr}^2+e_q^2+2e_{qr}e_q\cos\varphi_{qr}} \quad (6-7)$$

螺母的偏移向量 ε_N 为

$$\varepsilon_N=\overrightarrow{Oo_N}=\begin{bmatrix}\varepsilon_{Mx}+e_N\cos\Omega_N\\ \varepsilon_{My}+e_N\sin\Omega_N\\ 0\end{bmatrix} \quad (6-8)$$

滚柱#q 与丝杠和螺母各螺纹牙之间的轴向间隙如图 6-6 所示。其中，Π_{iU} 和 Π_{iB} 分别为丝杠、螺母或滚柱#q 的上螺旋曲面与下螺旋曲面，下标 i=S, N, q 分别表示丝杠、螺母或滚柱#q。$\delta_{SU\text{-}qB}^{k_{Rs}}$ 和 $\delta_{SB\text{-}qU}^{k_{Rs}}$ 分别为第 k_{Rs} 个（k_{Rs}=1, 2, $\cdots$, n_T, n_T 为滚柱螺纹牙的个数）滚柱螺纹牙的螺旋曲面 Π_{qB} 和 Π_{qU} 与对应丝杠螺旋曲面之间的轴向间隙；$\delta_{NU\text{-}qB}^{k_{Rn}}$ 和 $\delta_{NB\text{-}qU}^{k_{Rn}}$ 分别为第 k_{Rn} 个（k_{Rn}=1, 2, $\cdots$, n_T）滚柱螺纹牙的螺旋曲面 Π_{qB} 和 Π_{qU} 与对应螺母螺旋曲面之间的轴向间隙。

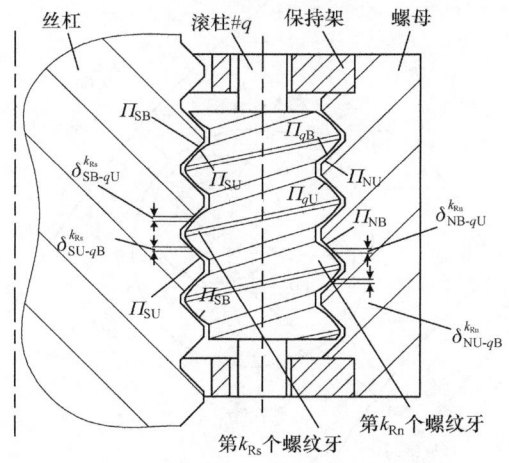

图 6-6 标准式行星滚柱丝杠中滚柱#q 与丝杠和螺母各螺纹牙之间的轴向间隙

本小节并未给出求解图 6-6 中各螺纹牙之间轴向间隙 $\delta_{SU\text{-}qB}^{k_{Rs}}$、$\delta_{SB\text{-}qU}^{k_{Rs}}$、$\delta_{NU\text{-}qB}^{k_{Rn}}$ 和 $\delta_{NB\text{-}qU}^{k_{Rn}}$ 的计算公式。当由式(6-5)、式(6-6)和式(6-8)所定义的偏移向量 ε_S、ε_q 和 ε_N 已知时，轴向间隙 $\delta_{SU\text{-}qB}^{k_{Rs}}$、$\delta_{SB\text{-}qU}^{k_{Rs}}$、$\delta_{NU\text{-}qB}^{k_{Rn}}$ 和 $\delta_{NB\text{-}qU}^{k_{Rn}}$ 以及各滚柱螺纹牙所对应的丝杠或螺母螺纹编号 j(j=1, 2, $\cdots$, n_i, n_i 为螺纹头数)均能够通过 5.2.3 小节与 5.2.4 小节所建立的啮合模型获得。

6.2.2 滚柱和保持架之间的径向间隙

如图 6-7 所示,滚柱#q 与销孔#q 之间的最小径向间隙定义为滚柱#q 与保持架的径向间隙 δ_{qr},其坐标系 $o_{qr}\text{-}x_{qr}y_{qr}z_{qr}$ 和 $o_{qp}\text{-}x_{qp}y_{qp}z_{qp}$ 分别与点 o_{qr} 和 o_{qp} 相固连,并且 x_{qr} 轴和 x_{qp} 轴均经过点 o_q。由图 6-7 可得坐标系 $o_{qp}\text{-}x_{qp}y_{qp}z_{qp}$ 向坐标系 $o_{qr}\text{-}x_{qr}y_{qr}z_{qr}$ 转换的旋转矩阵为

$$\boldsymbol{H}_{qp}^{qr} = \begin{cases} \begin{bmatrix} 1 & 0 & 0 \\ 0 & 1 & 0 \\ 0 & 0 & 1 \end{bmatrix}, & |\overrightarrow{o_{qr}o_q}| = 0 \\ \begin{bmatrix} (e_q - e_{qr}\cos\varphi_{qr})/|\overrightarrow{o_{qr}o_q}| & -e_{qr}\sin\varphi_{qr}/|\overrightarrow{o_{qr}o_q}| & 0 \\ e_{qr}\sin\varphi_{qr}/|\overrightarrow{o_{qr}o_q}| & (e_q - e_{qr}\cos\varphi_{qr})/|\overrightarrow{o_{qr}o_q}| & 0 \\ 0 & 0 & 1 \end{bmatrix}, & |\overrightarrow{o_{qr}o_q}| \neq 0 \end{cases} \tag{6-9}$$

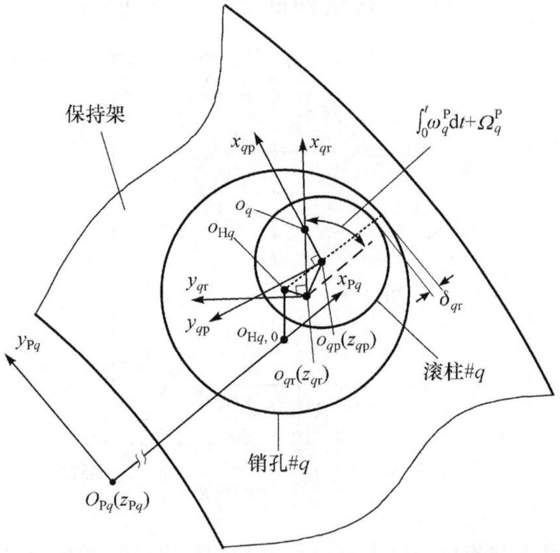

图 6-7 滚柱#q 与保持架之间的径向间隙

同理,由坐标系 $o_{qr}\text{-}x_{qr}y_{qr}z_{qr}$ 向坐标系 $o_{Pq}\text{-}x_{Pq}y_{Pq}z_{Pq}$ 转换的旋转矩阵为

$$\boldsymbol{H}_{qr}^{Pq} = \begin{bmatrix} \cos\left(\int_0^t \omega_q^P \mathrm{d}t + \Omega_q^P\right) & -\sin\left(\int_0^t \omega_q^P \mathrm{d}t + \Omega_q^P\right) & 0 \\ \sin\left(\int_0^t \omega_q^P \mathrm{d}t + \Omega_q^P\right) & \cos\left(\int_0^t \omega_q^P \mathrm{d}t + \Omega_q^P\right) & 0 \\ 0 & 0 & 1 \end{bmatrix} \tag{6-10}$$

从图 6-7 中可知，滚柱#q 与保持架之间的径向间隙 δ_{qr} 可表示为

$$\delta_{qr} = \frac{\zeta_{Hq}}{2} - |\overrightarrow{o_{Hq}o_{qp}}| \tag{6-11}$$

式中，ζ_{Hq} 为滚柱和销孔的名义径向间隙；$|\overrightarrow{o_{Hq}o_{qp}}|$ 为点 o_{Hq} 和点 o_{qp} 之间的距离。

$$\zeta_{Hq} = \frac{\zeta_{HU} + \zeta_{HB}}{2} - \frac{\zeta_{qU} + \zeta_{qB}}{2} \tag{6-12}$$

式中，ζ_{HU} 和 ζ_{HB} 分别为保持架销孔直径的上公差与下公差；ζ_{qU} 和 ζ_{qB} 分别为滚柱销轴直径的上公差与下公差。由式(6-2)、式(6-9)和式(6-10)，向量 $\overrightarrow{o_{Hq}o_{qp}}$ 可表示为[9]

$$\overrightarrow{o_{Hq}o_{qp}} = \boldsymbol{H}_{Pq} \cdot \begin{bmatrix} \varepsilon_{qrx} \\ \varepsilon_{qry} \\ 0 \end{bmatrix} + \boldsymbol{H}_{Pq} \cdot \boldsymbol{H}_{qr}^{Pq} \cdot \boldsymbol{H}_{qp}^{qr} \cdot \begin{bmatrix} -e_{qr}\cos\varphi_{qr} \\ -e_{qr}\sin\varphi_{qr} \\ 0 \end{bmatrix} \tag{6-13}$$

6.2.3 滚柱和内齿圈之间的法向间隙

滚柱#q 上直齿与内齿圈的啮合齿面如图 6-8 所示，其中，$\varPi_{qg1}$ 和 $\varPi_{qg2}$ 分别为滚柱直齿的上齿面和下齿面，$\varPi_{Ng1}$ 和 $\varPi_{Ng2}$ 为内齿圈的上齿面和下齿面。由于滚柱直齿和内齿圈之间的间隙，当滚柱在螺母内滚动时，通常存在滚柱直齿的上齿面 $\varPi_{qg1}$ 和内齿圈的上齿面 $\varPi_{Ng1}$ 啮合，以及滚柱直齿的下齿面 $\varPi_{qg2}$ 和内齿圈的下齿面 $\varPi_{Ng2}$ 啮合两种情况。在图 6-8 中，使用 $\xi_G = 1$ 代表滚柱直齿的上齿面 $\varPi_{qg1}$ 和内齿圈的上齿面 $\varPi_{Ng1}$ 啮合；使用 $\xi_G = 2$ 代表滚柱直齿的下齿面 $\varPi_{qg2}$ 和内齿圈的下齿面 $\varPi_{Ng2}$ 啮合。

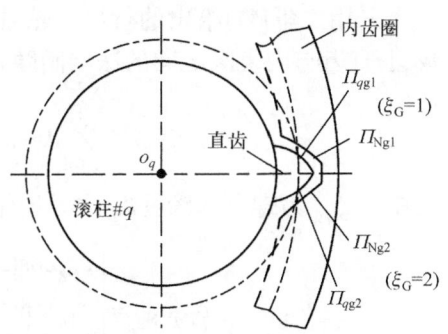

图 6-8 滚柱#q 上直齿和内齿圈的啮合齿面

考虑零件的偏心误差与位置误差，螺母和滚柱#q 之间齿轮副的啮合关系如图 6-9 所示，其中向量 $\boldsymbol{n}_{qg,\xi_G}$ ($\xi_G=1, 2$)表示齿面 $\varPi_{qg1}$ 和 $\varPi_{Ng1}$ 或齿面 $\varPi_{qg2}$ 和 $\varPi_{Ng2}$ 啮合时，齿面在接触点 G_q 处的法线方向。理想状态下，两相啮合齿轮基圆之间的公切面通常被定义为该齿轮副的啮合平面[10,11]。假设图 6-9 中接触点 G_q 始终处于滚柱直齿和内齿圈的啮合平面内，向量 $\boldsymbol{n}_{qg,\xi_G}$ 可表示为

$$\boldsymbol{n}_{qg,\xi_G} = \boldsymbol{H}_{Pq}[-\sin\alpha, (-1)^{\xi_G} \cdot \cos\alpha, 0]^T \tag{6-14}$$

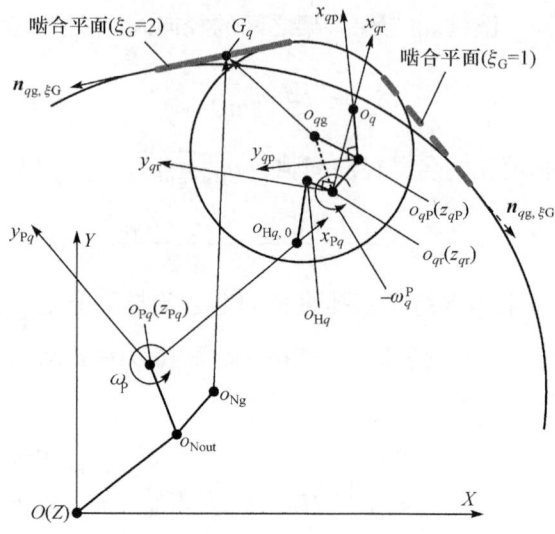

图 6-9 螺母和滚柱#q 之间齿轮副的啮合关系

式中，α 为齿轮副的压力角；$\xi_G=1$ 代表滚柱直齿的上齿面 Π_{qg1} 和内齿圈的上齿面 Π_{Ng1} 啮合；$\xi_G=2$ 代表滚柱直齿的下齿面 Π_{qg2} 和内齿圈的下齿面 Π_{Ng2} 啮合。

采用文献[11]给出的行星齿轮系统各齿轮副之间法向间隙的计算方法，滚柱#q 上直齿与内齿圈之间的法向间隙 δ_{qg} 为

$$\delta_{qg} = \zeta_{qg} + \sum_{\xi_G=1}^{2}[(\overrightarrow{o_{Pq}o_{Ng}} + \overrightarrow{o_{Hq,0}o_{qr}} + \overrightarrow{o_{qr}o_{qg}})\boldsymbol{n}_{qg,\xi_G}] \tag{6-15}$$

式中，ζ_{qg} 为螺母和滚柱#q 之间齿轮副的初始法向间隙量。

$$\overrightarrow{o_{Pq}o_{Ng}} = \begin{bmatrix} e_{Ng}\cos(\Omega_N+\varphi_{Ng}) - e_P\cos(\Omega_N+\varphi_P) \\ e_{Ng}\sin(\Omega_N+\varphi_{Ng}) - e_P\sin(\Omega_N+\varphi_P) \\ 0 \end{bmatrix} \tag{6-16}$$

$$\overrightarrow{o_{Hq,0}o_{qr}} = \boldsymbol{H}_{Pq}\begin{bmatrix} \varepsilon_{qrx}+\varepsilon_{Hqx} \\ \varepsilon_{qry}+\varepsilon_{Hqy} \\ 0 \end{bmatrix} \tag{6-17}$$

$$\overrightarrow{o_{qr}o_{qg}} = \boldsymbol{H}_{Pq}\boldsymbol{H}_{qr}^{Pq}\boldsymbol{H}_{qp}^{qr}\begin{bmatrix} -e_{qr}\cos\varphi_{qr}+e_{qg}\cos\varphi_{qg} \\ -e_{qr}\sin\varphi_{qr}+e_{qg}\sin\varphi_{qg} \\ 0 \end{bmatrix} \tag{6-18}$$

6.2.4 滚柱浮动区域

假设在时刻 t，滚柱#q 在销孔#q 中的浮动区域同时受到保持架、内齿圈、丝杠和螺母的限制。当滚柱#q 旋转轴与其销轴轴线的相对位置已知时，即图 6-1 中所示的 e_{qr} 和 φ_{qr} 已知时，滚柱#q 在销孔#q 中的位置可以使用图 6-4 中的旋转轴中心点 o_{qr} 在坐标系 $o_{Hq}\text{-}x_{Hq}y_{Hq}z_{Hq}$ 中的坐标 ε_{qrx} 和 ε_{qry} 来描述。因此，滚柱#q 的浮动区域可表示为集合 Λ_q：

$$\Lambda_q = \Lambda_{qr} \cap \Lambda_{qg} \cap \Lambda_{Sq} \cap \Lambda_{Nq} \tag{6-19}$$

式中，Λ_{qr} 表示滚柱#q 不与保持架发生干涉时点 o_{qr} 坐标 $(\varepsilon_{qrx}, \varepsilon_{qry})$ 的集合；Λ_{qg} 表示滚柱#q 不与内齿圈发生干涉时点 o_{qr} 坐标 $(\varepsilon_{qrx}, \varepsilon_{qry})$ 的集合；Λ_{Sq} 表示滚柱#q 不与丝杠发生干涉时点 o_{qr} 坐标 $(\varepsilon_{qrx}, \varepsilon_{qry})$ 的集合；Λ_{Nq} 表示当滚柱#q 不与螺母发生干涉时点 o_{qr} 坐标 $(\varepsilon_{qrx}, \varepsilon_{qry})$ 的集合。

根据刚体接触的约束条件、式(6-11)所定义的滚柱和保持架之间的径向间隙 δ_{qr}、式(6-15)所定义的滚柱和内齿圈之间的法向间隙 δ_{qg} 以及图 6-6 所描述的螺纹牙之间的轴向间隙 $\delta_{\text{SU-}qB}^{k_{\text{Rs}}}$、$\delta_{\text{SB-}qU}^{k_{\text{Rs}}}$、$\delta_{\text{NU-}qB}^{k_{\text{Rn}}}$ 和 $\delta_{\text{NB-}qU}^{k_{\text{Rn}}}$，可得集合 Λ_{qr}、Λ_{qg}、Λ_{Sq} 和 Λ_{Nq} 分别为

$$\Lambda_{qr} = \{(\varepsilon_{qrx}, \varepsilon_{qry}) \mid \delta_{qr} \geqslant 0\} \tag{6-20}$$

$$\Lambda_{qg} = \{(\varepsilon_{qrx}, \varepsilon_{qry}) \mid \delta_{qg} \geqslant 0\} \tag{6-21}$$

$$\Lambda_{Sq} = \{(\varepsilon_{qrx}, \varepsilon_{qry}) \mid \min(\delta_{\text{SU-}qB}^{k_{\text{Rs}}}) + \min(\delta_{\text{SB-}qU}^{k_{\text{Rs}}}) \geqslant 0\} \tag{6-22}$$

$$\Lambda_{Nq} = \{(\varepsilon_{qrx}, \varepsilon_{qry}) \mid \min(\delta_{\text{NU-}qB}^{k_{\text{Rn}}}) + \min(\delta_{\text{NB-}qU}^{k_{\text{Rn}}}) \geqslant 0\} \tag{6-23}$$

滚柱#q 的浮动区域示意图如图 6-10 所示，其中，圆心为 $o_{\Lambda qr}$，半径为 $r_{\Lambda qr} = \zeta_{Hq}/2$ 的灰色圆形区域表示集合 Λ_{qr}，$\varepsilon_{\Lambda qrU}$ 和 $\varepsilon_{\Lambda qrB}$ 分别为集合 Λ_{qr} 中 ε_{qrx} 的最大值和最小值。由图 6-7 可知，圆心 $o_{\Lambda qr}$ 在坐标系 $o_{Hq}\text{-}x_{Hq}y_{Hq}z_{Hq}$ 中的位置向量 $\boldsymbol{p}_{\Lambda qr}^{Hq}$ 为

$$\boldsymbol{p}_{\Lambda qr}^{Hq} = -\boldsymbol{H}_{qr}^{Pq} \cdot \boldsymbol{H}_{qP}^{qr} \cdot \begin{bmatrix} -e_{qr}\cos\varphi_{qr} \\ -e_{qr}\sin\varphi_{qr} \\ 0 \end{bmatrix}, \quad e_{qr} < \zeta_{Hq}/2 \tag{6-24}$$

根据 5.2.3 小节与 5.2.4 小节推导得到的啮合方程(式(5-36)和式(5-46))可知，滚柱#q 沿着图 6-10 中 y_{Hq} 方向的小位移对丝杠和滚柱#q 以及螺母和滚柱#q 各对螺旋曲面之间的轴向间隙影响很小。同时，滚柱#q 沿着 y_{Hq} 方向的小位移对螺母

和滚柱#q 之间齿轮副的法向间隙量 δ_{qg} 影响也很小。因此，在图 6-10 中，直线 $x_{Hq}=\varepsilon_{\Lambda Sq}$，$x_{Hq}=\varepsilon_{\Lambda Nq}$，$x_{Hq}=\varepsilon_{\Lambda qg}$ 分别表示集合 $\Lambda_{qr}\cap\Lambda_{Sq}$，$\Lambda_{qr}\cap\Lambda_{Nq}$，$\Lambda_{qr}\cap\Lambda_{qg}$ 的边界。若将集合 Λ_q 中 ε_{qrx} 的最大值和最小值分别表示为 ε_{qrxU} 和 ε_{qrxB}，将会得到如下方程：

$$\varepsilon_{qrxU}=\min\{\varepsilon_{\Lambda Nq},\varepsilon_{\Lambda qg},\varepsilon_{\Lambda qrU}\} \tag{6-25}$$

$$\varepsilon_{qrxB}=\max\{\varepsilon_{\Lambda Sq},\varepsilon_{\Lambda qrB}\} \tag{6-26}$$

同时，ε_{qrxU} 和 ε_{qrxB} 需要满足约束条件：

$$\varepsilon_{qrxU}>\varepsilon_{qrxB} \tag{6-27}$$

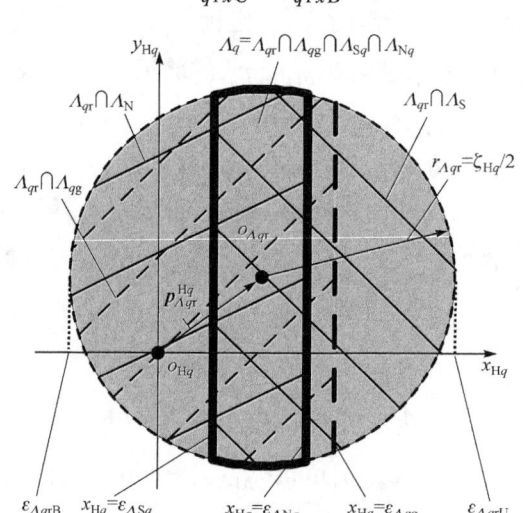

图 6-10　滚柱#q 的浮动区域

6.2.5　螺母附加刚体位移

若不考虑误差和变形的影响，标准式行星滚柱丝杠在承受轴向载荷时，每一个滚柱将同时与丝杠和螺母接触，并且单个滚柱上的多个螺纹牙均会与之对应的丝杠或螺母螺纹接触。然而，由于零件加工与装配误差的影响，当标准式行星滚柱丝杠承载时，一些滚柱可能无法与丝杠和螺母同时接触，并且单个滚柱上的有些螺纹牙也可能和丝杠或螺母螺纹处于分离状态。如图 6-11 所示，当标准式行星滚柱丝杠承受轴向载荷 F_N 时，滚柱#q^* 上第 k'_{Rs} 个螺纹牙的上螺旋曲面 Π_{q^*U} 以及第 k'_{Rn} 个螺纹牙的下螺旋曲面 Π_{q^*B} 同时与相对应的丝杠和螺母螺旋曲面相接触，即 $\delta_{SB-q^*U}^{k'_{Rs}}+\delta_{NU-q^*B}^{k'_{Rn}}=0$。而此时，滚柱#1 将无法同时与丝杠和螺母接触，并且滚柱#$q*$的其余螺纹牙与对应丝杠和螺母螺纹牙之间还存在间隙。

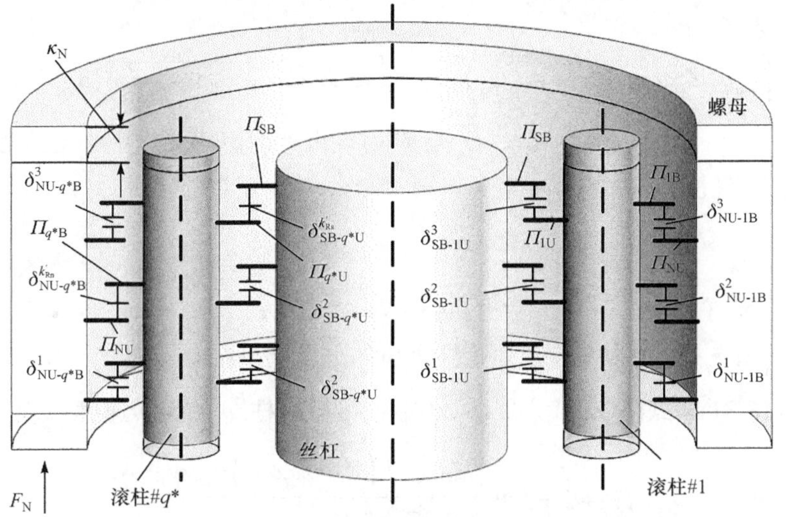

图 6-11 螺母的附加刚体位移

在标准式行星滚柱丝杠中,丝杠和滚柱以及螺母和滚柱之间存在轴向间隙,因此当丝杠旋转时,从图 6-11 可以看出,螺母将产生一个附加刚体位移 κ_N 来保证轴向载荷 F_N 能够通过滚柱传递给丝杠。根据刚体接触约束条件,在 t 时刻,螺母的附加刚体位移 κ_N 为

$$\kappa_N = \min[\min(\delta_{SB-qU}^{k_{Rs}}) + \min(\delta_{NU-qB}^{k_{Rn}})], \quad q = 1, 2, \cdots, n_{roller} \tag{6-28}$$

在此状态下,匹配螺旋曲面 Π_{SB}-Π_{qU} 和 Π_{NU}-Π_{qB} 的间隙之和 δ_{SNq} 为

$$\delta_{SNq} = \min(\delta_{SB-qU}^{k_{Rs}}) + \min(\delta_{NU-qB}^{k_{Rn}}) - \kappa_N \tag{6-29}$$

使用滚柱#$q*$表示同时与丝杠和螺母相接触的滚柱,即 $\delta_{SNq*} = 0$ ($q=q*$);k'_{Rs} 和 k'_{Rn} 表示滚柱#$q*$上与丝杠和螺母相接触螺纹牙的编号,即

$$\delta_{SB-q*U}^{k'_{Rs}} = \min(\delta_{SB-q*U}^{k_{Rs}}) \tag{6-30}$$

$$\delta_{NU-q*B}^{k'_{Rn}} = \min(\delta_{NU-q*B}^{k_{Rn}}) \tag{6-31}$$

6.3 考虑误差的标准式行星滚柱丝杠运动学模型

6.3.1 含误差的齿轮副传动比

忽略滚柱浮动速度对齿轮副传动比的影响并且假设直齿与内齿圈的接触点

G_q 始终处于图 6-9 所示的啮合平面内[11,12]，滚柱#q 公转速度 ω_P 与自转速度 ω_q^P 将存在如下关系：

$$\left[\xi_S \omega_P \mathbf{Z} \times \left(\overrightarrow{o_{Pq}o_{Ng}} + \overrightarrow{o_{Ng}G_q}\right)\right]\mathbf{n}_{qg} + \left[\omega_q^P \mathbf{Z} \times \left(\overrightarrow{o_{qr}o_{qg}} + \overrightarrow{o_{qg}G_q}\right)\right]\mathbf{n}_{qg} = 0 \quad (6\text{-}32)$$

式中，$\mathbf{Z}=[0,0,1]^T$；$\overrightarrow{o_{qg}G_q}$ 和 $\overrightarrow{o_{Ng}G_q}$ 分别为直齿和内齿圈几何中心至接触点 G_q 的向量。根据图 6-9 所示啮合关系，可得

$$\left(\mathbf{Z}\times\overrightarrow{o_{Ng}G_q}\right)\mathbf{n}_{qg} = \xi_G r_{Ng} \quad (6\text{-}33)$$

$$\left(\mathbf{Z}\times\overrightarrow{o_{qg}G_q}\right)\mathbf{n}_{qg} = \xi_G r_{qg} \quad (6\text{-}34)$$

式中，r_{Ng} 和 r_{qg} 分别为内齿圈和滚柱直齿的分度圆半径。

将式(6-31)和式(6-32)代入式(6-30)中，可得滚柱#q 的自转速度 ω_q^P 为

$$\omega_q^P = -\omega_P \cdot \frac{\xi_G r_{Ng} + \left(\mathbf{Z}\times\overrightarrow{o_{Pq}o_{Ng}}\right)\mathbf{n}_{qg}}{\xi_G r_{qg} + \left(\mathbf{Z}\times\overrightarrow{o_{qr}o_{qg}}\right)\mathbf{n}_{qg}} \quad (6\text{-}35)$$

由式(6-35)可知，不考虑误差时滚柱的自转速度 $\omega_{q,0}^P$ 为

$$\omega_{q,0}^P = -\frac{r_{Ng}}{r_{qg}}\omega_P \quad (6\text{-}36)$$

6.3.2 含误差的螺母轴向移动速度

行星滚柱丝杠通过丝杠和滚柱#q*以及螺母和滚柱#q*的啮合，将丝杠的旋转运动转化为螺母的直线运动。因此，本小节将对丝杠和滚柱#q*以及螺母和滚柱#q*之间的啮合螺旋曲面进行运动学分析，从而获得螺母的轴向移动速度。

丝杠和滚柱#q*以及螺母和滚柱#q*的运动学关系如图 6-12 所示，其中，$o_{Sq*}^{k_{Rs}}$ 和 $o_{Nq*}^{k_{Rn}}$ ($q=q*$，$k_{Rs}=k_{Rs}'$，$k_{Rn}=k_{Rn}'$)分别为丝杠和滚柱#q*以及螺母和滚柱#q*的接触点，$O_{Sq*}^{k_{Rs}}$ 和 $O_{Nq*}^{k_{Rn}}$ 分别为接触点 $o_{Sq*}^{k_{Rs}}$ 和 $o_{Nq*}^{k_{Rn}}$ 在 $x_{Pq*}o_{Pq*}y_{Pq*}$ 平面内的投影。参考 5.2.3 小节与 5.2.4 小节所建立的啮合模型，投影点 $O_{Sq*}^{k_{Rs}}$ 和 $O_{Nq*}^{k_{Rn}}$ 的位置能够由啮合半径 $r_{Sq*}^{k_{Rs}}$、$r_{Rsq*}^{k_{Rs}}$、$r_{Rnq*}^{k_{Rn}}$ 和 $r_{Nq*}^{k_{Rn}}$ 以及啮合偏角 $\phi_{Sq*}^{k_{Rs}}$、$\phi_{Rsq*}^{k_{Rs}}$、$\phi_{Rnq*}^{k_{Rn}}$ 和 $\phi_{Nq*}^{k_{Rn}}$ 所确定。在图 6-12 中，v_{q*z} 表示滚柱#q*的轴向移动速度，v_{q*r}^P 为滚柱相对于坐标系 $o_P\text{-}x_Py_Pz_P$ 的浮动速度。由图 6-12 可得，滚柱#q*在接触点 $o_{Sq*}^{k_{Rs}}$ 处的速度为

$$\mathbf{v}_{Rsq*} = \omega_P \mathbf{Z} \times \overrightarrow{o_{Pq*}O_{Sq*}^{k_{Rs}}} - \omega_{q*}^P \mathbf{Z} \times \overrightarrow{o_{q*r}O_{Sq*}^{k_{Rs}}} + \mathbf{H}_{Pq*}\mathbf{v}_{q*r}^P + [0,0,v_{q*z}]^T \quad (6\text{-}37)$$

其中，

$$\overrightarrow{o_{Pq*}O_{Sq*}^{k'_{Rs}}} = \overrightarrow{o_{Pq*}O} + \overrightarrow{OO_{Sq*}^{k'_{Rs}}} = \overrightarrow{OO_{Sq*}^{k'_{Rs}}} - \boldsymbol{p}_{Pq*} \tag{6-38}$$

$$\overrightarrow{OO_{Sq*}^{k'_{Rs}}} = \begin{bmatrix} e_S \cos\left(\int_0^t \omega_S \mathrm{d}t + \Omega_S\right) \\ e_S \sin\left(\int_0^t \omega_S \mathrm{d}t + \Omega_S\right) \\ 0 \end{bmatrix} + \boldsymbol{H}_{Pq*} \begin{bmatrix} r_{Sq*}^{k'_{Rs}} \cos\phi_{Sq*}^{k'_{Rs}} \\ r_{Sq*}^{k'_{Rs}} \sin\phi_{Sq*}^{k'_{Rs}} \\ 0 \end{bmatrix} \tag{6-39}$$

$$\overrightarrow{o_{q*r}O_{Sq*}^{k'_{Rs}}} = \boldsymbol{H}_{Pq*} \begin{bmatrix} |\overrightarrow{o_{q*r}o_{q*}}|\cos\left(\int_0^t \omega_{q*}^P \mathrm{d}t + \Omega_{q*}^P\right) \\ |\overrightarrow{o_{q*r}o_{q*}}|\sin\left(\int_0^t \omega_{q*}^P \mathrm{d}t + \Omega_{q*}^P\right) \\ 0 \end{bmatrix} + \boldsymbol{H}_{Pq*} \begin{bmatrix} -r_{Rsq*}^{k'_{Rs}} \cos\phi_{Rsq*}^{k'_{Rs}} \\ r_{Rsq*}^{k'_{Rs}} \sin\phi_{Rsq*}^{k'_{Rs}} \\ 0 \end{bmatrix} \tag{6-40}$$

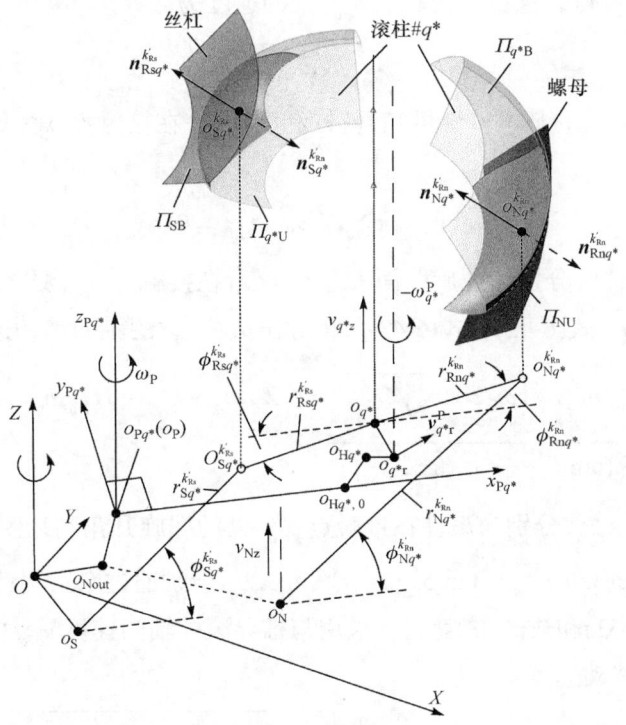

图 6-12 丝杠和滚柱#$q*$以及螺母和滚柱#$q*$的运动学关系

同理，滚柱#$q*$在接触点 $o_{Nq*}^{k'_{Rn}}$ 处的速度为

$$v_{Rnq*} = \omega_P Z \times \overrightarrow{o_{Pq*}O_{Nq*}^{k'_{Rn}}} - \omega_{q*}^P Z \times \overrightarrow{o_{q*r}O_{Nq*}^{k'_{Rn}}} + H_{Pq*}v_{q*r}^P + [0, 0, v_{q*z}]^T \quad (6-41)$$

其中，

$$\overrightarrow{o_{Pq*}O_{Nq*}^{k'_{Rn}}} = \begin{bmatrix} -e_P\cos(\varphi_P+\Omega_N)+e_N\cos\Omega_N \\ -e_P\sin(\varphi_P+\Omega_N)+e_N\sin\Omega_N \\ 0 \end{bmatrix} + H_{Pq*}\begin{bmatrix} r_{Nq*}^{k'_{Rn}}\cos\phi_{Nq*}^{k'_{Rn}} \\ r_{Nq*}^{k'_{Rn}}\sin\phi_{Nq*}^{k'_{Rn}} \\ 0 \end{bmatrix} \quad (6-42)$$

$$\overrightarrow{o_{q*r}O_{Nq*}^{k'_{Rn}}} = H_{Pq*}\begin{bmatrix} |\overrightarrow{o_{q*r}o_{q*}}|\cos\left(\int_0^t\omega_{q*}^P dt + \Omega_{q*}^P\right) \\ |\overrightarrow{o_{q*r}o_{q*}}|\sin\left(\int_0^t\omega_{q*}^P dt + \Omega_{q*}^P\right) \\ 0 \end{bmatrix} + H_{Pq*}\begin{bmatrix} r_{Rnq*}^{k'_{Rn}}\cos\phi_{Rnq*}^{k'_{Rn}} \\ r_{Rnq*}^{k'_{Rn}}\sin\phi_{Rnq*}^{k'_{Rn}} \\ 0 \end{bmatrix} \quad (6-43)$$

由图 6-12 可得，丝杠在接触点 $o_{Sq*}^{k'_{Rs}}$ 处的速度为

$$v_{Sq*} = \omega_S Z \times \overrightarrow{OO_{Sq*}^{k'_{Rs}}} \quad (6-44)$$

根据刚体运动的基本特性可知，丝杠和滚柱#$q*$在接触点 $o_{Sq*}^{k'_{Rs}}$ 处的法向相对速度为零，即

$$v_{Rsq*}n_{Rsq*}^{k'_{Rs}} + v_{Sq*}n_{Sq*}^{k'_{Rs}} = 0 \quad (6-45)$$

式中，$n_{Sq*}^{k'_{Rs}}$ 和 $n_{Rsq*}^{k'_{Rs}}$ 分别为螺旋曲面 Π_{SB} 和 Π_{q*U} 在接触点 $o_{Sq*}^{k'_{Rs}}$ 处的单位法向量。

由式(6-39)、式(6-42)和式(6-43)可推导出滚柱#$q*$的轴向移动速度 v_{q*z} 为

$$v_{q*z} = -\frac{\left[v_{Sq*}n_{Sq*}^{k'_{Rs}} + \left(\omega_P Z \times \overrightarrow{o_{Pq*}O_{Sq*}^{k'_{Rs}}} - \omega_{q*}^P Z \times \overrightarrow{o_{q*r}O_{Sq*}^{k'_{Rs}}} + H_{Pq*}v_{q*r}^P\right)n_{Rsq*}^{k'_{Rs}}\right]}{\sqrt{1+(\tan\beta_{Rsq*}^{k'_{Rs}})^2+(\tan\lambda_{Rsq*}^{k'_{Rs}})^2}} \quad (6-46)$$

式中，$\lambda_{Rsq*}^{k'_{Rs}}$ 和 $\beta_{Rsq*}^{k'_{Rs}}$ 分别为滚柱在接触点 $o_{Sq*}^{k'_{Rs}}$ 处的螺旋升角与牙侧角。

式(6-46)中的 $\tan\lambda_{Rsq*}^{k'_{Rs}}$、$\tan\beta_{Rsq*}^{k'_{Rs}}$、$n_{Sq*}^{k'_{Rs}}$ 和 $n_{Rsq*}^{k'_{Rs}}$ 分别通过 5.2.3 小节中的式(5-34)、式(5-35)、式(5-31)和式(5-33)获得。采用与推导滚柱轴向速度 v_{q*z} 相同的方法，可得螺母的轴向移动速度 v_{Nz} 为

$$v_{Nz} = -v_{Rnq*} \cdot n_{Rnq*}^{k'_{Rn}} \cdot \sqrt{1+(\tan\beta_N)^2+(\tan\lambda_{Nq*}^{k'_{Rn}})^2} \quad (6-47)$$

式中，$\lambda_{Nq*}^{k'_{Rn}}$ 为螺母在接触点 $o_{Nq*}^{k'_{Rn}}$ 处的螺旋升角；β_N 为螺母的牙侧角；$n_{Rnq*}^{k'_{Rn}}$ 为螺旋曲面 Π_{q*B} 在接触点 $o_{Nq*}^{k'_{Rn}}$ 处的单位法向量。$\tan\lambda_{Nq*}^{k'_{Rn}}$ 和 $n_{Rnq*}^{k'_{Rn}}$ 分别使用 5.2.4 小节

中的式(5-52)和式(5-51)获得。

螺母实际轴向位移与理想轴向位移之间的差值定义为行星滚柱丝杠的传动误差 Δ_N：

$$\Delta_N = \int_0^t v_{Nz} dt - \int_0^t \left(-L_S \frac{\omega_S}{2\pi}\right) dt \tag{6-48}$$

式中，L_S 为丝杠的导程；"$-L_S$"表示丝杠、螺母和滚柱的螺纹均为右旋。

6.4 实例计算

标准式行星滚柱丝杠的基本结构参数为：r_S =9.75mm，r_N =16.25mm，r_q = 3.25mm，β_i =45°，c_S =0.45mm，c_q =0.44mm，c_N =0.54mm，P =2mm，r_{Tq} =4.597mm，n_{roller} =7。其中滚柱直齿和内齿圈分度圆半径与对应滚柱和螺母的名义半径相同，即 $r_{qg} = r_q$，$r_{Ng} = r_N$；齿轮副的压力角为 20°。

保持架中销孔的直径为 $\phi 3.5^{+0.05}_{+0.02}$ (mm)，滚柱销轴的直径为 $\phi 3.5^{-0.01}_{-0.02}$ (mm)，即 ζ_{HU} =50μm，ζ_{HB} =20μm，ζ_{qU} =-10μm，ζ_{qB} =-20μm。螺母和滚柱#q 之间齿轮副的初始法向间隙量 ζ_{qg} =40μm。

设丝杠螺纹的分度误差为：$\Delta\theta^1_{S,0} = 0°$，$\Delta\theta^2_{S,0} = 0°$，$\Delta\theta^3_{S,0} = 0.1°$，$\Delta\theta^4_{S,0} = 0°$，$\Delta\theta^5_{S,0} = 0.05°$；螺母螺纹的分度误差为：$\Delta\theta^1_{N,0} = 0°$，$\Delta\theta^2_{N,0} = 0.1°$，$\Delta\theta^3_{N,0} = 0°$，$\Delta\theta^4_{N,0} = 0.05°$，$\Delta\theta^5_{N,0} = 0°$；丝杠、螺母、内齿圈、保持架和滚柱的偏心误差为：$e_S$ =10μm，e_N =8μm，e_{Ng} =10μm，e_P =8μm，φ_{Ng} =90°，φ_P =180°，e_1 =5μm，e_2 =5μm，e_3 =2μm，$e_4 \sim e_7$ =0μm，e_{1g} =6μm，e_{2g} =6μm，e_{3g} =3μm，$\varphi_{1g} \sim \varphi_{3g}$ =45°，$\varphi_{4g} \sim \varphi_{7g}$ =0μm；螺母、销孔#1～销孔#7 位置误差为：$\varepsilon_{Mx}=\varepsilon_{My}$ =10μm，$\varepsilon_{H1x}=\varepsilon_{H3x}=\varepsilon_{H5x}=\varepsilon_{H7x}$ =5μm，$\varepsilon_{H1y}=\varepsilon_{H3y}=\varepsilon_{H5y}=\varepsilon_{H7y}$ =5μm，$\varepsilon_{H2x}=\varepsilon_{H4x}=\varepsilon_{H6x}$ =-5μm，$\varepsilon_{H2y}=\varepsilon_{H4y}=\varepsilon_{H6y}$ =-5μm。

在此实例中，丝杠逆时针旋转且 ξ_G =1，丝杠、保持架和滚柱#q 的初始旋转角 Ω_S、Ω_P 和 Ω_q^P 均为零，螺母的安装角 Ω_N =-135°。滚柱#3～滚柱#10 的旋转轴线与对应销轴的轴线相重合。滚柱#1 和滚柱#2 的旋转轴线位置为 e_{1r} =5μm，φ_{1r} =0°，e_{2r} =3μm，φ_{2r} =22.5°。参考 Jones 等[12]给出的分析结果，设保持架与丝杠转速的比值 ω_P / ω_S 等于 $r_S / (r_S + r_N)$，其中，r_S 和 r_N 分别为丝杠和螺母的名义半径。

在 t=0s 时，滚柱#1～滚柱#3 的浮动区域分别如图 6-13(a)～(c)所示。从图 6-13 可以看出，表示滚柱#q 浮动区域 Λ_q 的 ε_{qrx} 范围被丝杠、螺母、保持架销孔和内齿圈限制，而浮动区域 Λ_q 的 ε_{qry} 范围主要被保持架销孔所限制。在集合 Λ_1、Λ_2 和 Λ_3 中 ε_{qrx} 的最大值与最小值随时间的变化分别如图 6-14(a)～(c)所示。其中，T_S 为丝杠的旋转周期，即

$$T_S = 2\pi / \omega_S \tag{6-49}$$

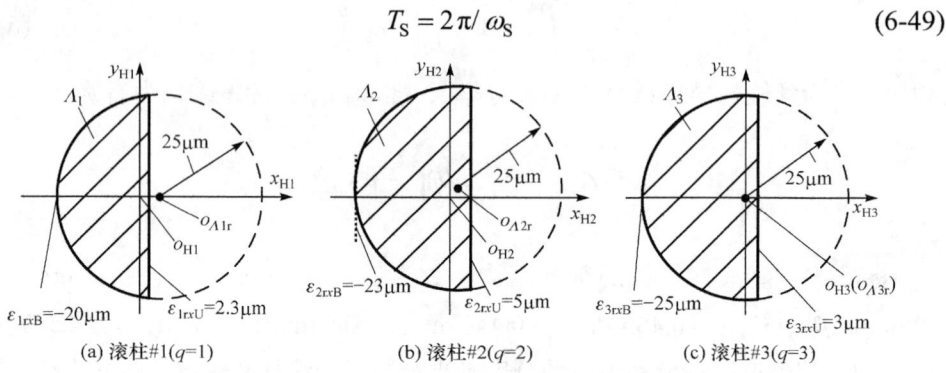

图 6-13 $t=0$s 时滚柱#1～滚柱#3 的浮动区域

在图 6-14 中采用 ε_{qrxM} 表示滚柱#q 浮动区域 Λ_q 中 ε_{qrx} 的最大值 ε_{qrxU} 和最小值 ε_{qrxB} 的平均值，有

$$\varepsilon_{qrxM} = (\varepsilon_{qrxU} + \varepsilon_{qrxB})/2 \tag{6-50}$$

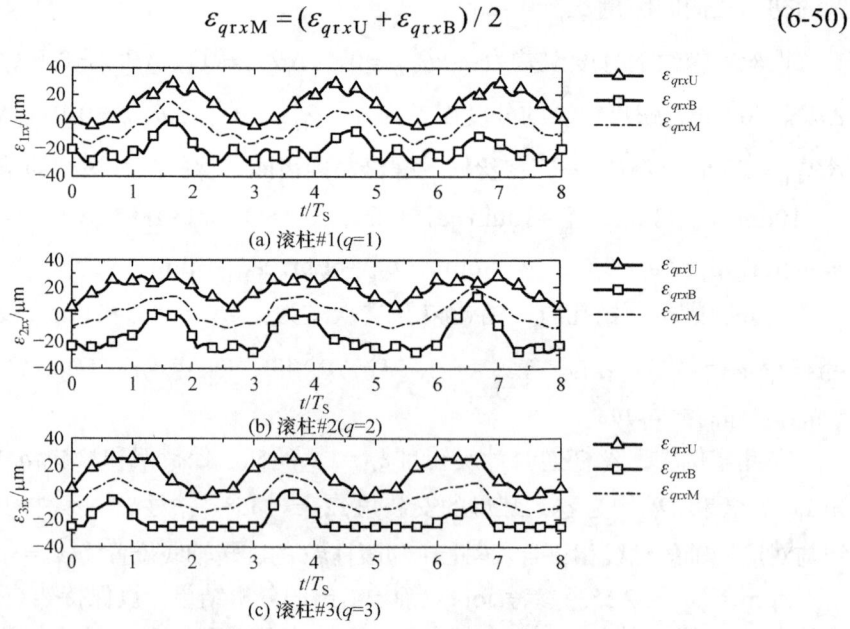

图 6-14 集合 Λ_q 中 ε_{qrx} 的最大值和最小值

如图 6-14 所示，当考虑零件的制造与安装误差时，滚柱的浮动区域范围将随

着时间而变化。为了避免滚柱与丝杠、螺母、保持架或内齿圈的干涉,在选取螺纹之间的轴向间隙、保持架与滚柱之间的径向间隙和内齿圈与滚柱之间的法向间隙时,需要考虑误差的影响,进而使得每一个滚柱在任意时刻均具有能够浮动的区域。

因为滚柱在销孔中的浮动轨迹无法通过运动学模型获得,所以在此算例中设滚柱旋转轴中心 o_{qr} 的 x_{Hq} 坐标等于 ε_{qrxM},y_{Hq} 坐标与图 6-10 所示点 o_{Aqr} 的 y_{Hq} 坐标相同,并使用数值微分方法,通过点 o_{qr} 的 (x_{Hq}, y_{Hq}) 坐标获得滚柱的浮动速度 $v_{q'r}^{P}$。

在上述条件下,通过式(6-29)计算匹配螺旋曲面 Π_{SB}-Π_{qU} 和 Π_{NU}-Π_{qB} 的轴向间隙和 δ_{SNq},计算结果如图 6-15 所示。由图 6-15 可知,随着丝杠的旋转,滚柱

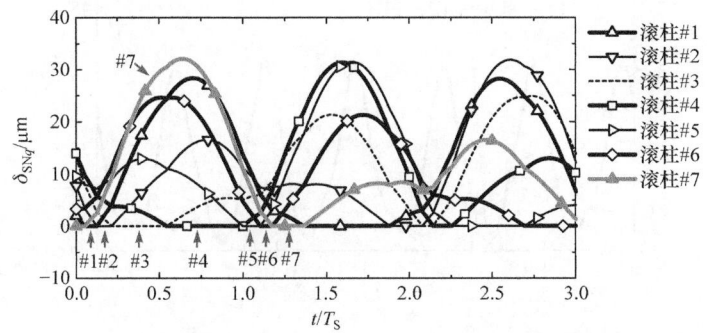

图 6-15 匹配螺旋曲面 Π_{SB}-Π_{qU} 和 Π_{NU}-Π_{qB} 的轴向间隙和 δ_{SNq} (n_{roller}=7)

将依次同时与丝杠和螺母相接触。当 t=0s 时,丝杠、滚柱和螺母中心在平面 XOY 内的位置如图 6-16 所示。由图 6-16 可知,与射线 $o_N o_S$ 夹角最小的射线为 $o_P o_7$。在 t=0s 时,滚柱#7 与丝杠和螺母的轴向间隙和是最小的,即 $\min(\delta_{SNq}) = \delta_{SN7}$。因此,在图 6-15 中,当 t=0s 时,滚柱#7 同时与丝杠和螺母接触。如图 6-16 所示,丝杠和保持架均逆时针旋转,但丝杠的转速高于保持架转速,故当丝杠旋转时,射线 $o_N o_S$ 和 $o_P o_1 \sim o_P o_7$ 的夹角会依次逐渐减小,所以在图 6-15 中,滚柱#1~滚柱#7 依次与丝杠和螺母同时接触。

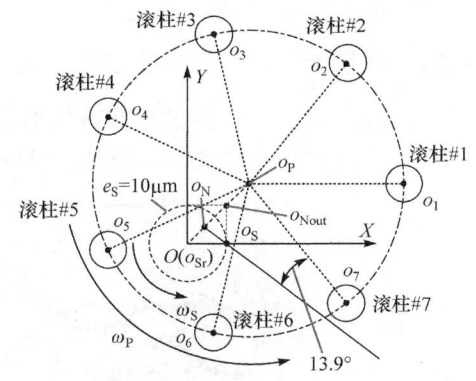

图 6-16 t=0s 时,丝杠、螺母和滚柱中心在平面 XOY 内的位置

经计算可知,由于螺纹分头误差的影响,在行星滚柱丝杠运转过程中,丝杠仅有第 3 条螺纹参与啮合,螺母有第 1、

第 3 和第 5 条螺纹参与啮合。当图 6-11 中螺母受力 F_N 的方向不发生改变时，丝杠和螺母参与啮合的螺纹也不会发生改变。

行星滚柱丝杠的传动误差 Δ_N 与螺母附加刚体位移 κ_N 计算结果如图 6-17 所示。传动误差 Δ_N 能够看作螺母的轴向位移波动，并且是基于图 6-15 中给出的运动传递路径获得的。故在图 6-17 中，传动误差 Δ_N 与螺母的附加刚体位移 κ_N 几乎是重合的。在 $t=0s$ 时，传动误差 Δ_N 始终等于零。由图 6-17 可知，零件偏心误差与位置误差会引起行星滚柱丝杠传动误差的周期性波动，并且该周期与丝杠的旋转周期相同。

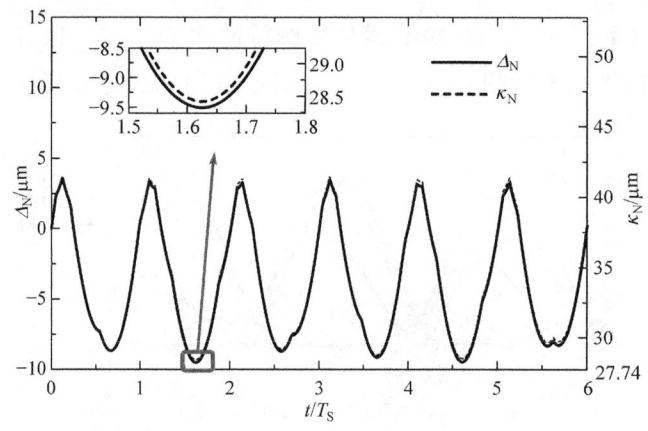

图 6-17 行星滚柱丝杠的传动误差 Δ_N 与螺母附加刚体位移 κ_N 计算结果

6.5 结构和装配参数及其误差对滚柱浮动区域的影响

6.5.1 滚柱卡滞状态的判断方法

滚柱浮动区域是指滚柱在行星滚柱丝杠运动过程中具有的适当径向与横向移动区域，以使其不与丝杠、螺母、保持架和内齿圈发生干涉。图 6-18 给出了滚柱

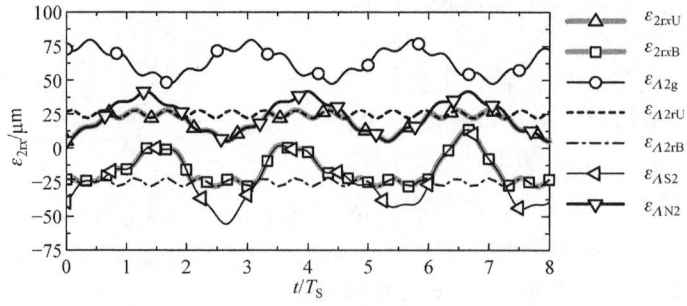

图 6-18 滚柱#2 浮动区域 Λ_2 的约束边界

浮动区域中的丝杠约束边界 ε_{AS2}、螺母约束边界 ε_{AN2}、内齿圈约束边界 ε_{A2g} 和保持架约束边界 ε_{A2rU} 与 ε_{A2rB}，以及由上述约束边界（ε_{AS2}、ε_{AN2}、ε_{A2g}、ε_{A2rU} 和 ε_{A2rB}）构成的滚柱#2 浮动区域 Λ_2 的上边界 ε_{2rxU} 和下边界 ε_{2rxB}。

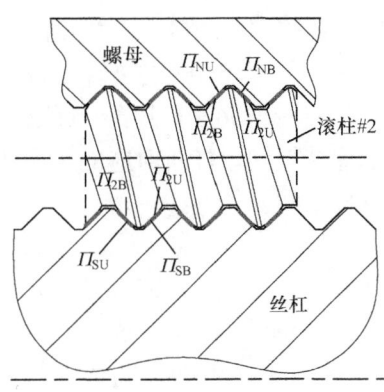

由于制造与装配误差的影响，可能出现滚柱卡滞在丝杠和螺母、内齿圈和丝杠、保持架和丝杠、保持架和内齿圈或保持架和螺母之间的状态。在设计过程中，图 6-18 不仅能够用来预估滚柱的浮动区域，而且能够判断行星滚柱丝杠运行过程中滚柱的卡滞状态。例如，若图 6-18 中丝杠和螺母构成的约束边界相交，即 ε_{AS2} 和 ε_{AN2} 曲线相交，说明滚柱在该时段内会同时与丝杠和螺母干涉。当干涉量足够大时，会导致滚柱卡滞在丝杠和螺母之间，如图 6-19 所示。为了体现滚柱初始相位对浮动区域的影

图 6-19 滚柱#2 卡滞在丝杠和螺母之间的示意图

响，本节以滚柱#2 为例，分析结构和装配参数及其误差对滚柱浮动区域的影响规律。

6.5.2 滚柱个数、滚柱与保持架的名义径向间隙

由式(6-1)可知，当滚柱个数发生改变时，除滚柱#1 外的其余滚柱所对应的相位角 Φ_q $(q\neq1)$ 均会发生改变。该相位角的改变影响了滚柱在不同时刻下浮动区域。图 6-20 给出了滚柱#2 在不同滚柱个数下的浮动区域，其中，ε_{2rxU} 和 ε_{2rxB} 分别表示滚柱#2 浮动区域的上边界与下边界，n_{roller} 为滚柱个数。根据 6.2 节对行星滚柱丝杠中各零件之间间隙计算过程的阐述可知，滚柱个数 n_{roller} 不会影响滚柱在固定相位下与丝杠、螺母、保持架和内齿圈的间隙状态。滚柱个数 n_{roller} 的变化导致了滚柱#2 相位角 Φ_2 的变化，从而引起了图 6-20 中滚柱#2 的浮动区域变化。若各零件的结构参数与误差不发生变化，则滚柱个数不会改变行星滚柱丝杠的卡滞状态。

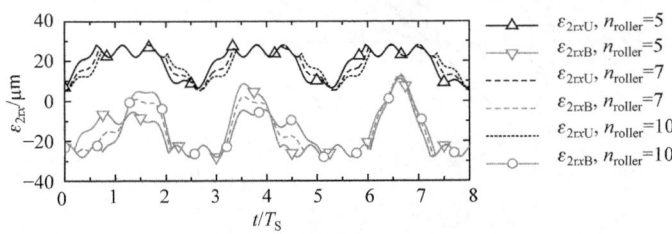

图 6-20 滚柱个数 n_{roller} 改变时，滚柱#2 浮动区域的变化

当减小滚柱和保持架销孔之间的名义径向间隙 ζ_{Hq} 时,滚柱#2 浮动区域的变化如图 6-21 所示,其中,ε_{2rxU} 和 ε_{2rxB} 分别表示滚柱#2 浮动区域的上边界与下边界。由图 6-21 可知,滚柱#2 浮动区域的上、下边界的绝对值均随着名义径向间隙 ζ_{Hq} 的减小而减小。当 $\zeta_{Hq}=20\mu m$ 时,滚柱#2 浮动区域的上边界 ε_{2rxU} 和下边界 ε_{2rxB} 会发生相交,且在图 6-21 中的阴影区域内下边界值 ε_{2rxB} 会大于上边界值 ε_{2rxU}。参照 6.5.1 小节中对滚柱卡滞状态的讨论,可得图 6-21 中的阴影区域包含了保持架和丝杠所对应的约束边界,故在该时段内,滚柱可能会卡滞在保持架与丝杠之间。

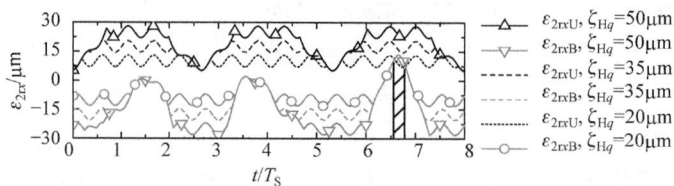

图 6-21 滚柱与保持架销孔名义径向间隙改变时,滚柱#2 浮动区域的变化

6.5.3 螺母安装角以及丝杠和保持架的初始旋转角度

不同螺母安装角 Ω_N 下所对应螺母螺纹节圆与保持架中心在平面 XOY 中的位置如图 6-22 所示,其中,o_{Sr} 为丝杠旋转中心,o_{Nout} 为螺母外圆中心,e_N 为螺母偏心误差,o_N、o'_N 和 o''_N 分别为螺母安装角 $\Omega_N=-135°$,$0°$,$135°$ 时螺母螺纹节圆的中心,$|o_S o_P|$、$|o'_S o'_P|$ 和 $|o''_S o''_P|$ 分别为螺母安装角 $\Omega_N=-135°$,$0°$,$135°$ 时丝杠螺纹节圆中心 o_S 与保持架中心 o_P 的最大距离。

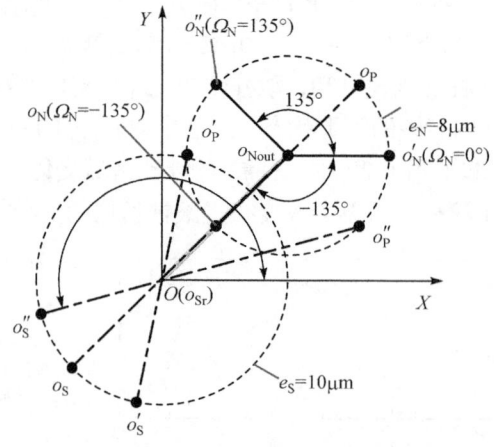

图 6-22 不同螺母安装角 Ω_N 下所对应螺母螺纹与保持架中心在平面 XOY 中的位置

图 6-23 给出了螺母安装角 Ω_N 改变时,滚柱#2 浮动区域的变化规律。由图 6-22 可知,改变螺母安装角 Ω_N 会影响保持架中心 o_P 与丝杠旋转中心 o_{Sr} 的距离,但不会改变螺母螺纹节圆中心 o_N 与保持架中心 o_P 的相对位置。因此,在图 6-23 中,螺母安装角 Ω_N 会影响滚柱#2 浮动区域上边界 ε_{2rxU} 的相位。

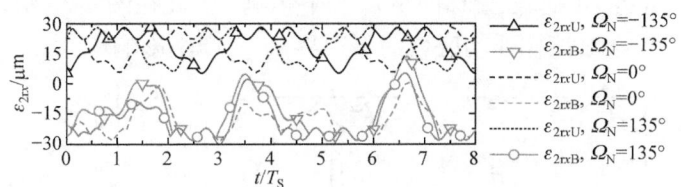

图 6-23　螺母安装角 Ω_N 改变时,滚柱#2 浮动区域的变化

由图 6-22 可得,当螺母安装角 $\Omega_N = -135°$,$0°$,$135°$时,丝杠螺纹节圆中心 o_S 与保持架中心 o_P 的最大距离存在如下关系:$|o_S o_P| > |o_S'' o_P''| > |o_S' o_P'|$。因此,在图 6-23 中,不同螺母安装角 Ω_N 所对应的下边界 ε_{2rxB} 最大值具有如下规律:$\max[\varepsilon_{2rxB}(\Omega_N = -135°)] > \max[\varepsilon_{2rxB}(\Omega_N = 135°)] > \max[\varepsilon_{2rxB}(\Omega_N = 0°)]$。

丝杠初始旋转角 Ω_S 改变时,滚柱#2 浮动区域的变化如图 6-24 所示。因为丝杠初始旋转角 Ω_S 仅会影响丝杠偏心误差 e_S 的相位角,所以在图 6-24 中,丝杠初始旋转角 Ω_S 仅会对滚柱#2 浮动区域的下边界 ε_{2rxB} 产生影响,并且不会显著改变下边界 ε_{2rxB} 曲线中各个波峰的位置。

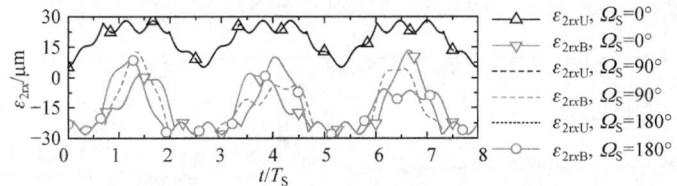

图 6-24　丝杠初始旋转角 Ω_S 改变时,滚柱#2 浮动区域的变化

当保持架初始旋转角 $\Omega_P = 0°$,$90°$,$180°$时,滚柱#2 浮动区域的变化如图 6-25 所示。由图 6-25 可得,保持架初始旋转角 Ω_P 会同时影响滚柱#2 浮动区域上边界 ε_{2rxU} 和下边界 ε_{2rxB} 曲线的相位。

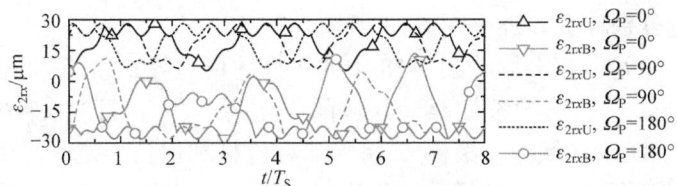

图 6-25　保持架初始旋转角 Ω_P 改变时,滚柱#2 浮动区域的变化

6.5.4 螺母和保持架销孔的位置误差

图 6-26 描述了螺母位置误差(ε_{Mx}，ε_{My})改变时滚柱#2 浮动区域的变化。螺母位置误差(ε_{Mx}，ε_{My})虽然不会影响由式(6-8)所定义的螺母偏移向量 ε_N，但是会对由式(6-5)所定义的丝杠偏移向量 ε_S 产生影响，因此在图 6-26 中，螺母位置误差(ε_{Mx}，ε_{My})仅会对滚柱浮动区域的下边界 ε_{2rxB} 产生影响。

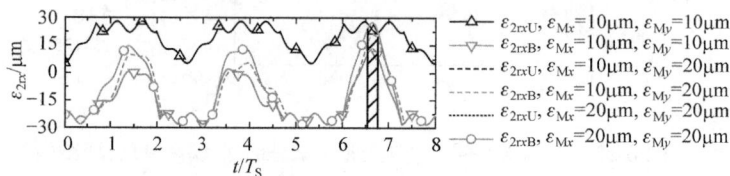

图 6-26 螺母位置误差(ε_{Mx}，ε_{My})改变时，滚柱#2 浮动区域的变化

当 ε_{Mx}=20μm，ε_{My}=20μm 时，在图 6-26 中所示的阴影区域内，滚柱浮动区域的下边界值 ε_{2rxB} 大于上边界值 ε_{2rxU}。采用 6.5.1 小节所述的判断方法可知，在此阴影区域中，滚柱会卡滞在丝杠和保持架之间。

当销孔#2 位置误差(ε_{H2x}，ε_{H2y})改变时，滚柱#2 浮动区域的变化如图 6-27 所示。由图 6-27 可知，当销轴#2 的径向位置误差 ε_{H2x} 增大时，滚柱浮动区域的上边界 ε_{2rxU} 曲线的最小值与下边界 ε_{2rxB} 曲线的最大值均会减小，且销轴#2 的横向位置误差 ε_{H2y} 几乎不会对滚柱浮动区域产生影响。

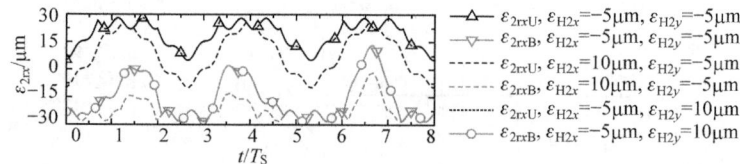

图 6-27 销孔#2 位置误差(ε_{H2x}，ε_{H2y})改变时，滚柱#2 浮动区域的变化

6.5.5 丝杠、螺母、保持架和滚柱的偏心误差

丝杠、螺母、保持架和滚柱的偏心误差 e_S、e_N、e_P 和 e_2 变化时，滚柱#2 浮动区域的变化分别如图 6-28～图 6-31 所示。

丝杠偏心误差 e_S 仅会影响图 6-18 中的丝杠约束边界 ε_{AS2}，因此在图 6-28 中，丝杠偏心误差 e_S 仅会影响滚柱浮动区域的下边界 ε_{2rxB}，且当 e_S=30μm 时，在图 6-28 所示的阴影区域内，滚柱#2 将卡滞在丝杠和保持架之间。由于螺母偏心误差 e_N 仅会影响图 6-18 中的螺母约束边界 ε_{AN2}，故在图 6-29 中，螺母偏心误差 e_N 仅会影响滚柱浮动区域的上边界 ε_{2rxU}。

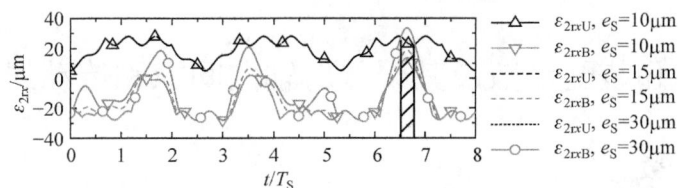

图 6-28　丝杠偏心误差 e_S 改变时，滚柱#2 浮动区域的变化

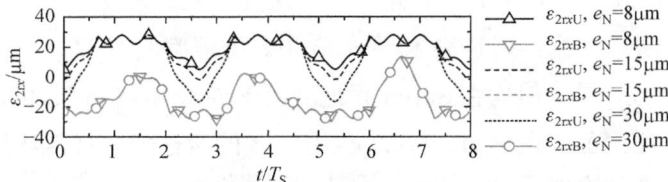

图 6-29　螺母偏心误差 e_N 改变时，滚柱#2 浮动区域的变化

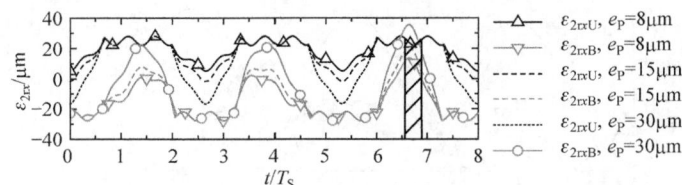

图 6-30　保持架偏心误差 e_P 改变时，滚柱#2 浮动区域的变化

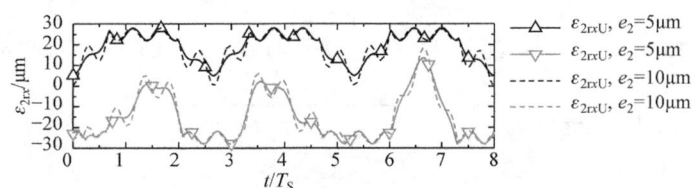

图 6-31　滚柱偏心误差 e_2 改变时，滚柱#2 浮动区域的变化

保持架偏心误差 e_P 会同时影响图 6-18 中的丝杠约束边界 ε_{AS2} 和螺母约束边界 ε_{AN2}，因此在图 6-30 中随着保持架偏心误差的增加，滚柱浮动区域上边界的最小值将减小，而下边界的最大值将增加。当保持架偏心误差 e_P=30μm 时，在图 6-30 中的阴影区域内，滚柱#2 将发生卡滞。根据 6.5.1 小节所述的滚柱卡滞状态判断方法可知，滚柱在该时间段内将卡滞在丝杠和保持架之间。

由图 6-31 可以看出，当滚柱偏心误差 e_2 增大时，滚柱浮动区域的上边界 ε_{2rxU} 和下边界 ε_{2rxB} 曲线的波动量将会增大。

6.6 结构和装配参数及其误差对轴向间隙和传动误差的影响

6.6.1 滚柱个数

当滚柱个数 $n_{\text{roller}}=5$，10 时，匹配螺旋曲面 $\varPi_{\text{SB}}$-$\varPi_{q\text{U}}$ 与 $\varPi_{\text{NU}}$-$\varPi_{q\text{B}}$ 的轴向间隙和 $\delta_{\text{SN}q}$ 分别如图 6-32 和图 6-33 所示。由于滚柱个数的改变不会引起滚柱在固定相位下的间隙状态变化，图 6-32 和图 6-33 中匹配螺旋曲面 $\varPi_{\text{SB}}$-$\varPi_{q\text{U}}$ 与 $\varPi_{\text{NU}}$-$\varPi_{q\text{B}}$ 的轴向间隙和 $\delta_{\text{SN}q}$ 最大值均在 30μm 附近。由图 6-32 和图 6-33 可知，当滚柱数目增加时，在相同的时段内 $(0\sim1.5 T_{\text{S}})$ 会有更多的滚柱依次参与丝杠和螺母之间的运动传递，这会增加行星滚柱丝杠运动的平稳性。

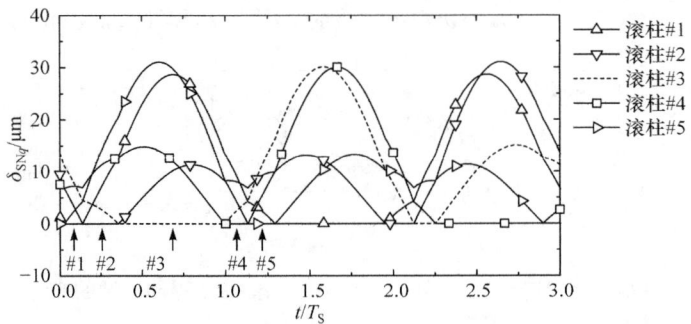

图 6-32　$n_{\text{roller}}=5$ 时匹配螺旋曲面 $\varPi_{\text{SB}}$-$\varPi_{q\text{U}}$ 与 $\varPi_{\text{NU}}$-$\varPi_{q\text{B}}$ 的轴向间隙和 $\delta_{\text{SN}q}$

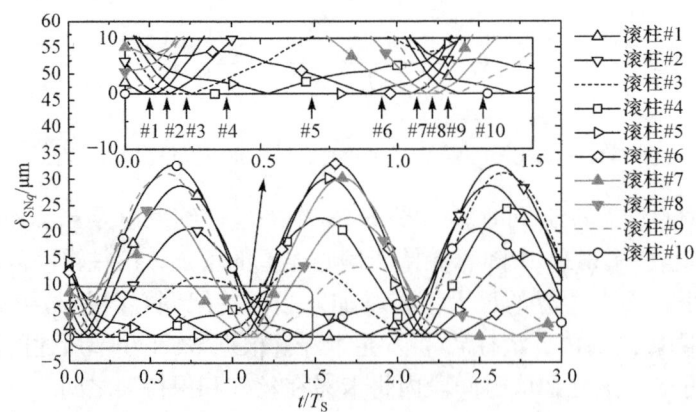

图 6-33　$n_{\text{roller}}=10$ 时匹配螺旋曲面 $\varPi_{\text{SB}}$-$\varPi_{q\text{U}}$ 与 $\varPi_{\text{NU}}$-$\varPi_{q\text{B}}$ 的轴向间隙和 $\delta_{\text{SN}q}$

当滚柱个数 $n_{\text{roller}}=5$，7，10 时，行星滚柱丝杠的传动误差如图 6-34 所示。由

图 6-34 可以看出,虽然滚柱个数不会影响传动误差曲线波动最大范围,但当滚柱个数增加时,传动误差曲线会变得更加平滑。

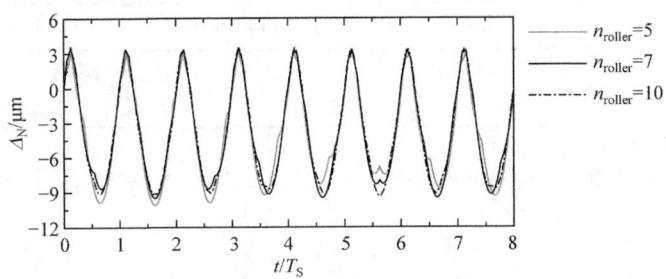

图 6-34 改变滚柱个数 n_{roller} 时,行星滚柱丝杠传动误差 Δ_N 的变化

6.6.2 螺纹分头误差

由 5.4.2 小节的分析结果可知,螺纹分头误差会影响相同滚柱上不同螺纹牙与丝杠或螺母之间的轴向间隙,因此螺纹的分头误差会影响丝杠和滚柱以及螺母和滚柱之间参与接触的螺纹牙数量与螺纹编号。表 6-1 给出了四种不同的丝杠和螺母螺纹分头误差组合,表 6-2 为对应表 6-1 的丝杠、滚柱和螺母螺纹参与接触的状态。

由表 6-2 可知,若丝杠、滚柱和螺母均视为刚体,且行星滚柱丝杠在图 6-11 所示受力状态下,由于丝杠螺纹分头误差的影响,丝杠始终只有一条螺纹参与接触。虽然单个滚柱共有 17 个螺纹牙,但此时参与和丝杠接触的数量仅有 4 个。如表 6-2 所示,螺母有 3 条螺纹始终参与和滚柱的接触,滚柱在螺母侧的接触螺纹牙数量为 11。

表 6-1 丝杠和螺母螺纹分头误差组合

误差组合	丝杠螺纹分头误差					螺母螺纹分头误差				
	$\Delta\theta_{S,0}^1$	$\Delta\theta_{S,0}^2$	$\Delta\theta_{S,0}^3$	$\Delta\theta_{S,0}^4$	$\Delta\theta_{S,0}^5$	$\Delta\theta_{N,0}^1$	$\Delta\theta_{N,0}^2$	$\Delta\theta_{N,0}^3$	$\Delta\theta_{N,0}^4$	$\Delta\theta_{N,0}^5$
A	0°	0°	0.1°	0°	0.05°	0°	0.1°	0°	0.05°	0°
B	0°	0.1°	0°	0.05°	0°	0°	0.1°	0°	0.05°	0°
C	0.1°	0°	0.05°	0°	0°	0°	0.1°	0°	0°	0°
D	0°	0°	0.1°	0°	0.05°	0.1°	0.05°	0°	0°	0°

表 6-2 不同螺纹分头误差组合下,丝杠、滚柱和螺母螺纹参与接触的状态*

误差组合	参与接触的螺纹编号		参与接触的螺纹牙对数量**	
	丝杠	螺母	丝杠和单个滚柱	螺母和单个滚柱
A	3	1, 3, 5	4	11
B	2	1, 3, 5	4	11

续表

误差组合	参与接触的螺纹编号		参与接触的螺纹牙对数量**	
	丝杠	螺母	丝杠和单个滚柱	螺母和单个滚柱
C	1	1, 3, 5	4	11
D	3	3, 4, 5	4	11

*表示丝杠、滚柱和螺母均视为刚体。

**表示丝杠旋转过程中,单个滚柱和丝杠或螺母之间接触螺纹牙对数量会发生变化,而且变化量为 1,表中记录最大值。

6.6.3 螺母安装角以及丝杠和保持架的初始旋转角度

当螺母安装角 $\Omega_N = -135°$,$0°$,$135°$时,丝杠、螺母和滚柱中心在平面 XOY 中的位置分别如图 6-35(a)~(c)所示,其中,$o_1 \sim o_7$ 分别为滚柱#1~滚柱#7 的螺纹节圆中心,o_N 为螺母螺纹节圆中心,o_{Nout} 为螺母外圆中心,o_S 为 $t=0s$ 时丝杠螺纹节圆中心,o_S' 表示丝杠螺纹节圆中心 o_S 与螺母螺纹节圆中心 o_N 的最远位置。

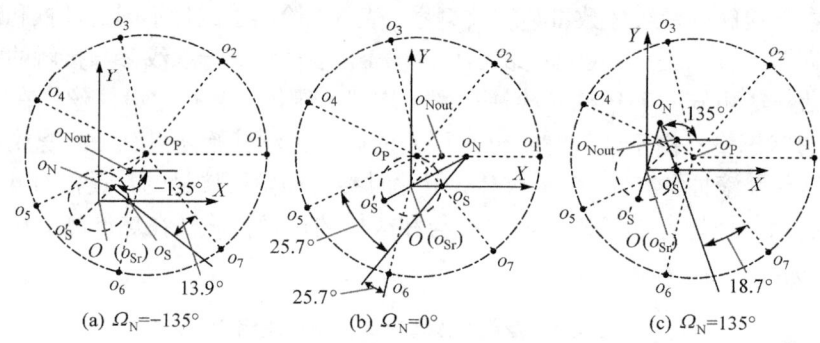

图 6-35 不同螺母安装角所对应丝杠、螺母与滚柱中心在平面 XOY 中的位置

螺母安装角 $\Omega_N = 0°$ 时,匹配螺旋曲面 Π_{SB}-Π_{qU} 与 Π_{NU}-Π_{qB} 的轴向间隙和 δ_{SNq} 如图 6-36 所示。由图 6-35(b)可知,当 $\Omega_N = 0°$,在 $t=0s$ 时,射线 $o_N o_S$ 和射线 $o_P o_5$ 以及射线 $o_N o_S$ 和 $o_P o_6$ 之间的夹角相同;当丝杠逆时针旋转时,射线 $o_N o_S$ 与 $o_P o_6$ 之间的夹角会增大。在此过程中,射线 $o_N o_S$ 与 $o_P o_5$、$o_P o_4$、…、$o_P o_7$ 之间的夹角将依次逐渐减小。因此,在图 6-36 中,当 $t=0s$ 时,滚柱#5 和滚柱#6 同时与丝杠和螺母相接触,且随着时间的推移,滚柱#5、滚柱#4、滚柱#3、…、滚柱#6 依次与丝杠和螺母同时接触。

螺母安装角 $\Omega_N = 135°$ 时,匹配螺旋曲面 Π_{SB}-Π_{qU} 与 Π_{NU}-Π_{qB} 的轴向间隙和 δ_{SNq} 如图 6-37 所示。由图 6-35(c)可以看出,当 $t=0s$ 时,射线 $o_N o_S$ 与 $o_P o_7$ 之间的夹角小于射线 $o_N o_S$ 与 o_P 和其余滚柱节圆中心连线形成的夹角,且丝杠逆时针旋转

时,射线 $o_N o_S$ 与 $o_P o_6$、$o_P o_5$、…、$o_P o_1$ 之间的夹角将依次逐渐减小。因此,在图 6-37 中能够观察到,当 $t=0$s 时,滚柱#7 同时与丝杠和螺母相接触,且随着丝杠的旋转,滚柱#6～滚柱#1 依此同时与丝杠和螺母相接触。

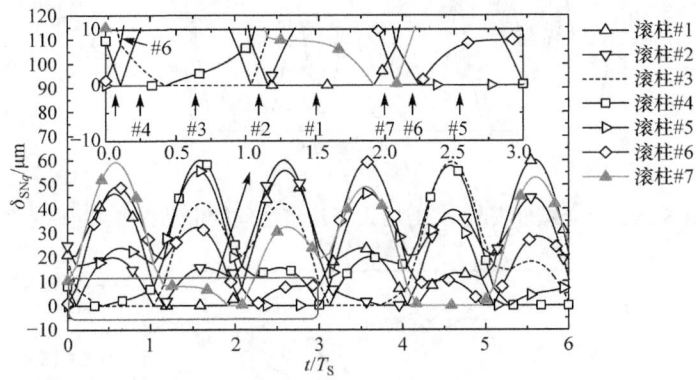

图 6-36　螺母安装角 $\varOmega_N=0°$ 时,匹配螺旋曲面 $\varPi_{SB}$-$\varPi_{qU}$ 与 $\varPi_{NU}$-$\varPi_{qB}$ 的轴向间隙和 δ_{SNq}

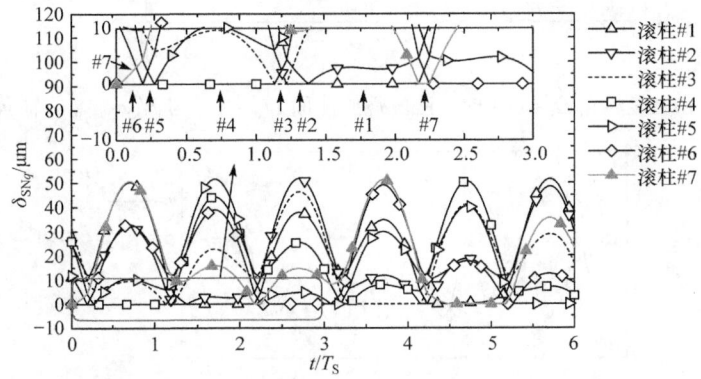

图 6-37　螺母安装角 $\varOmega_N=135°$ 时,匹配螺旋曲面 $\varPi_{SB}$-$\varPi_{qU}$ 与 $\varPi_{NU}$-$\varPi_{qB}$ 的轴向间隙和 δ_{SNq}

改变螺母安装角 $\varOmega_N$ 时,行星滚柱丝杠传动误差 $\varDelta_N$ 的变化如图 6-38 所示。由图 6-35(a)～(c)可知,当螺母安装角 $\varOmega_N=-135°$ 时,螺母螺纹节圆中心与丝杠螺纹节圆中心的最大距离为 $|o_N o_S'|=16.1\mu m$;当 $\varOmega_N=0°$ 时,$|o_N o_S'|=30.6\mu m$;当 $\varOmega_N=135°$ 时,$|o_N o_S'|=26.3\mu m$。故在图 6-38 中,当 $\varOmega_N=-135°$ 时,行星滚柱丝杠传动误差 $\varDelta_N$ 的波动幅值最小;当 $\varOmega_N=0°$ 时,行星滚柱丝杠传动误差 $\varDelta_N$ 的波动幅值最大。

当丝杠初始旋转角 $\varOmega_S=180°$ 时,匹配螺旋曲面 $\varPi_{SB}$-$\varPi_{qU}$ 与 $\varPi_{NU}$-$\varPi_{qB}$ 的轴向间隙和 δ_{SNq} 如图 6-39 所示。当丝杠初始旋转角 $\varOmega_S=0°$、$90°$ 和 $180°$ 时,行星滚柱丝杠传动误差 $\varDelta_N$ 的变化如图 6-40 所示。图 6-41 给出了当保持架初始旋转角 $\varOmega_P=180°$ 时,匹配螺旋曲面 $\varPi_{SB}$-$\varPi_{qU}$ 与 $\varPi_{NU}$-$\varPi_{qB}$ 的轴向间隙和 δ_{SNq}。图 6-42 描述了改变

保持架初始旋转角 Ω_P 时，行星滚柱丝杠传动误差 Δ_N 的变化。

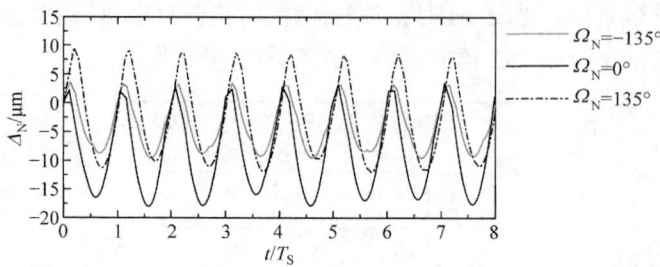

图 6-38　改变螺母安装角 Ω_N 时，行星滚柱丝杠传动误差 Δ_N 的变化

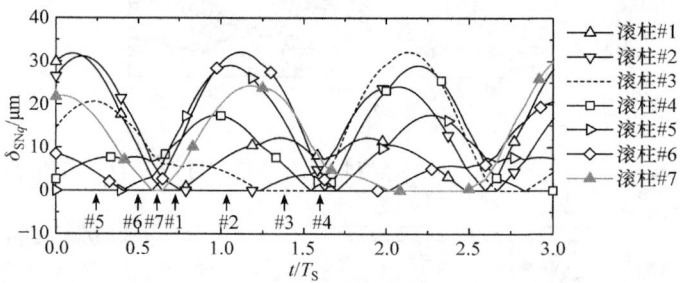

图 6-39　丝杠初始旋转角 $\Omega_S=180°$ 时，匹配螺旋曲面 Π_{SB}-Π_{qU} 与 Π_{NU}-Π_{qB} 的轴向间隙和 δ_{SNq}

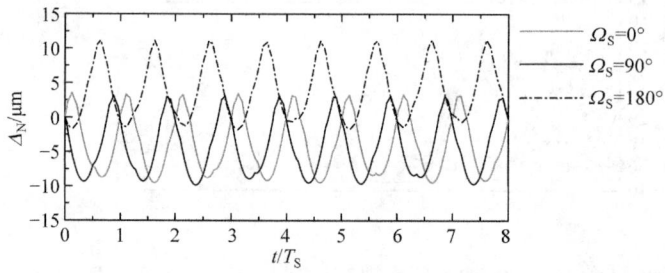

图 6-40　改变丝杠初始旋转角 Ω_S 时，行星滚柱丝杠传动误差 Δ_N 的变化

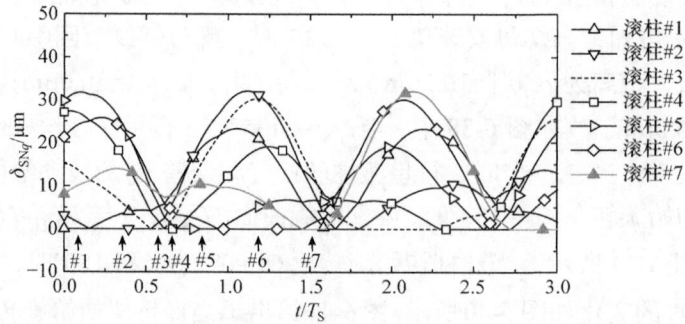

图 6-41　保持架初始旋转角 $\Omega_P=180°$ 时，匹配螺旋曲面 Π_{SB}-Π_{qU} 与 Π_{NU}-Π_{qB} 的轴向间隙和 δ_{SNq}

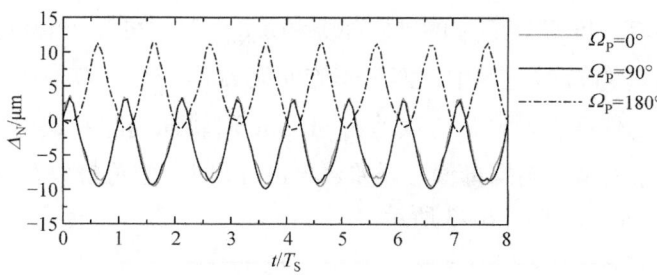

图 6-42 改变保持架初始旋转角 Ω_P 时,行星滚柱丝杠传动误差 Δ_N 的变化

对比图 6-15、图 6-39 和图 6-41 可以看出,丝杠和保持架初始旋转角 Ω_S 和 Ω_P,对匹配螺旋曲面 Π_{SB}-Π_{qU} 与 Π_{NU}-Π_{qB} 的轴向间隙和 δ_{SNq} 的最大值影响很小。由图 6-40 和图 6-42 可以看出,丝杠和保持架初始旋转角 Ω_S 和 Ω_P,主要影响行星滚柱丝杠传动误差 Δ_N 的相位,而对传动误差 Δ_N 的波动幅值影响很小。

6.6.4 螺母、丝杠和保持架的偏心误差

不同螺母、丝杠和保持架偏心误差下所对应螺母、丝杠与保持架中心在平面 XOY 中的位置如图 6-43 所示,其中, e_N、e_S 和 e_P 分别表示螺母、丝杠和保持架偏心误差, Ω_N 为螺母安装角, φ_P 的定义见图 6-2, o_{Sr} 为丝杠旋转轴中心, o_N、o_N' 和 o_N'' 分别对应螺母偏心误差 e_N 为 8μm、15μm 和 20μm 时的螺母螺纹节圆中心, o_S 和 o_S' 分别对应丝杠偏心误差 e_S 为 10μm 和 15μm 时的丝杠螺纹节圆中心, o_P 和 o_P' 分别对应保持架偏心误差 e_P 为 8μm 和 15μm 时的保持架中心。

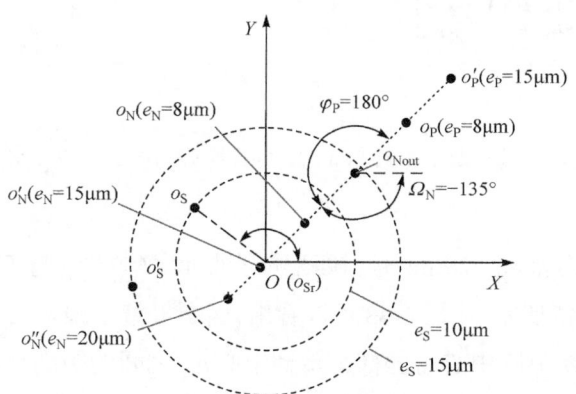

图 6-43 不同螺母、丝杠和保持架偏心误差下所对应螺母、丝杠与保持架中心在平面 XOY 中的位置

当螺母偏心误差 e_N =15μm 时,匹配螺旋曲面 Π_{SB}-Π_{qU} 与 Π_{NU}-Π_{qB} 的轴向间隙和 δ_{SNq} 如图 6-44 所示。图 6-45 给出了仅存在丝杠偏心误差 e_S =10μm 时,匹配

螺旋曲面 $\varPi_{SB}$-$\varPi_{qU}$ 与 $\varPi_{NU}$-$\varPi_{qB}$ 的轴向间隙和 δ_{SNq}。对比可知,当螺母偏心误差 e_N =15μm 时,在丝杠旋转过程中,匹配螺旋曲面 $\varPi_{SB}$-$\varPi_{qU}$ 与 $\varPi_{NU}$-$\varPi_{qB}$ 的轴向间隙和 δ_{SNq} 的波动与仅存在丝杠偏心误差 e_S =10μm 时轴向间隙和 δ_{SNq} 的波动近似。造成该现象的原因是:当螺母偏心误差 e_N =15μm 时,螺母螺纹节圆中心 o_N' 接近丝杠旋转轴中心 o_{Sr},如图 6-43 所示。

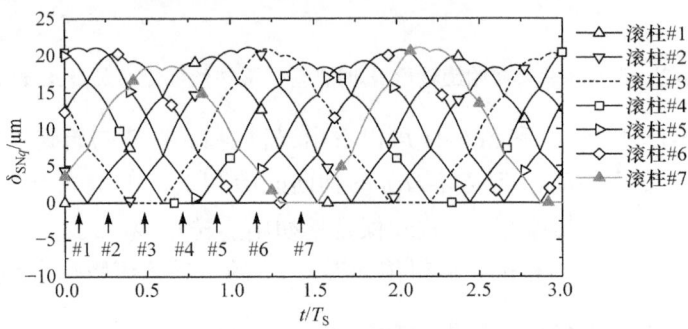

图 6-44 当螺母偏心误差 e_N =15μm 时,匹配螺旋曲面 $\varPi_{SB}$-$\varPi_{qU}$ 与 $\varPi_{NU}$-$\varPi_{qB}$ 的轴向间隙和 δ_{SNq}

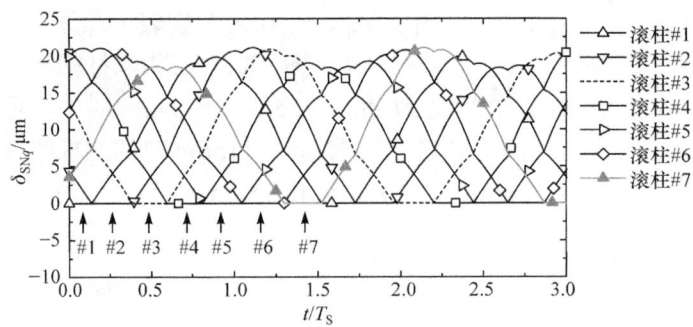

图 6-45 仅存在丝杠偏心误差 e_S =10μm 时,匹配螺旋曲面 $\varPi_{SB}$-$\varPi_{qU}$ 与 $\varPi_{NU}$-$\varPi_{qB}$ 的轴向间隙和 δ_{SNq}

当螺母偏心误差 e_N =20μm 时,匹配螺旋曲面 $\varPi_{SB}$-$\varPi_{qU}$ 与 $\varPi_{NU}$-$\varPi_{qB}$ 的轴向间隙和 δ_{SNq} 如图 6-46 所示。由图 6-43 可以看出,当螺母偏心误差 e_N 由 15μm 向 20μm 变化时,螺母螺纹节圆中心与丝杠旋转轴中心 o_{Sr} 之间的距离将增加,即 $|o_N''o_{Sr}|>|o_N'o_{Sr}|$。因此,图 6-46 中匹配螺旋曲面 $\varPi_{SB}$-$\varPi_{qU}$ 与 $\varPi_{NU}$-$\varPi_{qB}$ 的轴向间隙和 δ_{SNq} 曲线的波动幅值会比图 6-44 中的大。

图 6-47 给出了当螺母偏心误差 e_N 为 8μm、15μm 和 20μm 时,行星滚柱丝杠传动误差 Δ_N 的变化。由图 6-47 可以看出,随着螺母偏心误差 e_N 的增加,行星滚柱丝杠传动误差 Δ_N 的波动幅值先减小后增大。这是因为在图 6-43 中,随着螺母

偏心误差 e_N 的增加，螺母螺纹节圆中心与丝杠旋转轴中心 o_{Sr} 的距离先减小后增大。综上分析，为了使行星滚柱丝杠在装配完成后具有较小的传动误差 Δ_N，在装配过程中尽量使螺母螺纹节圆中心 o_N 与丝杠旋转轴中心 o_{Sr} 重合。

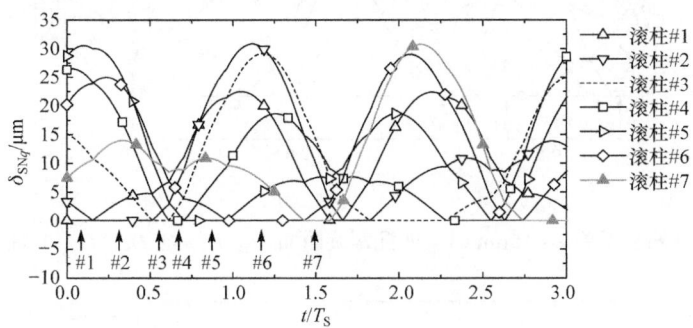

图 6-46 当螺母偏心误差 e_N =20μm 时，匹配螺旋曲面 Π_{SB}-Π_{qU} 与 Π_{NU}-Π_{qB} 的轴向间隙和 δ_{SNq}

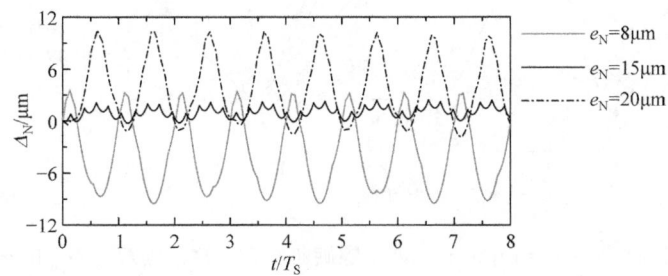

图 6-47 改变螺母偏心误差 e_N 时，行星滚柱丝杠传动误差 Δ_N 的变化

当丝杠偏心误差 e_S =15μm 时，匹配螺旋曲面 Π_{SB}-Π_{qU} 与 Π_{NU}-Π_{qB} 的轴向间隙和 δ_{SNq} 如图 6-48 所示。图 6-49 为当保持架偏心误差 e_P =15μm 时，匹配螺旋曲面 Π_{SB}-Π_{qU} 与 Π_{NU}-Π_{qB} 的轴向间隙和 δ_{SNq}。由图 6-43 可知，丝杠偏心误差 e_S 的增加会增加丝杠螺纹节圆中心 o_S 与螺母螺纹节圆中心 o_N 之间的最大距离，而保持架偏心误差 e_P 不会影响丝杠螺纹节圆中心 o_S 与螺母螺纹节圆中心 o_N 之间的最大距离。对比图 6-15 和图 6-48 以及图 6-15 和图 6-49 可知，当丝杠偏心误差 e_S 增大时，匹配螺旋曲面 Π_{SB}-Π_{qU} 与 Π_{NU}-Π_{qB} 的轴向间隙和 δ_{SNq} 的波动幅值将增大，但是保持架偏心误差 e_P 对该结果的影响很小。

改变丝杠和保持架偏心误差时，行星滚柱丝杠传动误差 Δ_N 的变化如图 6-50 所示。由图 6-50 可得，丝杠偏心误差 e_S 的增大会引起行星滚柱丝杠传动误差 Δ_N 的增大，而保持架偏心误差 e_P 对行星滚柱丝杠传动误差 Δ_N 几乎无影响。

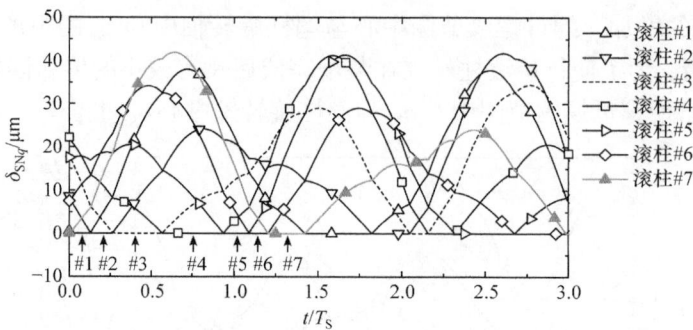

图 6-48　当丝杠偏心误差 $e_S=15\mu m$ 时，匹配螺旋曲面 $\Pi_{SB}\text{-}\Pi_{qU}$ 与 $\Pi_{NU}\text{-}\Pi_{qB}$ 的轴向间隙和 δ_{SNq}

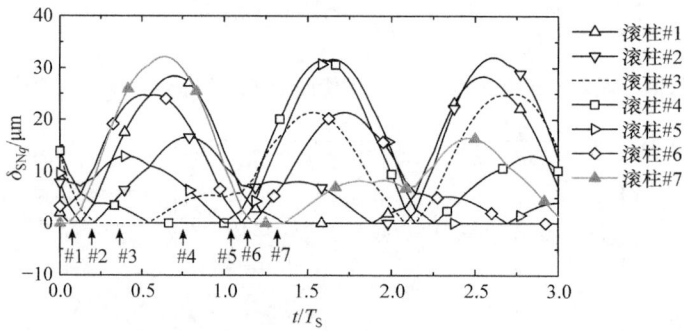

图 6-49　保持架偏心误差 $e_P=15\mu m$ 时，匹配螺旋曲面 $\Pi_{SB}\text{-}\Pi_{qU}$ 与 $\Pi_{NU}\text{-}\Pi_{qB}$ 的轴向间隙和 δ_{SNq}

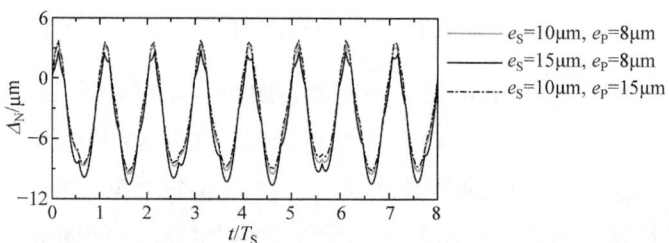

图 6-50　改变丝杠和保持架偏心误差时，行星滚柱丝杠传动误差 $\varDelta_N$ 的变化

6.6.5　滚柱浮动轨迹

不同滚柱浮动轨迹所对应的行星滚柱丝杠传动误差如图 6-51 所示，其中 $A \sim E$ 代表了五种不同的滚柱浮动轨迹。图 6-52 给出了五种滚柱浮动轨迹在滚柱浮动区域 $\varLambda_q$ 中的位置示意图，其中 $A \sim E$ 轨迹分别位于 $\varLambda_q$ 的中心、右边缘中心、左边缘中心、上边缘中心和下边缘中心。根据图 6-52 中的定义，可知各个滚柱浮动轨

迹的数学描述如式(6-51)~式(6-55)所示。由图 6-51 可得，滚柱浮动轨迹对行星滚柱丝杠传动误差的影响很小。

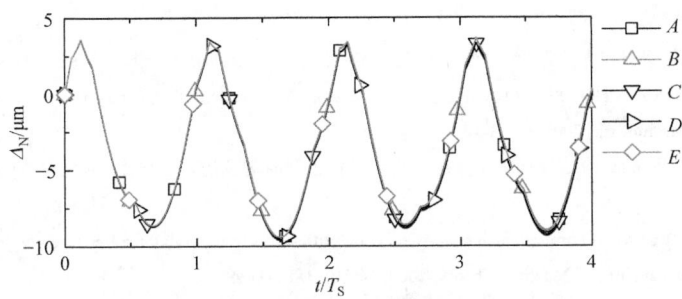

图 6-51 改变滚柱浮动轨迹时，行星滚柱丝杠传动误差 Δ_N 的变化

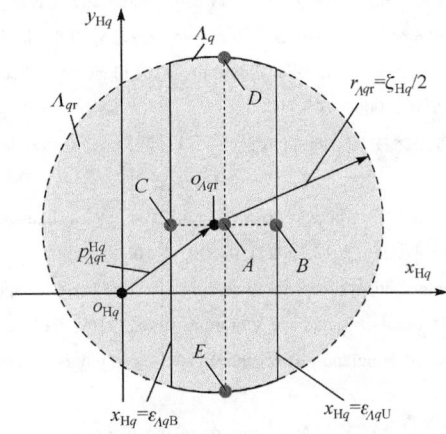

图 6-52 t 时滚柱旋转轴线在平面 $x_{Hq}o_{Hq}y_{Hq}$ 中的位置

$$A: \varepsilon_{qrx} = (\varepsilon_{AqU} + \varepsilon_{AqB})/2, \ \varepsilon_{qry} = [\boldsymbol{p}_{Aqr}^{Hq}]_y \tag{6-51}$$

$$B: \varepsilon_{qrx} = \varepsilon_{AqU}, \ \varepsilon_{qry} = [\boldsymbol{p}_{Aqr}^{Hq}]_y \tag{6-52}$$

$$C: \varepsilon_{qrx} = \varepsilon_{AqB}, \ \varepsilon_{qry} = [\boldsymbol{p}_{Aqr}^{Hq}]_y \tag{6-53}$$

$$D: \varepsilon_{qrx} = (\varepsilon_{AqU} + \varepsilon_{AqB})/2, \ \varepsilon_{qry} = [\boldsymbol{p}_{Aqr}^{Hq}]_y + \sqrt{\left(\frac{\zeta_{Hq}}{2}\right)^2 - \left(\frac{\varepsilon_{AqU} + \varepsilon_{AqB}}{2} - [\boldsymbol{p}_{Aqr}^{Hq}]_x\right)^2} \tag{6-54}$$

$$E: \varepsilon_{qrx} = (\varepsilon_{AqU} + \varepsilon_{AqB})/2, \ \varepsilon_{qry} = [\boldsymbol{p}_{Aqr}^{Hq}]_y - \sqrt{\left(\frac{\zeta_{Hq}}{2}\right)^2 - \left(\frac{\varepsilon_{AqU} + \varepsilon_{AqB}}{2} - [\boldsymbol{p}_{Aqr}^{Hq}]_x\right)^2} \tag{6-55}$$

参 考 文 献

[1] 靳谦忠, 杨家军, 孙健利. 行星式滚柱丝杠副的运动特性及参数选择[J]. 制造技术与机床, 1998, (5):13-15.

[2] SOKOLOV P A, RYAKHOVSKY O A, BLINOV D S, et al. Kinematics of planetary roller-screw mechanisms [J]. Vestn. MGTU, Mashinostr., 2005, (1): 3-14.

[3] 党金良, 刘更, 马尚君, 等. 反向式行星滚柱丝杠机构运动原理及仿真分析[J]. 系统仿真学报, 2013, 25(7): 1646-1651.

[4] HOJJAT Y, AGHELI M. A comprehensive study on capabilities and limitations of roller screw with emphasis on slip tendency [J]. Mechanism and Machine Theory, 2009, 44(10): 1887-1899.

[5] VELINSKY S A, CHU B, LASKY T A. Kinematics and efficiency analysis of the planetary roller screw mechanism [J]. Journal of Mechanical Design, 2009, 131(1): 011016-1-8.

[6] MA S J, ZHANG T, LIU G, et al. Kinematics of planetary roller screw mechanism considering helical directions of screw and roller threads [J]. Mathematical Problems in Engineering, 2015, DOI: 10.1155-2015-459462.

[7] JONES M H, VELINSKY S A. Kinematics of roller migration in the planetary roller screw mechanism [J]. Journal of Mechanical Design, 2012, 134(6): 061006-1-6.

[8] 马尚君, 刘更, 佟瑞庭, 等. 考虑滚柱节圆偏移的反向式行星滚柱丝杠副运动学分析[J]. 中国机械工程, 2014, 25(11):1421-1426.

[9] FU X J, LIU G, MA S J, et al. Kinematics model of planetary roller screw mechanism with run-out and position errors [J]. ASME Journal of Mechanical Design, 2018, 140(1): 032301-1-10.

[10] VELEX P, MAATAR M. A mathematical model for analyzing the influence of shape deviations and mounting errors on gear dynamic behavior [J]. Journal of Sound and Vibration, 1996, 191(5): 629-660.

[11] GU X, VELEX P. On the dynamic simulation of eccentricity errors in planetary gears [J]. Mechanism and Machine Theory, 2013, 61(3): 14-29.

[12] JONES M H, VELINSKY S A, LASKY T A. Dynamics of the planetary roller screw mechanism[J]. Journal of Mechanisms and Robotics, 2016, 8(1): 014503-1-6.

第 7 章 基于拉格朗日方法的行星滚柱丝杠刚体动力学

对标准式行星滚柱丝杠的运动学研究表明[1]，丝杠和滚柱之间一定存在滑动现象，并且这种滑动不会对螺母的轴向位移产生影响。这意味着仅通过运动学分析无法获得行星滚柱丝杠副中滚柱的自转与公转速度。因此，为了获得行星滚柱丝杠在运动过程中的受力与运动状态，需对该机构进行动力学研究。

现有行星滚柱丝杠动力学模型[2,3]主要基于以下两种方法建立：拉格朗日方法[4]和牛顿第二定律[5]。并且，这些动力学模型均假设：①行星滚柱丝杠中的所有零件均视为刚体；②不考虑加工与安装误差以及各个零件之间的间隙；③所有滚柱具有相同的公转与自转速度，且滚柱的公转速度与保持架转速相同。

本章针对标准式和反向式行星滚柱丝杠，采用拉格朗日方法建立行星滚柱丝杠刚体动力学模型。分别给出计算标准式行星滚柱丝杠系统动能公式的推导过程，标准式行星滚柱丝杠拉格朗日方程，反向式行星滚柱丝杠的刚体动力学模型等，最后通过多组算例，讨论摩擦系数、输入转速和负载对标准式行星滚柱丝杠和反向式行星滚柱丝杠动态特性的影响规律。

7.1 标准式行星滚柱丝杠的刚体动力学模型

7.1.1 标准式行星滚柱丝杠的系统动能

在标准式行星滚柱丝杠传动中，丝杠、滚柱、螺母和保持架的运动状态如图 7-1 所示，其中，$O\text{-}XYZ$ 为整体坐标系，且 Z 轴与丝杠的旋转轴线相重合；坐标系 $o_{Pq}\text{-}x_{Pq}y_{Pq}z_{Pq}$ 具有与保持架相同的旋转速度，且 z_{Pq} 轴与 Z 轴重合，x_{Pq} 轴穿过滚柱#q 的轴线。在图 7-1 中，ω_S、ω_P、v_{qz} 和 v_{Nz} 分别表示丝杠转速、保持架转速、滚柱#q 的轴向移动速度和螺母的轴向移动速度，ω_q 为滚柱#q 相对于整体坐标系 $O\text{-}XYZ$ 的自转速度，丝杠、滚柱和螺母螺纹均为右旋，F_{Nz} 为螺母负载。

设 θ_S、θ_P 和 θ_q 分别为丝杠、保持架和滚柱的转角，则丝杠、保持架和滚柱的转速可表示为

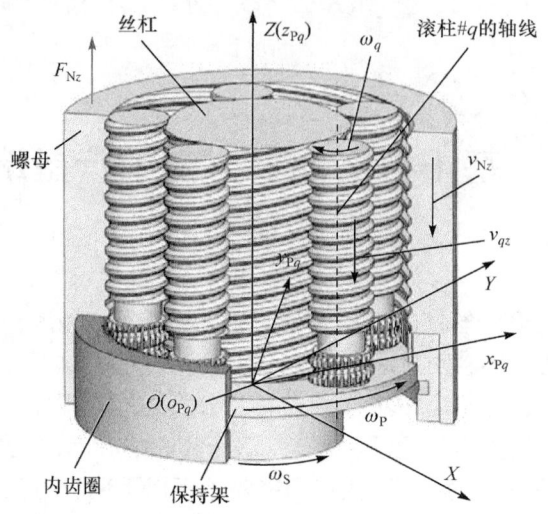

图 7-1 标准式行星滚柱丝杠传动的运动状态

$$\omega_S = \dot{\theta}_S \tag{7-1}$$

$$\omega_P = \dot{\theta}_P \tag{7-2}$$

$$\omega_q = \dot{\theta}_q \tag{7-3}$$

式中,"·"表示对应参数对时间 t 的导数,即 $\dot{\theta}_S = \dfrac{d\theta_S}{dt}$,$\dot{\theta}_P = \dfrac{d\theta_P}{dt}$,$\dot{\theta}_q = \dfrac{d\theta_q}{dt}$。

由于滚柱直齿和内齿圈的约束,滚柱转角 θ_q 与保持架转角 θ_P 具有如下关系:

$$\dot{\theta}_q = -(n_S - 1)\dot{\theta}_P \tag{7-4}$$

式中,n_S 为丝杠螺纹的头数。

本章中丝杠、滚柱和螺母的旋向均为右旋。由 2.1 节中对标准式行星滚柱丝杠运动原理的分析可知,滚柱#q 和螺母的轴向移动速度 v_{qz} 和 v_{Nz} 分别为

$$v_{qz} = -\dfrac{\dot{\theta}_S L_S}{2\pi} \tag{7-5}$$

$$v_{Nz} = -\dfrac{\dot{\theta}_S L_S}{2\pi} \tag{7-6}$$

式中,L_S 为丝杠螺纹的导程。由式(7-1)~式(7-6)可知,丝杠、滚柱、保持架和螺母的运动状态能够采用丝杠转角 θ_S 和保持架转角 θ_P 表示。

在标准式行星滚柱丝杠的工程应用中,丝杠通常做旋转运动并驱动螺母做直线运动。因此,标准式行星滚柱丝杠在运动过程中,丝杠动能 $\wp_S$ 可表示为

$$\wp_S = \dfrac{1}{2} J_S \omega_S^2 \tag{7-7}$$

式中，J_S 为丝杠绕其轴线的转动惯量。螺母动能 $\wp_N$ 为

$$\wp_N = \frac{1}{2} m_N v_{Nz}^2 \tag{7-8}$$

式中，m_N 为螺母及其附属部件的质量。如图 7-1 所示，丝杠旋转时，滚柱绕丝杠轴线做行星运动的同时还沿丝杠轴线做直线运动。由滚柱的公转速度 ω_P、轴向移动速度 v_{qz} 以及滚柱轴线与丝杠轴线的距离可得滚柱质心的移动速度 v_q 为

$$v_q = \sqrt{(r_q + r_S)^2 \omega_P^2 + v_{qz}^2} \tag{7-9}$$

式中，r_q 和 r_S 分别为滚柱#q 和丝杠的名义半径。滚柱#q 的动能为

$$\wp_q = \frac{1}{2} m_q v_q^2 + \frac{1}{2} J_q \omega_q^2 \tag{7-10}$$

式中，m_q 和 J_q 分别为滚柱的质量和绕其轴线的转动惯量。因为保持架的轴向移动速度与螺母相同，所以保持架的动能可表示为

$$\wp_P = \frac{1}{2} m_P v_{Nz}^2 + \frac{1}{2} J_P \omega_P^2 \tag{7-11}$$

式中，m_P 和 J_P 分别为保持架的质量和绕其轴线的转动惯量。运动过程中，标准式行星滚柱丝杠的系统动能 $\wp_{SPRSM}$ 等于上述各零件动能总和，即

$$\wp_{SPRSM} = \wp_S + \wp_N + n_{roller}\wp_q + 2\wp_P \tag{7-12}$$

式中，n_{roller} 为滚柱个数。将式(7-1)～式(7-11)代入式(7-12)中，可将标准式行星滚柱丝杠的系统动能 $\wp_{SPRSM}$ 表示为丝杠转角 θ_S 和保持架转角 θ_P 的函数：

$$\begin{aligned}\wp_{SPRSM} =& \frac{L_S^2 \dot{\theta}_S^2}{8\pi^2}(m_N + n_{roller}m_q + 2m_P) + \frac{J_S \dot{\theta}_S^2}{2} \\ &+ \frac{\dot{\theta}_P^2}{2}[n_{roller}m_q(r_q + r_S)^2 + 2J_P + n_{roller}(n_S - 1)^2 J_q]\end{aligned} \tag{7-13}$$

7.1.2 标准式行星滚柱丝杠的广义力

当将丝杠、滚柱和螺母均视为刚体且不考虑误差时，标准式行星滚柱丝杠在运动过程中，滚柱和螺母之间不存在相对滑动，故在建模过程中忽略螺母和滚柱之间的摩擦力。为了简化模型，在采用拉格朗日方法建立标准式行星滚柱丝杠动力学模型时，也忽略保持架与滚柱、内齿圈与滚柱以及螺母与保持架之间的摩擦力。为了计算丝杠和滚柱之间的摩擦力，首先进行如图 7-2 所示的运动学分析。如图 7-2 所示，丝杠和滚柱#q 的螺旋曲面在点 o_{Sq} 相接触，点 O_{Sq} 为接触点 o_{Sq} 在 $x_{Pq}o_{Pq}y_{Pq}$ 平面的投影，ϕ_{Sq} 和 ϕ_{Rsq} 为丝杠和滚柱#q 的啮合偏角，r_{Sq} 和 r_{Rsq} 为丝杠和滚柱#q 的啮合半径。在图 7-2 中，坐标系 O-XYZ 为整体坐标系，坐

标系 $o_{Pq}\text{-}x_{Pq}y_{Pq}z_{Pq}$ 具有与保持架相同的旋转速度，且 x_{Pq} 轴穿过滚柱#q 的轴线。

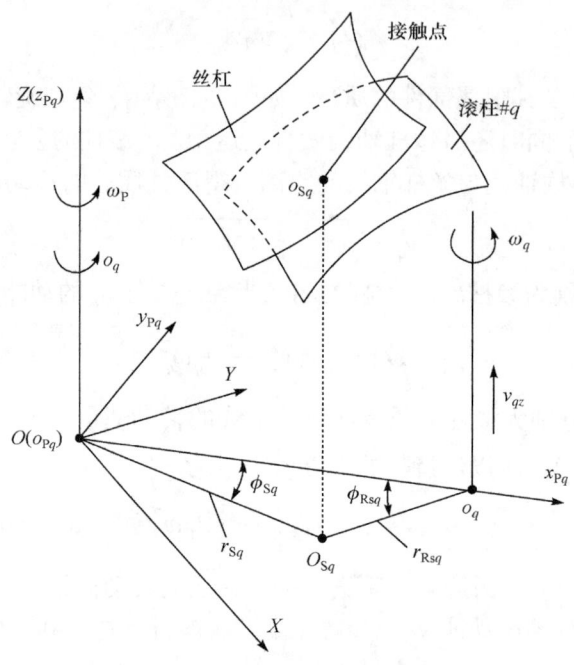

图 7-2 丝杠和滚柱#q 在接触点处的滑动速度分析

由图 7-2 可得，丝杠在接触点 o_{Sq} 处的速度 $\boldsymbol{v}_{Sq}$ 为

$$\boldsymbol{v}_{Sq} = \omega_S \cdot \boldsymbol{Z} \times \overrightarrow{OO_{Sq}} \tag{7-14}$$

式中，$\boldsymbol{Z} = [0, 0, 1]^T$；$\overrightarrow{OO_{Sq}}$ 为图 7-2 中点 O_{Sq} 在坐标系 $O\text{-}XYZ$ 中的位置向量。

$$\overrightarrow{OO_{Sq}} = \boldsymbol{H}_{Pq} \cdot \begin{bmatrix} r_{Sq} \cos\phi_{Sq} \\ r_{Sq} \sin\phi_{Sq} \\ 0 \end{bmatrix} \tag{7-15}$$

式中，$\boldsymbol{H}_{Pq}$ 为坐标系 $o_{Pq}\text{-}x_{Pq}y_{Pq}z_{Pq}$ 向坐标系 $O\text{-}XYZ$ 转换的旋转矩阵。根据 6.2.1 小节中的式(6-3)可得

$$\boldsymbol{H}_{Pq} = \begin{bmatrix} \cos\left(\Phi_q + \int_0^t \omega_P dt + \Omega_P\right) & -\sin\left(\Phi_q + \int_0^t \omega_P dt + \Omega_P\right) & 0 \\ \sin\left(\Phi_q + \int_0^t \omega_P dt + \Omega_P\right) & \cos\left(\Phi_q + \int_0^t \omega_P dt + \Omega_P\right) & 0 \\ 0 & 0 & 1 \end{bmatrix} \tag{7-16}$$

式中，Φ_q 和 Ω_P 分别为滚柱#q 的相位角和保持架的初始旋转角，上述参数在图 6-5 中进行了定义与说明。由图 7-2 可得，滚柱接触点 o_{Sq} 处的速度 v_{Rsq} 为

$$v_{Rsq} = \omega_P \cdot \mathbf{Z} \times \overrightarrow{OO_{Sq}} + \omega_q^{Pq} \cdot \mathbf{Z} \times \overrightarrow{o_q O_{Sq}} + \begin{bmatrix} 0 \\ 0 \\ v_{qz} \end{bmatrix} \tag{7-17}$$

式中，ω_q^{Pq} 为滚柱#q 相对于坐标系 $o_{Pq}\text{-}x_{Pq}y_{Pq}z_{Pq}$ 的自转速度，即

$$\omega_q^{Pq} = \omega_q + \omega_P \tag{7-18}$$

向量 $\overrightarrow{o_q O_{Sq}}$ 可表示为

$$\overrightarrow{o_q O_{Sq}} = \mathbf{H}_{Pq} \cdot \begin{bmatrix} -r_{Rsq}\cos\phi_{Rsq} \\ r_{Rsq}\sin\phi_{Rsq} \\ 0 \end{bmatrix} \tag{7-19}$$

丝杠和滚柱#q 在接触点 o_{Sq} 处的滑动速度 v_{SR} 为

$$v_{SR} = v_{Sq} - v_{Rsq} \tag{7-20}$$

滑动速度 v_{SR} 在坐标系 $o_{Pq}\text{-}x_{Pq}y_{Pq}z_{Pq}$ 中可表示为

$$v_{SR}^P = \mathbf{H}_{Pq}^{-1} v_{SR} = \mathbf{H}_{Pq}^{-1}(v_{Sq} - v_{Rsq}) = v_{Sq}^P - v_{Rsq}^P \tag{7-21}$$

式中，v_{Sq}^P 和 v_{Rsq}^P 分别为坐标系 $o_{Pq}\text{-}x_{Pq}y_{Pq}z_{Pq}$ 中丝杠和滚柱#q 接触点 o_{Sq} 处的速度。由式(7-14)～式(7-21)可得

$$v_{Sq}^P = \dot{\theta}_S \begin{bmatrix} -r_{Sq}\sin\phi_{Sq} \\ r_{Sq}\cos\phi_{Sq} \\ 0 \end{bmatrix} \tag{7-22}$$

$$v_{Rsq}^P = \begin{bmatrix} -r_{Sq}\sin\phi_{Sq}\dot{\theta}_P + n_S r_{Rsq}\sin\phi_{Rsq}\dot{\theta}_P \\ r_{Sq}\cos\phi_{Sq}\dot{\theta}_P + n_S r_{Rsq}\cos\phi_{Rsq}\dot{\theta}_P \\ -(\dot{\theta}_S L_S)/(2\pi) \end{bmatrix} \tag{7-23}$$

将式(7-22)和式(7-23)代入式(7-21)中，可得

$$v_{SR}^P = \begin{bmatrix} -r_{Sq}\sin\phi_{Sq}(\dot{\theta}_S - \dot{\theta}_P) - n_S r_{Rsq}\sin\phi_{Rsq}\dot{\theta}_P \\ r_{Sq}\cos\phi_{Sq}(\dot{\theta}_S - \dot{\theta}_P) - n_S r_{Rsq}\cos\phi_{Rsq}\dot{\theta}_P \\ (\dot{\theta}_S L_S)/(2\pi) \end{bmatrix} \tag{7-24}$$

Jones 等采用黏性摩擦系数 μ'_{SR} 计算丝杠和滚柱之间的摩擦力[2]。根据文献[2]中的摩擦力计算公式，可得丝杠作用在滚柱#q 上的摩擦力 f_{Rsq}^P 在坐标系 $o_{Pq}\text{-}x_{Pq}y_{Pq}z_{Pq}$ 中可表示为

$$f_{Rsq}^P = \mu'_{SR} n_T v_{SR}^P = \mu'_{SR} n_T \begin{bmatrix} -r_{Sq}\sin\phi_{Sq}(\dot\theta_S-\dot\theta_P) - n_S r_{Rsq}\sin\phi_{Rsq}\dot\theta_P \\ r_{Sq}\cos\phi_{Sq}(\dot\theta_S-\dot\theta_P) - n_S r_{Rsq}\cos\phi_{Rsq}\dot\theta_P \\ (\dot\theta_S L_S)/(2\pi) \end{bmatrix} \quad (7\text{-}25)$$

式中，μ'_{SR} 表示 Jones 等模型中丝杠和滚柱之间的黏性摩擦系数[2]；n_T 为滚柱螺纹牙总数。

在式(7-25)中，并未考虑丝杠和滚柱之间接触力对摩擦力的影响。然而，根据库伦摩擦模型[6]可知，两物体之间的摩擦力与接触力成正比。因此，本小节中还将依据库伦摩擦模型推导给出丝杠和滚柱之间摩擦力的另一种计算公式。丝杠和滚柱#q 之间的接触力如图 7-3 所示，F_{Rsq}^P 表示在坐标系 $o_{Pq}\text{-}x_{Pq}y_{Pq}z_{Pq}$ 中丝杠作用在滚柱#q 上的接触力。根据 4.2.2 小节中对丝杠和滚柱螺旋曲面在接触点处的法向量分析结果，接触力 F_{Rsq}^P 可表示为

$$F_{Rsq}^P = \frac{F_{Rsq}}{\sqrt{1+\tan^2\lambda_{Rsq}+\tan^2\beta_{Rsq}}} \cdot \begin{bmatrix} \cos\phi_{Rsq}\tan\beta_{Rsq} - \sin\phi_{Rsq}\tan\lambda_{Rsq} \\ -\sin\phi_{Rsq}\tan\beta_{Rsq} - \cos\phi_{Rsq}\tan\lambda_{Rsq} \\ -1 \end{bmatrix} \quad (7\text{-}26)$$

式中，F_{Rsq} 为接触力 F_{Rsq}^P 的幅值；ϕ_{Rsq} 为滚柱#q 在丝杠侧的啮合偏角；λ_{Rsq} 和 β_{Rsq} 分别为滚柱#q 在接触点处的螺旋升角和牙侧角。

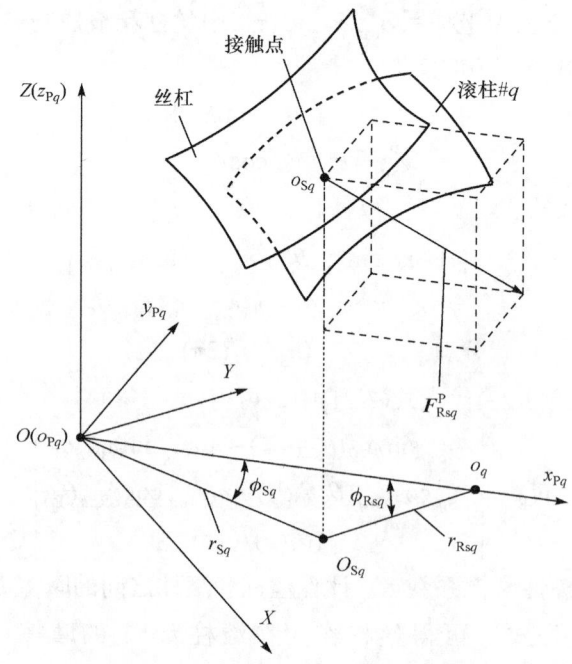

图 7-3 丝杠和滚柱#q 之间的接触力

参照 4.2.2 小节的式(4-38)和式(4-39)，$\tan\lambda_{Rsq}$ 和 $\tan\beta_{Rsq}$ 能够表示为

$$\tan\lambda_{Rsq} = L_q/(2\pi r_{Rsq}) \tag{7-27}$$

$$\tan\beta_{Rsq} = \frac{r_{Rsq} - r_q - u_{Tq}}{\sqrt{r_{Tq}^2 - (r_{Rsq} - r_q - u_{Tq})^2}} \tag{7-28}$$

式中，L_q 为滚柱#q 的导程；r_{Rsq} 为滚柱#q 在丝杠侧的啮合半径；r_q 为滚柱#q 的名义半径；r_{Tq} 为滚柱#q 的牙型轮廓半径；u_{Tq} 为滚柱#q 牙型轮廓圆心在图 4-4 所示平面 $u_q o'_q w_q$ 的 u_q 坐标值。根据式(7-26)，丝杠和滚柱#q 之间的接触力幅值 F_{Rsq} 可表示为

$$F_{Rsq} = \frac{F_{Nz}}{n_{roller}} \cdot \sqrt{1 + \tan^2\lambda_{Rsq} + \tan^2\beta_{Rsq}} \tag{7-29}$$

根据库伦摩擦力[6]的计算公式，可得在图 7-3 所示坐标系 o_{Pq}-$x_{Pq}y_{Pq}z_{Pq}$ 中，丝杠作用在滚柱#q 上摩擦力 $\boldsymbol{f}_{Rsq}^P$ 的另一种表达形式为

$$\boldsymbol{f}_{Rsq}^P = \frac{\mu_{SR} F_{Rsq} \boldsymbol{v}_{SR}^P}{\|\boldsymbol{v}_{SR}^P\|} = \frac{\mu_{SR} F_{Rsq}}{\|\boldsymbol{v}_{SR}^P\|} \cdot \begin{bmatrix} -r_{Sq}\sin\phi_{Sq}(\dot{\theta}_S - \dot{\theta}_P) - n_S r_{Rsq}\sin\phi_{Rsq}\dot{\theta}_P \\ r_{Sq}\cos\phi_{Sq}(\dot{\theta}_S - \dot{\theta}_P) - n_S r_{Rsq}\cos\phi_{Rsq}\dot{\theta}_P \\ (\dot{\theta}_S L_S)/(2\pi) \end{bmatrix} \tag{7-30}$$

式中，μ_{SR} 表示丝杠和滚柱之间的库伦摩擦系数；$\|\boldsymbol{v}_{SR}^P\|$ 表示丝杠和滚柱#q 在接触点 o_{Sq} 处滑动速度的幅值。

$$\|\boldsymbol{v}_{SR}^P\| = \sqrt{r_{Sq}^2(\dot{\theta}_S - \dot{\theta}_P)^2 + n_S^2 r_{Rsq}^2 \dot{\theta}_P^2 - 2r_{Sq}r_{Rsq}n_S\dot{\theta}_P(\dot{\theta}_S - \dot{\theta}_P)\cos(\phi_{Sq} + \phi_{Rsq}) + \frac{\dot{\theta}_S^2 L_S^2}{4\pi^2}} \tag{7-31}$$

式中，r_{Sq} 和 r_{Rsq} 分别表示丝杠和滚柱#q 的啮合半径；n_S 和 L_S 分别为丝杠螺纹的头数与导程；$\dot{\theta}_S$ 和 $\dot{\theta}_P$ 分别为丝杠和保持架的转速。

根据式(7-25)和式(7-30)可将丝杠和滚柱#q 之间摩擦力的两种计算方法统一表示为

$$\boldsymbol{f}_{Rsq}^{Pq} = \zeta_{SRf} \cdot \begin{bmatrix} -r_{Sq}\sin\phi_{Sq}(\dot{\theta}_S - \dot{\theta}_P) - n_S r_{Rsq}\sin\phi_{Rsq}\dot{\theta}_P \\ r_{Sq}\cos\phi_{Sq}(\dot{\theta}_S - \dot{\theta}_P) - n_S r_{Rsq}\cos\phi_{Rsq}\dot{\theta}_P \\ (\dot{\theta}_S L_S)/(2\pi) \end{bmatrix} \tag{7-32}$$

式中，ζ_{SRf} 表示丝杠和滚柱#q 的摩擦力计算因子。当 $\zeta_{SRf} = \mu'_{SR} n_T$ 时，表示采用 Jones 等的方法[2]计算丝杠和滚柱#q 之间的摩擦力；当 $\zeta_{SRf} = \dfrac{\mu_{SR} F'_{Rsq}}{\|\boldsymbol{v}_{SR}^P\|}$ 时，表示采

用库伦摩擦模型计算丝杠和滚柱#q之间的摩擦力。

假设在图 7-3 所示坐标系 o_{Pq}-$x_{Pq}y_{Pq}z_{Pq}$ 中滚柱#q 作用在丝杠上的摩擦力为 $\boldsymbol{f}_{Sq}^{Pq}$，则

$$\boldsymbol{f}_{Sq}^{Pq} = -\boldsymbol{f}_{Rsq}^{Pq} \tag{7-33}$$

由 7.1.1 小节的分析可知，标准式行星滚柱丝杠的运动状态能够使用丝杠旋转自由度 θ_S 和保持架旋转自由度 θ_P 来描述。参照附录 C1 中式(C1-9)的推导过程，可得行星滚柱丝杠系统所对应丝杠旋转自由度 θ_S 的广义力 $\varXi_S$ 为

$$\varXi_S = \boldsymbol{F}_N^T \frac{\partial \boldsymbol{v}_N}{\partial \dot{\theta}_S} + \boldsymbol{M}_S^T \frac{\partial \boldsymbol{\omega}_S}{\partial \dot{\theta}_S} + \sum_{q=1}^{n_{roller}} \left\{ (\boldsymbol{H}_{Pq}\boldsymbol{f}_{Sq}^{Pq})^T \frac{\partial (\boldsymbol{H}_{Pq}\boldsymbol{v}_{Sq}^P)}{\partial \dot{\theta}_S} \right\} \tag{7-34}$$

式中，$\boldsymbol{v}_{Sq}^P$ 为图 7-3 所示坐标系 o_{Pq}-$x_{Pq}y_{Pq}z_{Pq}$ 中丝杠和滚柱#q 接触点 o_{Sq} 处的速度。

$$\boldsymbol{F}_N^T = [0, 0, F_{Nz}] \tag{7-35}$$

$$\boldsymbol{M}_S^T = [0, 0, M_{Sz}] \tag{7-36}$$

$$\boldsymbol{v}_N = \begin{bmatrix} 0 \\ 0 \\ v_{Nz} \end{bmatrix} \tag{7-37}$$

$$\boldsymbol{\omega}_S = \begin{bmatrix} 0 \\ 0 \\ \omega_S \end{bmatrix} \tag{7-38}$$

在式(7-35)和式(7-36)中，F_{Nz} 为螺母负载，M_{Sz} 为丝杠驱动力矩。根据矩阵的转置与求逆运算的定义[7]和式(7-16)可得，矩阵 $\boldsymbol{H}_{Pq}$ 的转置矩阵与逆矩阵有如下关系：

$$\boldsymbol{H}_{Pq}^T = \boldsymbol{H}_{Pq}^{-1} \tag{7-39}$$

根据式(7-16)和式(7-39)可得

$$\begin{aligned}
\sum_{q=1}^{n_{roller}} \left\{ (\boldsymbol{H}_{Pq}\boldsymbol{f}_{Sq}^P)^T \frac{\partial (\boldsymbol{H}_{Pq}\boldsymbol{v}_{Sq}^P)}{\partial \dot{\theta}_S} \right\} &= \sum_{q=1}^{n_{roller}} \left\{ (\boldsymbol{f}_{Sq}^P)^T \boldsymbol{H}_{Pq}^T \boldsymbol{H}_{Pq} \frac{\partial \boldsymbol{v}_{Sq}^P}{\partial \dot{\theta}_S} \right\} \\
&= \sum_{q=1}^{n_{roller}} \left\{ (\boldsymbol{f}_{Sq}^P)^T \boldsymbol{H}_{Pq}^{-1} \boldsymbol{H}_{Pq} \frac{\partial \boldsymbol{v}_{Sq}^P}{\partial \dot{\theta}_S} \right\} = n_{roller} \left\{ (\boldsymbol{f}_{Sq}^{Pq})^T \frac{\partial \boldsymbol{v}_{Sq}^P}{\partial \dot{\theta}_S} \right\}
\end{aligned} \tag{7-40}$$

将式(7-35)~式(7-38)以及式(7-40)代入式(7-34)中，可得标准式行星滚柱丝杠中对应丝杠旋转自由度 θ_S 的广义力 $\varXi_S$ 为

$$\varXi_{\mathrm{S}} = -\frac{F_{\mathrm{N}z}L_{\mathrm{S}}}{2\pi} + M_{\mathrm{S}z} + n_{\mathrm{roller}}\zeta_{\mathrm{SRf}}[-r_{\mathrm{S}q}^2(\dot{\theta}_{\mathrm{S}} - \dot{\theta}_{\mathrm{P}}) + n_{\mathrm{S}}r_{\mathrm{S}q}r_{\mathrm{R}sq}\dot{\theta}_{\mathrm{P}}\cos(\phi_{\mathrm{S}q} + \phi_{\mathrm{R}sq})]$$

$$= -\frac{F_{\mathrm{N}z}L_{\mathrm{S}}}{2\pi} + M_{\mathrm{S}z} - n_{\mathrm{roller}}\zeta_{\mathrm{SRf}}r_{\mathrm{S}q}^2\dot{\theta}_{\mathrm{S}} + n_{\mathrm{roller}}\zeta_{\mathrm{SRf}}\dot{\theta}_{\mathrm{P}}[r_{\mathrm{S}q}^2 + n_{\mathrm{S}}r_{\mathrm{S}q}r_{\mathrm{R}sq}\cos(\phi_{\mathrm{S}q} + \phi_{\mathrm{R}sq})]$$

$$(7\text{-}41)$$

同样根据附录 C1 中式(C1-9)的推导过程，可得标准式行星滚柱丝杠系统所对应保持架旋转自由度 θ_{P} 的广义力 $\varXi_{\mathrm{P}}$ 为

$$\varXi_{\mathrm{P}} = \sum_{q=1}^{n_{\mathrm{roller}}} \left\{ (\boldsymbol{H}_{\mathrm{P}q}\boldsymbol{f}_{\mathrm{R}sq}^{\mathrm{P}})^{\mathrm{T}} \frac{\partial(\boldsymbol{H}_{\mathrm{P}q}\boldsymbol{v}_{\mathrm{R}sq}^{\mathrm{P}})}{\partial \dot{\theta}_{\mathrm{P}}} \right\} \quad (7\text{-}42)$$

式中，$\boldsymbol{v}_{\mathrm{R}sq}^{\mathrm{P}}$ 为坐标系 $o_{\mathrm{P}q}\text{-}x_{\mathrm{P}q}y_{\mathrm{P}q}z_{\mathrm{P}q}$ 中的速度 $\boldsymbol{v}_{\mathrm{R}sq}$，$\boldsymbol{v}_{\mathrm{R}sq} = \boldsymbol{H}_{\mathrm{P}q}\boldsymbol{v}_{\mathrm{R}sq}^{\mathrm{P}}$。

根据式(7-16)和式(7-39)可得

$$\varXi_{\mathrm{P}} = n_{\mathrm{roller}}\left\{ (\boldsymbol{f}_{\mathrm{R}sq}^{\mathrm{P}})^{\mathrm{T}} \frac{\partial(\boldsymbol{v}_{\mathrm{R}sq}^{\mathrm{P}})}{\partial \dot{\theta}_{\mathrm{P}}} \right\} \quad (7\text{-}43)$$

将式(7-32)代入式(7-43)中，可得

$$\varXi_{\mathrm{P}} = n_{\mathrm{roller}}\zeta_{\mathrm{SRf}}[r_{\mathrm{S}q}^2 + n_{\mathrm{S}}r_{\mathrm{S}q}r_{\mathrm{R}sq}\cos(\phi_{\mathrm{S}q} + \phi_{\mathrm{R}sq})]\dot{\theta}_{\mathrm{S}}$$
$$- n_{\mathrm{roller}}\zeta_{\mathrm{SRf}}[r_{\mathrm{S}q}^2 + 2n_{\mathrm{S}}r_{\mathrm{S}q}r_{\mathrm{R}sq}\cos(\phi_{\mathrm{S}q} + \phi_{\mathrm{R}sq}) + n_{\mathrm{S}}^2r_{\mathrm{R}sq}^2]\dot{\theta}_{\mathrm{P}}$$

$$(7\text{-}44)$$

式(7-41)和式(7-44)分别为标准式行星滚柱丝杠中对应丝杠旋转自由度 θ_{S} 和保持架旋转自由度 θ_{P} 的广义力。在式(7-41)和式(7-44)中，ζ_{SRf} 为丝杠和滚柱#q 的摩擦力计算因子。

7.1.3 标准式行星滚柱丝杠的拉格朗日方程

根据附录 C1 中的式(C1-15)，可推导得到标准式行星滚柱丝杠的拉格朗日方程为

$$\begin{cases} \dfrac{\mathrm{d}}{\mathrm{d}t}\left(\dfrac{\partial \mathscr{P}_{\mathrm{SPRSM}}}{\partial \dot{\theta}_{\mathrm{S}}}\right) - \dfrac{\partial \mathscr{P}_{\mathrm{SPRSM}}}{\partial \theta_{\mathrm{S}}} = \varXi_{\mathrm{S}} \\ \dfrac{\mathrm{d}}{\mathrm{d}t}\left(\dfrac{\partial \mathscr{P}_{\mathrm{SPRSM}}}{\partial \dot{\theta}_{\mathrm{P}}}\right) - \dfrac{\partial \mathscr{P}_{\mathrm{SPRSM}}}{\partial \theta_{\mathrm{P}}} = \varXi_{\mathrm{P}} \end{cases} \quad (7\text{-}45)$$

根据式(7-13)所示的标准式行星滚柱丝杠系统动能 $\mathscr{P}_{\mathrm{SPRSM}}$ 推导得到式(7-45)中 $\mathscr{P}_{\mathrm{SPRSM}}$ 偏导数和导数的表达式：

$$\frac{\mathrm{d}}{\mathrm{d}t}\left(\frac{\partial \mathscr{P}_{\mathrm{SPRSM}}}{\partial \dot{\theta}_{\mathrm{S}}}\right) = \frac{L_{\mathrm{S}}^2 \ddot{\theta}_{\mathrm{S}}}{4\pi^2}(m_{\mathrm{N}} + n_{\mathrm{roller}}m_q + 2m_{\mathrm{P}}) + J_{\mathrm{S}}\ddot{\theta}_{\mathrm{S}} \quad (7\text{-}46)$$

$$\frac{\partial \mathscr{P}_{\mathrm{SPRSM}}}{\partial \theta_{\mathrm{S}}} = 0 \tag{7-47}$$

$$\frac{\mathrm{d}}{\mathrm{d}t}\left(\frac{\partial \mathscr{P}_{\mathrm{SPRSM}}}{\partial \dot{\theta}_{\mathrm{P}}}\right) = \ddot{\theta}_{\mathrm{P}}[n_{\mathrm{roller}} m_q (r_q + r_{\mathrm{S}})^2 + 2J_{\mathrm{P}} + n_{\mathrm{roller}}(n_{\mathrm{S}} - 1)^2 J_q] \tag{7-48}$$

$$\frac{\partial \mathscr{P}_{\mathrm{SPRSM}}}{\partial \theta_{\mathrm{P}}} = 0 \tag{7-49}$$

将式(7-41)、式(7-44)和式(7-46)~式(7-49)代入式(7-45)中，可得标准式行星滚柱丝杠的拉格朗日方程为

$$\begin{cases}
\dfrac{L_{\mathrm{S}}^2 \ddot{\theta}_{\mathrm{S}}}{4\pi^2}(m_{\mathrm{N}} + n_{\mathrm{roller}} m_q + 2m_{\mathrm{P}}) + J_{\mathrm{S}} \ddot{\theta}_{\mathrm{S}} \\
= M_{\mathrm{S}z} - n_{\mathrm{roller}} \zeta_{\mathrm{SRf}} r_{\mathrm{S}q}^2 \dot{\theta}_{\mathrm{S}} - \dfrac{F_{\mathrm{N}z} L_{\mathrm{S}}}{2\pi} \\
\quad + n_{\mathrm{roller}} \zeta_{\mathrm{SRf}} \dot{\theta}_{\mathrm{P}}[r_{\mathrm{S}q}^2 + n_{\mathrm{S}} r_{\mathrm{S}q} r_{\mathrm{R}sq} \cos(\phi_{\mathrm{S}q} + \phi_{\mathrm{R}sq})] \\
\ddot{\theta}_{\mathrm{P}}[n_{\mathrm{roller}} m_q (r_q + r_{\mathrm{S}})^2 + 2J_{\mathrm{P}} + n_{\mathrm{roller}}(n_{\mathrm{S}} - 1)^2 J_q] \\
= n_{\mathrm{roller}} \zeta_{\mathrm{SRf}} \dot{\theta}_{\mathrm{S}}[r_{\mathrm{S}q}^2 + n_{\mathrm{S}} r_{\mathrm{S}q} r_{\mathrm{R}sq} \cos(\phi_{\mathrm{S}q} + \phi_{\mathrm{R}sq})] \\
\quad - n_{\mathrm{roller}} \zeta_{\mathrm{SRf}} \dot{\theta}_{\mathrm{P}}[r_{\mathrm{S}q}^2 + 2n_{\mathrm{S}} r_{\mathrm{S}q} r_{\mathrm{R}sq} \cos(\phi_{\mathrm{S}q} + \phi_{\mathrm{R}sq}) + n_{\mathrm{S}}^2 r_{\mathrm{R}sq}^2]
\end{cases} \tag{7-50}$$

当已知丝杠转速 $\dot{\theta}_{\mathrm{S}}$、螺母负载 $F_{\mathrm{N}z}$ 和各零件结构参数与质量属性时，通过求解式(7-50)可得标准式行星滚柱丝杠在运动过程中的保持架转速 $\dot{\theta}_{\mathrm{P}}$ 与丝杠驱动力矩 $M_{\mathrm{S}z}$。

当标准式行星滚柱丝杠运动达到稳态时，丝杠和保持架的角加速度均为零，即 $\ddot{\theta}_{\mathrm{S}} = 0$ 和 $\ddot{\theta}_{\mathrm{P}} = 0$。将 $\ddot{\theta}_{\mathrm{S}} = 0$ 和 $\ddot{\theta}_{\mathrm{P}} = 0$ 代入式(7-50)中，可得

$$\begin{cases}
n_{\mathrm{roller}} \zeta_{\mathrm{SRf}} r_{\mathrm{S}q}^2 \dot{\theta}_{\mathrm{S}} - n_{\mathrm{roller}} \zeta_{\mathrm{SRf}} \dot{\theta}_{\mathrm{P}}[r_{\mathrm{S}q}^2 + n_{\mathrm{S}} r_{\mathrm{S}q} r_{\mathrm{R}sq} \cos(\phi_{\mathrm{S}q} + \phi_{\mathrm{R}sq})] + \dfrac{F_{\mathrm{N}z} L_{\mathrm{S}}}{2\pi} - M_{\mathrm{S}z} = 0 \\
\dot{\theta}_{\mathrm{S}}[r_{\mathrm{S}q}^2 + n_{\mathrm{S}} r_{\mathrm{S}q} r_{\mathrm{R}sq} \cos(\phi_{\mathrm{S}q} + \phi_{\mathrm{R}sq})] - \dot{\theta}_{\mathrm{P}}[r_{\mathrm{S}q}^2 + 2n_{\mathrm{S}} r_{\mathrm{S}q} r_{\mathrm{R}sq} \cos(\phi_{\mathrm{S}q} + \phi_{\mathrm{R}sq}) + n_{\mathrm{S}}^2 r_{\mathrm{R}sq}^2] = 0
\end{cases}$$
(7-51)

由式(7-51)可知，标准式行星滚柱丝杠在达到稳态时保持架与丝杠的转速比值 ζ_{PS} 为

$$\zeta_{\mathrm{PS}} = \frac{\dot{\theta}_{\mathrm{P}}}{\dot{\theta}_{\mathrm{S}}} = \frac{r_{\mathrm{S}q}^2 + n_{\mathrm{S}} r_{\mathrm{S}q} r_{\mathrm{R}sq} \cos(\phi_{\mathrm{S}q} + \phi_{\mathrm{R}sq})}{r_{\mathrm{S}q}^2 + 2n_{\mathrm{S}} r_{\mathrm{S}q} r_{\mathrm{R}sq} \cos(\phi_{\mathrm{S}q} + \phi_{\mathrm{R}sq}) + n_{\mathrm{S}}^2 r_{\mathrm{R}sq}^2}, \quad \dot{\theta}_{\mathrm{S}} \neq 0 \tag{7-52}$$

当丝杠和滚柱#q 的接触点位于两零件节圆的切点处时，$r_{\mathrm{S}q} = r_{\mathrm{S}}$，$r_{\mathrm{R}sq} = r_q$，$\phi_{\mathrm{S}q} = \phi_{\mathrm{R}sq} = 0$，其中，$r_{\mathrm{S}}$ 和 r_q 分别为丝杠和滚柱#q 的名义半径。由 2.1 节对标准

式行星滚柱丝杠的丝杠、滚柱和螺母的结构参数关系分析可知：

$$r_N = r_S + 2r_q \tag{7-53}$$

$$r_N = n_S r_q \tag{7-54}$$

式中，r_N 为螺母的名义半径；n_S 为丝杠螺纹的头数。将式(7-53)和式(7-54)代入式(7-52)可得，若丝杠和滚柱#q 的接触点位于两零件节圆的切点处，标准式行星滚柱丝杠保持架和丝杠的稳态转速比值 ζ_{PS}^0 为

$$\zeta_{PS}^0 = \frac{r_S^2 + n_S r_S r_q}{r_S^2 + 2n_S r_S r_q + n_S^2 r_q^2} = \frac{r_S(r_S + r_N)}{(r_S + r_N)^2} = \frac{r_S}{r_S + r_N} \tag{7-55}$$

式(7-55)的计算结果与文献[1]中的结果相同。当根据式(7-50)获得保持架的转速 $\dot{\theta}_P$ 后，能够通过式(7-24)计算丝杠和滚柱#q 之间的滑动速度。

7.2 反向式行星滚柱丝杠的刚体动力学模型

7.2.1 反向式行星滚柱丝杠的系统动能

根据 2.2 节中对反向式行星滚柱丝杠运动的结构参数分析可知，在反向式行星滚柱丝杠中，其丝杠和滚柱螺纹旋向相反，滚柱和螺母螺纹旋向相同。本节选用丝杠螺纹为右旋，滚柱和螺母螺纹均为左旋的反向式行星滚柱丝杠为例，采用拉格朗日方法建立其刚体动力学模型。

反向式行星滚柱丝杠的运动状态如图 7-4 所示，当螺母以 ω_N 旋转时，丝杠以 v_{Sz} 的速度移动，滚柱以 v_{Sz} 的速度沿丝杠轴线移动，并以自转速度 ω_q 和公转速度 ω_P 绕丝杠轴线做行星运动，其中保持架的转速为 ω_P。在图 7-4 中，$O\text{-}XYZ$ 为整体坐标系，且 Z 轴与丝杠的旋转轴线相重合，坐标系 $o_{Pq}\text{-}x_{Pq}y_{Pq}z_{Pq}$ 具有与保持架相同的旋转速度，且 z_{Pq} 轴与 Z 轴重合，x_{Pq} 轴穿过滚柱#q 的轴线，ω_q 为滚柱#q 相对于整体坐标系 $O\text{-}XYZ$ 的自转速度，F_{Sz} 为丝杠负载。

设螺母转角、滚柱自转角和保持架转角分别为 θ_N、θ_q 和 θ_P，则螺母、保持架、滚柱和丝杠的旋转速度可分别表示为

$$\omega_N = \dot{\theta}_N \tag{7-56}$$

$$\omega_P = \dot{\theta}_P \tag{7-57}$$

$$\omega_q = \dot{\theta}_q \tag{7-58}$$

$$v_{Sz} = v_{qz} = \frac{\dot{\theta}_N L_N}{2\pi} \tag{7-59}$$

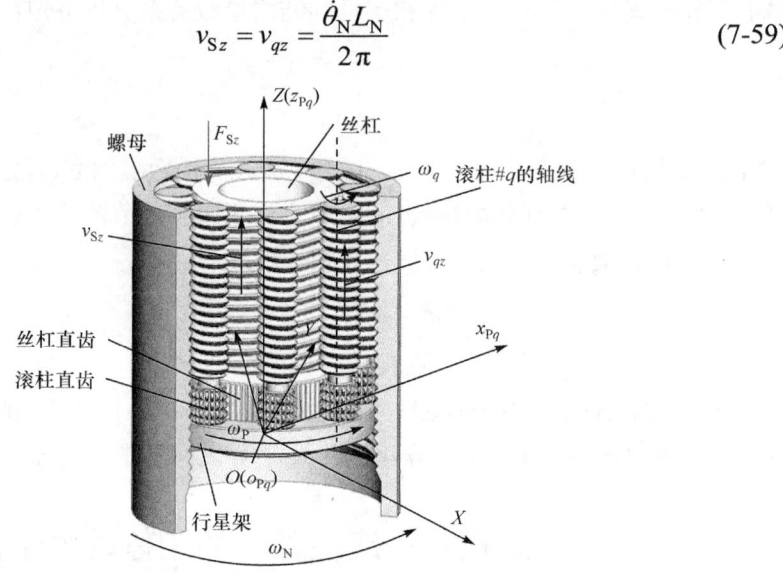

图 7-4 反向式行星滚柱丝杠的运动状态

式中，L_N 为螺母的导程。如图 7-4 所示，由于滚柱直齿和丝杠直齿的约束，滚柱转角 θ_q 与保持架转角 θ_P 具有如下关系：

$$\theta_q = \left(\frac{r_S}{r_q} + 1\right)\theta_P \tag{7-60}$$

式中，r_S 和 r_q 分别为丝杠和滚柱#q 的名义半径。

反向式行星滚柱丝杠在运动过程中，丝杠动能 $\wp_S$ 可表示为

$$\wp_S = \frac{1}{2} m_S v_{Sz}^2 \tag{7-61}$$

式中，m_S 为丝杠及其附属部件的质量。螺母动能 $\wp_N$ 为

$$\wp_N = \frac{1}{2} J_N \omega_N^2 \tag{7-62}$$

式中，J_N 为螺母的转动惯量。如图 7-4 所示，当螺母旋转时，滚柱绕丝杠轴线做行星运动的同时还沿螺母轴线做直线运动。由滚柱的公转速度 ω_P、轴向移动速度 v_{qz} 和滚柱轴线与丝杠轴线的距离可得滚柱质心的移动速度 v_q 为

$$v_q = \sqrt{(r_q + r_S)^2 \omega_P^2 + v_{qz}^2} \tag{7-63}$$

式中，r_S 和 r_q 分别为丝杠和滚柱#q 的名义半径。滚柱#q 的动能 $\wp_q$ 为

$$\wp_q = \frac{1}{2}m_q v_q^2 + \frac{1}{2}J_q \omega_q^2 \tag{7-64}$$

式中，m_q 和 J_q 分别为滚柱的质量和绕其轴线的转动惯量。因为保持架的轴向移动速度与螺母相同，所以保持架的动能 $\wp_P$ 可表示为

$$\wp_P = \frac{1}{2}m_P v_{Sz}^2 + \frac{1}{2}J_P \omega_P^2 \tag{7-65}$$

式中，m_P 和 J_P 分别为保持架的质量和绕其轴线的转动惯量。反向式行星滚柱丝杠在运动过程中的系统动能 $\wp_{IPRSM}$ 等于上述各零件动能总和，即

$$\wp_{IPRSM} = \wp_S + \wp_N + n_{roller}\wp_q + 2\wp_P \tag{7-66}$$

式中，n_{roller} 为滚柱个数。将式(7-56)~式(7-65)代入式(7-66)中，可得反向式行星滚柱丝杠的系统动能 $\wp_{IPRSM}$ 为

$$\begin{aligned}\wp_{IPRSM} =& \frac{L_N^2 \dot{\theta}_N^2}{8\pi^2}(m_S + n_{roller}m_q + 2m_P) + \frac{J_N^2 \dot{\theta}_N^2}{2} \\ &+ \frac{\dot{\theta}_P^2}{2}\left[n_{roller}m_q(r_q + r_S)^2 + 2J_P + n_{roller}J_q\left(\frac{r_S}{r_q}+1\right)^2\right]\end{aligned} \tag{7-67}$$

7.2.2 反向式行星滚柱丝杠的广义力

当丝杠、滚柱和螺母均视为刚体且不考虑误差时，反向式行星滚柱丝杠在运动过程中，滚柱和丝杠之间不存在相对滑动，故在建模过程中忽略滚柱和丝杠之间的摩擦力。为了简化模型，在采用拉格朗日方法建立反向式行星滚柱丝杠动力学模型时，也忽略保持架与滚柱、内齿圈与滚柱以及螺母与保持架之间的摩擦力。

螺母和滚柱#q 在接触点 o_{Nq} 处的滑动速度分析如图 7-5 所示，其中，点 O_{Nq} 为接触点 o_{Nq} 在 $x_{Pq}o_{Pq}y_{Pq}$ 平面的投影，ϕ_{Nq} 和 ϕ_{Rnq} 为螺母和滚柱#q 的啮合偏角，r_{Nq} 和 r_{Rnq} 为螺母和滚柱#q 的啮合半径。坐标系 $O\text{-}XYZ$ 为整体坐标系，坐标系 $o_{Pq}\text{-}x_{Pq}y_{Pq}z_{Pq}$ 具有与保持架相同的旋转速度，且 x_{Pq} 轴穿过滚柱#q 的轴线。

由图 7-5 可得，螺母在接触点 o_{Nq} 处的速度 v_{Nq} 为

$$v_{Nq} = \omega_N \cdot Z \times \overrightarrow{OO_{Nq}} \tag{7-68}$$

式中，$Z = [0, 0, 1]^T$；$\overrightarrow{OO_{Nq}}$ 为图 7-5 中点 O_{Nq} 在坐标系 $O\text{-}XYZ$ 中的位置向量。

$$\overrightarrow{OO_{Nq}} = \boldsymbol{H}_{Pq} \cdot \begin{bmatrix} r_{Nq}\cos\phi_{Nq} \\ r_{Nq}\sin\phi_{Nq} \\ 0 \end{bmatrix} \quad (7\text{-}69)$$

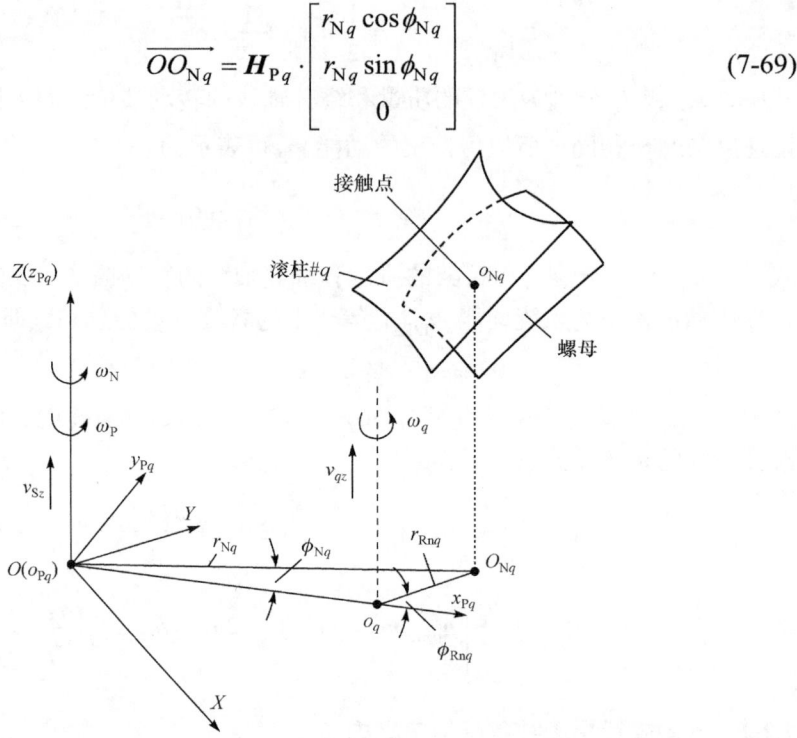

图 7-5　螺母和滚柱#q 在接触点 o_{Nq} 处的滑动速度分析

由图 7-5 可得，滚柱在接触点 o_{Nq} 处的速度 $\boldsymbol{v}_{Rnq}$ 为

$$\boldsymbol{v}_{Rnq} = \omega_P \cdot \boldsymbol{Z} \times \overrightarrow{OO_{Nq}} + \omega_q^P \cdot \boldsymbol{Z} \times \overrightarrow{o_q O_{Nq}} + \begin{bmatrix} 0 \\ 0 \\ v_{qz} \end{bmatrix} \quad (7\text{-}70)$$

式中，ω_q^P 为滚柱#q 相对于图 7-5 中坐标系 $o_{Pq}\text{-}x_{Pq}y_{Pq}z_{Pq}$ 的自转速度；向量 $\overrightarrow{o_q O_{Nq}}$ 可表示为

$$\overrightarrow{o_q O_{Nq}} = \boldsymbol{H}_{Pq} \cdot \begin{bmatrix} r_{Rnq}\cos\phi_{Rnq} \\ r_{Rnq}\sin\phi_{Rnq} \\ 0 \end{bmatrix} \quad (7\text{-}71)$$

螺母和滚柱#q 在接触点 o_{Nq} 处的滑动速度 $\boldsymbol{v}_{NR}$ 为

$$\boldsymbol{v}_{NR} = \boldsymbol{v}_{Nq} - \boldsymbol{v}_{Rnq} \quad (7\text{-}72)$$

滑动速度 $\boldsymbol{v}_{NR}$ 在图 7-5 所示坐标系 $o_{Pq}\text{-}x_{Pq}y_{Pq}z_{Pq}$ 中可表示为

$$\boldsymbol{v}_{\mathrm{NR}}^{\mathrm{P}} = \boldsymbol{H}_{\mathrm{P}q}^{-1}\boldsymbol{v}_{\mathrm{NR}} = \boldsymbol{H}_{\mathrm{P}q}^{-1}(\boldsymbol{v}_{\mathrm{N}q} - \boldsymbol{v}_{\mathrm{R}nq}) = \boldsymbol{v}_{\mathrm{N}q}^{\mathrm{P}} - \boldsymbol{v}_{\mathrm{R}nq}^{\mathrm{P}} \tag{7-73}$$

式中，$\boldsymbol{v}_{\mathrm{N}q}^{\mathrm{P}}$ 和 $\boldsymbol{v}_{\mathrm{R}nq}^{\mathrm{P}}$ 分别为坐标系 $o_{\mathrm{P}q}\text{-}x_{\mathrm{P}q}y_{\mathrm{P}q}z_{\mathrm{P}q}$ 中螺母和滚柱#q 在接触点 $o_{\mathrm{N}q}$ 处的速度。由式(7-68)～式(7-71)可得，图 7-5 所示坐标系 $o_{\mathrm{P}q}\text{-}x_{\mathrm{P}q}y_{\mathrm{P}q}z_{\mathrm{P}q}$ 中螺母和滚柱#q 在接触点 $o_{\mathrm{N}q}$ 处的速度为

$$\boldsymbol{v}_{\mathrm{N}q}^{\mathrm{P}} = \dot{\theta}_{\mathrm{N}}\begin{bmatrix} -r_{\mathrm{N}q}\sin\phi_{\mathrm{N}q} \\ r_{\mathrm{N}q}\cos\phi_{\mathrm{N}q} \\ 0 \end{bmatrix} \tag{7-74}$$

$$\boldsymbol{v}_{\mathrm{R}nq}^{\mathrm{P}} = \begin{bmatrix} -r_{\mathrm{N}q}\sin\phi_{\mathrm{N}q}\dot{\theta}_{\mathrm{P}} - \dfrac{r_{\mathrm{S}}}{r_{q}} \cdot r_{\mathrm{R}nq}\sin\phi_{\mathrm{R}nq}\dot{\theta}_{\mathrm{P}} \\ r_{\mathrm{N}q}\cos\phi_{\mathrm{N}q}\dot{\theta}_{\mathrm{P}} + \dfrac{r_{\mathrm{S}}}{r_{q}} \cdot r_{\mathrm{R}nq}\cos\phi_{\mathrm{R}nq}\dot{\theta}_{\mathrm{P}} \\ \dfrac{\dot{\theta}_{\mathrm{N}}L_{\mathrm{N}}}{2\pi} \end{bmatrix} \tag{7-75}$$

将式(7-74)和式(7-75)代入式(7-73)中，可得

$$\boldsymbol{v}_{\mathrm{NR}}^{\mathrm{P}} = \begin{bmatrix} -r_{\mathrm{N}q}\sin\phi_{\mathrm{N}q}(\dot{\theta}_{\mathrm{N}} - \dot{\theta}_{\mathrm{P}}) + \dfrac{r_{\mathrm{S}}}{r_{q}} \cdot r_{\mathrm{R}nq}\sin\phi_{\mathrm{R}nq}\dot{\theta}_{\mathrm{P}} \\ r_{\mathrm{N}q}\cos\phi_{\mathrm{N}q}(\dot{\theta}_{\mathrm{N}} - \dot{\theta}_{\mathrm{P}}) - \dfrac{r_{\mathrm{S}}}{r_{q}} \cdot r_{\mathrm{R}nq}\cos\phi_{\mathrm{R}nq}\dot{\theta}_{\mathrm{P}} \\ -\dfrac{\dot{\theta}_{\mathrm{N}}L_{\mathrm{N}}}{2\pi} \end{bmatrix} \tag{7-76}$$

根据 Jones 等模型[2]中的摩擦力计算公式，可得在图 7-5 所示的坐标系 $o_{\mathrm{P}q}\text{-}x_{\mathrm{P}q}y_{\mathrm{P}q}z_{\mathrm{P}q}$ 中螺母作用在滚柱#q 的摩擦力 $\boldsymbol{f}_{\mathrm{R}nq}^{\mathrm{P}q}$ 为

$$\boldsymbol{f}_{\mathrm{R}nq}^{\mathrm{P}q} = \mu'_{\mathrm{NR}}n_{\mathrm{T}}\boldsymbol{v}_{\mathrm{NR}}^{\mathrm{P}q} = \mu'_{\mathrm{NR}}n_{\mathrm{T}}\begin{bmatrix} -r_{\mathrm{N}q}\sin\phi_{\mathrm{N}q}(\dot{\theta}_{\mathrm{N}} - \dot{\theta}_{\mathrm{P}}) + \dfrac{r_{\mathrm{S}}}{r_{q}} \cdot r_{\mathrm{R}nq}\sin\phi_{\mathrm{R}nq}\dot{\theta}_{\mathrm{P}} \\ r_{\mathrm{N}q}\cos\phi_{\mathrm{N}q}(\dot{\theta}_{\mathrm{N}} - \dot{\theta}_{\mathrm{P}}) - \dfrac{r_{\mathrm{S}}}{r_{q}} \cdot r_{\mathrm{R}nq}\cos\phi_{\mathrm{R}nq}\dot{\theta}_{\mathrm{P}} \\ -\dfrac{\dot{\theta}_{\mathrm{N}}L_{\mathrm{N}}}{2\pi} \end{bmatrix} \tag{7-77}$$

式中，μ'_{NR} 表示螺母和滚柱之间的黏性摩擦系数[2]；n_{T} 为滚柱螺纹牙总数。

参照 7.1.2 小节对标准式行星滚柱丝杠广义力的计算过程，下面通过采用库伦摩擦模型对反向式行星滚柱丝杠中螺母和滚柱#q 之间的摩擦力进行计算。螺母和

滚柱#q 之间的接触力如图 7-6 所示，其中坐标系 *O-XYZ* 为整体坐标系，坐标系 o_{Pq}-$x_{Pq}y_{Pq}z_{Pq}$ 具有与保持架相同的旋转速度，F_{Rnq}^P 表示在坐标系 o_{Pq}-$x_{Pq}y_{Pq}z_{Pq}$ 中螺母作用在滚柱#q 上的接触力。

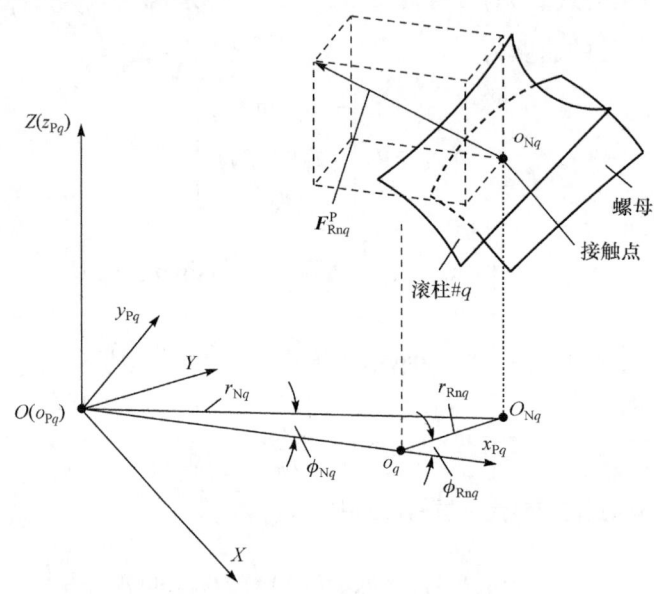

图 7-6　螺母和滚柱#q 之间的接触力

根据 4.2.3 小节中对螺母和滚柱螺旋曲面在接触点处的法向量分析结果可知，接触力 F_{Rnq}^P 能够表示为

$$F_{Rnq}^P = \frac{F_{Rnq}}{\sqrt{1+\tan^2\lambda_{Rnq}+\tan^2\beta_{Rnq}}} \cdot \begin{bmatrix} -\cos\phi_{Rnq}\tan\beta_{Rnq}-\sin\phi_{Rnq}\tan\lambda_{Rnq} \\ -\sin\phi_{Rnq}\tan\beta_{Rnq}+\cos\phi_{Rnq}\tan\lambda_{Rnq} \\ 1 \end{bmatrix} \quad (7\text{-}78)$$

式中，F_{Rnq} 为接触力 F_{Rnq}^P 的幅值；ϕ_{Rnq} 为滚柱#q 在螺母侧的啮合偏角；λ_{Rnq} 和 β_{Rnq} 分别为滚柱#q 在接触点 o_{Nq} 处的螺旋升角和牙侧角。$\tan\lambda_{Rnq}$ 和 $\tan\beta_{Rnq}$ 为

$$\tan\lambda_{Rnq} = L_q/(2\pi r_{Rnq}) \quad (7\text{-}79)$$

$$\tan\beta_{Rnq} = \frac{r_{Rnq}-r_q-u_{Tq}}{\sqrt{r_{Tq}^2-(r_{Rnq}-r_q-u_{Tq})^2}} \quad (7\text{-}80)$$

式中，L_q 为滚柱#q 的导程；r_{Rnq} 为滚柱#q 在螺母侧的啮合半径；r_q 为滚柱#q 的名义半径；r_{Tq} 为滚柱#q 的牙型轮廓半径；u_{Tq} 为滚柱#q 牙型轮廓圆心在图 4-4 所示平面 $u_q o'_q w_q$ 的 u_q 坐标值。根据式(7-78)可得，螺母和滚柱#q 之间的接触力幅

值 $F_{\mathrm{Rn}q}$ 能够表示为

$$F_{\mathrm{Rn}q} = \frac{F_{\mathrm{S}z}}{n_{\mathrm{roller}}} \cdot \sqrt{1+\tan^2\lambda_{\mathrm{Rn}q}+\tan^2\beta_{\mathrm{Rn}q}} \qquad (7\text{-}81)$$

式中，$F_{\mathrm{S}z}$ 表示反向式行星滚柱丝杠中的丝杠负载。由库伦摩擦力的计算公式[6]可得，在图7-6所示坐标系 $o_{\mathrm{P}q}\text{-}x_{\mathrm{P}q}y_{\mathrm{P}q}z_{\mathrm{P}q}$ 中，螺母作用在滚柱#q 摩擦力 $\boldsymbol{f}_{\mathrm{Rn}q}^{\mathrm{P}}$ 为

$$\boldsymbol{f}_{\mathrm{Rn}q}^{\mathrm{P}} = \frac{\mu_{\mathrm{NR}} F_{\mathrm{Rn}q} \boldsymbol{v}_{\mathrm{NR}}^{\mathrm{P}}}{\|\boldsymbol{v}_{\mathrm{NR}}^{\mathrm{P}}\|} = \frac{\mu_{\mathrm{NR}} F_{\mathrm{Rn}q}}{\|\boldsymbol{v}_{\mathrm{NR}}^{\mathrm{P}}\|} \cdot \begin{bmatrix} -r_{\mathrm{N}q}\sin\phi_{\mathrm{N}q}(\dot{\theta}_{\mathrm{N}}-\dot{\theta}_{\mathrm{P}}) + \dfrac{r_{\mathrm{S}}}{r_q}\cdot r_{\mathrm{Rn}q}\sin\phi_{\mathrm{Rn}q}\dot{\theta}_{\mathrm{P}} \\ r_{\mathrm{N}q}\cos\phi_{\mathrm{N}q}(\dot{\theta}_{\mathrm{N}}-\dot{\theta}_{\mathrm{P}}) - \dfrac{r_{\mathrm{S}}}{r_q}\cdot r_{\mathrm{Rn}q}\cos\phi_{\mathrm{Rn}q}\dot{\theta}_{\mathrm{P}} \\ -\dfrac{\dot{\theta}_{\mathrm{N}} L_{\mathrm{N}}}{2\pi} \end{bmatrix} \qquad (7\text{-}82)$$

式中，μ_{NR} 表示螺母和滚柱之间的库伦摩擦系数；$\|\boldsymbol{v}_{\mathrm{NR}}^{\mathrm{P}}\|$ 表示螺母和滚柱#q 在接触点 $o_{\mathrm{N}q}$ 处的滑动速度幅值。

$$\|\boldsymbol{v}_{\mathrm{NR}}^{\mathrm{P}}\| = \sqrt{r_{\mathrm{N}q}^2(\dot{\theta}_{\mathrm{N}}-\dot{\theta}_{\mathrm{P}})^2 + \frac{r_{\mathrm{S}}^2 r_{\mathrm{Rn}q}^2 \dot{\theta}_{\mathrm{P}}^2}{r_q^2} - \frac{2r_{\mathrm{N}q}r_{\mathrm{Rn}q}r_{\mathrm{S}}\dot{\theta}_{\mathrm{P}}(\dot{\theta}_{\mathrm{N}}-\dot{\theta}_{\mathrm{P}})\cos(\phi_{\mathrm{N}q}-\phi_{\mathrm{Rn}q})}{r_q} + \frac{\dot{\theta}_{\mathrm{N}}^2 L_{\mathrm{N}}^2}{4\pi^2}}$$

(7-83)

式中，$r_{\mathrm{N}q}$ 和 $r_{\mathrm{Rn}q}$ 分别表示螺母和滚柱#q 的啮合半径；L_{N} 为螺母螺纹的头数；$\dot{\theta}_{\mathrm{N}}$ 和 $\dot{\theta}_{\mathrm{P}}$ 分别为螺母和保持架的转速。

根据式(7-77)和式(7-82)，可将螺母和滚柱#q 之间摩擦力的两种计算方法统一表示为

$$\boldsymbol{f}_{\mathrm{Rn}q}^{\mathrm{P}} = \zeta_{\mathrm{NRf}} \cdot \begin{bmatrix} -r_{\mathrm{N}q}\sin\phi_{\mathrm{N}q}(\dot{\theta}_{\mathrm{N}}-\dot{\theta}_{\mathrm{P}}) + \dfrac{r_{\mathrm{S}}}{r_q}\cdot r_{\mathrm{Rn}q}\sin\phi_{\mathrm{Rn}q}\dot{\theta}_{\mathrm{P}} \\ r_{\mathrm{N}q}\cos\phi_{\mathrm{N}q}(\dot{\theta}_{\mathrm{N}}-\dot{\theta}_{\mathrm{P}}) - \dfrac{r_{\mathrm{S}}}{r_q}\cdot r_{\mathrm{Rn}q}\cos\phi_{\mathrm{Rn}q}\dot{\theta}_{\mathrm{P}} \\ -\dfrac{\dot{\theta}_{\mathrm{N}} L_{\mathrm{N}}}{2\pi} \end{bmatrix} \qquad (7\text{-}84)$$

式中，ζ_{NRf} 表示螺母和滚柱#q 的摩擦力计算因子。当 $\zeta_{\mathrm{NRf}} = \mu_{\mathrm{NR}}' n_{\mathrm{T}}$ 时，表示采用 Jones 等方法[2]计算螺母和滚柱#q 之间的摩擦力；当 $\zeta_{\mathrm{NRf}} = \dfrac{\mu_{\mathrm{NR}} F_{\mathrm{Rn}q}}{\|\boldsymbol{v}_{\mathrm{NR}}^{\mathrm{P}}\|}$ 时，表示采用库伦摩擦模型计算螺母和滚柱#q 之间的摩擦力。

假设在图7-6所示坐标系 $o_{\mathrm{P}q}\text{-}x_{\mathrm{P}q}y_{\mathrm{P}q}z_{\mathrm{P}q}$ 中滚柱#q 作用在螺母上的摩擦力为

f_{Nq}^{P}，则

$$f_{Nq}^{P} = -f_{Rnq}^{P} \tag{7-85}$$

由 7.2.1 小节的分析可知，反向式行星滚柱丝杠的运动状态能够使用螺母旋转自由度 θ_N 和保持架旋转自由度 θ_P 来描述。因此，选择 θ_N 和 θ_P 为反向式行星滚柱丝杠系统的广义坐标。参照附录 C1 中式(C1-9)的推导过程，可知系统中对应螺母旋转自由度 θ_N 的广义力 $\varXi_N$ 为

$$\varXi_N = \boldsymbol{F}_S^T \cdot \frac{\partial \boldsymbol{v}_S}{\partial \dot{\theta}_N} + \boldsymbol{M}_N^T \cdot \frac{\partial \boldsymbol{\omega}_N}{\partial \dot{\theta}_N} + \sum_{q=1}^{n_{\text{roller}}} \left\{ (\boldsymbol{H}_{Pq} \boldsymbol{f}_{Nq}^P)^T \cdot \frac{\partial (\boldsymbol{H}_{Pq} \boldsymbol{v}_{Nq}^P)}{\partial \dot{\theta}_N} \right\} \tag{7-86}$$

式中，$\boldsymbol{v}_{Nq}^P$ 为坐标系 $o_{Pq}\text{-}x_{Pq}y_{Pq}z_{Pq}$ 中的速度 $\boldsymbol{v}_{Nq}$。

$$\boldsymbol{F}_S^T = [0, 0, -F_{Sz}] \tag{7-87}$$

$$\boldsymbol{M}_N^T = [0, 0, M_{Nz}] \tag{7-88}$$

$$\boldsymbol{v}_S = \begin{bmatrix} 0 \\ 0 \\ v_{Sz} \end{bmatrix} \tag{7-89}$$

$$\boldsymbol{\omega}_N = \begin{bmatrix} 0 \\ 0 \\ \omega_N \end{bmatrix} \tag{7-90}$$

在式(7-87)和式(7-88)中，F_{Sz} 为丝杠负载，M_{Nz} 为螺母驱动力矩。采用与 7.1.2 小节中相同的方法，能够推导出反向式行星滚柱丝杠中对应螺母旋转自由度 θ_N 的广义力 $\varXi_N$ 为

$$\begin{aligned}\varXi_N &= -\frac{F_{Sz}L_N}{2\pi} + M_{Nz} + n_{\text{roller}} \zeta_{\text{NRf}} \left[-r_{Nq}^2 (\dot{\theta}_N - \dot{\theta}_P) + \frac{r_S r_{Nq} r_{Rnq} \dot{\theta}_P \cos(\phi_{Nq} - \phi_{Rnq})}{r_q} \right] \\ &= -\frac{F_{Sz}L_N}{2\pi} + M_{Nz} - n_{\text{roller}} \zeta_{\text{NRf}} r_{Nq}^2 \dot{\theta}_N + n_{\text{roller}} \zeta_{\text{NRf}} \dot{\theta}_P \left[r_{Nq}^2 + \frac{r_S r_{Nq} r_{Rnq} \cos(\phi_{Nq} - \phi_{Rnq})}{r_q} \right]\end{aligned} \tag{7-91}$$

同样根据附录 C1 中式(C1-9)的推导过程，可知反向式行星滚柱丝杠中对应保持架旋转自由度 θ_P 的广义力 $\varXi_P$ 为

$$\varXi_P = \sum_{q=1}^{n_{\text{roller}}} \left\{ (\boldsymbol{H}_{Pq} \boldsymbol{f}_{Rnq}^P)^T \cdot \frac{\partial (\boldsymbol{H}_{Pq} \boldsymbol{v}_{Rnq}^P)}{\partial \dot{\theta}_P} \right\} \tag{7-92}$$

式中，v_{Rnq}^{P} 为坐标系 o_{Pq}-$x_{Pq}y_{Pq}z_{Pq}$ 中的速度 v_{Rnq}，$v_{Rnq} = H_{Pq}v_{Rnq}^{P}$。

将式(7-16)和式(7-39)代入式(7-92)可得

$$\Xi_{P} = n_{\text{roller}}\left\{(f_{Rnq}^{P})^{T}\frac{\partial(v_{Rnq}^{P})}{\partial\dot{\theta}_{P}}\right\} \tag{7-93}$$

将式(7-84)代入式(7-93)可得

$$\Xi_{P} = n_{\text{roller}}\zeta_{NRf}\left[r_{Nq}^{2} + \frac{r_{S}}{r_{q}}r_{Nq}r_{Rnq}\cos(\phi_{Nq}-\phi_{Rnq})\right]\dot{\theta}_{N}$$
$$- n_{\text{roller}}\zeta_{NRf}\left[r_{Nq}^{2} + \frac{2r_{S}}{r_{q}}r_{Nq}r_{Rnq}\cos(\phi_{Nq}-\phi_{Rnq}) + \frac{r_{S}^{2}}{r_{q}^{2}}r_{Rnq}^{2}\right]\dot{\theta}_{P} \tag{7-94}$$

式(7-91)和式(7-94)分别为反向式行星滚柱丝杠中对应螺母旋转自由度 θ_{N} 和保持架旋转自由度 θ_{P} 的广义力。式(7-91)和式(7-94)中，ζ_{NRf} 为螺母和滚柱#q 的摩擦力计算因子。

7.2.3 反向式行星滚柱丝杠的拉格朗日方程

根据附录 C1 中的式(C1-15)，可得反向式行星滚柱丝杠的拉格朗日方程为

$$\begin{cases} \dfrac{d}{dt}\left(\dfrac{\partial\mathscr{P}_{\text{IPRSM}}}{\partial\dot{\theta}_{N}}\right) - \dfrac{\partial\mathscr{P}_{\text{IPRSM}}}{\partial\theta_{N}} = \Xi_{N} \\ \dfrac{d}{dt}\left(\dfrac{\partial\mathscr{P}_{\text{IPRSM}}}{\partial\dot{\theta}_{P}}\right) - \dfrac{\partial\mathscr{P}_{\text{IPRSM}}}{\partial\theta_{P}} = \Xi_{P} \end{cases} \tag{7-95}$$

由式(7-67)所示的反向式行星滚柱丝杠的系统动能 $\mathscr{P}_{\text{IPRSM}}$，推导出式(7-95)中 $\mathscr{P}_{\text{IPRSM}}$ 偏导数和导数的表达式为

$$\frac{d}{dt}\left(\frac{\partial\mathscr{P}_{\text{IPRSM}}}{\partial\dot{\theta}_{N}}\right) = \frac{L_{N}^{2}\ddot{\theta}_{N}}{4\pi^{2}}(m_{S} + n_{\text{roller}}m_{q} + 2m_{P}) + J_{N}^{2}\ddot{\theta}_{N} \tag{7-96}$$

$$\frac{\partial\mathscr{P}_{\text{IPRSM}}}{\partial\theta_{N}} = 0 \tag{7-97}$$

$$\frac{d}{dt}\left(\frac{\partial\mathscr{P}_{\text{IPRSM}}}{\partial\dot{\theta}_{P}}\right) = \ddot{\theta}_{P}\left[n_{\text{roller}}m_{q}(r_{q}+r_{S})^{2} + 2J_{P} + n_{\text{roller}}J_{q}\left(\frac{r_{S}}{r_{q}}+1\right)^{2}\right] \tag{7-98}$$

$$\frac{\partial\mathscr{P}_{\text{IPRSM}}}{\partial\theta_{P}} = 0 \tag{7-99}$$

将式(7-91)、式(7-92)和式(7-96)~式(7-99)代入式(7-95)可得反向式行星滚柱丝

杠的拉格朗日方程为

$$\begin{cases} \dfrac{L_N^2 \ddot{\theta}_N}{4\pi^2}(m_S + n_{\text{roller}}m_q + 2m_P) + J_N^2 \ddot{\theta}_N \\ = -\dfrac{F_{Sz}L_N}{2\pi} + M_{Nz} - n_{\text{roller}}\zeta_{\text{NRf}} r_{Nq}^2 \dot{\theta}_N + n_{\text{roller}}\zeta_{\text{NRf}} \dot{\theta}_P \left[r_{Nq}^2 + \dfrac{r_S r_{Nq} r_{Rnq} \cos(\phi_{Nq} - \phi_{Rnq})}{r_q} \right] \\ \ddot{\theta}_P \left[m_q n_{\text{roller}}(r_q + r_S)^2 + 2J_P + n_{\text{roller}} J_q \left(\dfrac{r_S}{r_q} + 1\right)^2 \right] \\ = n_{\text{roller}}\zeta_{\text{NRf}} \left[r_{Nq}^2 + \dfrac{r_S r_{Nq} r_{Rnq} \cos(\phi_{Nq} - \phi_{Rnq})}{r_q} \right] \dot{\theta}_N \\ \quad - n_{\text{roller}}\zeta_{\text{NRf}} \left[r_{Nq}^2 + \dfrac{2r_S r_{Nq} r_{Rnq} \cos(\phi_{Nq} - \phi_{Rnq})}{r_q} + \dfrac{r_S^2 r_{Rnq}^2}{r_q^2} \right] \dot{\theta}_P \end{cases}$$

(7-100)

当已知螺母转速 $\dot{\theta}_N$、丝杠负载 F_{Sz} 和各零件结构参数与质量属性时，通过求解式(7-100)，可得反向式行星滚柱丝杠在运动过程中的保持架转速 $\dot{\theta}_P$ 与螺母驱动力矩 M_{Nz}。

当反向式行星滚柱丝杠运动达到稳态时，螺母和保持架的角加速度均为零，即 $\ddot{\theta}_N = 0$ 和 $\ddot{\theta}_P = 0$。将 $\ddot{\theta}_N = 0$ 和 $\ddot{\theta}_P = 0$ 代入式(7-100)可得

$$\begin{cases} -\dfrac{F_{Sz}L_N}{2\pi} + M_{Nz} - n_{\text{roller}}\zeta_{\text{NRf}} r_{Nq}^2 \dot{\theta}_N + n_{\text{roller}}\zeta_{\text{NRf}} \dot{\theta}_P \left[r_{Nq}^2 + \dfrac{r_S r_{Nq} r_{Rnq} \cos(\phi_{Nq} - \phi_{Rnq})}{r_q} \right] = 0 \\ \left[r_{Nq}^2 + \dfrac{r_S r_{Nq} r_{Rnq} \cos(\phi_{Nq} - \phi_{Rnq})}{r_q} \right] \dot{\theta}_N - \left[r_{Nq}^2 + \dfrac{2r_S r_{Nq} r_{Rnq} \cos(\phi_{Nq} - \phi_{Rnq})}{r_q} + \dfrac{r_S^2 r_{Rnq}^2}{r_q^2} \right] \dot{\theta}_P = 0 \end{cases}$$

(7-101)

由式(7-101)可知，反向式行星滚柱丝杠在达到稳态时保持架与螺母的转速比值 ζ_{PN} 为

$$\zeta_{PN} = \dfrac{\dot{\theta}_P}{\dot{\theta}_N} = \dfrac{r_{Nq}^2 + \dfrac{r_S r_{Nq} r_{Rnq} \cos(\phi_{Nq} - \phi_{Rnq})}{r_q}}{r_{Nq}^2 + \dfrac{2r_S r_{Nq} r_{Rnq} \cos(\phi_{Nq} - \phi_{Rnq})}{r_q} + \dfrac{r_S^2 r_{Rnq}^2}{r_q^2}}, \quad \dot{\theta}_N \neq 0 \qquad (7\text{-}102)$$

7.3 标准式行星滚柱丝杠动态特性的参数敏感性分析

7.3.1 丝杠和滚柱的摩擦系数

本节将采用 7.1 节所建立的标准式行星滚柱丝杠刚体动力学模型,分别使用黏性摩擦模型[1]($\zeta_{SRf} = \mu'_{SR} n_T$)和库伦摩擦模型[6]$\left(\zeta_{SRf} = \dfrac{\mu_{SR} F_{Rsq}}{\left\| \mathbf{v}^P_{SR} \right\|}\right)$计算丝杠和滚柱之间的摩擦力,分析标准式行星滚柱丝杠在不同丝杠和滚柱的摩擦系数、丝杠转速和螺母负载下的动态特性。

用于本节算例计算的标准式行星滚柱丝杠结构参数为:r_S =9.75mm,r_N = 16.25mm,r_q =3.25mm,β_S =45°,P=2mm,L_S =10mm,r_{Tq} =4.597mm,n_{roller} =7,n_T =17,$r_{Ng} = r_N$,$r_{qg} = r_q$。滚柱、螺母和保持架的质量分别为:m_q =0.014kg,m_N =20kg,m_P =0.016kg。丝杠、滚柱和保持架的转动惯量为:J_S =58kg·mm^2,J_q =0.077kg·mm^2,J_P =2.95kg·mm^2。

当螺母负载 F_{Nz} =10000N,丝杠转速为 ω_S =100rad/s 的阶跃输入时,标准式行星滚柱丝杠在不同丝杠和滚柱#q 的摩擦系数下的保持架与丝杠转速比 ζ_{PS} 如图 7-7(a)和(b)所示。从图 7-7(a)和(b)可以看出,随着摩擦系数的增加,标准式行星滚柱丝杠将会在更短的时间内达到稳态。由式(7-52)可知,当采用拉格朗日方法建立标准式行星滚柱丝杠的动力学模型时,保持架和丝杠转速比 ζ_{PS} 与丝杠和滚柱之间的摩擦系数无关。因此,图 7-7(a)和(b)中稳态时的保持架和丝杠转速比 ζ_{PS} 均为 0.3737。根据 Velinsky 等[1]建立的标准式行星滚柱丝杠运动学模型,可计算得到保持架和丝杠转速比为 0.375,略大于 0.3737。这是因为文献[1]假设,在标准式行星滚柱丝杠中,丝杠和滚柱的接触点位于两零件螺纹节圆的切点处。

当螺母负载 F_{Nz} =10000N,丝杠转速为 ω_S =100rad/s 的阶跃输入时,标准式行星滚柱丝杠在不同丝杠和滚柱#q 的摩擦系数下的丝杠和滚柱的无量纲滑动速度 ζ_{SRv} 如图 7-8(a)和(b)所示,其中无量纲滑动速度 ζ_{SRv} 的计算公式为

$$\zeta_{SRv} = \dfrac{\left\| \mathbf{v}^P_{SR} \right\|}{r_{Sq} \dot{\theta}_S}$$

$$= \sqrt{(1-\zeta_{PS})^2 + \left(\dfrac{n_S r_{Rsq} \zeta_{PS}}{r_{Sq}}\right)^2 - 2 n_S r_{Rsq} \zeta_{PS}(1-\zeta_{PS})\cos(\phi_{Sq} + \phi_{Rsq}) + \left(\dfrac{L_S}{2\pi r_{Sq}}\right)^2}$$

(7-103)

式中，v_{SR}^{P} 为丝杠和滚柱在接触点处的相对滑动速度；$\dot{\theta}_S$ 为丝杠转速；n_S 为丝杠螺纹头数；r_{Sq} 和 r_{Rsq} 分别为丝杠和滚柱的啮合半径；ϕ_{Sq} 和 ϕ_{Rsq} 分别为丝杠和滚柱的啮合偏角；ζ_{PS} 为保持架和丝杠的转速比；L_S 为丝杠导程。在运动的初始时刻，即 $\zeta_{PS}=0$ 时，丝杠和滚柱的无量纲滑动速度 ζ_{SRv} 为

$$\zeta_{SRv}=\sqrt{1+\left(\frac{L_S}{2\pi r_{Sq}}\right)^2}\approx 1,\quad \zeta_{PS}=0 \tag{7-104}$$

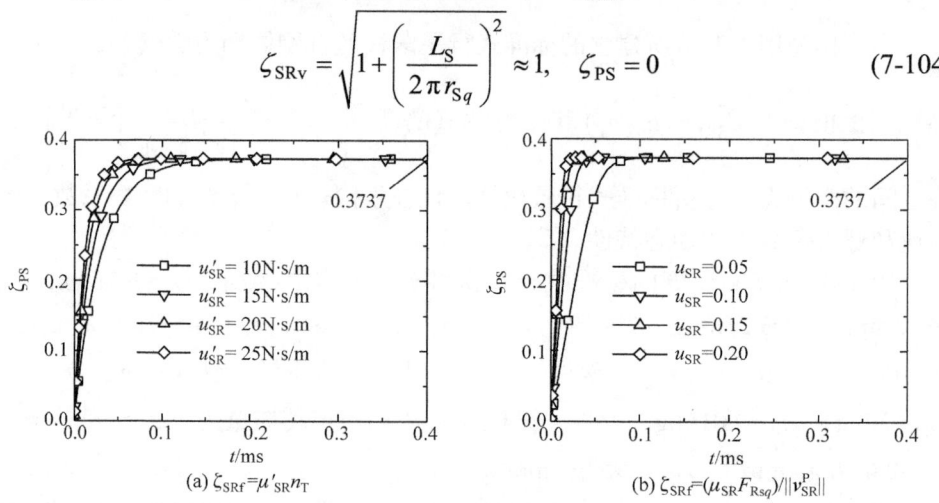

图 7-7 当 $F_{Nz}=10000\text{N}$，$\omega_S=100\text{rad/s}$ 时，标准式行星滚柱丝杠在不同丝杠和滚柱#q 的摩擦系数下的保持架与丝杠转速比

因此，图 7-8(a)和(b)中各曲线的初始值均在 1 附近。从图 7-8 可以看出，随着时间的推移，丝杠和滚柱之间的滑动速度迅速地减小并达到稳定状态。与图 7-7 呈现的规律相同，随着摩擦系数的增加，丝杠和滚柱之间滑动速度达到稳态所用的时间将缩短。

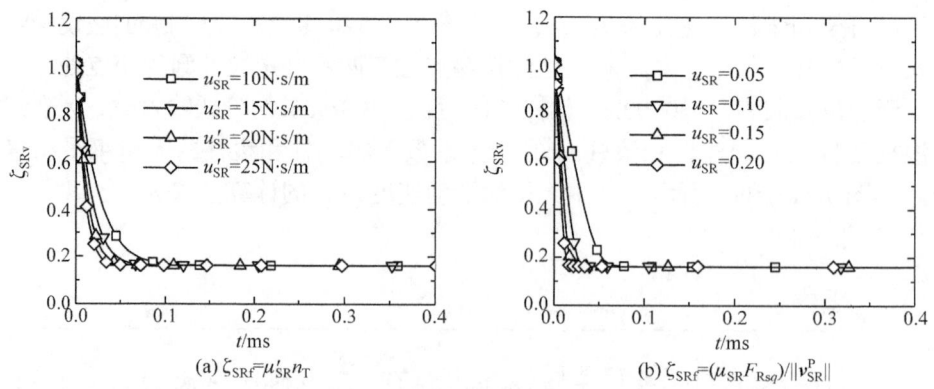

图 7-8 当 $F_{Nz}=10000\text{N}$，$\omega_S=100\text{rad/s}$ 时，标准式行星滚柱丝杠在不同丝杠和滚柱#q 的摩擦系数下的丝杠和滚柱的无量纲滑动速度

当螺母负载 F_{Nz}=10000N，丝杠转速为 ω_S=100rad/s 的阶跃输入时，标准式行星滚柱丝杠在不同丝杠和滚柱摩擦系数下的传动效率 η 如图 7-9(a)和(b)所示。由于丝杠和滚柱之间摩擦系数的增加会增加标准式行星滚柱丝杠在运行过程中的摩擦阻力，故如图 7-9(a)和(b)所示，随着丝杠和滚柱之间摩擦系数的增加，标准式行星滚柱丝杠的传动效率将逐渐减小。

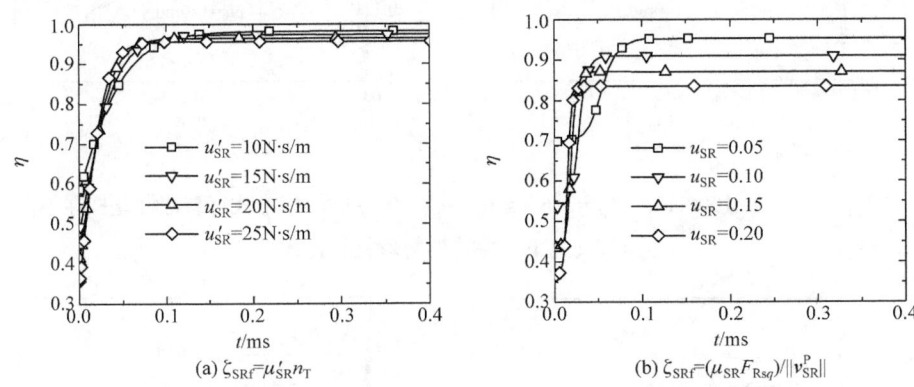

图 7-9 当 F_{Nz}=10000N，ω_S=100rad/s 时，标准式行星滚柱丝杠在不同丝杠和滚柱#q 的摩擦系数下的传动效率

7.3.2 丝杠转速

当螺母负载 F_{Nz}=10000N，黏性摩擦系数 u'_{SR}=20N·s/m，库伦摩擦系数 u_{SR}=0.15 时，标准式行星滚柱丝杠在不同丝杠转速 ω_S 输入下的保持架与丝杠转速比 ζ_{PS} 如图 7-10(a)和(b)所示。由式(7-50)可知，当丝杠和滚柱#q 的摩擦力计算因子 $\zeta_{SRf} = \mu'_{SR} n_T$ 时，摩擦力计算因子 ζ_{SRf} 与丝杠转速 ω_S 无关，丝杠和滚柱转速比 ζ_{PS} 也与丝杠转速 ω_S 无关。因此，在图 7-10(a)中丝杠和滚柱转速比 ζ_{PS} 不随丝杠转速的变化而变化。当采用库伦摩擦模型[6]计算丝杠和滚柱之间的摩擦力时，$\zeta_{SRf} = \dfrac{\mu_{SR} F_{Rsq}}{\left\| v_{SR}^P \right\|}$，随着丝杠转速 ω_S 的增加，标准式行星滚柱丝杠副达到稳定状态所用的时间将增加，如图 7-10(b)所示。

当螺母负载 F_{Nz}=10000N，黏性摩擦系数 u'_{SR}=20N·s/m，库伦摩擦系数 u_{SR}=0.15 时，标准式行星滚柱丝杠在不同丝杠转速 ω_S 输入下的丝杠与滚柱的无量纲滑动速度 ζ_{SRv} 如图 7-11(a)和(b)所示。从图 7-11(a)可以看出，当 $\zeta_{SRf} = \mu'_{SR} n_T$ 时，丝杠转速 ω_S 不会对丝杠和滚柱之间的无量纲滑动速度 ζ_{SRv} 产生影响。由图 7-11(a)和(b)以及式(7-103)可知，丝杠和滚柱在接触点处的滑动速度 $\left\| v_{SR}^P \right\|$ 将随着丝杠转速 ω_S 的增加而增加。

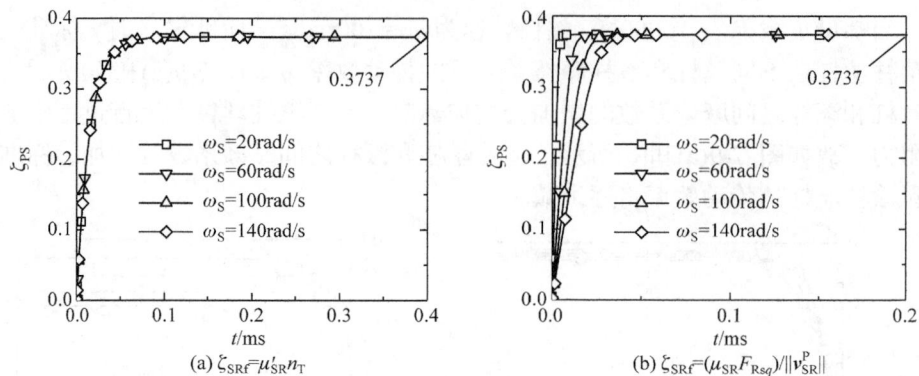

图 7-10 当 $F_{Nz}=10000\text{N}$,$u'_{SR}=20\text{N}\cdot\text{s/m}$,$u_{SR}=0.15$ 时,标准式行星滚柱丝杠在不同丝杠转速下的保持架与丝杠转速比

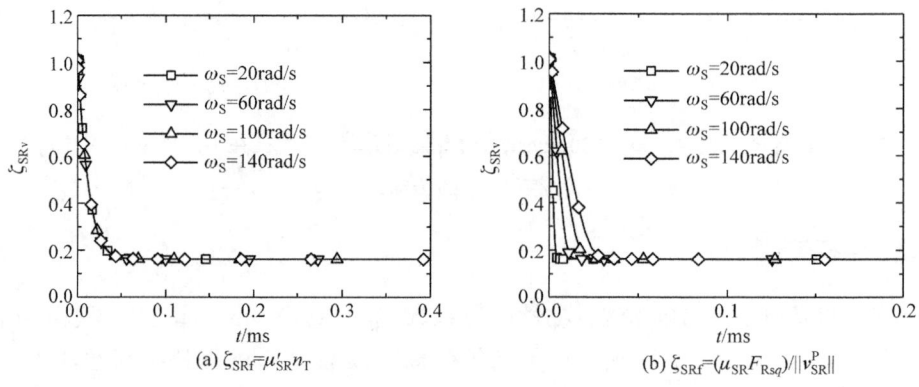

图 7-11 当 $F_{Nz}=10000\text{N}$,$u'_{SR}=20\text{N}\cdot\text{s/m}$,$u_{SR}=0.15$ 时,标准式行星滚柱丝杠在不同丝杠转速下的丝杠与滚柱的无量纲滑动速度

当螺母负载 $F_{Nz}=10000\text{N}$,黏性摩擦系数 $u'_{SR}=20\text{N}\cdot\text{s/m}$,库伦摩擦系数 $u_{SR}=0.15$ 时,标准式行星滚柱丝杠在不同丝杠转速 ω_S 输入下的传动效率 η 如图 7-12(a)和(b)所示。由式(7-25)可知,当 $\zeta_{SRf}=\mu'_{SR}n_T$ 时,丝杠和滚柱之间摩擦力的幅值与两零件在接触点处的滑动速度 $\|v^P_{SR}\|$ 成正比;当 $\zeta_{SRf}=\dfrac{\mu_{SR}F_{Rsq}}{\|v^P_{SR}\|}$ 时,丝杠和滚柱之间摩擦力的幅值与滑动速度 $\|v^P_{SR}\|$ 无关。因此,在图 7-12(a)中,随着丝杠转速 ω_S 的增加,标准式行星滚柱丝杠的传动效率 η 减小;在图 7-12(b)中,标准式行星滚柱丝杠的传动效率 η 不随丝杠转速 ω_S 的变化而变化。

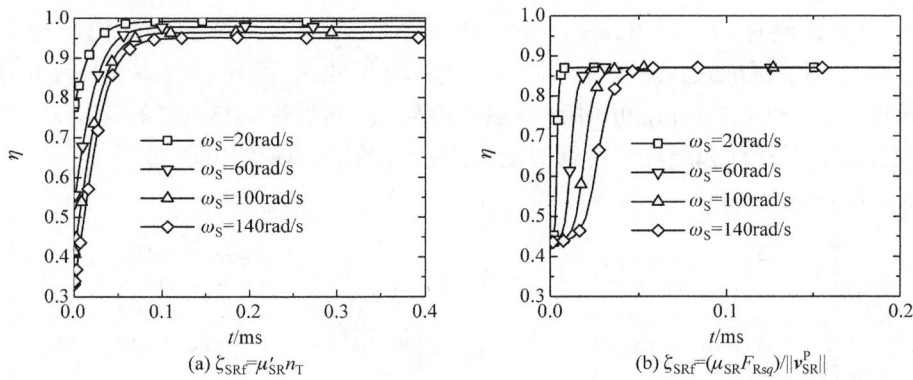

图 7-12　当 F_{Nz}=10000N，u'_{SR}=20N·s/m，u_{SR}=0.15 时，标准式行星滚柱丝杠在不同丝杠转速下的传动效率

7.3.3　螺母负载

当丝杠转速 ω_S=100rad/s，黏性摩擦系数 u'_{SR}=20N·s/m，库伦摩擦系数 u_{SR}=0.15 时，标准式行星滚柱丝杠在不同螺母负载 F_{Nz} 下的保持架与丝杠转速比 ζ_{PS} 如图 7-13(a)和(b)所示。当 $\zeta_{SRf}=u'_{SR}n_T$ 时，丝杠和滚柱之间的摩擦力与丝杠和滚柱之间的接触力无关。因此，在图 7-13(a)中，螺母负载 F_{Nz} 对保持架和丝杠转速比 ζ_{PS} 无影响。当 $\zeta_{SRf}=\dfrac{\mu_{SR}F_{Rsq}}{\|v^P_{SR}\|}$ 时，丝杠和滚柱之间的摩擦力与两零件之间的接触力成正比。丝杠和滚柱之间的摩擦力是保持架旋转的驱动力。从图 7-13(b)可以看出，随着螺母负载 F_{Nz} 的减小，标准式行星滚柱丝杠达到稳态时所用的时间将增加。

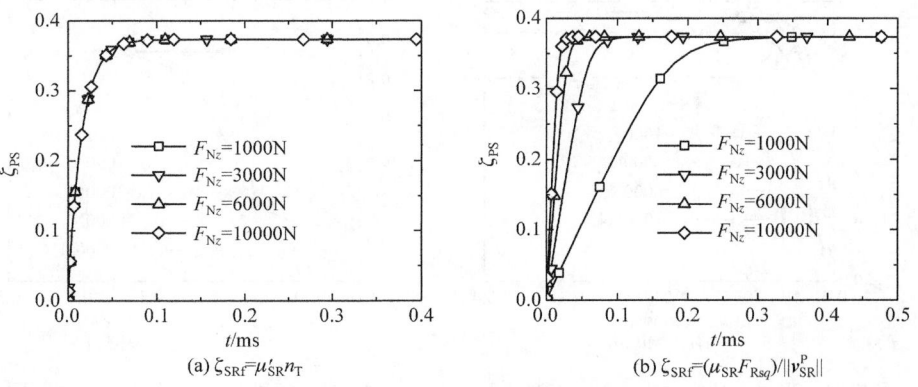

图 7-13　当 ω_S=100rad/s，u'_{SR}=20N·s/m，u_{SR}=0.15 时，标准式行星滚柱丝杠在不同螺母负载下的保持架与丝杠转速比

当丝杠转速 ω_S =100rad/s，黏性摩擦系数 u'_{SR} =20N·s/m，库伦摩擦系数 u_{SR} =0.15 时，标准式行星滚柱丝杠在不同螺母负载 F_{Nz} 下的丝杠和滚柱无量纲滑动速度 ζ_{SRv} 如图 7-14(a)和(b)所示。螺母负载 F_{Nz} 对保持架与丝杠转速比 ζ_{PS} 的影响规律与其对丝杠和滚柱无量纲滑动速度 ζ_{SRv} 的影响规律相同。

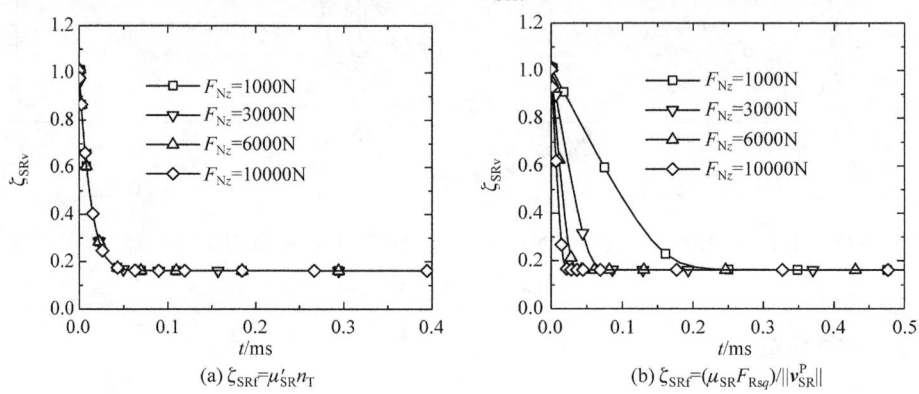

图 7-14　当 ω_S =100rad/s，u'_{SR} =20N·s/m，u_{SR} =0.15 时，标准式行星滚柱丝杠在不同螺母负载下的丝杠和滚柱的无量纲滑动速度

当丝杠转速 ω_S =100rad/s，黏性摩擦系数 u'_{SR} =20N·s/m，库伦摩擦系数 u_{SR} =0.15 时，标准式行星滚柱丝杠在不同螺母负载 F_{Nz} 下的传动效率 η 如图 7-15(a)和(b)所示。由图 7-15(a)可知，当 $\zeta_{SRf} = \mu'_{SR} n_T$ 时，标准式行星滚柱丝杠的传动效率 η 将随着螺母负载 F_{Nz} 的增加而增加；从图 7-15(b)可知，当 $\zeta_{SRf} = \dfrac{\mu_{SR} F_{Rsq}}{\|v^P_{SR}\|}$ 时，螺母负载 F_{Nz} 不会对标准式行星滚柱丝杠稳态时的传动效率 η 产生影响。

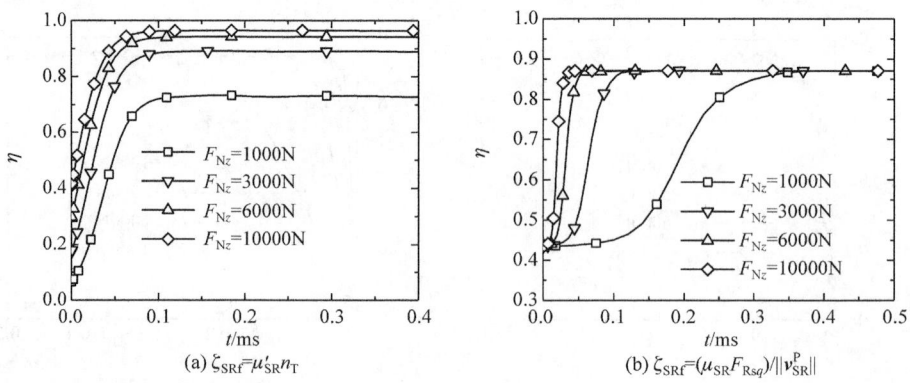

图 7-15　当 ω_S =100rad/s，u'_{SR} =20N·s/m，u_{SR} =0.15 时，标准式行星滚柱丝杠在不同螺母负载下的传动效率

7.4 反向式行星滚柱丝杠动态特性的参数敏感性分析

7.4.1 螺母和滚柱的摩擦系数

本节将采用 7.2 节所建立的反向式行星滚柱丝杠刚体动力学模型，分别使用黏性摩擦模型[1] ($\zeta_{\text{NRf}} = \mu'_{\text{NR}} n_{\text{T}}$) 和库伦摩擦模型[6] $\left(\zeta_{\text{NRf}} = \dfrac{\mu_{\text{NR}} F_{\text{Rn}q}}{\left\| v_{\text{NR}}^{\text{P}} \right\|} \right)$ 计算螺母和滚柱之间的摩擦力，分析反向式行星滚柱丝杠在不同螺母和滚柱的摩擦系数、螺母转速和丝杠负载下的动态特性。

本节算例中反向式行星滚柱丝杠的结构参数为：r_{S}=9.75mm，r_{N}=16.25mm，r_q=3.25mm，$\beta_{\text{S}} = \beta_q = \beta_{\text{N}}$=45°，$P$=2mm，$L_{\text{S}}$=6mm，$r_{\text{T}q}$=4.597mm，$n_{\text{roller}}$=7，$n_{\text{T}}$=17，$r_{\text{S}g}=r_{\text{S}}$，$r_{qg}=r_q$。滚柱、丝杠和保持架的质量分别为：$m_q$=0.015kg，$m_{\text{S}}$=10kg，$m_{\text{P}}$=0.016kg。螺母、滚柱和保持架的转动惯量为：J_{N}=2398kg·mm²，J_q=0.078kg·mm²，J_{P}=2.95kg·mm²。

当丝杠负载 F_{Sz}=10000N，螺母转速为 ω_{N}=100rad/s 的阶跃输入时，反向式行星滚柱丝杠在不同螺母和滚柱摩擦系数下的保持架与螺母转速比 ζ_{PN} 如图 7-16(a) 和(b)所示。从图 7-16(a)和(b)可以看出，随着螺母和滚柱摩擦系数的增加，反向式行星滚柱丝杠副达到稳态时所用的时间将减小，并且螺母和滚柱摩擦系数不会影响保持架与螺母在稳态时的转速比 ζ_{PN}。

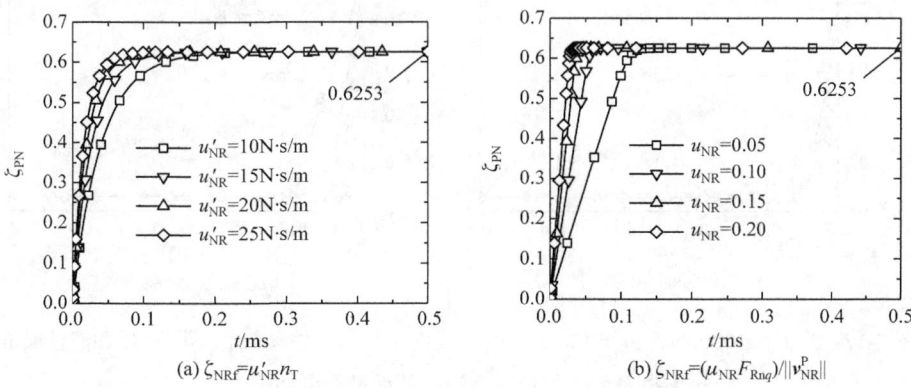

图 7-16 当 F_{Sz}=10000N，ω_{N}=100rad/s 时，反向式行星滚柱丝杠在不同螺母和滚柱#q 的摩擦系数下的保持架与螺母转速比

当丝杠负载 F_{Sz}=10000N，螺母转速为 ω_{N}=100rad/s 的阶跃输入时，反向式行

星滚柱丝杠在不同螺母和滚柱摩擦系数下的螺母与滚柱的无量纲滑动速度 ζ_{NRv} 如图 7-17(a)和(b)所示。无量纲滑动速度 ζ_{NRv} 表示为

$$\zeta_{\mathrm{NRv}} = \frac{\|v_{\mathrm{NR}}^{\mathrm{P}}\|}{r_{\mathrm{N}q}\dot{\theta}_{\mathrm{N}}}$$

$$= \sqrt{(1-\zeta_{\mathrm{PN}})^2 + \left(\frac{r_{\mathrm{S}}r_{\mathrm{R}nq}\zeta_{\mathrm{PN}}}{r_q r_{\mathrm{N}q}}\right)^2 - \frac{2r_{\mathrm{S}}r_{\mathrm{R}nq}\zeta_{\mathrm{PN}}(1-\zeta_{\mathrm{PN}})\cos(\phi_{\mathrm{N}q}-\phi_{\mathrm{R}nq})}{r_q} + \left(\frac{L_{\mathrm{N}}}{2\pi r_{\mathrm{N}q}}\right)^2}$$

(7-105)

式中，$v_{\mathrm{NR}}^{\mathrm{P}}$ 为螺母和滚柱在接触点处的相对滑动速度；$\dot{\theta}_{\mathrm{N}}$ 为螺母转速；$r_{\mathrm{N}q}$ 和 $r_{\mathrm{R}nq}$ 分别为螺母和滚柱的啮合半径；$\phi_{\mathrm{N}q}$ 和 $\phi_{\mathrm{R}nq}$ 分别为螺母和滚柱的啮合偏角；ζ_{PN} 为保持架和螺母的转速比；L_{N} 为螺母导程。在运动的初始时刻，即 $\zeta_{\mathrm{PN}}=0$ 时，螺母和滚柱的无量纲滑动速度为

$$\zeta_{\mathrm{NRv}} = \sqrt{1 + \left(\frac{L_{\mathrm{N}}}{2\pi r_{\mathrm{N}q}}\right)^2} \approx 1, \quad \zeta_{\mathrm{PN}}=0 \tag{7-106}$$

从图 7-17(a)和(b)可以看出，在仿真的初始时刻，螺母与滚柱的无量纲滑动速度 ζ_{NRv} 接近 1，随着仿真时间的增加，无量纲滑动速度 ζ_{NRv} 迅速减小并稳定在 0.0588。

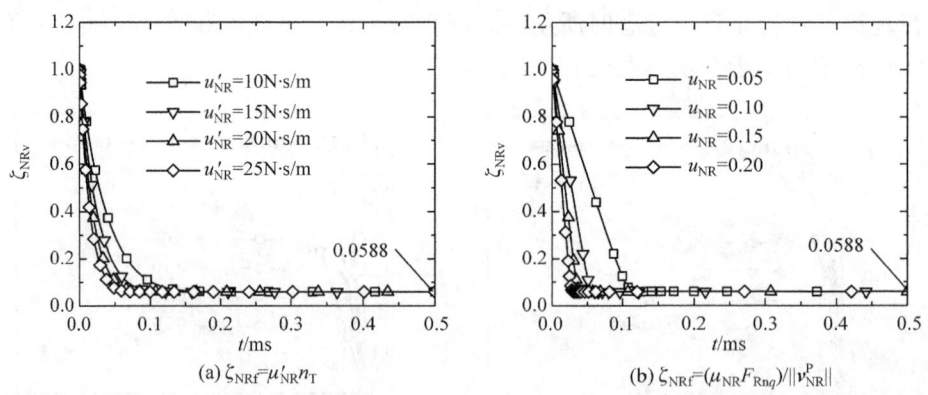

图 7-17 当 $F_{\mathrm{Sz}}=10000\mathrm{N}$，$\omega_{\mathrm{N}}=100\mathrm{rad/s}$ 时，反向式行星滚柱丝杠在不同螺母和滚柱#q 的摩擦系数下的螺母和滚柱的无量纲滑动速度

当丝杠负载 $F_{\mathrm{Sz}}=10000\mathrm{N}$，螺母转速为 $\omega_{\mathrm{N}}=100\mathrm{rad/s}$ 的阶跃输入时，反向式行星滚柱丝杠在不同螺母和滚柱摩擦系数下的螺母与滚柱的传动效率 η 如图 7-18(a) 和(b)所示。从图 7-18(a)和(b)可知，反向式行星滚柱丝杠在稳态时的传动效率 η 会

随着螺母和滚柱之间摩擦系数的增加而减小。

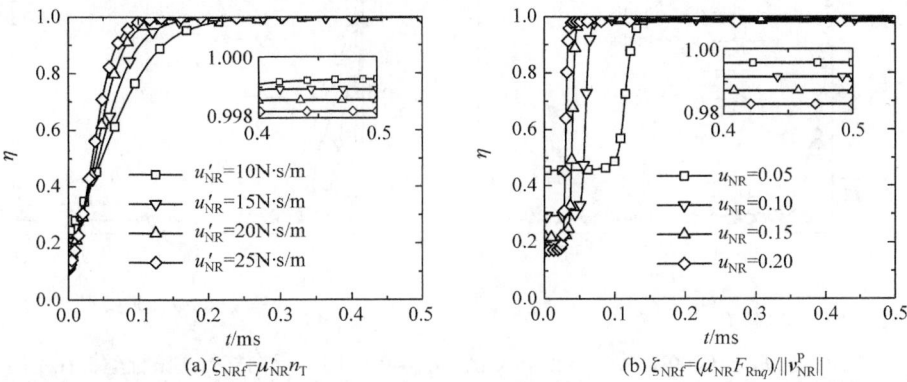

图 7-18 当 $F_{Sz}=10000\text{N}$, $\omega_N=100\text{rad/s}$ 时，反向式行星滚柱丝杠在不同螺母和滚柱#q 的摩擦系数下的传动效率

7.4.2 螺母转速

当丝杠负载 $F_{Sz}=10000\text{N}$，黏性摩擦系数 $u'_{NR}=20\text{N}\cdot\text{s/m}$，库伦摩擦系数 $u_{NR}=0.15$ 时，反向式行星滚柱丝杠在不同螺母转速 ω_N 下的保持架与螺母转速比 ζ_{PN}、螺母与滚柱的无量纲滑动速度 ζ_{NRv} 和传动效率 η 分别如图 7-19～图 7-21 所示。

对比 7.4.2 小节和 7.3.2 小节的计算结果可知，螺母转速 ω_N 对反向式行星滚柱丝杠动态特性的影响规律与 7.3.2 小节中丝杠转速 ω_S 对标准式行星滚柱丝杠动态特性的影响规律相同。

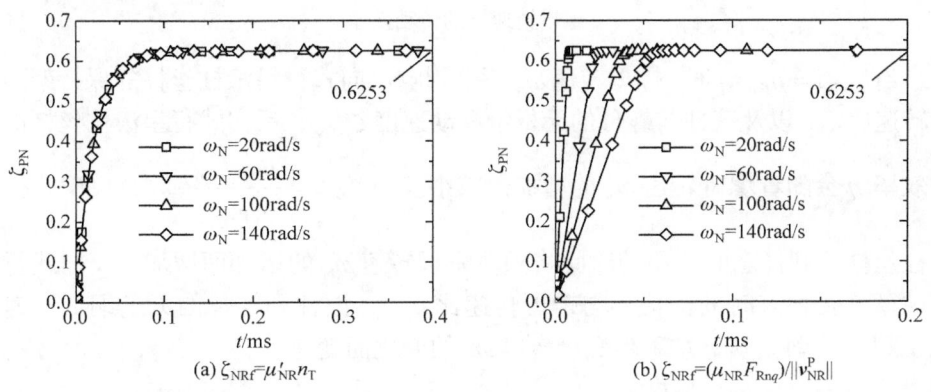

图 7-19 当 $F_{Sz}=10000\text{N}$，$u'_{NR}=20\text{N}\cdot\text{s/m}$，$u_{NR}=0.15$ 时，反向式行星滚柱丝杠在不同螺母转速下的保持架与螺母转速比

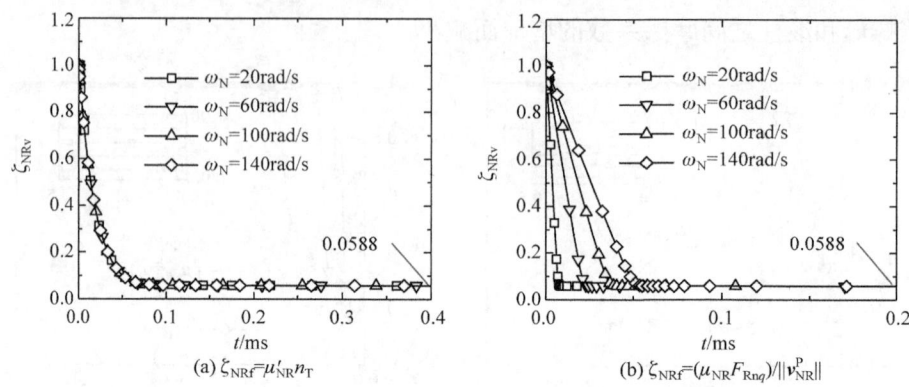

图 7-20 当 $F_{Sz}=10000\text{N}$，$u'_{NR}=20\text{N}\cdot\text{s/m}$，$u_{NR}=0.15$ 时，反向式行星滚柱丝杠在不同螺母转速下的螺母和滚柱的无量纲滑动速度

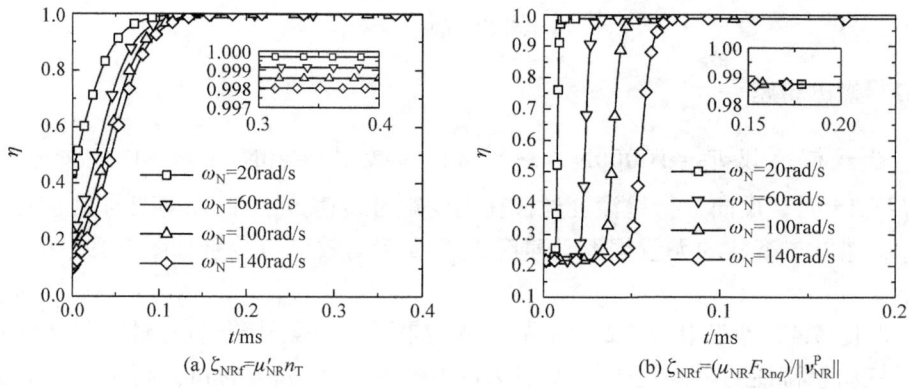

图 7-21 当 $F_{Sz}=10000\text{N}$，$u'_{NR}=20\text{N}\cdot\text{s/m}$，$u_{NR}=0.15$ 时，反向式行星滚柱丝杠在不同螺母转速下的传动效率

当 $\zeta_{NRf}=\mu'_{NR}n_T$ 时，螺母转速 ω_N 不会影响反向式行星滚柱丝杠的保持架与螺母转速比 ζ_{PN} 以及滚柱与螺母的无量纲滑动速度 ζ_{NRv}，反向式行星滚柱丝杠的传动效率 η 会随着螺母转速 ω_N 的增加而减小。当 $\zeta_{NRf}=\dfrac{\mu_{NR}F_{Rnq}}{\|v^P_{NR}\|}$ 时，反向式行星滚柱丝杠达到稳态时所用的时间将随着螺母转速 ω_N 的增加而增加，反向式行星滚柱丝杠在稳态时的保持架与螺母转速比 ζ_{PN}、滚柱和螺母的无量纲滑动速度 ζ_{NRv} 以及传动效率 η 均不随螺母转速 ω_N 的变化而变化。

7.4.3 丝杠负载

当螺母转速 $\omega_N=100\text{rad/s}$，黏性摩擦系数 $u'_{NR}=20\text{N}\cdot\text{s/m}$，库伦摩擦系数

$u_{NR}=0.15$ 时,反向式行星滚柱丝杠在不同丝杠负载 F_{Sz} 下的保持架与螺母转速比 ζ_{PN}、螺母与滚柱的无量纲滑动速度 ζ_{NRv} 和传动效率 η 分别如图 7-22～图 7-24 所示。

由图 7-22～图 7-24 可知,当 $\zeta_{NRf}=\mu'_{NR}n_T$ 时,丝杠负载 F_{Sz} 不会影响反向式行星滚柱丝杠的保持架与螺母转速比 ζ_{PN} 以及滚柱与螺母的无量纲滑动速度 ζ_{NRv},反向式行星滚柱丝杠的传动效率 η 会随着丝杠负载 F_{Sz} 的增加而增加;当 $\zeta_{NRf}=\dfrac{\mu_{NR}F_{Rnq}}{\|v^P_{NR}\|}$ 时,反向式行星滚柱丝杠达到稳态时所用的时间将随着丝杠负载 F_{Sz} 的增加而减小,反向式行星滚柱丝杠在稳态时的保持架与螺母转速比 ζ_{PN}、滚柱和螺母的无量纲滑动速度 ζ_{NRv} 以及传动效率 η 均不随丝杠负载的变化而变化。

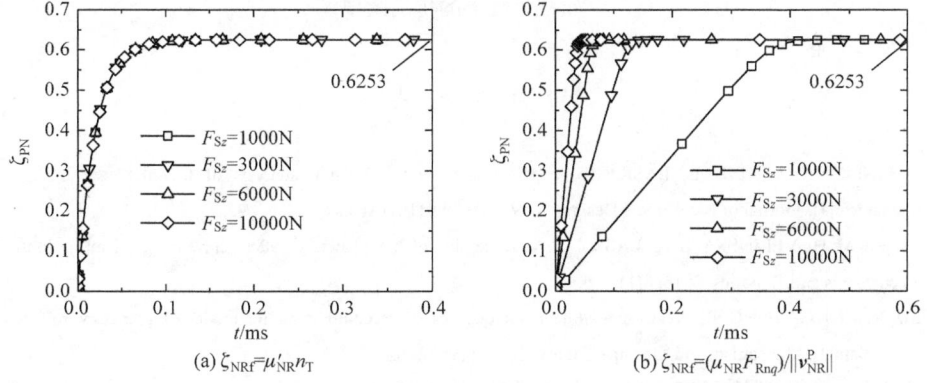

图 7-22 当 $\omega_N=100\text{rad/s}$,$u'_{NR}=20\text{N}\cdot\text{s/m}$,$u_{NR}=0.15$ 时,反向式行星滚柱丝杠在不同丝杠负载下的保持架与螺母转速比

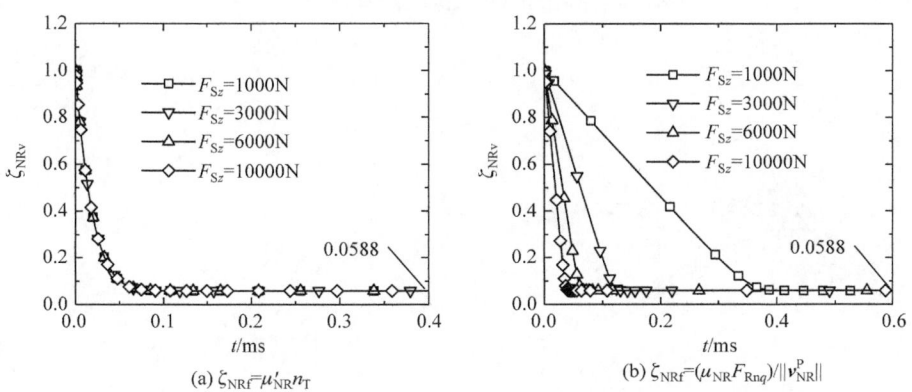

图 7-23 当 $\omega_N=100\text{rad/s}$,$u'_{NR}=20\text{N}\cdot\text{s/m}$,$u_{NR}=0.15$ 时,反向式行星滚柱丝杠在不同丝杠负载下的螺母和滚柱的无量纲滑动速度

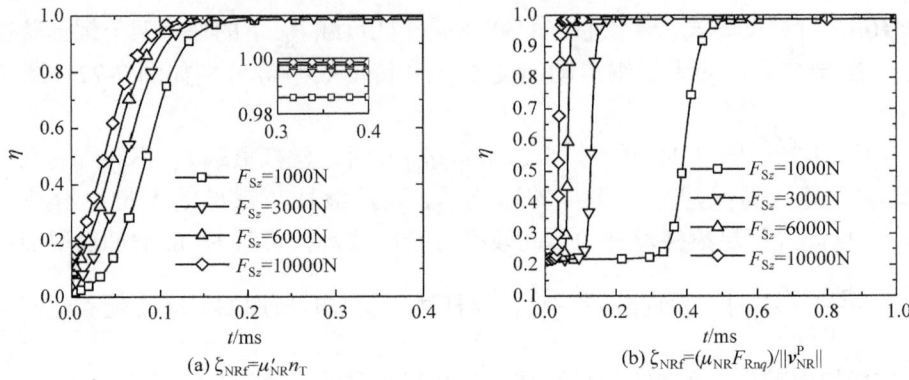

图 7-24 当 ω_N =100rad/s，u'_{NR} =20N·s/m，u_{NR} =0.15 时，反向式行星滚柱丝杠在不同丝杠负载下的传动效率

参 考 文 献

[1] VELINSKY S A, CHU B, LASKY T A. Kinematics and efficiency analysis of the planetary roller screw mechanism[J]. Journal of Mechanical Design, 2009, 131(1): 011016-1-8.

[2] JONES M H, VELINSKY S A, LASKY T A. Dynamics of the planetary roller screw mechanism[J]. Journal of Mechanisms and Robotics, 2016, 8(1): 1-6.

[3] FU X, LIU G, TONG R, et al. A nonlinear six degrees of freedom dynamic model of planetary roller screw mechanism[J]. Mechanism and Machine Theory, 2018, 119: 22-36.

[4] 杨义勇, 金德闻. 机械系统动力学[M]. 北京: 清华大学出版社, 2009.

[5] 哈尔滨工业大学理论力学教研室. 理论力学[M]. 6版. 北京: 高等教育出版社, 2002.

[6] JOHNSON K L. Contact Mechanics[M]. Cambridge: Cambridge University Press, 1985.

[7] 徐仲, 张凯院, 陆全, 等. 矩阵论简明教程[M]. 3版. 北京: 科学出版社, 2013.

第8章 基于牛顿第二定律的行星滚柱丝杠刚体动力学

在采用拉格朗日方法建立行星滚柱丝杠动力学模型[1]时，假设滚柱各个螺纹牙上的载荷是相同的，并忽略了除丝杠和滚柱之外的其他零件之间的摩擦力。然而，滚柱在丝杠侧和螺母侧的多个螺纹牙承受的载荷通常是不相同的，为了分析行星滚柱丝杠运动部件的作用力，保持架与滚柱之间的径向力，内齿圈与滚柱之间的接触力，以及内齿圈和保持架、保持架和滚柱以及螺母和滚柱之间的摩擦力均应包含在行星滚柱丝杠的动力学方程中。

本章介绍基于牛顿第二定律的标准式行星滚柱丝杠刚体动力学建模与分析方法[2]，完成丝杠、滚柱、螺母、内齿圈和保持架的受力分析，给出丝杠、滚柱、螺母和保持架动力学方程的推导过程，对基于拉格朗日方法的行星滚柱丝杠动力学模型[1]和基于牛顿第二定律的行星滚柱丝杠动力学模型[2]的计算结果进行对比，并探究结构参数与工况对行星滚柱丝杠动力学特性的影响规律。

8.1 坐标系的建立

如图 8-1 所示，当丝杠的转角为 θ_S 时，螺母的轴向移动距离为 $-\theta_S L_S/(2\pi)$，其中，L_S 是丝杠的导程，"−"表示丝杠、滚柱和螺母螺纹均为右旋。滚柱会在螺母内部滚动并具有与螺母相同的轴向移动速度。在图 8-1 中，$O\text{-}XYZ$ 为整体坐标系，Z 轴与丝杠轴线重合，原点 O 位于丝杠的左端，并且通常在该处被滚动轴承支撑。局部坐标系 $o_{Pq}\text{-}x_{Pq}y_{Pq}z_{Pq}$ ($q=1, 2, \cdots, n_{\text{roller}}$，其中 n_{roller} 是滚柱的个数)固定在左端保持架的中心处，同时随着保持架的转动而转动，从而保证其 x_{Pq} 轴始终指向滚柱#q 的轴线。坐标系 $o_{qc}\text{-}x_{qc}y_{qc}z_{qc}$ 的原点位于滚柱#q 的中心。当滚柱#q 旋转时，x_{qc}、y_{qc} 和 z_{qc} 轴分别平行于 x_{Pq}、y_{Pq} 和 z_{Pq} 轴。局部坐标系 $o_{Pq}\text{-}x_{Pq}y_{Pq}z_{Pq}$ 向整体坐标系 $O\text{-}XYZ$ 的变换矩阵 $\boldsymbol{T}_{Pq}$ 为

$$\boldsymbol{T}_{Pq} = \left[\begin{array}{ccc|c} & \boldsymbol{H}_{Pq} & & \boldsymbol{p}_{Pq} \\ \hline 0 & 0 & 0 & 1 \end{array}\right] \tag{8-1}$$

其中，

$$\boldsymbol{H}_{\mathrm{P}q} = \begin{bmatrix} \cos(\varPhi_q + \theta_{\mathrm{P}}) & -\sin(\varPhi_q + \theta_{\mathrm{P}}) & 0 \\ \sin(\varPhi_q + \theta_{\mathrm{P}}) & \cos(\varPhi_q + \theta_{\mathrm{P}}) & 0 \\ 0 & 0 & 1 \end{bmatrix} \tag{8-2}$$

$$\boldsymbol{p}_{\mathrm{P}q} = \begin{bmatrix} 0 \\ 0 \\ h_{\mathrm{N}} - (\theta_{\mathrm{S}} L_{\mathrm{S}})/(2\pi) \end{bmatrix} \tag{8-3}$$

式中，θ_{P} 为保持架的旋转角度；h_{N} 为螺母初始位置；$\varPhi_q$ 为滚柱#q 的相位角。

$$\varPhi_q = \frac{2\pi}{n_{\mathrm{roller}}}(q-1), \quad q = 1, 2, \cdots, n_{\mathrm{roller}} \tag{8-4}$$

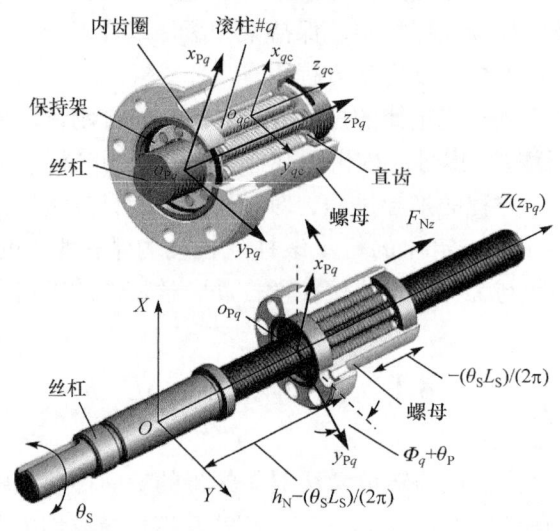

图 8-1 标准式行星滚柱丝杠结构组成与坐标系

由坐标系 o_{qc}-$x_{qc}y_{qc}z_{qc}$ 向局部坐标系 $o_{\mathrm{P}q}$-$x_{\mathrm{P}q}y_{\mathrm{P}q}z_{\mathrm{P}q}$ 的旋转矩阵 $\boldsymbol{H}_{qc}^{\mathrm{P}q}$ 是一个单位矩阵，即

$$\boldsymbol{H}_{qc}^{\mathrm{P}q} = \begin{bmatrix} 1 & 0 & 0 \\ 0 & 1 & 0 \\ 0 & 0 & 1 \end{bmatrix} \tag{8-5}$$

为了分析螺母和滚柱#q 之间的滚动接触特性，建立如图 8-2 所示的坐标系 $o_{\mathrm{N}q}$-$x_{\mathrm{N}q}y_{\mathrm{N}q}z_{\mathrm{N}q}$ 和 $o_{\mathrm{E}n}$-$x_{\mathrm{E}n}y_{\mathrm{E}n}z_{\mathrm{E}n}$。在图 8-2 中，$z_{\mathrm{N}q}$ 轴与螺母螺旋曲面在接触点 $o_{\mathrm{N}q}$ 处的法线方向重合，$y_{\mathrm{N}q}$ 轴沿着螺母接触线的切线方向。$x_{\mathrm{E}n}$ 和 $y_{\mathrm{E}n}$ 轴分别与接触

区域 Λ_{En} 的长轴与短轴重合;ψ_{En} 为 x_{Nq} 和 x_{En} 轴之间的夹角;a_{En} 和 b_{En} 分别为接触区域 Λ_{En} 的长半轴与短半轴。当滚柱和螺母之间的作用力已知时,a_{En}、b_{En} 和 ψ_{En} 能够通过赫兹接触求解获得[3]。

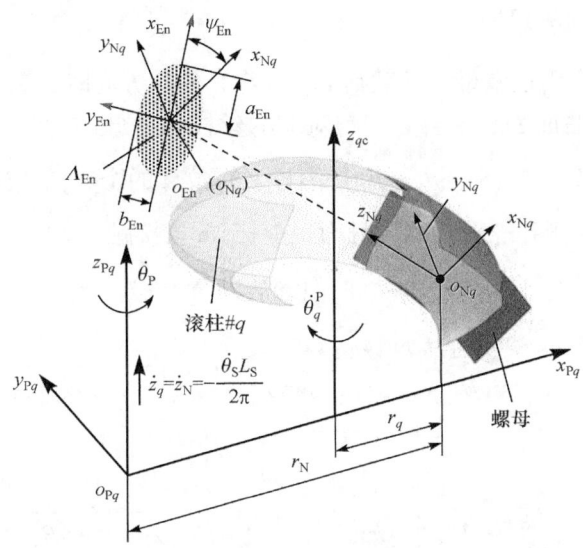

图 8-2 坐标系 o_{Nq}-$x_{Nq}y_{Nq}z_{Nq}$ 和 o_{En}-$x_{En}y_{En}z_{En}$

根据螺旋曲面方程,由坐标系 o_{Nq}-$x_{Nq}y_{Nq}z_{Nq}$ 向局部坐标系 o_{Pq}-$x_{Pq}y_{Pq}z_{Pq}$ 的旋转矩阵可表示为

$$H_{Nq}^{Pq} = \begin{bmatrix} \dfrac{1+\tan^2\lambda_N}{\sqrt{(1+\tan^2\lambda_N)\cdot(1+\tan^2\beta_N+\tan^2\lambda_N)}} & 0 & \dfrac{-\tan\beta_N}{\sqrt{1+\tan^2\beta_N+\tan^2\lambda_N}} \\ \dfrac{-\tan\beta_N\tan\lambda_N}{\sqrt{(1+\tan^2\lambda_N)\cdot(1+\tan^2\beta_N+\tan^2\lambda_N)}} & \dfrac{1}{\sqrt{1+\tan^2\lambda_N}} & \dfrac{-\tan\lambda_N}{\sqrt{1+\tan^2\beta_N+\tan^2\lambda_N}} \\ \dfrac{\tan\beta_N}{\sqrt{(1+\tan^2\lambda_N)\cdot(1+\tan^2\beta_N+\tan^2\lambda_N)}} & \dfrac{\tan\lambda_N}{\sqrt{1+\tan^2\lambda_N}} & \dfrac{1}{\sqrt{1+\tan^2\beta_N+\tan^2\lambda_N}} \end{bmatrix}$$

(8-6)

坐标系 o_{En}-$x_{En}y_{En}z_{En}$ 向坐标系 o_{Nq}-$x_{Nq}y_{Nq}z_{Nq}$ 的旋转矩阵可表示为

$$H_{En}^{Nq} = \begin{bmatrix} \cos\psi_{En} & -\sin\psi_{En} & 0 \\ \sin\psi_{En} & \cos\psi_{En} & 0 \\ 0 & 0 & 1 \end{bmatrix}$$

(8-7)

8.2 受力分析

8.2.1 螺纹牙之间的接触力

当图 8-1 中作用在螺母上的载荷 F_{Nz} 沿着 Z 轴正方向时,滚柱#q 的下螺旋曲面 Π_{qB} 和上螺旋曲面 Π_{qU} 将会分别与对应的丝杠和螺母螺旋曲面相接触。图 8-3 中 $\boldsymbol{F}_{qs}^{qc,k}$ 和 $\boldsymbol{F}_{qn}^{qc,k}$ ($k=1, 2, \cdots, n_T$,n_T 是滚柱上螺纹牙的个数)是作用在滚柱#q 上第 k 个螺纹牙在丝杠侧和螺母侧的接触力。上标 qc 指接触力 $\boldsymbol{F}_{qs}^{qc,k}$ 和 $\boldsymbol{F}_{qn}^{qc,k}$ 表示在坐标系 $o_{qc}\text{-}x_{qc}y_{qc}z_{qc}$ 中。根据滚柱螺旋曲面的法向量方程,$\boldsymbol{F}_{qs}^{qc,k}$ 和 $\boldsymbol{F}_{qn}^{qc,k}$ 可表示为

$$\boldsymbol{F}_{qs}^{qc,k} = F_{qs}^k \cdot \begin{bmatrix} \cos\phi_{Rsq}\tan\beta_{Rsq} - \sin\phi_{Rsq}\tan\lambda_{Rsq} \\ -\sin\phi_{Rsq}\tan\beta_{Rsq} - \cos\phi_{Rsq}\tan\lambda_{Rsq} \\ -1 \end{bmatrix} \bigg/ \sqrt{1+\tan^2\lambda_{Rsq}+\tan^2\beta_{Rsq}} \quad (8\text{-}8)$$

$$\boldsymbol{F}_{qn}^{qc,k} = F_{qn}^k \cdot \begin{bmatrix} -\tan\beta_q \\ -\tan\lambda_q \\ 1 \end{bmatrix} \bigg/ \sqrt{1+\tan^2\lambda_q+\tan^2\beta_q} \quad (8\text{-}9)$$

式中,F_{qs}^k 和 F_{qn}^k 分别为接触力 $\boldsymbol{F}_{qs}^{qc,k}$ 和 $\boldsymbol{F}_{qn}^{qc,k}$ 的幅值;β_q 和 λ_q 分别为滚柱的牙侧角与螺旋升角;ϕ_{Rsq}、β_{Rsq} 和 λ_{Rsq} 分别为滚柱#q 在接触点处的啮合偏角、牙侧角与螺旋升角。

接触力 $\boldsymbol{F}_{qs}^{qc,k}$ 和 $\boldsymbol{F}_{qn}^{qc,k}$ 的轴向分量会导致绕着 y_{qc} 轴的倾覆力矩,参考文献[4]假定接触力是线性分布的,以平衡该倾覆力矩。如图 8-3 所示,作用在滚柱#q 上每个螺纹牙的接触力大小可表示为

$$F_{qs}^k = \frac{F_{qs}^{\text{all}}}{n_T} - \zeta_T \frac{F_{Nz}}{n_{\text{roller}}n_T} \cdot \frac{2k-n_T-1}{n_T-1}, \quad k=1,2,\cdots,n_T \quad (8\text{-}10)$$

$$F_{qn}^k = \frac{F_{qn}^{\text{all}}}{n_T} + \zeta_T \frac{F_{Nz}}{n_{\text{roller}}n_T} \cdot \frac{2k-n_T-1}{n_T-1}, \quad k=1,2,\cdots,n_T \quad (8\text{-}11)$$

式中,ζ_T 为载荷分布系数;F_{qs}^{all} 和 F_{qn}^{all} 分别为丝杠和滚柱#q 以及螺母和滚柱#q 之间接触力的总和。

$$F_{qs}^{\text{all}} = \sum_{k=1}^{n_T} F_{qs}^k \quad (8\text{-}12)$$

$$F_{qn}^{all} = \sum_{k=1}^{n_T} F_{qn}^k \tag{8-13}$$

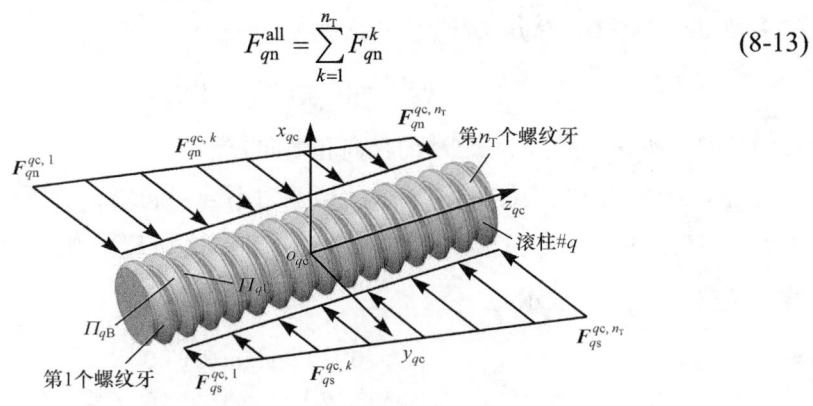

图 8-3 作用在滚柱#q 各个螺纹牙上的接触力

8.2.2 保持架、内齿圈和滚柱之间的受力

图 8-4 给出了保持架、内齿圈和滚柱之间的受力分析。在图 8-4 中，Π_{qg1} 和 Π_{qg2} 为直齿齿面，Π_{Ng1} 和 Π_{Ng2} 为内齿圈的齿面，$F_{qg}^{qc,\ell}$（$\ell=1, 2$）是作用在滚柱#q 上第 ℓ 个直齿上的接触力。由于齿轮副中的间隙，接触力 $F_{qg}^{qc,\ell}$ 可以表示为

$$F_{qg}^{qc,\ell} = [|F_{qgy}^{\ell}|\tan\alpha, F_{qgy}^{\ell}, 0]^T, \quad \ell=1, 2 \tag{8-14}$$

式中，α 为齿轮副的压力角；F_{qgy}^{ℓ} 为接触力 $F_{qg}^{qc,\ell}$ 的横向分量。

如图 8-4 所示，当 F_{qgy}^{ℓ} 为正时，齿面 Π_{qg2} 和 Π_{Ng2} 将会相互接触；当 F_{qgy}^{ℓ} 为负时，齿面 Π_{qg1} 和 Π_{Ng1} 会相互接触。

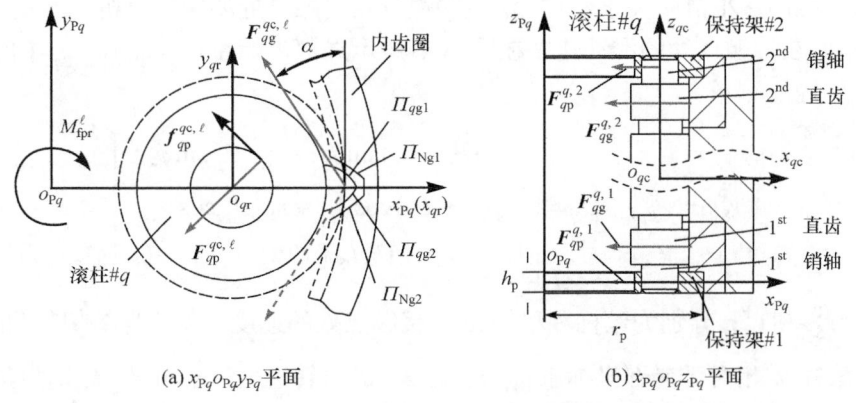

(a) $x_{Pq}o_{Pq}y_{Pq}$ 平面　　　(b) $x_{Pq}o_{Pq}z_{Pq}$ 平面

图 8-4 作用在滚柱#q 的直齿与销轴上的力

在图 8-4 中，$F_{qp}^{qc,\ell}$ 和 $f_{qp}^{qc,\ell}$（$\ell=1, 2$）分别表示作用在滚柱#q 的第 ℓ 个销轴上

的接触力与摩擦力。接触力 $F_{qp}^{qc,\ell}$ 可表示为

$$F_{qp}^{qc,\ell} = [F_{qpx}^{\ell}, F_{qpy}^{\ell}, 0]^{\mathrm{T}} \tag{8-15}$$

式中，F_{qpx}^{ℓ} 和 F_{qpy}^{ℓ} 分别为 $F_{qp}^{qc,\ell}$ 的径向和横向分量。

为了保证作用在滚柱#q 销轴上的接触力不会引起绕轴的倾覆力矩，接触力 $F_{qp}^{qc,1}$ 和 $F_{qp}^{qc,2}$ 的横向分量假设是相同的。由于接触力 $F_{qp}^{qc,\ell}$ 始终指向滚柱#q 的轴线，摩擦力 $f_{qp}^{qc,\ell}$ 可表示为

$$f_{qp}^{qc,\ell} = \mu_{\mathrm{PR}} \begin{bmatrix} 0 & \mathrm{sign}(\dot{\theta}_{\mathrm{S}}) & 0 \\ -\mathrm{sign}(\dot{\theta}_{\mathrm{S}}) & 0 & 0 \\ 0 & 0 & 1 \end{bmatrix} F_{qp}^{qc,\ell} \tag{8-16}$$

式中，μ_{PR} 为滚柱和保持架之间的摩擦系数；$\dot{\theta}_{\mathrm{S}}$ 为丝杠的转速。

根据附录 D 所示的库埃特流动理论[5]，作用在保持架#ℓ 上由保持架和内齿圈之间的润滑油/脂导致的拖动力矩 M_{fpr}^{ℓ} 能够近似地表示为

$$M_{\mathrm{fpr}}^{\ell} = -\frac{2\pi(r_{\mathrm{p}}^{\ell})^3 h_{\mathrm{p}}^{\ell} v_{\mathrm{PG}} \rho_{\mathrm{PG}} \dot{\theta}_{\mathrm{P}}}{\delta_{\mathrm{PG}}} \tag{8-17}$$

式中，h_{p}^{ℓ} 和 r_{p}^{ℓ} 分别为保持架#ℓ 的厚度与半径；v_{PG} 和 ρ_{PG} 分别为润滑油/脂的黏度与密度；δ_{PG} 为保持架与内齿圈之间的径向间隙。

8.2.3 丝杠与滚柱之间的摩擦力

根据 6.3.2 小节中关于丝杠、滚柱和螺母在接触点处的速度分析，能够获得丝杠和滚柱在接触点处的滑动速度在图 8-4 所示局部坐标系 $o_{\mathrm{P}q}$-$x_{\mathrm{P}q}y_{\mathrm{P}q}z_{\mathrm{P}q}$ 中的表达式为

$$v_{\mathrm{SR}}^{\mathrm{P}} = v_{\mathrm{S}q}^{\mathrm{P}} - v_{\mathrm{R}sq}^{\mathrm{P}} = \begin{bmatrix} -r_{\mathrm{S}q}(\dot{\theta}_{\mathrm{S}} - \dot{\theta}_{\mathrm{P}})\sin\phi_{\mathrm{S}q} + r_{\mathrm{R}sq}\dot{\theta}_q^{\mathrm{P}}\sin\phi_{\mathrm{R}sq} \\ r_{\mathrm{S}q}(\dot{\theta}_{\mathrm{S}} - \dot{\theta}_{\mathrm{P}})\cos\phi_{\mathrm{S}q} + r_{\mathrm{R}sq}\dot{\theta}_q^{\mathrm{P}}\cos\phi_{\mathrm{R}sq} \\ (\dot{\theta}_{\mathrm{S}}L_{\mathrm{S}})/(2\pi) \end{bmatrix} \tag{8-18}$$

式中，$v_{\mathrm{S}q}^{\mathrm{P}}$ 和 $v_{\mathrm{R}sq}^{\mathrm{P}}$ 分别为丝杠和滚柱#q 在接触点处的速度；$\dot{\theta}_{\mathrm{P}}$ 为保持架的角速度；$\dot{\theta}_q^{\mathrm{P}}$ 为滚柱#q 相对于局部坐标系 $o_{\mathrm{P}q}$-$x_{\mathrm{P}q}y_{\mathrm{P}q}z_{\mathrm{P}q}$ 的自转速度；$r_{\mathrm{S}q}$ 和 $\phi_{\mathrm{S}q}$ 分别为丝杠的啮合半径与啮合偏角。

滚柱#q 的公转速度与自转速度的关系能够表示为

$$\dot{\theta}_q^P = -\frac{r_{Ng}}{r_{qg}}\dot{\theta}_P \tag{8-19}$$

式中，r_{Ng} 和 r_{qg} 分别为内齿圈与滚柱#q 直齿节圆的半径。

根据库伦摩擦理论[3]，作用在滚柱#q 的第 k 个丝杠侧螺纹牙上的摩擦力为

$$\boldsymbol{f}_{qs}^{qc,k} = \mu_{SR} \cdot \left\| \boldsymbol{F}_{qs}^{qc,k} \right\| \cdot \frac{\boldsymbol{v}_{SR}^P}{\left\| \boldsymbol{v}_{SR}^P \right\|}, \quad \left\| \boldsymbol{v}_{SR}^P \right\| \neq 0 \tag{8-20}$$

式中，μ_{SR} 为丝杠和滚柱之间的摩擦系数。

当滑动速度 $\left\| \boldsymbol{v}_{SR}^P \right\|$ 为零而丝杠的角加速度不为零时，摩擦力 $\boldsymbol{f}_{qs}^{qc,k}$ 将沿着丝杠接触螺旋线的切线方向，即

$$\boldsymbol{f}_{qs}^{qc,k} = \text{sign}(\ddot{\theta}_S)\mu_{SR} \left\| \boldsymbol{F}_{qs}^{qc,k} \right\| \cdot \begin{bmatrix} -\sin\phi_{Sq} \\ \cos\phi_{Sq} \\ \tan\lambda_{Sq} \end{bmatrix} \bigg/ \sqrt{1+\tan^2\lambda_{Sq}}, \quad \left\| \boldsymbol{v}_{SR}^P \right\| = 0, \quad \ddot{\theta}_S \neq 0 \tag{8-21}$$

式中，λ_{Sq} 为丝杠在接触点处的螺旋升角。

当 $\left\| \boldsymbol{v}_{SR}^P \right\|$ 和 $\ddot{\theta}_S$ 均为零时，行星滚柱丝杠处于静止状态。

8.2.4 螺母与滚柱之间的摩擦力

螺母和滚柱#q 在接触点处的速度 $\boldsymbol{v}_{Nq}^P$ 和 $\boldsymbol{v}_{Rnq}^P$ 表示在图 8-2 所示局部坐标系 $o_{Pq}\text{-}x_{Pq}y_{Pq}z_{Pq}$ 中为

$$\boldsymbol{v}_{Nq}^P = \begin{bmatrix} 0 \\ -\dot{\theta}_P r_N \\ -\dot{\theta}_S L_S/(2\pi) \end{bmatrix} \tag{8-22}$$

$$\boldsymbol{v}_{Rnq}^P = \begin{bmatrix} 0 \\ -\dot{\theta}_q^P r_q \\ -\dot{\theta}_S L_S/(2\pi) \end{bmatrix} \tag{8-23}$$

式中，r_q 和 r_N 分别为滚柱#q 和螺母的名义半径。

在行星滚柱丝杠中，螺母和直齿的节圆半径分别与所对应的螺母和滚柱#q 的名义半径相同，即 $r_{Ng} = r_N$，$r_{qg} = r_q$。由式(8-19)、式(8-22)和式(8-23)可得，滚柱#q 和螺母在接触点 o_{Nq} 处的滑动速度为零。根据滚动接触理论[6]，螺母和滚柱#q 的滚动速度定义为

$$v_{\text{NR}}^{\text{rolling}} = \frac{1}{2} \cdot \sqrt{([v_{\text{N}q}^{\text{P}}]_{x_{\text{N}q}} + [v_{\text{R}nq}^{\text{P}}]_{x_{\text{N}q}})^2 + ([v_{\text{N}q}^{\text{P}}]_{y_{\text{N}q}} + [v_{\text{R}nq}^{\text{P}}]_{y_{\text{N}q}})^2} \tag{8-24}$$

式中，$[v_{\text{N}q}^{\text{P}}]_{x_{\text{N}q}}$ 和 $[v_{\text{N}q}^{\text{P}}]_{y_{\text{N}q}}$ 分别为 $v_{\text{N}q}^{\text{P}}$ 沿着 $x_{\text{N}q}$ 和 $y_{\text{N}q}$ 轴的分量；$[v_{\text{R}nq}^{\text{P}}]_{x_{\text{N}q}}$ 和 $[v_{\text{R}nq}^{\text{P}}]_{y_{\text{N}q}}$ 分别为 $v_{\text{R}nq}^{\text{P}}$ 沿着 $x_{\text{N}q}$ 和 $y_{\text{N}q}$ 轴的分量。

螺母相对于滚柱#q 的自旋率定义为[6]

$$\xi_{\text{NR}}^{\text{spin}} = \frac{[\boldsymbol{\omega}_{\text{N}}^{\text{P}}]_{z_{\text{N}q}} - [\boldsymbol{\omega}_{q}^{\text{P}}]_{z_{\text{N}q}}}{v_{\text{NR}}^{\text{rolling}}} \tag{8-25}$$

式中，$[\boldsymbol{\omega}_{\text{N}}^{\text{P}}]_{z_{\text{N}q}}$ 和 $[\boldsymbol{\omega}_{q}^{\text{P}}]_{z_{\text{N}q}}$ 分别为角速度 $\boldsymbol{\omega}_{\text{N}}^{\text{P}}$ 和 $\boldsymbol{\omega}_{q}^{\text{P}}$ 沿着 $z_{\text{N}q}$ 轴的分量。$\boldsymbol{\omega}_{\text{N}}^{\text{P}}$ 和 $\boldsymbol{\omega}_{q}^{\text{P}}$ 可表示为

$$\boldsymbol{\omega}_{\text{N}}^{\text{P}} = [0, 0, -\dot{\theta}_{\text{P}}]^{\text{T}} \tag{8-26}$$

$$\boldsymbol{\omega}_{q}^{\text{P}} = [0, 0, \dot{\theta}_{q}^{\text{P}}]^{\text{T}} \tag{8-27}$$

由式(8-22)～式(8-27)可得，螺母相对于滚柱#q 的自旋率 $\xi_{\text{NR}}^{\text{spin}}$ 为

$$\xi_{\text{NR}}^{\text{spin}} = \frac{\sqrt{1 + \tan^2 \lambda_{\text{N}}} \cdot (-1 + r_{\text{N}g}/r_{qg})\dot{\theta}_{\text{P}}}{\sqrt{[r_{\text{N}} \tan \lambda_{\text{N}} \tan \beta_{\text{N}} (\dot{\theta}_{\text{S}} - \dot{\theta}_{\text{P}})]^2 + [r_{\text{N}}(\dot{\theta}_{\text{S}} \tan^2 \lambda_{\text{N}} - \dot{\theta}_{\text{P}})]^2 (1 + \tan^2 \beta_{\text{N}} + \tan^2 \lambda_{\text{N}})}} \tag{8-28}$$

当螺旋升角足够小时，$\tan^2 \lambda_{\text{N}}$ 的值能够忽略，同时式(8-28)可简化为

$$\xi_{\text{NR}}^{\text{spin}} \approx \frac{-1 + r_{\text{N}g}/r_{qg}}{r_{\text{N}} \sqrt{1 + \tan^2 \beta_{\text{N}}}}, \quad \dot{\theta}_{\text{P}} \neq 0 \tag{8-29}$$

由式(8-29)可知，滚柱在螺母内部做自旋滚动。根据滚动接触理论[6]，作用在滚柱#q 的第 k 个螺母侧螺纹牙上的摩擦力与摩擦力矩分别为

$$\boldsymbol{f}_{qn}^{qc,k} = \boldsymbol{H}_{\text{N}q}^{\text{P}q} \boldsymbol{H}_{\text{E}n}^{\text{N}q} \cdot \iint_{\Omega_{\text{N}q}} \boldsymbol{p}_{qn}^{\text{E}n,k} \mathrm{d}x_{\text{E}n} \mathrm{d}y_{\text{E}n} \tag{8-30}$$

$$\boldsymbol{M}_{\text{f}qn}^{qc,k} = \boldsymbol{H}_{\text{N}q}^{\text{P}q} \boldsymbol{H}_{\text{E}n}^{\text{N}q} \cdot \iint_{\Omega_{\text{N}q}} \begin{bmatrix} 0 \\ 0 \\ -y_{\text{E}n}[\boldsymbol{p}_{qn}^{\text{E}n,k}]_{x_{\text{E}n}} + x_{\text{E}n}[\boldsymbol{p}_{qn}^{\text{E}n,k}]_{y_{\text{E}n}} \end{bmatrix} \mathrm{d}x_{\text{E}n} \mathrm{d}y_{\text{E}n} \tag{8-31}$$

式中，$\boldsymbol{p}_{qn}^{\text{E}n,k}$ 为接触区域 $\Omega_{\text{N}q}$ 内的切向力。

根据附录 E 中的三维弹性体滚动接触理论，当接触力 $\boldsymbol{F}_{qn}^{qc,k}$、接触区域 $\Omega_{\text{N}q}$、自旋率 $\xi_{\text{NR}}^{\text{spin}}$ 和螺母与滚柱的摩擦系数 μ_{NR} 已知时，能够求得螺母和滚柱的摩擦力和摩擦力矩[6]。

8.3 标准式行星滚柱丝杠的动力学模型

8.3.1 丝杠动力学方程

如图 8-5 所示，固定丝杠的左端而使右端处于自由状态。M_{Sz} 是作用在丝杠上的力矩。F_{Sx}、F_{Sy}、F_{Sz}、M_{Sx} 和 M_{Sy} 是丝杠的支撑处的支反力与力矩。$\boldsymbol{F}_{Sq}^{P,k}$ 和 $\boldsymbol{f}_{Sq}^{P,k}$ 分别为滚柱#q 的第 k 个螺纹牙作用在丝杠上的接触力与摩擦力。

$$\boldsymbol{F}_{Sq}^{P,k} = -\boldsymbol{H}_{qc}^{Pq} \cdot \boldsymbol{F}_{qS}^{qc,k} \tag{8-32}$$

$$\boldsymbol{f}_{Sq}^{P,k} = -\boldsymbol{H}_{qc}^{Pq} \cdot \boldsymbol{f}_{qS}^{qc,k} \tag{8-33}$$

图 8-5 中，$\boldsymbol{r}_{Sq}^{P,k}$ 为在局部坐标系 $o_{Pq}\text{-}x_{Pq}y_{Pq}z_{Pq}$ 中接触点 o_{Sq}^k 的位置向量。该位置向量 $\boldsymbol{r}_{Sq}^{P,k}$ 能够表示为

$$\boldsymbol{r}_{Sq}^{P,k} = \boldsymbol{r}_{Sr}^{P} + [0, 0, h_{Sq} + (k-1)P] \tag{8-34}$$

$$\boldsymbol{r}_{Sr}^{P} = \begin{bmatrix} r_{Sq} \cos\phi_{Sq} \\ r_{Sq} \sin\phi_{Sq} \\ -c_S + (r_{Sq} - r_S)\tan\beta_S + (\phi_{Sq} L_S)/(2\pi) \end{bmatrix} \tag{8-35}$$

式中，c_S、r_S、β_S 和 P 分别为丝杠的半牙厚、名义半径、牙侧角和螺距；h_{Sq} 为与滚柱#q 的第 1 个螺纹牙与丝杠螺纹牙接触位置相关的几何参数。

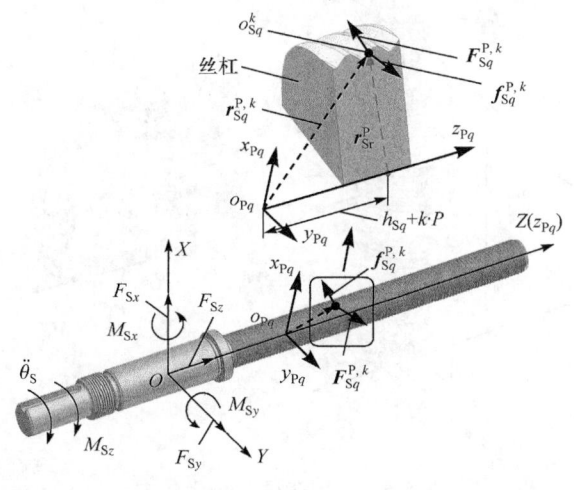

图 8-5 丝杠上的作用力

由于丝杠只允许绕其轴线旋转，参照附录 C2 中的牛顿第二定律可得，丝杠的动力学方程为[2]

$$\sum_{q=1}^{n_{\text{roller}}} \sum_{k=1}^{n_{\text{T}}} [\boldsymbol{H}_{\text{P}q}(\boldsymbol{F}_{\text{S}q}^{\text{P},k} + \boldsymbol{f}_{\text{S}q}^{\text{P},k})] + \begin{bmatrix} F_{\text{S}x} \\ F_{\text{S}y} \\ F_{\text{S}z} \end{bmatrix} = \begin{bmatrix} 0 \\ 0 \\ 0 \end{bmatrix} \tag{8-36}$$

$$\sum_{q=1}^{n_{\text{roller}}} \sum_{k=1}^{n_{\text{T}}} \{[\boldsymbol{H}_{\text{P}q}\boldsymbol{r}_{\text{S}q}^{\text{P},k} + \boldsymbol{p}_{\text{P}q}] \times [\boldsymbol{H}_{\text{P}q}(\boldsymbol{F}_{\text{S}q}^{\text{P},k} + \boldsymbol{f}_{\text{S}q}^{\text{P},k})]\} + \begin{bmatrix} M_{\text{S}x} \\ M_{\text{S}y} \\ M_{\text{S}z} \end{bmatrix} + \begin{bmatrix} 0 \\ 0 \\ -I_{\text{S}}\ddot{\theta}_{\text{S}} \end{bmatrix} = \begin{bmatrix} 0 \\ 0 \\ 0 \end{bmatrix} \tag{8-37}$$

式中，I_{S} 为丝杠的转动惯量。

8.3.2 滚柱动力学方程

作用在滚柱上的力如图 8-6 所示。其中，o_{qp}^{ℓ} ($\ell=1, 2$) 为滚柱#q 和保持架#ℓ 的接触点，o_{qg}^{ℓ} 为内齿圈与滚柱上第 ℓ 个直齿的接触点，o_{qs}^{k} 和 o_{qn}^{k} 分别为滚柱#q 上第 k 个螺纹牙在丝杠侧和螺母侧的接触点；h_q 是接触点 o_{qp}^{1} 和 o_{qp}^{2} 之间的轴向距离，h_g 为接触点 o_{qp}^{1} 和 o_{qg}^{1} 的轴向距离。接触点 o_{qp}^{ℓ} 在坐标系 o_{qc}-$x_{qc}y_{qc}z_{qc}$ 中的位置向量为

$$\boldsymbol{r}_{qp}^{qc,\ell} = \boldsymbol{r}_{\text{pin}}^{qc,\ell} + [0, 0, (-1)^{\ell} \cdot h_q/2]^{\text{T}} \tag{8-38}$$

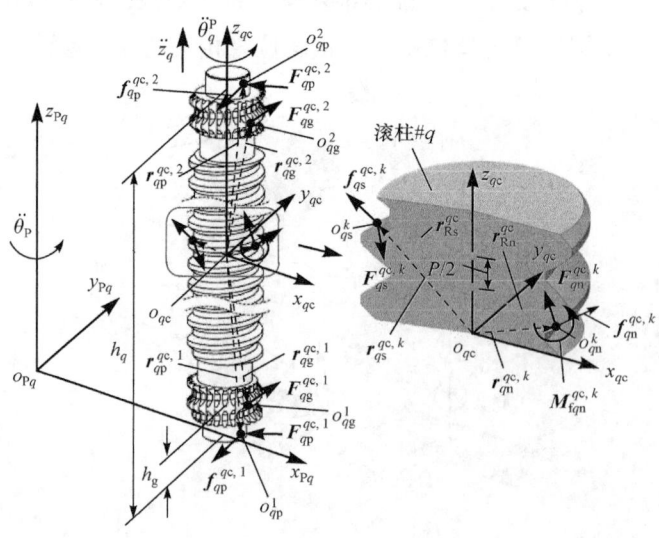

图 8-6 作用在滚柱#q 上的力

其中，

$$\boldsymbol{r}_{\text{pin}}^{qc,\ell} = \begin{cases} [0,0,0]^T, & \|\boldsymbol{F}_{qp}^{qc,\ell}\| = 0 \\ -r_{q\text{pin}} \cdot \boldsymbol{F}_{qp}^{qc,\ell} / \|\boldsymbol{F}_{qp}^{qc,\ell}\|, & \|\boldsymbol{F}_{qp}^{qc,\ell}\| \neq 0 \end{cases} \tag{8-39}$$

式中，$r_{q\text{pin}}$ 为滚柱#q 上销轴的半径。

根据图 8-6 可得，接触点 o_{qg}^{ℓ} 的位置向量为

$$\boldsymbol{r}_{qg}^{qc,\ell} = [r_{qg}, 0, (-1)^{\ell} \cdot (-h_g + h_q/2)]^T \tag{8-40}$$

接触点 o_{qs}^{k} 的位置向量为

$$\boldsymbol{r}_{qs}^{qc,k} = \boldsymbol{r}_{\text{Rs}}^{qc} + \left[0, 0, (k-1)P - \frac{[n_T - 1 - \text{mod}(n_T/2)]}{2}P\right]^T \tag{8-41}$$

式中，$\text{mod}(n_T/2)$ 为 $n_T/2$ 的余数。向量 $\boldsymbol{r}_{\text{Rs}}^{qc}$ 可表示为

$$\boldsymbol{r}_{\text{Rs}}^{qc} = \begin{bmatrix} -r_{\text{Rs}q} \cos\phi_{\text{Rs}q} \\ r_{\text{Rs}q} \sin\phi_{\text{Rs}q} \\ c_q - r_{\text{T}q} \cos\beta_q + \sqrt{r_{\text{T}q}^2 - (r_{\text{Rs}q} - r_q + r_{\text{T}q} \sin\beta_q)^2} - (\phi_{\text{Rs}q} L_q)/(2\pi) \end{bmatrix} \tag{8-42}$$

式中，c_q、$r_{\text{T}q}$、β_q 和 L_q 分别为滚柱的半牙厚、滚柱轮廓半径、牙侧角和导程。

接触点 o_{qn}^{k} 处的位置向量为

$$\boldsymbol{r}_{qn}^{qc,k} = \boldsymbol{r}_{\text{Rn}}^{qc} + \left[0, 0, (k-1)P - \frac{[n_T - \text{mod}(n_T/2)]}{2}P\right]^T \tag{8-43}$$

其中，

$$\boldsymbol{r}_{\text{Rn}}^{qc} = [r_q, 0, -c_q]^T \tag{8-44}$$

根据附录 C2 所示的牛顿第二定律可得，滚柱#q 的动力学方程为[2]

$$\sum_{k=1}^{n_T}(\boldsymbol{F}_{qs}^{qc,k} + \boldsymbol{f}_{qs}^{qc,k}) + \sum_{k=1}^{n_T}(\boldsymbol{F}_{qn}^{qc,k} + \boldsymbol{f}_{qn}^{qc,k}) + \sum_{\ell=1}^{2}(\boldsymbol{F}_{qp}^{qc,\ell} + \boldsymbol{f}_{qp}^{qc,\ell} + \boldsymbol{F}_{qp}^{qc,\ell})$$

$$+ \begin{bmatrix} -m_q \dot{\theta}_P^2/(r_S + r_q) \\ -m_q \ddot{\theta}_P (r_S + r_q) \\ -m_q \ddot{z}_q \end{bmatrix} = \begin{bmatrix} 0 \\ 0 \\ 0 \end{bmatrix} \tag{8-45}$$

$$\sum_{k=1}^{n_T}\left[\boldsymbol{r}_{qs}^{qc,k} \times (\boldsymbol{F}_{qs}^{qc,k} + \boldsymbol{f}_{qs}^{qc,k})\right] + \sum_{k=1}^{n_T}\left[\boldsymbol{r}_{qn}^{qc,k} \times (\boldsymbol{F}_{qn}^{qc,k} + \boldsymbol{f}_{qn}^{qc,k}) + \boldsymbol{M}_{\text{f}qn}^{qc,k}\right]$$

$$+ \sum_{\ell=1}^{2}\left[\boldsymbol{r}_{qp}^{qc,\ell} \times (\boldsymbol{F}_{qp}^{qc,\ell} + \boldsymbol{f}_{qp}^{qc,\ell}) + \boldsymbol{r}_{qg}^{qc,\ell} \times \boldsymbol{F}_{qg}^{qc,\ell}\right] + \begin{bmatrix} 0 \\ 0 \\ I_q \ddot{\theta}_q^P \end{bmatrix} = \begin{bmatrix} 0 \\ 0 \\ 0 \end{bmatrix} \tag{8-46}$$

式中，m_q 和 I_q 分别为滚柱#q 的质量与转动惯量。

在式(8-45)中，滚柱#q 的轴向加速度 $\ddot{z}_q$ 表示为

$$\ddot{z}_q = -\frac{\ddot{\theta}_S L_S}{2\pi} \tag{8-47}$$

8.3.3 螺母动力学方程

如图 8-7 所示，F_{Nz} 为作用在螺母上的轴向力，F_{Nx}、F_{Ny}、M_{Nx}、M_{Ny} 和 M_{Nz} 分别为支反力和力矩，$\boldsymbol{F}_{Np}^{\ell}$ 为螺母和保持架之间的接触力，$\boldsymbol{F}_{Nqg}^{P,\ell}$ 是内齿圈和滚柱上第 ℓ 个直齿的接触力，$\boldsymbol{F}_{Nq}^{P,k}$、$\boldsymbol{f}_{Nq}^{P,k}$ 和 $\boldsymbol{M}_{Nfq}^{P,k}$ 分别为接触点 o_{Nq}^k 处的接触力、摩擦力和摩擦力矩。通过作用力与反作用力的关系，$\boldsymbol{F}_{Nqg}^{P,\ell}$、$\boldsymbol{F}_{Nq}^{P,k}$、$\boldsymbol{f}_{Nq}^{P,k}$ 和 $\boldsymbol{M}_{Nfq}^{P,k}$ 能够分别通过式(8-14)、式(8-9)、式(8-30)和式(8-31)获得。$\boldsymbol{r}_{Nq}^{P,k}$ 为接触点 o_{Nq}^k 在坐标系 $o_{Pq}\text{-}x_{Pq}y_{Pq}z_{Pq}$ 中的位置向量：

$$\boldsymbol{r}_{Nq}^{P,k} = [r_N, 0, c_N + h_{Nq} + (k-1)P]^T \tag{8-48}$$

式中，r_N 和 c_N 分别为螺母的名义半径和半牙厚；h_{Nq} 为与滚柱#q 第 1 个螺纹牙与螺母螺纹牙接触点位置相关的几何参数。

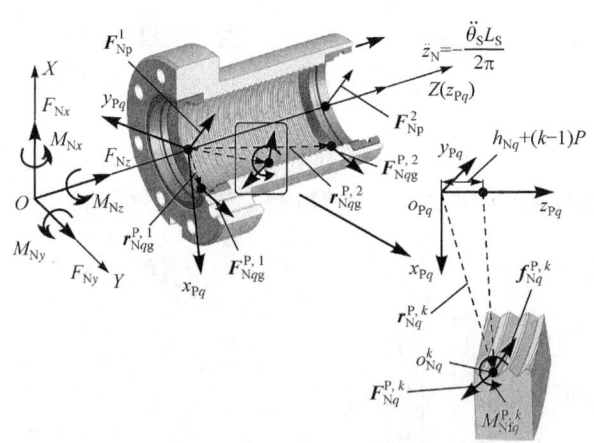

图 8-7 作用在螺母上的力

$\boldsymbol{r}_{Nqg}^{P,\ell}$ 是内齿圈和滚柱#q 第 ℓ 个直齿之间的接触点在局部坐标系 $o_{Pq}\text{-}x_{Pq}y_{Pq}z_{Pq}$ 中的位置向量。

$$\boldsymbol{r}_{Nqg}^{P,\ell} = [r_{Ng}, 0, (k-1)h_q]^T \tag{8-49}$$

由于螺母约束了旋转，螺母的动力学方程为[2]

$$\sum_{\ell=1}^{2}\boldsymbol{F}_{\mathrm{Np}}^{\ell}+\sum_{q=1}^{n_{\mathrm{roller}}}\sum_{k=1}^{n_{\mathrm{T}}}\boldsymbol{H}_{\mathrm{P}q}(\boldsymbol{F}_{\mathrm{N}q}^{\mathrm{P},k}+\boldsymbol{f}_{\mathrm{N}q}^{\mathrm{P},k})+\sum_{q=1}^{n_{\mathrm{roller}}}\sum_{\ell=1}^{2}\boldsymbol{H}_{\mathrm{P}q}\boldsymbol{F}_{\mathrm{N}qg}^{\mathrm{P},\ell}$$
$$+\begin{bmatrix}F_{\mathrm{N}x}\\F_{\mathrm{N}y}\\F_{\mathrm{N}z}\end{bmatrix}+\begin{bmatrix}0\\0\\m_{\mathrm{N}}\ddot{\theta}_{\mathrm{S}}L_{\mathrm{S}}/(2\pi)\end{bmatrix}=\begin{bmatrix}0\\0\\0\end{bmatrix} \quad (8\text{-}50)$$

$$\sum_{q=1}^{n_{\mathrm{roller}}}\sum_{k=1}^{n_{\mathrm{T}}}\{(\boldsymbol{H}_{\mathrm{P}q}\boldsymbol{r}_{\mathrm{N}q}^{\mathrm{P},k}+\boldsymbol{p}_{\mathrm{P}q})\times[\boldsymbol{H}_{\mathrm{P}q}(\boldsymbol{F}_{\mathrm{N}q}^{\mathrm{P},k}+\boldsymbol{f}_{\mathrm{N}q}^{\mathrm{P},k})]+\boldsymbol{H}_{\mathrm{P}q}\boldsymbol{M}_{\mathrm{Nf}q}^{\mathrm{P},k}\}+\boldsymbol{p}_{\mathrm{P}q}\times\boldsymbol{F}_{\mathrm{Np}}^{1}$$
$$+\sum_{q=1}^{n_{\mathrm{roller}}}\sum_{\ell=1}^{2}[(\boldsymbol{H}_{\mathrm{P}q}\boldsymbol{r}_{\mathrm{N}qg}^{\mathrm{P},\ell}+\boldsymbol{p}_{\mathrm{P}q})\times(\boldsymbol{H}_{\mathrm{P}q}\boldsymbol{F}_{\mathrm{N}qg}^{\mathrm{P},\ell})]+\begin{bmatrix}0\\0\\h_{q}\end{bmatrix}+\boldsymbol{p}_{\mathrm{P}q}\times\boldsymbol{F}_{\mathrm{Np}}^{2}+\begin{bmatrix}M_{\mathrm{N}x}\\M_{\mathrm{N}y}\\M_{\mathrm{N}z}\end{bmatrix}=\begin{bmatrix}0\\0\\0\end{bmatrix} \quad (8\text{-}51)$$

式中，m_{N} 为螺母的质量。

8.3.4 保持架动力学方程

如图 8-8 所示，o_{qp}^{ℓ} ($\ell=1$, 2)是滚柱#q 和保持架#ℓ 之间的接触点，M_{fpr}^{ℓ} 是作用在保持架#ℓ 上的拖动力矩，$\boldsymbol{r}_{\mathrm{PR}}^{\mathrm{P},\ell}$ 是接触点 o_{qp}^{ℓ} 在局部坐标系 $o_{\mathrm{P}q}$-$x_{\mathrm{P}q}y_{\mathrm{P}q}z_{\mathrm{P}q}$ 中的位置向量，可表示为

$$\boldsymbol{r}_{\mathrm{PR}}^{\mathrm{P},\ell}=\boldsymbol{r}_{\mathrm{pin}}^{q,\ell}+[r_{\mathrm{S}}+r_{q},0,0]^{\mathrm{T}} \quad (8\text{-}52)$$

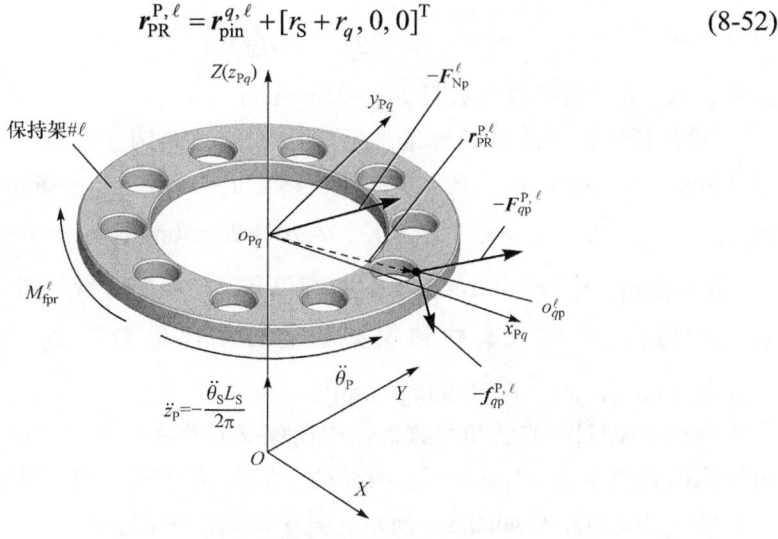

图 8-8 作用在保持架#ℓ 上的力

由于滚柱和保持架之间的接触力和摩擦力沿轴线方向的分量为零，保持架#ℓ 的动力学方程可表示为[2]

$$-\boldsymbol{F}_{\mathrm{Np}}^{\ell} + \begin{bmatrix} 0 \\ 0 \\ m_{\mathrm{P}}^{\ell}\ddot{\theta}_{\mathrm{S}}L_{\mathrm{S}}/(2\pi) \end{bmatrix} = \begin{bmatrix} 0 \\ 0 \\ 0 \end{bmatrix} \qquad (8\text{-}53)$$

$$\sum_{q=1}^{n_{\mathrm{roller}}} \boldsymbol{H}_{\mathrm{P}q}[\boldsymbol{r}_{\mathrm{PR}}^{\mathrm{P},\ell} \times (-\boldsymbol{F}_{q\mathrm{p}}^{\mathrm{P},\ell} - \boldsymbol{f}_{q\mathrm{p}}^{\mathrm{P},\ell})] + \begin{bmatrix} 0 \\ 0 \\ M_{\mathrm{fpr}}^{\ell} \end{bmatrix} + \begin{bmatrix} 0 \\ 0 \\ -I_{\mathrm{P}}^{\ell}\ddot{\theta}_{\mathrm{P}} \end{bmatrix} = \begin{bmatrix} 0 \\ 0 \\ 0 \end{bmatrix} \qquad (8\text{-}54)$$

式中，m_{P}^{ℓ} 和 I_{P}^{ℓ} 分别为保持架#ℓ 的质量与转动惯量。

8.4 不同动力学模型的计算结果对比

为了将基于牛顿第二定律的行星滚柱丝杠动力学模型[2]与基于拉格朗日方法的行星滚柱丝杠动力学模型[1]进行对比，在本节仿真过程中，忽略螺母和滚柱、保持架和滚柱以及保持架和内齿圈之间的摩擦力，即在式(8-36)、式(8-37)、式(8-45)、式(8-46)、式(8-50)、式(8-51)、式(8-53)和式(8-54)中令 $u_{\mathrm{NR}}=0$，$u_{\mathrm{PR}}=0$，$M_{\mathrm{fpr}}^{\ell}=0\mathrm{N}\cdot\mathrm{m}$。并且，假设丝杠和滚柱之间各对螺纹牙所受的摩擦力是相同的，并且能够由式(8-55)计算：

$$f_{qs}^{qc,k} = \mu_{\mathrm{SR}}' v_{\mathrm{SR}}^{\mathrm{P}q} \qquad (8\text{-}55)$$

式中，μ_{SR}' 为黏滞摩擦系数且 $\mu_{\mathrm{SR}}'=25\mathrm{N}\cdot\mathrm{s/m}$[1]。

用于本节算例计算的标准式行星滚柱丝杠结构参数为：$r_{\mathrm{S}}=9.75\mathrm{mm}$，$r_{\mathrm{N}}=16.25\mathrm{mm}$，$r_{q}=3.25\mathrm{mm}$，$\beta_{\mathrm{S}}=\beta_{q}=\beta_{\mathrm{N}}=45°$，$P=2\mathrm{mm}$，$L_{\mathrm{S}}=10\mathrm{mm}$，$r_{\mathrm{T}q}=4.597\mathrm{mm}$，$n_{\mathrm{roller}}=7$，$n_{\mathrm{T}}=17$，$r_{\mathrm{N}g}=r_{\mathrm{N}}$，$r_{qg}=r_{q}$，$\alpha=20°$，$h_{q}=50\mathrm{mm}$，$h_{qg}=5\mathrm{mm}$，$\delta_{\mathrm{PG}}=0.01\mathrm{mm}$，$h_{\mathrm{p}}^{1}=h_{\mathrm{p}}^{2}=4\mathrm{mm}$，$r_{\mathrm{p}}^{1}=r_{\mathrm{p}}^{2}=17\mathrm{mm}$。滚柱、螺母和保持架的质量分别为：0.014kg、20kg 和 0.016kg。丝杠、滚柱和保持架的转动惯量为：$J_{\mathrm{S}}=58\mathrm{kg}\cdot\mathrm{mm}^{2}$，$J_{q}=0.077\mathrm{kg}\cdot\mathrm{mm}^{2}$，$J_{\mathrm{P}}^{1}=J_{\mathrm{P}}^{2}=2.95\mathrm{kg}\cdot\mathrm{mm}^{2}$。

根据文献[1]中的已知参数，作用在螺纹的外载荷取 100N。在 $t=0\mathrm{s}$ 时，给丝杠输入阶跃指令 $\dot{\theta}_{\mathrm{S}}=1\mathrm{rad/s}$ 后，两种动力学模型[1, 2]获得的行星滚柱丝杠的瞬态与稳态特性的仿真结果如图 8-9 所示，其中，ζ_{PS} 为保持架与丝杠的转速比。

$$\zeta_{\mathrm{PS}} = \dot{\theta}_{\mathrm{P}}/\dot{\theta}_{\mathrm{S}} \qquad (8\text{-}56)$$

由图 8-9 可知，两种模型获得的结果吻合很好。这是因为当丝杠和滚柱之间的摩擦力与作用在螺母上的外载荷无关，并忽略行星滚柱丝杠中其他零件之间的摩擦力时，文献[1]所采用的拉格朗日方法与文献[2]所采用的牛顿第二定律是等效的。同时，内齿圈和滚柱以及保持架和滚柱之间的接触力对本节仿真中保持架转速的影响很小。

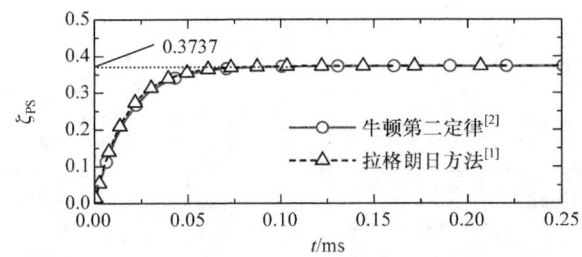

图 8-9 当采用文献[1]中的黏滞摩擦系数 μ'_{SR} =25N·s/m 且 $u_{NR}=u_{PR}=0$，M^{ℓ}_{fpr}=0N·m，F_{Nz}=100N 时，行星滚柱丝杠的瞬态与稳态特性

8.5 摩擦系数、螺母负载和结构参数的影响

8.5.1 接触螺纹间摩擦系数

当 F_{Nz}=10000N，μ_{PR}=0.1，v_{PG}=68cSt(1cSt=1×10^{-6}m^2/s)，ρ_{PG}=0.8g/cm^3，接触螺纹之间的摩擦系数为 0.05、0.10、0.15 和 0.20 时，丝杠阶跃输入（$\dot{\theta}_S$=100rad/s）条件下的标准式行星滚柱丝杠瞬态与稳态特性仿真结果如图 8-10(a)~(d)所示。

由图 8-10(a)可知，当保持架的转速增加时，丝杠和滚柱之间的滑动速度以及两者之间摩擦力的切向分量均会减小，同时保持架的角加速度也会随之降低。当保持架的角加速等于零时，行星滚柱丝杠处于稳定状态。如图 8-10(b)所示，标准式行星滚柱丝杠的效率在仿真的起始阶段最低，随着仿真时间的增加而逐步增大，并在系统达到稳态后保持恒定。

当螺母负载 F_{Nz} 恒定时，接触螺纹间摩擦系数的增加会使得丝杠、滚柱和螺母之间的摩擦力增大。稳态时，标准式行星滚柱丝杠中丝杠作用在滚柱上的摩擦力矩会抵消螺母和保持架作用在滚柱上的摩擦力矩。并且因为螺母和滚柱之间的摩擦力远小于丝杠和滚柱之间的摩擦力，所以随着接触螺纹间摩擦系数的增加，标准式行星滚柱丝杠在稳态时的保持架和丝杠转速比将增大，如图 8-10(a)所示。如图 8-10(b)所示，随着接触螺纹间摩擦系数的增加，行星滚柱丝杠的效率会减小。

根据图 8-10(c)可得，在仿真的初始阶段，滚柱直齿的齿面 Π_{qg2} 和内齿圈的齿面 Π_{Ng2} 相啮合，在标准式行星滚柱丝杠稳态运行时齿面 Π_{qg1} 和 Π_{Ng1} 相啮合。

这是因为丝杠和滚柱之间的摩擦力不仅能够驱动滚柱在螺母内滚动,也会使得滚柱沿着螺母螺纹滑动。标准式行星滚柱丝杠需通过改变滚柱直齿和内齿圈的啮合齿面来阻止滚柱的滑动。

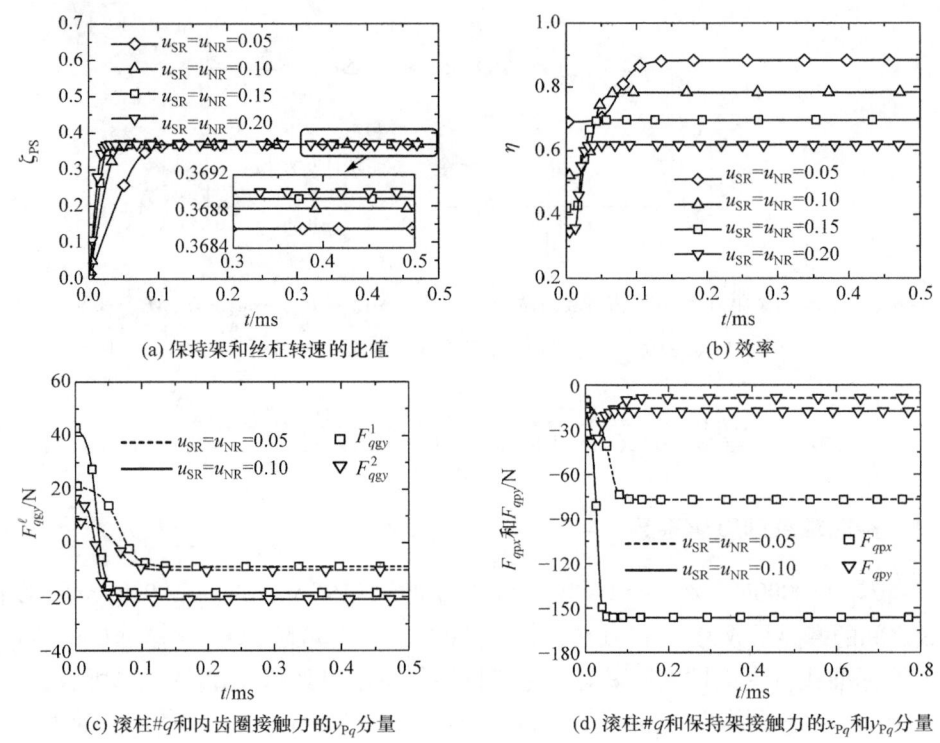

图 8-10 当 $F_{Nz}=10000\text{N}$,$\mu_{PR}=0.1$,$v_{PG}=68\text{cSt}$,$\rho_{PG}=0.8\text{g/cm}^3$ 时,行星滚柱丝杠在不同接触螺纹间摩擦系数下的瞬态与稳态特性

因为保持架#1和保持架#2的摩擦、润滑与质量参数都是相同的,所以滚柱#q与保持架#1和保持架#2之间的接触力是相同的,即 $F_{qpx}^1=F_{qpx}^2=F_{qpx}$,$F_{qpy}^1=F_{qpy}^2=F_{qpy}$。如图 8-10(d)所示,滚柱和保持架之间的径向(x_{P_q}方向)接触力大于两者之间的横向(y_{P_q}方向)接触力。如图 8-10(c)和(d)所示,随着接触螺纹间摩擦系数的增加,滚柱和内齿圈以及保持架的接触力均会增大。由于滚柱和保持架接触力的径向分量主要与丝杠和滚柱之间摩擦力的径向(x_{P_q}方向)分量相关,接触螺纹间摩擦系数的增加会使得滚柱和保持架接触力的径向分量显著增加。

8.5.2 保持架和滚柱间摩擦系数

当 $F_{Nz}=10000\text{N}$,$\mu_{SR}=\mu_{NR}=0.05$,$v_{PG}=68\text{cSt}$,$\rho_{PG}=0.8\text{g/cm}^3$,保持架和滚

柱之间的摩擦系数为 0.05、0.10、0.15 和 0.20 时，丝杠阶跃输入($\dot{\theta}_S = 100\,\mathrm{rad/s}$)条件下的标准式行星滚柱丝杠瞬态与稳态特性仿真结果如图 8-11(a)~(d)所示。

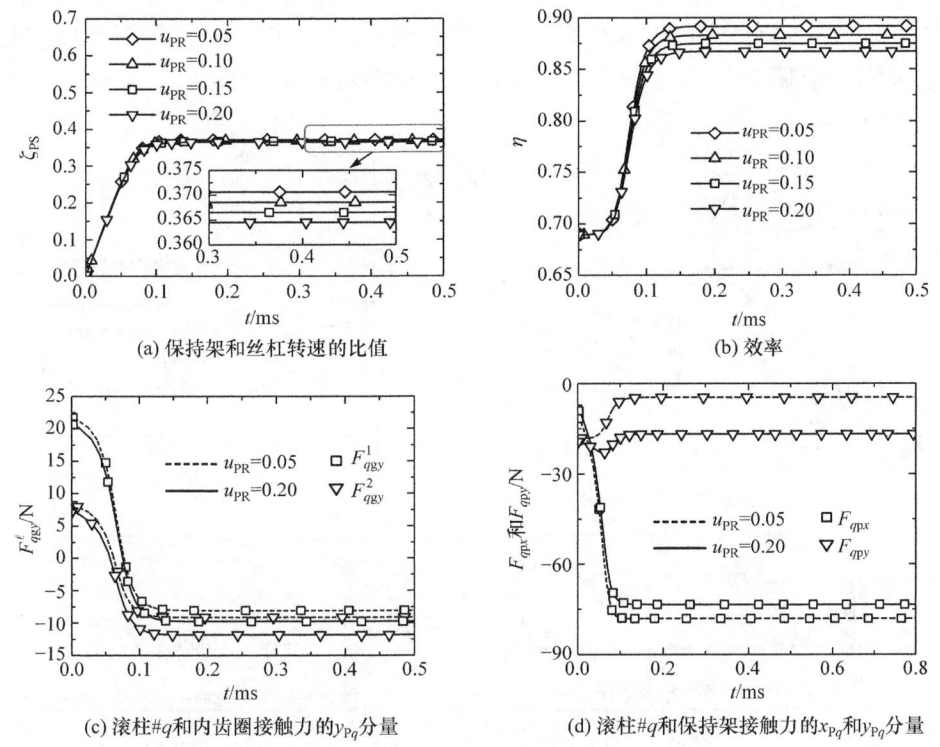

(a) 保持架和丝杠转速的比值　　　　(b) 效率

(c) 滚柱#q和内齿圈接触力的y_{Pq}分量　　(d) 滚柱#q和保持架接触力的x_{Pq}和y_{Pq}分量

图 8-11　当 $F_{Nz} = 10000\,\mathrm{N}$，$\mu_{SR} = \mu_{NR} = 0.05$，$v_{PG} = 68\,\mathrm{cSt}$，$\rho_{PG} = 0.8\,\mathrm{g/cm^3}$ 时，行星滚柱丝杠在不同保持架和滚柱间摩擦系数下的瞬态与稳态特性

保持架和滚柱之间摩擦力的增加会导致丝杠和滚柱之间摩擦力切向分量的增加，因此随着保持架和滚柱间摩擦系数的增加，保持架在稳态时的转速将减小，如图 8-11(a)所示。如图 8-11(b)所示，随着保持架和滚柱间摩擦系数的增加，标准式行星滚柱丝杠在稳态时的效率同样会减小。

保持架和滚柱间的摩擦力总是阻碍滚柱自转，然而滚柱与内齿圈接触力的方向在如图 8-11(c)所示的仿真过程中会出现变化，因此随着保持架和滚柱间摩擦系数的增加，滚柱与内齿圈的接触力在仿真初始阶段会略有下降，在稳态时会略有增加。由于保持架转速的减小会使得丝杠和滚柱间摩擦力的径向(x_{Pq}方向)分量减小，而保持架和滚柱摩擦力的增加会使得保持架与滚柱间接触力的横向(y_{Pq}方向)分量增加，故随着保持架和滚柱间摩擦系数的增加，保持架和滚柱接触力的径向分量减小，而横向分量增加，如图 8-11(d)所示。

8.5.3 螺母负载

当 $\mu_{PR} = 0.10$，$\mu_{SR} = \mu_{NR} = 0.05$，$\nu_{PG} = 68\text{cSt}$，$\rho_{PG} = 0.8\text{g/cm}^3$，螺母负载 F_{Nz} 为 50N、500N、5000N 和 10000N 时，丝杠阶跃输入（$\dot{\theta}_S = 100\text{rad/s}$）条件下的标准式行星滚柱丝杠瞬态与稳态特性仿真结果如图 8-12(a)~(d)所示。

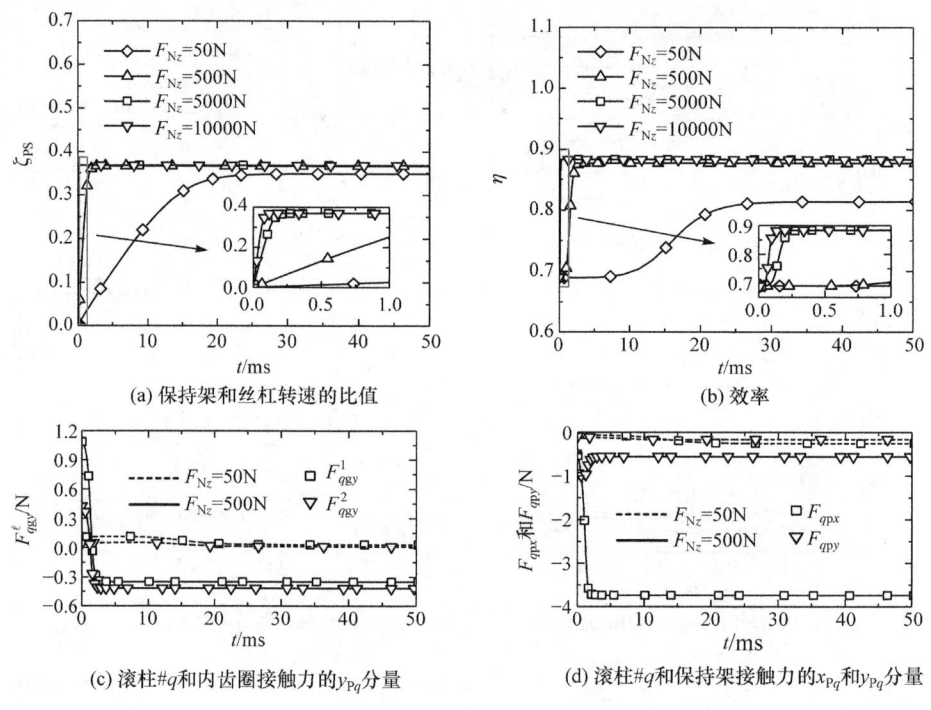

图 8-12 当 $u_{PR} = 0.10$，$u_{SR} = u_{NR} = 0.05$，$\nu_{PG} = 68\text{cSt}$，$\rho_{PG} = 0.8\text{g/cm}^3$ 时，行星滚柱丝杠在不同螺母负载下的瞬态与稳态特性

由图 8-12(a)和(b)可知，当螺母负载增大时，标准式行星滚柱丝杠达到稳态时所用的时间会减小。由于丝杠和滚柱摩擦力的切向分量随着保持架转速的增大而减小，在图 8-12(a)和(b)中，当螺母负载增加时，标准式行星滚柱丝杠的稳态保持架和丝杠转速比及效率会增加并很快达到稳定值。如图 8-12(c)所示，当 F_{Nz}=50N 时，在仿真过程中滚柱直齿的齿面 Π_{qg2} 和内齿圈的齿面 Π_{Ng2} 始终处于啮合状态。这是因为此时丝杠和滚柱摩擦力的横向（y_{Pq} 方向）分量要小于滚柱和保持架作用力在横向（y_{Pq} 方向）的分量。因此，螺母负载会对标准式行星滚柱丝杠中滚柱直齿和内齿圈的啮合状态产生影响。由图 8-12(c)和(d)可得，增加螺母负载，滚柱和内齿圈以及滚柱和保持架的接触力均会增加。

8.5.4 滚柱个数

当螺母外载荷 $F_{Nz}=10000\text{N}$ 时，改变滚柱个数 n_{roller}，保持架与丝杠的转速比、效率、滚柱#q 和内齿圈的接触力以及滚柱#q 和保持架的接触力的变化如图 8-13 所示。

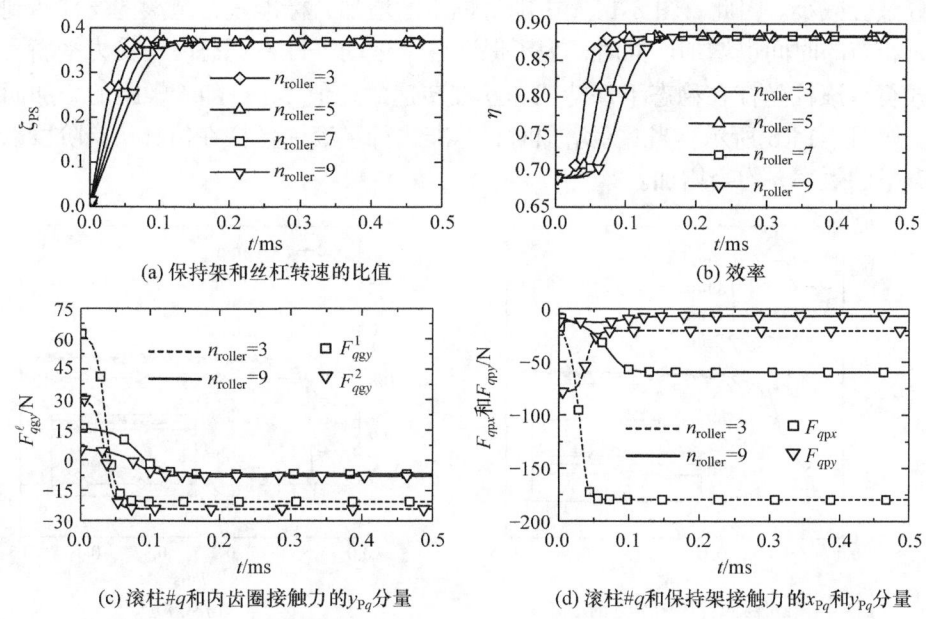

(a) 保持架和丝杠转速的比值　　　　(b) 效率

(c) 滚柱#q和内齿圈接触力的y_{Pq}分量　　　　(d) 滚柱#q和保持架接触力的x_{Pq}和y_{Pq}分量

图 8-13　当滚柱个数变化时，行星滚柱丝杠的瞬态与稳态特性

由于本章在动力学建模过程中，只考虑了丝杠、滚柱和螺母螺纹之间的库伦摩擦力，并且假设每一个滚柱的受力和运动状态均是相同的，故如图 8-13(a)和(b)所示，滚柱个数对稳态时的保持架和丝杠转速比以及标准式行星滚柱丝杠效率影响很小。由图 8-13(a)和(b)可得，随着滚柱个数的增加，从仿真开始到标准式行星滚柱丝杠达到稳态时所用的时间会逐渐增加。这是因为标准式行星滚柱丝杠整体的等效转动惯量会随着滚柱个数的增加而增加。如图 8-13(c)和(d)所示，若外载荷不发生变化，增加滚柱个数能够有效减小单个滚柱和内齿圈或滚柱和保持架之间的作用力。

8.5.5 螺距和牙侧角

当螺距 P 分别为 0.4mm、1.0mm、1.6mm 和 2.2mm 以及 $F_{Nz}=10000\text{N}$ 时，行星滚柱丝杠在阶跃输入($\dot{\theta}_S=100\text{rad/s}$)下保持架和丝杠转速比 ζ_{PS} 与效率 η 变化如图 8-14 所示。由 4.5 节中关于结构参数对接触位置影响的分析结果可知，当螺距增加时,丝杠和滚柱之间的接触点将逐渐远离两零件螺纹节圆的切点位置。参照式(8-18)可知,当转速比值 ζ_{PS} 不变时,丝杠和滚柱之间的啮合偏角越大,两零件之间的滑动速度 v_{SR}^P 沿横向(y_{Pq}方向)的分量将越小。因为滑动速度 v_{SR}^P 决定了丝杠和滚柱之间摩擦力的方向,所以当螺距增加时,丝杠和滚柱之间摩擦力的横向分量会减小。因此,图8-14(a)中随着螺距的增加,标准式行星滚柱丝杠达到稳态时花费的时间也增加。同时,为了保证各个运动零件在稳态时的受力平衡,标准式行星滚柱丝杠在稳态下保持架和丝杠转速的比值 ζ_{PS} 将随着螺距的增加而减小。如图8-14(b)所示,当螺距增加时,标准式行星滚柱丝杠在仿真初始阶段以及稳态下的效率 η 均会增加。

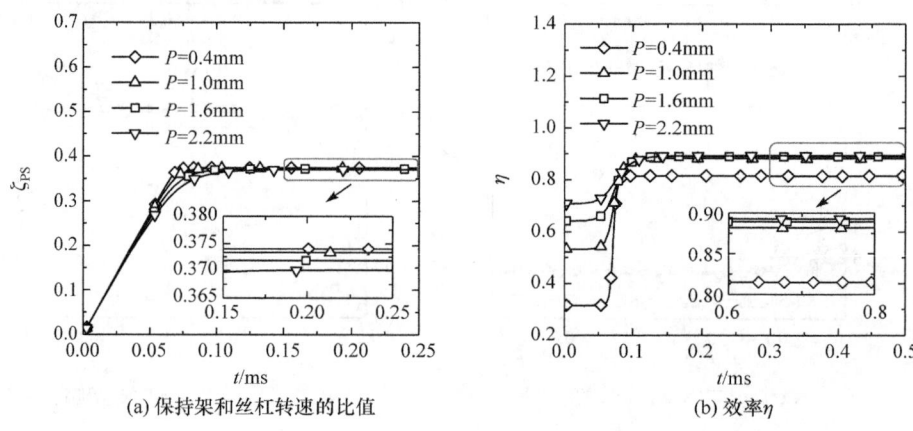

(a) 保持架和丝杠转速的比值

(b) 效率 η

图8-14 螺距对行星滚柱丝杠转速比值与效率的影响

由式(8-8)可知,丝杠和滚柱之间的接触力在坐标系 o_{qc}-$x_{qc}y_{qc}z_{qc}$ 中的 x_{qc} 以及 y_{qc} 分量均会随着螺距的增加而增加。因此,当螺距增大时,滚柱#q 和内齿圈接触力的 y_{Pq} 分量将增加,同时滚柱#q 和保持架接触力的 x_{Pq} 分量将增加,如图8-15(a)和(b)所示。

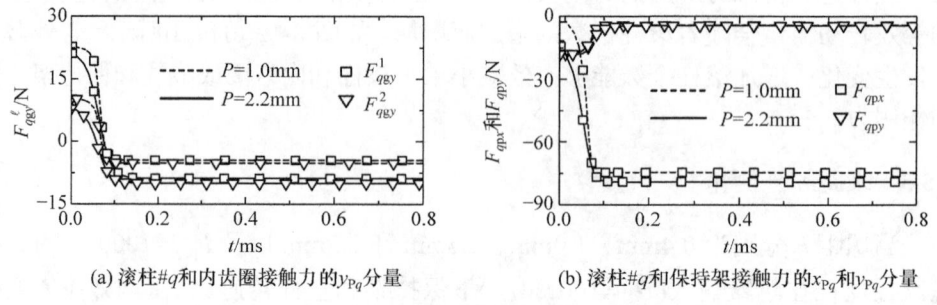

(a) 滚柱#q和内齿圈接触力的y_{Pq}分量

(b) 滚柱#q和保持架接触力的x_{Pq}和y_{Pq}分量

图8-15 螺距对滚柱与内齿圈以及滚柱与保持架之间接触力的影响

由式(8-8)可知，当轴向载荷不变时，牙侧角的增加能够引起丝杠和滚柱之间接触力的幅值与 x_{Pq} 分量显著增加，而对丝杠和滚柱之间接触力的 y_{Pq} 分量影响很小。因此在图 8-16(a)和(b)中，滚柱和内齿圈以及滚柱和保持架之间的接触力均随着牙侧角的增加而增加，同时牙侧角对滚柱#q和保持架接触力 x_{Pq} 分量的影响远大于其对滚柱#q和保持架接触力 y_{Pq} 分量的影响。虽然当丝杠和滚柱牙侧角相同时，两零件之间的接触点随着牙侧角的增加而向丝杠和滚柱螺纹节圆的切点处移动，同时丝杠和滚柱之间的摩擦力会随着牙侧角的增加而增加，但是由图 8-16(b)可知，牙侧角的增加会引起滚柱和保持架之间的摩擦力的增加。因此，当牙侧角增加时，标准式行星滚柱丝杠将更快地达到稳定状态，并且稳态时保持架与丝杠转速的比值呈现先增大后减小的变化趋势，如图 8-17(a)所示。标准式行星滚柱丝杠在仿真初始时刻以及稳态时的效率均随着牙侧角的增加而减小，如图 8-17(b)所示。

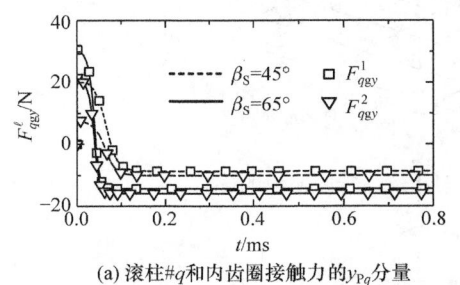

(a) 滚柱#q和内齿圈接触力的 y_{Pq} 分量

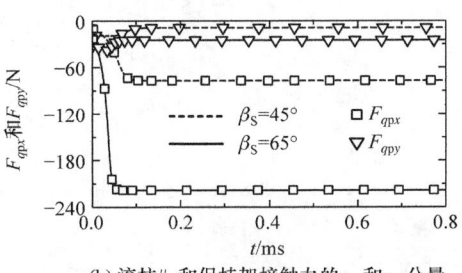

(b) 滚柱#q和保持架接触力的 x_{Pq} 和 y_{Pq} 分量

图 8-16 牙侧角对滚柱和内齿圈以及滚柱和保持架之间接触力的影响

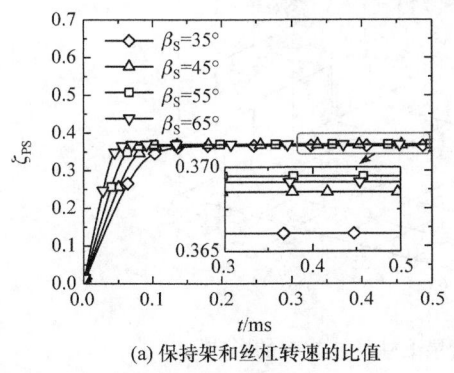

(a) 保持架和丝杠转速的比值

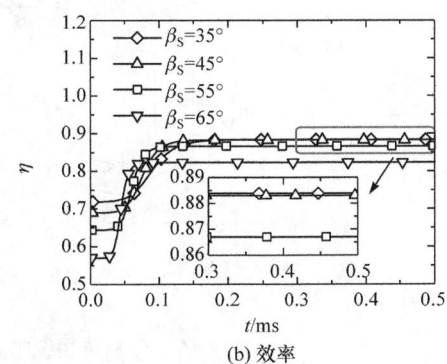

(b) 效率

图 8-17 牙侧角对保持架和丝杠转速的比值以及效率的影响

对不同螺距($P \in [0.4\text{mm}, 2.4\text{mm}]$)和牙侧角($\beta_S \in [35°, 70°]$)组合下的保持架和丝杠转速比值以及行星滚柱丝杠效率在稳态时的结果进行计算，结果如图 8-18 和图 8-19 所示。虽然增加螺距或增加牙侧角均能够使得丝杠和滚柱的接触点位置更接近两者螺纹节圆的切点,但是螺距的改变对保持架和滚柱间接触力的影响较小,而牙侧角的增加会显著提高保持架与滚柱之间的接触力与摩擦力。因此当螺距增加时,保持架和丝杠转速比值将减小;当牙侧角增加时,保持架和丝杠转速的比值呈现先增大后减小的变化,如图 8-18 所示。由图 8-19 可知,增加螺距与减小牙侧角均能够使效率增加,但是当牙侧角小于 45°后,标准式行星滚柱丝杠效率的增加将变得十分缓慢。

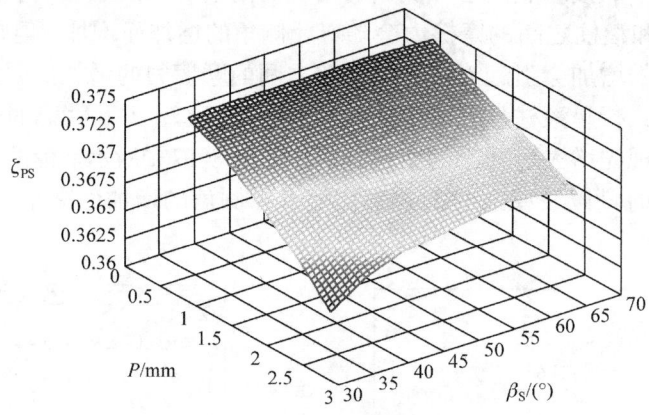

图 8-18　牙侧角和螺距对保持架和丝杠转速比值的影响

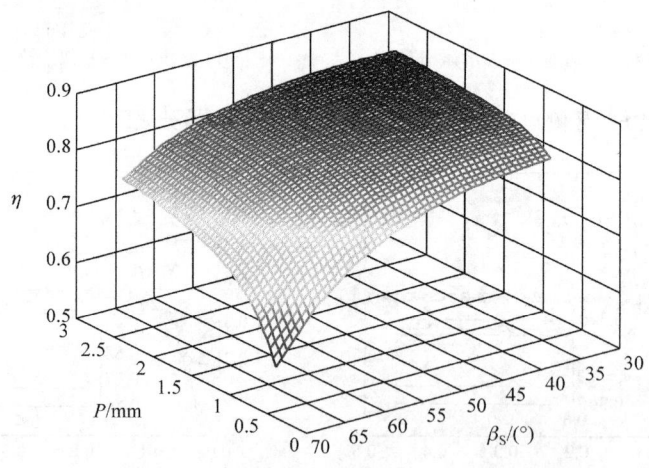

图 8-19　牙侧角和螺距对行星滚柱丝杠效率的影响

参 考 文 献

[1] JONES M H, VELINSKY S A, LASKY T A. Dynamics of the planetary roller screw mechanism[J]. Journal of Mechanisms and Robotics, 2016, 8(1): 1-6.

[2] FU X, LIU G, TONG R, et al. A nonlinear six degrees of freedom dynamic model of planetary roller screw mechanism[J]. Mechanism and Machine Theory, 2018, 119: 22-36.
[3] JOHNSON K L. Contact Mechanics[M]. Cambridge: Cambridge University Press, 1985.
[4] BLINOV D S, MOROZOV M I. Uneven load distribution between mating windings of roll and screw with nut of planetary roller drive[J]. Science and Education of the Bauman MSTU, 2014: 1-14(in Russian).
[5] KUNDU P K, COHEN I M. Fluid Mechanics. [M]. 4th ed. Burlington: Academic Press, 2008.
[6] KALKER J J. Three-dimensional Elastic Bodies in Rolling Contact. Solid Mechanics and Its Applications[M]. Dordrecht: Kluwer Academic Press, 1990.

附录 A 速度瞬心求解方法

平面图形上各点速度在某瞬时的分布情况，与图形绕定轴转动时各点速度的分布情况类似[A1]。因此，平面图形的运动可看成绕速度瞬心的瞬时转动。需要强调的是，刚体做平面运动时，一般情况下在每一瞬时，图形内必有一点成为速度瞬心；但是，在不同的瞬时，速度瞬心在图形内的位置是不同的。如果已知平面图形在某一瞬时的速度瞬心位置和角速度，则在该瞬时，图形内任一点的速度可以完全确定。根据机构的几何条件，确定速度瞬心位置的方法有以下几种。

(1) 平面图形沿一固定表面做无滑动的滚动，如图 A-1 所示。图形与固定面的接触点 C 就是图形的速度瞬心，因为在这一瞬时，点 C 相对于固定面的速度为零，所以它的绝对速度等于零。车轮滚动的过程中，轮缘上的各点相继与地面接触而成为车轮在不同时刻的速度瞬心。

(2) 已知图形内任意两点 A 和 B 的速度的方向，如图 A-2 所示，速度瞬心 C 的位置必在每一点速度的垂线上。因此在图 A-2 中，通过点 A，作垂直于 v_A 方向的直线 Aa；再通过点 B，作垂直于 v_B 方向的直线 Bb；设两条直线交于点 C，则点 C 就是平面图形的速度瞬心。

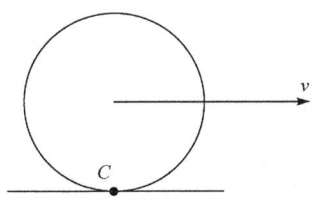

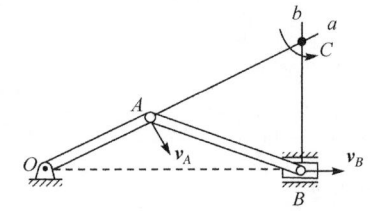

图 A-1　圆柱在固定表面滚动　　　　图 A-2　曲柄滑块机构的速度瞬心

(3) 已知图形上两点 A 和 B 的速度相互平行，并且速度的方向垂直于两点的连线 AB，如图 A-3 所示，则速度瞬心必定在连线 AB 与速度向量 v_A 和 v_B 端点连线的交点 C 上。因此，欲确定图 A-3 所示齿轮的速度瞬心 C 的位置，不仅需要知道 v_A 和 v_B 的方向，而且需要知道它们的大小。

当 v_A 和 v_B 同向时，图形的速度瞬心在 AB 的延长线上(图 A-3)；当 v_A 和 v_B 反向时，图形的速度瞬心 C 在 A、B 两点之间(图 A-4)。

(4) 某一瞬时，图形上 A、B 两点的速度相等，即 $v_A = v_B$ 时，如图 A-5 所示，图形的速度瞬心在无限远处。在该瞬时，图形上各点的速度分布如同图形做平移的情形一样，故称瞬时平移。必须注意，此瞬时各点的速度虽然相同，但加速度不同。

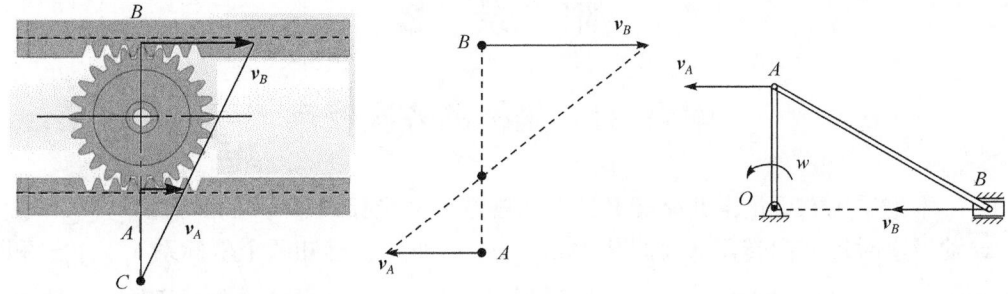

图 A-3　齿轮齿条机构的速度瞬心

图 A-4　点 A 和点 B 的速度

图 A-5　当点 A 和点 B 的速度相同时，曲柄滑块机构的速度瞬心

参 考 文 献

[A1] 哈尔滨工业大学理论力学教研室. 理论力学[M]. 7 版. 北京：高等教育出版社，2009.

附 录 B

附录 B1 坐标的齐次变换

本书采用右手笛卡儿坐标系,即当观察者从坐标系 o-xyz 的 z 轴正向观察时,x 轴沿逆时针方向转至 y 轴[B1]。如图 B1-1 所示,已知两个坐标系 o_j-$x_jy_jz_j$ 和 o_i-$x_iy_iz_i$,假定坐标系 o_j-$x_jy_jz_j$ 绕 z_i 轴旋转了 φ 角,且原点 o_j 相对于原点 o_i 沿 x_i 轴、y_i 轴和 z_i 轴分别移动了距离 a、b 和 c。设点 M 在坐标系 o_i-$x_iy_iz_i$ 中的坐标为 (x_m^i, y_m^i, z_m^i),在坐标系 o_j-$x_jy_jz_j$ 中的坐标为 (x_m^j, y_m^j, z_m^j)。

利用解析几何的一般法则,点 M 在坐标系 o_i-$x_iy_iz_i$ 和 o_j-$x_jy_jz_j$ 中的各个坐标关系[B1]为

$$\begin{cases} x_m^i = x_m^j \cos\varphi - y_m^j \sin\varphi + b_1 \\ y_m^i = x_m^j \sin\varphi + y_m^j \cos\varphi + b_2 \\ z_m^i = z_m^j + b_3 \end{cases} \tag{B1-1}$$

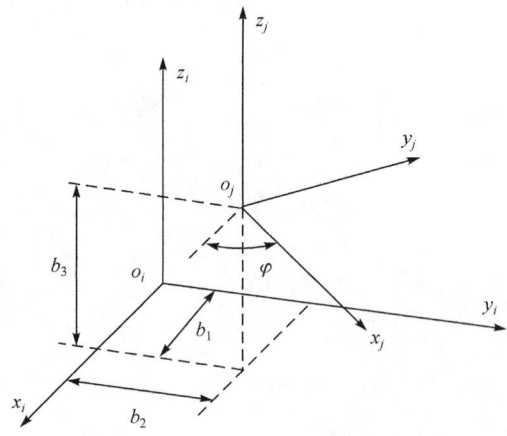

图 B1-1 坐标系 o_i-$x_iy_iz_i$ 和 o_j-$x_jy_jz_j$

点 M 在坐标系 o_i-$x_iy_iz_i$ 和 o_j-$x_jy_jz_j$ 中的位置还能够分别使用向量 $\boldsymbol{r}_m^i$ 和 $\boldsymbol{r}_m^j$ 表示为

$$\boldsymbol{r}_m^i = \begin{bmatrix} x_m^i \\ y_m^i \\ z_m^i \end{bmatrix} \tag{B1-2}$$

$$\boldsymbol{r}_m^j = \begin{bmatrix} x_m^j \\ y_m^j \\ z_m^j \end{bmatrix} \tag{B1-3}$$

式中，上标 i 和 j 分别表示向量 $\boldsymbol{r}_m^i$ 和 $\boldsymbol{r}_m^j$ 在坐标系 $o_i\text{-}x_iy_iz_i$ 和 $o_j\text{-}x_jy_jz_j$ 中。根据式(B1-2)和式(B1-3)，可将式(B1-1)写为矩阵形式：

$$\boldsymbol{r}_m^i = \begin{bmatrix} \cos\varphi & -\sin\varphi & 0 \\ \sin\varphi & \cos\varphi & 0 \\ 0 & 0 & 1 \end{bmatrix} \cdot \boldsymbol{r}_m^j + \begin{bmatrix} b_1 \\ b_2 \\ b_3 \end{bmatrix} \tag{B1-4}$$

式(B1-4)中包含了矩阵乘法和矩阵加法的混合运算。下面将通过引入齐次坐标表示方法，对式(B1-4)中的矩阵运算进行简化。当采用齐次坐标表示时，点 M 在坐标系 $o_j\text{-}x_jy_jz_j$ 中的位置将由四个量 $(x_m^{\prime j}, y_m^{\prime j}, z_m^{\prime j}, t_m^{\prime j})$ 确定，其中，$x_m^{\prime j}$、$y_m^{\prime j}$、$z_m^{\prime j}$ 和 $t_m^{\prime j}$ 不同时等于零，且与 x_m^i、y_m^i 和 z_m^i 的关系为

$$x_m^i = \frac{x_m^{\prime j}}{t_m^{\prime j}}, \quad y_m^i = \frac{y_m^{\prime j}}{t_m^{\prime j}}, \quad z_m^i = \frac{z_m^{\prime j}}{t_m^{\prime j}} \tag{B1-5}$$

由式(B1-5)可知，$x_m^{\prime j}$、$y_m^{\prime j}$、$z_m^{\prime j}$ 和 $t_m^{\prime j}$ 中仅有三个量是相互独立的。当 $t_m^{\prime j} = 1$ 时，点 M 在坐标系 $o_j\text{-}x_jy_jz_j$ 中的齐次坐标可表示为 $(x_m^j, y_m^j, z_m^j, 1)$。采用齐次坐标的表示方法，式(B1-1)能够写为

$$\begin{cases} x_m^i = x_m^j \cos\varphi - y_m^j \sin\varphi + b_1 \\ y_m^i = x_m^j \sin\varphi + y_m^j \cos\varphi + b_2 \\ z_m^i = z_m^j + b_3 \\ t_m^i = t_m^j = 1 \end{cases} \tag{B1-6}$$

按照齐次坐标的定义，点 M 在坐标系 $o_i\text{-}x_iy_iz_i$ 和 $o_j\text{-}x_jy_jz_j$ 中的位置向量 $\boldsymbol{r}_m^i$ 和 $\boldsymbol{r}_m^j$ 可表示为

$$\boldsymbol{r}_m^i = \begin{bmatrix} x_m^i \\ y_m^i \\ z_m^i \\ 1 \end{bmatrix} \tag{B1-7}$$

$$\boldsymbol{r}_m^j = \begin{bmatrix} x_m^j \\ y_m^j \\ z_m^j \\ 1 \end{bmatrix} \tag{B1-8}$$

根据式(B1-7)和式(B1-8)，可将式(B1-6)写为

$$\boldsymbol{r}_m^i = \boldsymbol{M}_j^i \cdot \boldsymbol{r}_m^j \tag{B1-9}$$

其中，

$$\boldsymbol{M}_j^i = \begin{bmatrix} \cos\varphi & -\sin\varphi & 0 & b_1 \\ \sin\varphi & \cos\varphi & 0 & b_2 \\ 0 & 0 & 1 & b_3 \\ 0 & 0 & 0 & 1 \end{bmatrix} \tag{B1-10}$$

矩阵 $\boldsymbol{M}_j^i$ 中的标识 "$_j^i$" 是指从坐标系 o_j-$x_jy_jz_j$ 变换到坐标系 o_i-$x_iy_iz_i$。同理，矩阵 $\boldsymbol{M}_i^j$ 中的标识 "$_i^j$" 表示从坐标系 o_i-$x_iy_iz_i$ 变换到坐标系 o_j-$x_jy_jz_j$。

采用编号 1、2 和 3 分别表示 x、y 和 z，从坐标系 o_j-$x_jy_jz_j$ 到坐标系 o_i-$x_iy_iz_i$ 变换矩阵的一般形式为

$$\boldsymbol{M}_j^i = \begin{bmatrix} a_1^1 & a_1^2 & a_1^3 & b_1 \\ a_2^1 & a_2^2 & a_2^3 & b_2 \\ a_3^1 & a_3^2 & a_3^3 & b_3 \\ 0 & 0 & 0 & 1 \end{bmatrix} \tag{B1-11}$$

在矩阵 $\boldsymbol{M}_i^j$ 中，元素 a_k^l ($k=1,2,3; l=1,2,3$) 是编号为 k 的坐标系 o_i-$x_iy_iz_i$ 坐标轴与编号为 l 的坐标系 o_j-$x_jy_jz_j$ 坐标轴所组成夹角的余弦，其中编号 $k=1,2,3$ 分别指坐标轴 x_i，y_i，z_i，编号 $l=1,2,3$ 分别指坐标轴 x_j，y_j，z_j。矩阵 $\boldsymbol{M}_i^j$ 中，元素 b_1、b_2 和 b_3 表示坐标原点 o_j 在坐标系 o_i-$x_iy_iz_i$ 中的坐标值。

附录 B2　曲面的参数化表示

平面上不自交的闭合曲线称为 Jordan 曲线。若 Jordan 曲线将平面分为两部分，并且每一部分都以此曲线为边界，则它们中间一个是有限的，另一个是无限的，其中有限的区域称为初等区域。如果该平面中初等区域到三维欧几里得空间内建立的对应是一对一的，双方连续地在 f 上映射，则把对应三维欧几里得空间中的像称为简单曲面[B2]。本书中所讨论的曲面均为简单曲面，不另作声明。

给出平面上一初等区域 G，G 内点的坐标值为 (u, v)，G 经过映射 f 后的像是曲面 S。对于空间的笛卡儿坐标系，S 内点的坐标是 (x, y, z)，这样可写出 f 的解析表达式：

$$\begin{cases} x = f_1(u, v) \\ y = f_2(u, v) \quad (u, v) \in G \\ z = f_3(u, v) \end{cases} \tag{B2-1}$$

式(B2-1)称为曲面 S 的参数表示或参数方程，u 和 v 称为曲面 S 的参数坐标或曲纹坐标。将式(B2-1)中的函数关系符号 f_1、f_2 和 f_3 分别写成 x、y 和 z，可得

$$\begin{cases} x = x(u, v) \\ y = y(u, v) \quad (u, v) \in G \\ z = z(u, v) \end{cases} \tag{B2-2}$$

由式(B2-2)可将曲面的参数方程简写成向量形式：

$$\boldsymbol{r} = \boldsymbol{r}(u, v), \quad (u, v) \in G \tag{B2-3}$$

如果曲面 $\boldsymbol{r} = \boldsymbol{r}(u, v)$ 中的函数有直到 k 阶的连续偏微商，则该曲面称为 k 阶正则曲面或 C^k 类曲面，特别地，C^1 类曲面又称为光滑曲面。过光滑曲面上每一点 (u_0, v_0) 有一条 u 曲线：

$$\boldsymbol{r} = \boldsymbol{r}(u, v_0) \tag{B2-4}$$

以及一条 v 曲线：

$$\boldsymbol{r} = \boldsymbol{r}(u_0, v) \tag{B2-5}$$

在曲面上 (u_0, v_0) 点处的 u 曲线和 v 曲线的切向量分别为 $\boldsymbol{r}_u$ 和 $\boldsymbol{r}_v$：

$$\boldsymbol{r}_u = \frac{\partial \boldsymbol{r}}{\partial u}(u_0, v_0) \tag{B2-6}$$

$$\boldsymbol{r}_v = \frac{\partial \boldsymbol{r}}{\partial v}(u_0, v_0) \tag{B2-7}$$

如果它们不平行，即 $\boldsymbol{r}_u \times \boldsymbol{r}_v$ 在 (u_0, v_0) 点不等于零，则称 (u_0, v_0) 点为曲面的正常点。曲面在正常点处垂直于切平面的方向称为曲面的法方向。过这点平行于法方向的直线称为曲面在该点的法线。显然，曲面在正常点处的法向量 $\boldsymbol{n}$ 为

$$\boldsymbol{n} = \boldsymbol{r}_u \times \boldsymbol{r}_v \tag{B2-8}$$

附录 B3　曲面相切接触条件

如图 B3-1 所示，曲面 $\varPi_1$ 和曲面 $\varPi_2$ 均为光滑曲面，且在点 M 处相接触。$\boldsymbol{r}_1$ 和 $\boldsymbol{n}_1$ 分别为曲面 $\varPi_1$ 在点 M 处的位置向量与外法线方向，$\boldsymbol{r}_2$ 和 $\boldsymbol{n}_2$ 分别为曲面 $\varPi_2$ 在点 M 处的位置向量和外法线方向。根据曲面相切接触条件[B1]可知，曲面 $\varPi_1$ 和曲

面 Π_2 在点 M 处的位置向量重合,外法向方向共线,即

$$\begin{cases} \boldsymbol{r}_1 = \boldsymbol{r}_2 \\ \boldsymbol{n}_1 = \zeta \cdot \boldsymbol{n}_2 \end{cases} \tag{B3-1}$$

式中,ζ 为常数。

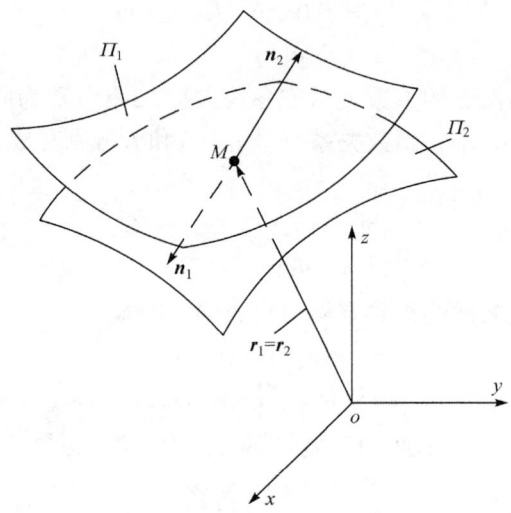

图 B3-1　曲面相切接触条件

参 考 文 献

[B1]　LITVIN F L. Gear Geometry and Applied Theory [M]. New Jersey: PTR Prentice Hall, 1994.
[B2]　梅向明,黄敬之. 微分几何[M]. 北京: 高等教育出版社, 2008.

附 录 C

附录 C1 拉格朗日方程

设由 n 个质点组成的质点系,受到 s 个理想、完整约束。该系统具有 $k=3n-s$ 个自由度,并可用 k 个广义坐标 q_1, q_2, $\cdots$, q_k 来确定该系统的位置[C1]。在非定常约束下,系统中任一质点的位置向量可表示成广义坐标和时间的函数,即

$$\boldsymbol{r}_i = \boldsymbol{r}_i(q_1, q_2, \cdots, q_k, t), \quad i = 1, 2, \cdots, n \tag{C1-1}$$

对式(C1-1)求导,可得该质点的速度:

$$\boldsymbol{v}_i = \sum_{j=1}^{k} \frac{\partial \boldsymbol{r}_i}{\partial q_j} \dot{q}_j + \frac{\partial \boldsymbol{r}_i}{\partial t} \tag{C1-2}$$

式中,$\dot{q}_j$ 为广义速度;$\dfrac{\partial \boldsymbol{r}_i}{\partial t}$ 和 $\dfrac{\partial \boldsymbol{r}_i}{\partial q_j}$ 仅是广义坐标和时间的函数,与 $\dot{q}_j$ 无关。将式(C1-2)的两端对广义速度 $\dot{q}_j$ 求偏导,能够得到拉格朗日第一变换式[C1]:

$$\frac{\partial \boldsymbol{v}_i}{\partial \dot{q}_j} = \frac{\partial \boldsymbol{r}_i}{\partial q_j} \tag{C1-3}$$

将式(C1-2)对任意广义坐标 q_h 求偏导,可得

$$\frac{\partial \boldsymbol{v}_i}{\partial q_h} = \sum_{j=1}^{k} \frac{\partial^2 \boldsymbol{r}_i}{\partial q_h \partial q_j} + \frac{\partial^2 \boldsymbol{r}_i}{\partial q_h \partial t} \tag{C1-4}$$

将式(C1-1)对广义坐标 q_h 求偏导后再对时间 t 求导,可得

$$\frac{\mathrm{d}}{\mathrm{d} t}\left(\frac{\partial \boldsymbol{r}_i}{\partial q_h}\right) = \sum_{j=1}^{k} \frac{\partial^2 \boldsymbol{r}_i}{\partial q_h \partial q_j} + \frac{\partial^2 \boldsymbol{r}_i}{\partial q_h \partial t} \tag{C1-5}$$

根据式(C1-4)和式(C1-5)可得拉格朗日第二变换式[C1]:

$$\frac{\partial \boldsymbol{v}_i}{\partial q_j} = \frac{\mathrm{d}}{\mathrm{d} t}\left(\frac{\partial \boldsymbol{r}_i}{\partial q_j}\right) \tag{C1-6}$$

由质点系的达朗贝尔原理与虚位移原理可得动力学普遍方程,即

$$\sum_{i=1}^{n} (\boldsymbol{F}_i + \boldsymbol{F}_i^*) \cdot \mathrm{d}\boldsymbol{r}_i = 0 \tag{C1-7}$$

式中，F_i 和 F_i^* 分别为作用在质点 i 上的力与惯性力。根据式(C1-1)可写为

$$\sum_{i=1}^{n}\left[(F_i+F_i^*)\cdot\sum_{j=1}^{k}\frac{\partial r_i}{\partial q_j}\mathrm{d}q_j\right]=\sum_{j=1}^{k}\left[\sum_{i=1}^{n}\left(F_i\frac{\partial r_i}{\partial q_j}\right)+\sum_{i=1}^{n}\left(F_i^*\frac{\partial r_i}{\partial q_j}\right)\right]\mathrm{d}q_j=0 \quad \text{(C1-8)}$$

记广义力和广义惯性力分别为

$$Q_j=\sum_{i=1}^{n}\left(F_i\frac{\partial r_i}{\partial q_j}\right) \quad \text{(C1-9)}$$

$$Q_j^*=\sum_{i=1}^{n}\left(F_i^*\frac{\partial r_i}{\partial q_j}\right) \quad \text{(C1-10)}$$

动力学普遍方程可写为

$$\sum_{j=1}^{k}[Q_j+Q_j^*]\mathrm{d}q_j=0 \quad \text{(C1-11)}$$

根据惯性力的定义以及拉格朗日第一变换式和第二变换式，可将广义惯性力写为

$$Q_j^*=-\frac{\mathrm{d}}{\mathrm{d}t}\left(\frac{\partial T}{\partial \dot{q}_j}\right)+\frac{\partial T}{\partial q_j}, \quad j=1,2,\cdots,k \quad \text{(C1-12)}$$

式中，T 为系统的动能，有

$$T=\sum_{i=1}^{n}\left(\frac{1}{2}m_i v_i\cdot v_i\right) \quad \text{(C1-13)}$$

将式(C1-12)代入式(C1-11)，并由完整系统中广义虚位移 $\mathrm{d}q_j$ 相互独立且具有任意性可知：

$$Q_j-\frac{\mathrm{d}}{\mathrm{d}t}\left(\frac{\partial T}{\partial \dot{q}_j}\right)+\frac{\partial T}{\partial q_j}=0 \quad \text{(C1-14)}$$

由式(C1-14)可得一般完整系统的拉格朗日方程为

$$\frac{\mathrm{d}}{\mathrm{d}t}\left(\frac{\partial T}{\partial \dot{q}_j}\right)-\frac{\partial T}{\partial q_j}=Q_j \quad \text{(C1-15)}$$

附录 C2　牛顿第二定律

牛顿第二定律为力与加速度之间的关系定律[C2]，可表示为

$$\frac{\mathrm{d}}{\mathrm{d}t}(m\boldsymbol{v}) = \boldsymbol{F} \tag{C2-1}$$

式中，m 为质点的质量；v 为质点的速度；$\boldsymbol{F}$ 为质点所受的力。在经典力学范围内，质点的质量是守恒的，式(C2-1)可写为

$$m\boldsymbol{a} = \boldsymbol{F} \tag{C2-2}$$

式中，a 为质点的加速度。牛顿第二定律可表述为：质点的质量与加速度的乘积，等于作用于质点的力的大小，加速度的方向与力的方向相同。

参 考 文 献

[C1] 杨义勇, 金德闻. 机械系统动力学[M]. 北京: 清华大学出版社, 2009.
[C2] 哈尔滨工业大学理论力学教研室. 理论力学[M]. 7 版. 北京: 高等教育出版社, 2009.

附录 D 平面库埃特流动理论

如图 D-1 所示,两块表面积为 A、水平放置的平行平板间充满某种流体,两板间距为 δ,下板固定不动,上板在力 F 的作用下沿 x 方向以等速 U 平移。由于流体的黏性,流体与平板间存在附着力,与上板接触的流体黏附于上板,并与上板同速移动,而与下板接触的流体黏附于下板且固定不动。只要两板间距 δ 和平移速度 U 都选择得恰当地小,那么两板间的各流体薄层将在上板的带动下,一层带一层地做平行于平板的流动,其流动速度如图 D-1 所示,由上及下逐层递减而呈线性分布[D1,D2]:$u=u(y)$。

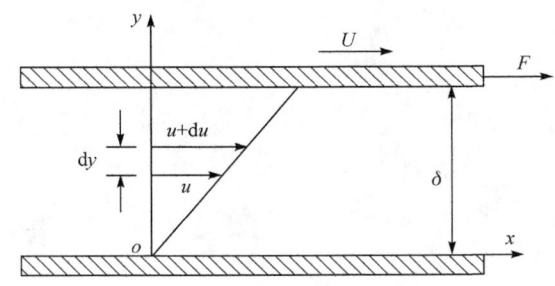

图 D-1 平面库埃特流动示意图

根据牛顿黏性定律,作用在单位接触面积流体上的内摩擦力,称为黏性切应力 τ[D1]:

$$\tau = \mu \frac{du}{dy} \tag{D-1}$$

式中,μ 为动力黏度或动力黏性系数;du/dy 为速度梯度或切应变率。

对于平面库埃特流动,图 D-1 中的流动速度为[D2]

$$u = \frac{yU}{\delta} \tag{D-2}$$

将式(D-2)代入式(D-1),可得

$$\tau = \frac{\mu U}{\delta} \tag{D-3}$$

力 F 为

$$F = \tau \cdot A \tag{D-4}$$

参 考 文 献

[D1] 林建忠, 阮晓东, 陈邦国, 等. 流体力学[M]. 北京: 清华大学出版社, 2013.

[D2] KUNDU P K, COHEN I M. Fluid Mechanics[M]. 4th ed. Burlington: Academic Press, 2008.

附录 E 三维弹性体滚动接触理论

典型的三维滚动接触问题如图 E-1 所示，将两接触体分别标记为 1 和 2，并将接触体 1 作为受力分析对象。根据赫兹接触理论，处于相对滚动接触状态的弹性体在法向载荷的作用下会形成以接触点为中心的椭圆接触面[E1]。如图 E-1 所示，建立坐标系 o-xyz，其中，xoy 平面与两接触体的共切面 Π 重合。若两接触体在接触点 o 处相对于坐标系 o-xyz 的角速度向量为 $\boldsymbol{\omega}_1(\omega_{1x}, \omega_{1y}, \omega_{1z})$ 和 $\boldsymbol{\omega}_2(\omega_{2x}, \omega_{2y}, \omega_{2z})$，两接触体在共切面内的速度为 $\boldsymbol{v}_1(v_{1x}, v_{1y})$ 和 $\boldsymbol{v}_2(v_{2x}, v_{2y})$，可得到接触体 1 相对于接触体 2 在坐标系中的相对滑动速度 $\Delta\boldsymbol{v}(\Delta v_x, \Delta v_y)$ 和自旋角速度 $\Delta\omega_z$ [E2, E3]：

$$\Delta\boldsymbol{v}(\Delta v_x, \Delta v_y) = \boldsymbol{v}_1(v_{1x}, v_{1y}) - \boldsymbol{v}_2(v_{2x}, v_{2y}) \tag{E-1}$$

$$\Delta\omega_z = \omega_{1z} - \omega_{2z} \tag{E-2}$$

三维弹性性滚动接触问题一般分为以下三类[E2]：自由滚动(free rolling)、自旋滚动(rolling with spin)和拖动滚动(tractive rolling)。如图 E-1 所示，若接触体 2 与接触体 1 之间的切向拖动分量 T_x 和 T_y 均为零，且不存在自旋运动($\Delta\omega_z = 0$)，则两接触体处于自由滚动状态；若两接触体之间仅存在相对自旋，则两者处于自旋滚动状态；若两接触体之间既存在切向拖动力 T_x 和 T_y，又存在自旋运动($\Delta\omega_z \neq 0$)，但两者在接触点处无宏观滑动，则两物体处于拖动滚动状态。

当已知角速度向量 $\boldsymbol{\omega}_1(\omega_{1x}, \omega_{1y}, \omega_{1z})$、$\boldsymbol{\omega}_2(\omega_{2x}, \omega_{2y}, \omega_{2z})$ 以及速度 $\boldsymbol{v}_1(v_{1x}, v_{1y})$、$\boldsymbol{v}_2(v_{2x}, v_{2y})$ 时，可通过下述方程求得接触体 1 相对于接触体 2 的纵向蠕滑率 ξ_x、横向蠕滑率 ξ_y 和自旋率 φ：

$$V = \frac{\sqrt{(v_{1x} + v_{2x})^2 + (v_{1y} + v_{2y})^2}}{2} \tag{E-3}$$

$$\xi_x = \frac{\Delta v_x}{V} \tag{E-4}$$

$$\xi_y = \frac{\Delta v_y}{V} \tag{E-5}$$

$$\varphi = \frac{\Delta\omega_z}{V} \tag{E-6}$$

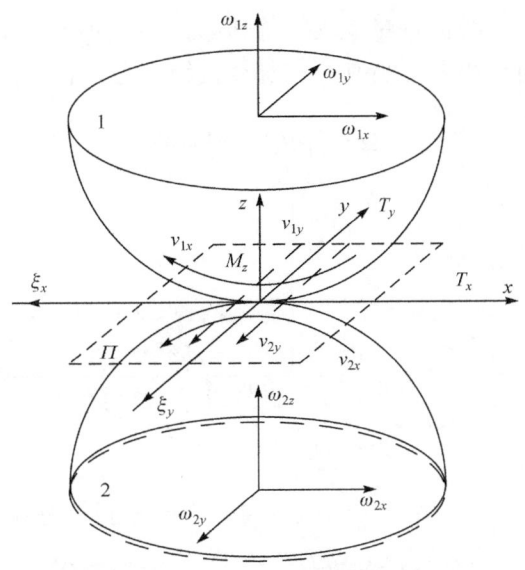

图 E-1 三维滚动接触的示意图

如图 E-2 所示，根据两接触体表面接触点之间的相对运动状态，可将接触区域 Ω 分为不存在相对滑动的"黏着区" Ω_a 和存在相对滑动的"滑移区" Ω_s。假设接触区域内 Ω 的法向接触载荷为 $p_z(x,y)$，切向分布拖动力的向量为 $\boldsymbol{p}_t(p_x,p_y)$，根据库伦摩擦定律有

$$\begin{cases} |\boldsymbol{p}_t(x,y)| < \mu \cdot p_z(x,y) & \Rightarrow \quad |\boldsymbol{s}| = 0 \\ |\boldsymbol{p}_t(x,y)| \geqslant \mu \cdot p_z(x,y) & \Rightarrow \quad |\boldsymbol{s}| \neq 0,\ \boldsymbol{p}_t(x,y) = -\mu \cdot p_z \boldsymbol{s}/|\boldsymbol{s}| \end{cases} \tag{E-7}$$

式中，μ 为两接触物体之间的摩擦系数。

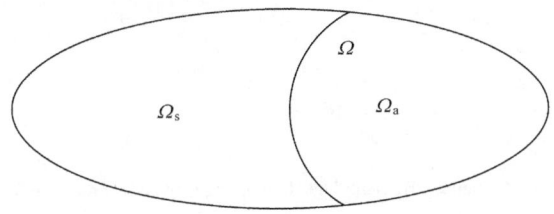

图 E-2 滚动接触区域 Ω 的划分

当已知两接触物体在接触点处的蠕滑率、自旋率、摩擦系数和受力，以及两物体的材料属性等条件时，可采用 Kalker[E3] 提出的滚动接触简化算法(FASTSIM)对两接触物体在接触区域内的切向分布拖动力的向量 $\boldsymbol{p}_t(p_x,p_y)$ 进行计算。文献 [E3] 中给出了滚动接触简化算法的详细流程以及 Fortran 程序，这里不再赘述。

如图 E-3 所示，当接触面内的赫兹接触应力 $p_z(x,y)$ 和切向分布拖动力向量 $\boldsymbol{p}_t(p_x,p_y)$ 均已知时，法向接触力 Q 与赫兹接触应力 $p_z(x,y)$ 存在如下关系：

$$Q = \iint_\Omega p_z(x,y)\mathrm{d}x\mathrm{d}y \tag{E-8}$$

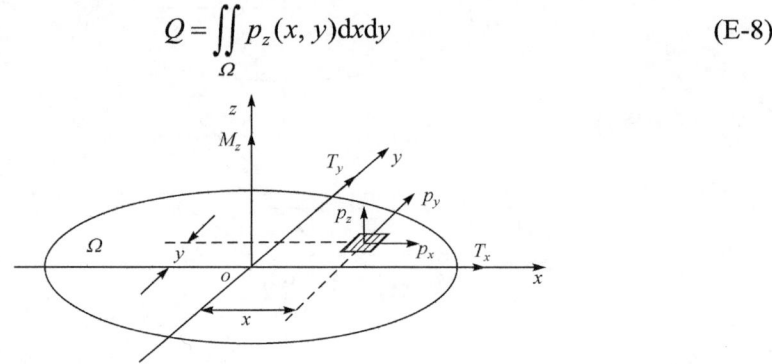

图 E-3　滚动接触区域 Ω 拖动力和拖动力矩分析

在接触面 Ω 内对切向分布拖动力 $\boldsymbol{p}_t(p_x,p_y)$ 进行积分，可得到滚动体分别沿 x 和 y 方向所受到的切向拖动合力 T_x 和 T_y[E4]：

$$T_x = \iint_\Omega p_x(x,y)\mathrm{d}x\mathrm{d}y \tag{E-9}$$

$$T_y = \iint_\Omega p_y(x,y)\mathrm{d}x\mathrm{d}y \tag{E-10}$$

在接触面 Ω 内对切向分布拖动力 $\boldsymbol{p}_t(p_x,p_y)$ 以 z 轴为矩心进行积分，可得到滚动体沿接触面法线方向受到的拖动力矩[E4]：

$$M_z = \iint_\Omega [p_y(x,y)\cdot x - p_x(x,y)\cdot y]\mathrm{d}x\mathrm{d}y \tag{E-11}$$

参 考 文 献

[E1] JOHNSON K L. Contact Mechanics[M]. Cambridge: Cambridge University Press, 1985.
[E2] KALKER J J. Three-dimensional Elastic Bodies in Rolling Contact[M]. Dordrecht: Kluwer Academic Press, 1990.
[E3] KALKER J J. A fast algorithm for the simplified theory of rolling contact [J]. Vehicle System Dynamics, 1982, 11(1): 1-13.
[E4] 马子魁. 基于拟静力学方法的球轴承动力学特性研究[D]. 杭州: 浙江大学, 2010.